教育部高等学校电子信息类专业教学指导委员会规划教材
高等学校电子信息类专业系列教材·新形态教材

STC单片机原理及应用

从器件、汇编、C到操作系统的分析和设计　立体化教程·第3版

何宾　编著　　姚永平　审

清华大学出版社
北京

内 容 简 介

本书是为单片机课程编写的配套教材，以 STC15 系列 8051 单片机和 Keil μVision(C51) 开发工具为平台，系统介绍了 8 位 8051 单片机的原理和使用方法。全书共 13 章，主要内容包括单片机和嵌入式系统导论、数值表示及转换、Keil μVision(C51) 开发工具、8051 单片机架构、MCS-51 指令集架构、汇编语言程序设计、C 语言程序设计、时钟、复位和电源模式原理及应用、比较器原理及应用、定时器/计数器原理及应用、通用异步串行收发器原理及应用、ADC 原理及应用，以及增强型 PWM 发生器原理及应用。

针对国内高校单片机课程教学中重应用轻原理、实践案例偏少的现状，本书深入分析了 8051 单片机的内部结构以及 MCS-51 指令集架构，并通过使用 Keil μVision 开发工具中的软件仿真和硬件调试功能来帮助读者彻底理解 8051 单片机的原理，并提供了一些设计实例以帮助读者更好地应用 8051 单片机实现不同场景的应用需求。

本书可作为本科和高职院校开设单片机课程的教材，也可作为涉及单片机内容的学科竞赛和认证考试的参考用书，还可作为单片机应用开发工程师的参考用书。

版权所有，侵权必究。举报：010-62782989，beiqinquan@tup.tsinghua.edu.cn。

图书在版编目（CIP）数据

STC 单片机原理及应用：从器件、汇编、C 到操作系统的分析和设计：立体化教程 / 何宾编著. -- 3 版. -- 北京：清华大学出版社，2025.3. -- （高等学校电子信息类专业系列教材）. -- ISBN 978-7-302-68684-2
Ⅰ. TP368.1
中国国家版本馆 CIP 数据核字第 2025FA6375 号

责任编辑：刘　星
封面设计：刘　键
责任校对：申晓焕
责任印制：刘海龙

出版发行：清华大学出版社
　　　网　　址：https://www.tup.com.cn，https://www.wqxuetang.com
　　　地　　址：北京清华大学学研大厦 A 座　　　邮　　编：100084
　　　社 总 机：010-83470000　　　邮　　购：010-62786544
　　　投稿与读者服务：010-62776969，c-service@tup.tsinghua.edu.cn
　　　质量反馈：010-62772015，zhiliang@tup.tsinghua.edu.cn
　　　课件下载：https://www.tup.com.cn，010-83470236
印 装 者：三河市铭诚印务有限公司
经　　销：全国新华书店
开　　本：185mm×260mm　　　印　　张：21　　　字　　数：511 千字
版　　次：2015 年 6 月第 1 版　2025 年 5 月第 3 版　　　印　　次：2025 年 5 月第 1 次印刷
印　　数：28001～29500
定　　价：69.00 元

产品编号：110068-01

第3版前言
PREFACE

本书是在《STC单片机原理及应用——从器件、汇编、C到操作系统的分析和设计(立体化教程)》(第2版)一书的基础上修订而成。本书修订后,内容更加紧凑,更好地满足单片机课程的教学要求。本书配套的微课视频和电子资源是对纸质教材内容的重要补充,使得本书的纸质版和电子版内容既满足了教学的最基本需求,同时还提供了单片机教学的高阶需求。

课程思政是单片机课程教学中的一个重要内容。在本书修订过程中,在所提供的教学资源中,将思政元素与单片机课程的知识点有机融合。一方面,体现我国在半导体集成电路方面取得的成就;另一方面,培养学生使用唯物辩证主义的方法论来分析和解决学习单片机课程中所遇到的"理论"和"应用"问题。

本次修订的主要内容如下所述。

(1) 书中主要的知识点都提供了视频讲解,读者可扫描书中对应知识点的二维码来观看相关的教学视频。

(2) 将本书第2版中第1章"单片机和嵌入式系统基础知识"和第2章"STC单片机硬件知识"的内容进行优化及合并,作为本书第3版第1章"单片机和嵌入式系统导论"的内容。

(3) 将本书第2版中第4章"数值表示及转换"调整为本书第3版的第2章,使得本书后面的内容更加连贯,同时也便于读者根据实际情况选学此内容。

(4) 将本书第2版中第15章"STC单片机SPI原理及实现"、第16章"STC单片机CCP/PCA/PWM模块原理及实现"和第17章"RTX51操作系统原理及实现"的内容从纸质书中删除,改为电子资源的形式,读者可通过配套资源中的"电子文档"来学习这些内容。

(5) 将本书第2版2.3.3节中表2.2"IAP15W4K58S4单片机引脚定义和功能"从纸质书中删除,改为电子资源的形式,以满足读者设计单片机应用程序代码时的阅读需求。

(6) 采用Keil μVision5软件和AIapp-ISP-V6.94X软件。

配套资源

- **程序代码、电子文档等资源**:扫描目录上方的二维码下载。
- **教学课件、教学大纲、教学案例等资源**:到清华大学出版社官方网站本书页面下载,或者扫描封底的"书圈"二维码在公众号下载。
- **微课视频(1580分钟,88集)**:扫描书中相应章节中的二维码在线学习。

注:请先扫描封底刮刮卡中的文泉云盘防盗码进行绑定后再获取配套资源。

在本书修订过程中,参考了授课教师、读者以及编辑的宝贵意见,使得本书在修订完成后,充分利用了数字化教学资源,构成了纸质教材、教学视频和电子资源相结合的新形态教材,以更好地满足教师教学和学生学习的不同需求。

作　者

2025 年 2 月于北京

第2版前言

PREFACE

  本书是在《STC 单片机原理及应用——从器件、汇编、C 到操作系统的分析和设计(立体化教程)》一书的基础上修订而成的。修改内容主要包括：

  (1) 增加的第 1 章，专门介绍嵌入式系统的基础知识。使学生在学习单片机的理论知识之前，就能对单片机和嵌入式系统之间的关系有一个宏观的了解。

  (2) 为了帮助读者全面理解 STC 单片机的硬件和软件开发所涉及的知识，在介绍单片机基础理论知识之前，专门增加了第 2 章 STC 单片机硬件知识和第 3 章 STC 单片机软件开发环境两章，并且通过一个简单的应用程序开发来帮助读者理解单片机的架构和应用。

  (3) 遵循由浅入深的原则，对 STC 单片机外设的讲解顺序进行了调整，从最简单的比较器开始到最复杂的 CCP 模块为止。这样，更加便于教师的教学和学生的自学。

  (4) 在第 14 章介绍增强型 PWM 模块时，增加了步进电机硬件设计和软件驱动开发的内容，使读者对单片机在电机驱动和控制中的应用有更深入的认知。

  在修订的过程中，很多教师和学生提出了宝贵的修改建议，这些建议使本书内容更加丰富，结构更加紧凑，并且使理论和实践结合更加紧密，学以致用。在此，对这些教师和学生一并表示感谢。

作　者

2019 年 1 月于北京

第1版前言
PREFACE

　　作者第一次接触8051单片机是在1997年,当时还在读书,忙于考研,只是验证了老师给出来的几个程序,并没有认真地学习这门课程。后来由于科研,接触的基本是高端的Xilinx可编程门阵列(FPGA)和TI的数字信号处理器(DSP)。时隔多年,再次系统研究STC单片机,已经是站在更高的高度上全面地理解和看待它。整个数字世界从低层次到高层次,依次是半导体开关电路、组合逻辑电路、状态机、CPU、汇编语言、高级语言、操作系统和应用程序,这就是学习和认知的路线。学习STC单片机也就是这条路线,当你掌握了这条路线的时候,你会发现研究STC单片机乐趣无穷。

　　2014年12月与STC的负责人姚永平先生在教育部信息中心举办的STC单片机决赛的评审现场再次会面,期间姚总希望我能编写一本STC单片机方面的教材。这对我来说压力是很大的,这是因为在国内图书市场上,关于单片机的图书不下上百种,而且有几本单片机的书非常畅销。虽然此前我已经系统编写过电子设计自动化方面的整套图书,但是编写单片机课程的教材对我来说也是一种挑战。

　　在我编写单片机教材期间,姚总多次提到用STC单片机作为C语言教学平台的想法,这个想法与我不谋而合。作者曾连续三年在第三学期给电子信息类专业的学生进行为期一周的C语言实训课程教学,我发现情况就是在前期的C语言课程教学中老师讲的虽然很卖力,但是学生还是反映很抽象听不懂,似乎C语言课程都成了本科生掌握计算机最基本编程知识的障碍。很明显问题症结就是学生面对的是机器,无法有效地和这个机器进行交流,他们不知道如何用人的思维与计算机对话。解决这些困扰唯一的方法,就是让他们能够知道CPU如何运行、如何管理存储器、CPU如何控制外设。而传统C语言教学使用的PC又不能提供让学生看到这些细节的条件。虽然经过短时间的强化练习,学生对C语言的掌握程度有了很大的提高,但是离教学要求仍然有相当大的差距。我就一直在想,能不能在C语言实训中引入一些好的硬件平台来帮助学生学习C语言?这个问题一直困扰着我。但是,当我在编写这本单片机教材的过程中,眼前一亮,发现STC 8051单片机确实是个非常好的平台,因为CPU中的运算器和控制器、系统存储器、外设等能让学习者一览无余,再加上神一般的Keil μVision5软件集成开发环境,通过μVision5提供的调试器环境把单片机内部细节看个清清楚楚、明明白白,它将C语言中抽象的指针、数组和函数等语法通过图、表、变量监控窗口全部都表示出来了。在编写第6章时,通过调试器提供的功能,把C语言中抽象的语法真正地介绍清楚了。

　　8051单片机自面世到现在经历了30多年,单片机课程教学中抛弃8051单片机的呼声日益高涨,因为很多人认为8051落伍了。因此,他们希望一上来就开始学习更高级的处理器。但是,8051(尤其是改进后的STC系列8051单片机)带给初学者,特别是国内高校的学生,是完善的生态系统,包括开放的CPU内部结构、完全公开的指令系统、大量的应用设计案例、容易入手的 μVision5 软件集成开发环境等，这些都是初学嵌入式系统最好的素材。我们经常说，简单的不一定是落后的。对于初学者来说，东西越简单学习起来就越容易入门，学习的知识也就更加系统且更有条理。

在编写本书时，融入了作者在编写 EDA 工程系列丛书时所获取的大量的新知识，力图最大限度地挖掘 STC 单片机的性能和特点。在本书编写完成的时候，终于可以说这句话了：STC 单片机是高职和本科学生，甚至是研究生学习嵌入式系统最好的入门级学习素材，也是相关专业学生必须掌握的最基本的计算机软件和硬件知识及技能。

编写本书时以下面的思想为主线，以期待能更加透彻地表达"原理"和"应用"之间的关系。

（1）这本书既然讲的是单片机的原理和应用，首先就必须要讲清楚单片机的原理。在单片机的原理中，最重要的就是讲清楚 8051 CPU 的内部结构和指令系统，使得学生学会如何分析一个新的 CPU、CPU 的共性等，以及指令系统的作用是什么、指令系统和 CPU 之间的关系等问题。

（2）关于在学习单片机的时候，是否还有讲解汇编语言的必要性的问题，最近在教育界有很大的争论。这里必须强调，汇编语言是了解 CPU 结构最重要的途径。在实际应用中，可以不使用汇编语言，但是必须让学生知道汇编语言在整个计算机系统中所起的作用，至少也要让学生通过编写简单的汇编语言彻底地理解和掌握 CPU 内部的结构。这是因为如果学生不能很好地掌握 CPU 的内部结构，即使将来他们使用 C 语言等高级语言开发单片机，也很难编写出高效率的程序代码。

（3）对于应用部分来说，既要保留传统的应用例子，又应该引入一些新的可以反映最新信息发展技术的综合性的例子。这样，才能将单片机中的各个知识点联系在一起，以提高分析和解决问题的能力。

（4）能不能学好单片机取决于教师能不能把单片机的理论真正地讲透，更重要的是学生能不能充分地在实践中进行学习。业界工程师常说，单片机是玩好的，不是教好的，可见实践在单片机学习中的重要性。

本书从开始编写到完稿历时近半年，全书共分为 15 章，以 STC 公司目前新推出的 IAP15W4K58S4 单片机为平台，以 Keil μVision5 集成开发环境为软件平台，亲自设计大小案例近 100 个，这些设计实例都通过上述的硬件和软件进行了调试和测试。

在本书的编写过程中参考了 STC 公司最新的技术文档和手册，以及 STC 学习板原理图和 PCB 图，在此对 STC 公司表示衷心的感谢。在本书的编写过程中，集宁师范学院物理系聂阳老师参加编写了第 13~15 章的内容，作者的学生李宝隆、张艳辉负责部分章节的编写工作，黎文娟对本书的全部稿件进行了初步的完善和修改，以及本科生吴瑞楠、陈宁帮助作者制作了本书的教学课件，并对书稿提出了宝贵的建议。在本书的编写过程中，得到了 STC 公司多位员工的热心帮助，特别是得到了 STC 公司姚永平先生的支持，他对作者在编写本书过程中遇到的各种问题进行了耐心细致的回答。在本书出版的过程中，也得到了清华大学出版社的大力支持，在此表示深深的感谢。

由于编者水平有限，编写时间仓促，书中难免有疏漏之处，敬请读者批评指正。

作　者

2015 年 5 月于北京

目 录
CONTENTS

配套资源

第1章 单片机和嵌入式系统导论 ·································· 1
  ▶ 视频讲解：115分钟，4集
  1.1 单片机和桌面系统的基本架构 ······························ 1
    1.1.1 单片机的结构 ··· 1
    1.1.2 桌面系统的结构 ·· 3
  1.2 处理器核的指令集架构 ····································· 4
    1.2.1 指令集架构的主要类型 ································ 4
    1.2.2 MCS-51指令集架构 ····································· 4
  1.3 单片机硬件基础知识 ··· 5
    1.3.1 主要功能 ··· 5
    1.3.2 ISP和IAP ··· 7
    1.3.3 I/O驱动原理 ··· 8
    1.3.4 硬件下载电路设计 ····································· 10
    1.3.5 电源系统设计 ··· 11
  1.4 单片机编程语言 ··· 12
    1.4.1 微指令控制序列 ·· 12
    1.4.2 机器语言 ··· 12
    1.4.3 汇编语言 ··· 13
    1.4.4 高级语言 ··· 14

第2章 数值表示及转换 ·· 16
  ▶ 视频讲解：45分钟，7集
  2.1 常用码制 ·· 16
    2.1.1 二进制码制 ·· 16
    2.1.2 十进制码制 ·· 16
    2.1.3 八进制码制 ·· 16
    2.1.4 十六进制码制 ··· 17
    2.1.5 BCD码 ·· 18
  2.2 正数表示方法 ·· 18
    2.2.1 正整数的表示 ··· 18
    2.2.2 正小数的表示 ··· 19
  2.3 正数码制转换 ·· 20

  2.3.1 十进制整数转换成其他进制数 ·················· 20
  2.3.2 十进制小数转换成二进制数 ·················· 21
2.4 负数表示方法 ·················· 22
  2.4.1 符号幅度表示法 ·················· 22
  2.4.2 补码表示法 ·················· 23
2.5 负数补码的计算 ·················· 24
  2.5.1 负整数补码的计算 ·················· 24
  2.5.2 负小数补码的计算 ·················· 25
2.6 定点数表示 ·················· 25
2.7 浮点数表示 ·················· 26

第 3 章 Keil μVision(C51)开发工具 ·················· 27

▶ 视频讲解：30 分钟，2 集

3.1 Keil μVision 集成开发环境介绍 ·················· 27
  3.1.1 软件功能介绍 ·················· 27
  3.1.2 软件的下载 ·················· 28
  3.1.3 软件的安装 ·················· 29
  3.1.4 导入 STC 单片机元件库 ·················· 30
  3.1.5 软件的启动 ·················· 30
3.2 Keil μVision 软件开发流程介绍 ·················· 31
  3.2.1 明确软件需求 ·················· 32
  3.2.2 创建设计工程 ·················· 32
  3.2.3 编写汇编/C 程序代码 ·················· 32
  3.2.4 汇编器对汇编语言的处理 ·················· 32
  3.2.5 C 编译器对 C 语言的处理 ·················· 33
  3.2.6 库管理器生成库文件 ·················· 33
  3.2.7 链接器生成绝对目标模块文件 ·················· 34
  3.2.8 目标到 HEX 转换器 ·················· 34
  3.2.9 调试器调试目标代码 ·················· 34
3.3 Keil μVision 基本开发流程的实现 ·················· 35
  3.3.1 建立新的设计工程 ·················· 35
  3.3.2 添加新的 C 语言文件 ·················· 36
  3.3.3 设计建立 ·················· 37
  3.3.4 下载程序到目标系统 ·················· 38
  3.3.5 硬件在线调试 ·················· 38

第 4 章 8051 单片机架构 ·················· 40

▶ 视频讲解：165 分钟，3 集

4.1 CPU 内核功能单元 ·················· 40
  4.1.1 控制器 ·················· 42
  4.1.2 运算器 ·················· 47
  4.1.3 特殊功能寄存器 ·················· 48
4.2 存储器结构和地址空间 ·················· 52
  4.2.1 程序 Flash 存储器 ·················· 52

4.2.2　数据 Flash 存储器 …………………………………………………… 53
　　　4.2.3　内部数据 RAM …………………………………………………… 54
　　　4.2.4　外部数据存储器 …………………………………………………… 56
4.3　中断系统原理及功能 ……………………………………………………………… 59
　　　4.3.1　中断原理 …………………………………………………………… 59
　　　4.3.2　中断系统结构 ……………………………………………………… 60
　　　4.3.3　中断优先级处理 …………………………………………………… 64
　　　4.3.4　中断优先级控制寄存器 …………………………………………… 64
　　　4.3.5　中断向量表 ………………………………………………………… 66

第 5 章　MCS-51 指令集架构 …………………………………………………………… 69

▶ 视频讲解：170 分钟，6 集

5.1　寻址模式类型 ……………………………………………………………………… 69
5.2　指令类型和功能 …………………………………………………………………… 72
　　　5.2.1　算术指令 …………………………………………………………… 72
　　　5.2.2　逻辑指令 …………………………………………………………… 80
　　　5.2.3　数据传送指令 ……………………………………………………… 87
　　　5.2.4　布尔指令 …………………………………………………………… 95
　　　5.2.5　程序分支指令 ……………………………………………………… 101

第 6 章　汇编语言程序设计 …………………………………………………………… 108

▶ 视频讲解：100 分钟，3 集

6.1　汇编语言程序结构 ………………………………………………………………… 108
6.2　汇编代码中段的分配 ……………………………………………………………… 109
　　　6.2.1　CODE 段 …………………………………………………………… 109
　　　6.2.2　BIT 段 ……………………………………………………………… 109
　　　6.2.3　IDATA 段 …………………………………………………………… 110
　　　6.2.4　DATA 段 …………………………………………………………… 110
　　　6.2.5　XDATA 段 ………………………………………………………… 111
6.3　汇编语言符号及规则 ……………………………………………………………… 111
　　　6.3.1　符号的命名规则 …………………………………………………… 112
　　　6.3.2　符号的作用 ………………………………………………………… 112
6.4　汇编语言操作数描述 ……………………………………………………………… 112
　　　6.4.1　数字 ………………………………………………………………… 112
　　　6.4.2　字符 ………………………………………………………………… 113
　　　6.4.3　字符串 ……………………………………………………………… 113
　　　6.4.4　位置计数器 ………………………………………………………… 113
　　　6.4.5　操作符 ……………………………………………………………… 113
　　　6.4.6　表达式 ……………………………………………………………… 114
6.5　汇编语言控制描述 ………………………………………………………………… 115
　　　6.5.1　地址控制 …………………………………………………………… 115
　　　6.5.2　条件汇编 …………………………………………………………… 115
　　　6.5.3　存储器初始化 ……………………………………………………… 116
　　　6.5.4　分配存储器空间 …………………………………………………… 116

　　　　6.5.5　过程声明 116
　　　　6.5.6　程序链接 117
　　　　6.5.7　段控制 117
　　　　6.5.8　杂项 118
　　6.6　设计实例一：Keil μVision5 汇编语言设计流程 118
　　　　6.6.1　建立新的设计工程 119
　　　　6.6.2　添加新的汇编语言文件 119
　　　　6.6.3　设计建立 119
　　　　6.6.4　分析.m51 文件 120
　　　　6.6.5　分析.lst 文件 121
　　　　6.6.6　分析.hex 文件 122
　　　　6.6.7　程序软件仿真 123
　　　　6.6.8　程序硬件仿真 129
　　6.7　设计实例二：端口控制的汇编语言程序设计 131
　　　　6.7.1　设计原理 131
　　　　6.7.2　建立新的工程 131
　　　　6.7.3　添加汇编语言程序 132
　　　　6.7.4　设计建立 133
　　　　6.7.5　下载设计 133
　　6.8　设计实例三：中断服务程序的汇编语言设计 134
　　　　6.8.1　设计原理 134
　　　　6.8.2　建立新的工程 135
　　　　6.8.3　添加汇编语言文件 136
　　　　6.8.4　分析.lst 文件 137
　　　　6.8.5　设计建立 138
　　　　6.8.6　下载设计 138
　　　　6.8.7　硬件仿真 139

第 7 章　C 语言程序设计 140

▶ 视频讲解：420 分钟，36 集

　　7.1　常量和变量 140
　　　　7.1.1　常量 140
　　　　7.1.2　变量 141
　　7.2　数据类型 141
　　　　7.2.1　标准 C 语言所支持的类型 141
　　　　7.2.2　单片机扩充的类型 148
　　　　7.2.3　自定义数据类型 151
　　　　7.2.4　变量及存储模式 151
　　7.3　运算符 153
　　　　7.3.1　赋值运算符 153
　　　　7.3.2　算术运算符 154
　　　　7.3.3　递增和递减运算符 155
　　　　7.3.4　关系运算符 155

7.3.5	逻辑运算符	156
7.3.6	位运算符	157
7.3.7	复合赋值运算符	158
7.3.8	逗号运算符	159
7.3.9	条件运算符	160
7.3.10	强制类型转换符	160
7.3.11	sizeof 运算符	161

7.4 描述语句 162

7.4.1	输入/输出语句	162
7.4.2	表达式语句	166
7.4.3	条件语句	167
7.4.4	开关语句	168
7.4.5	循环语句	169
7.4.6	返回语句	173

7.5 数组 173

7.5.1	一维数组的表示方法	173
7.5.2	多维数组的表示方法	175
7.5.3	索引数组元素的方法	177
7.5.4	动态输入数组元素的方法	179
7.5.5	数组运算算法	181

7.6 指针 183

7.6.1	指针的基本概念	184
7.6.2	指向指针的指针	189
7.6.3	指针变量输入	192

7.7 函数 194

7.7.1	函数声明	194
7.7.2	函数调用	194
7.7.3	函数变量的存储方式	195
7.7.4	函数参数和局部变量的存储器模式	197
7.7.5	基本数据类型传递参数	197
7.7.6	数组类型传递参数	200
7.7.7	指针类型传递参数	203

7.8 预编译指令 205

7.8.1	宏定义	205
7.8.2	文件包含	206
7.8.3	条件编译	208
7.8.4	其他预处理指令	209

7.9 复杂数据结构 209

7.9.1	结构	210
7.9.2	联合	213
7.9.3	枚举	215

7.10 C 程序中使用汇编语言 216

7.10.1	内嵌汇编语言	216

         7.10.2 调用汇编程序 ·· 218
  7.11 设计实例一：端口控制的 C 语言程序设计 ·· 221
  7.12 设计实例二：中断的 C 语言程序设计 ·· 223
         7.12.1 C 语言中断程序实现原理 ··· 223
         7.12.2 外部中断电路原理 ·· 224
         7.12.3 C 语言中断具体实现过程 ··· 224

第 8 章 时钟、复位和电源模式原理及应用 ·· 226
  ▶ 视频讲解：45 分钟，3 集
  8.1 时钟子系统 ·· 226
  8.2 复位子系统 ·· 227
         8.2.1 外部 RST 引脚复位 ·· 227
         8.2.2 软件复位 ·· 227
         8.2.3 掉电/上电复位 ··· 228
         8.2.4 MAX810 专用复位电路复位 ··· 228
         8.2.5 内部低压检测复位 ·· 229
         8.2.6 看门狗复位 ··· 230
         8.2.7 程序地址非法复位 ·· 232
  8.3 电源模式 ··· 232
         8.3.1 低速模式 ··· 232
         8.3.2 空闲模式 ··· 232
         8.3.3 掉电模式 ··· 233

第 9 章 比较器原理及应用 ··· 236
  ▶ 视频讲解：20 分钟，3 集
  9.1 比较器结构 ·· 236
  9.2 比较器寄存器组 ··· 237
         9.2.1 比较器控制寄存器 1 ··· 237
         9.2.2 比较器控制寄存器 2 ··· 238
  9.3 设计实例：比较器应用 ·· 239

第 10 章 定时器/计数器原理及应用 ··· 241
  ▶ 视频讲解：60 分钟，3 集
  10.1 定时器/计数器模块简介 ··· 241
  10.2 定时器/计数器寄存器组 ··· 242
  10.3 定时器/计数器工作模式原理和实现 ·· 250
         10.3.1 定时器/计数器 0 工作模式 ··· 250
         10.3.2 定时器/计数器 1 工作模式 ··· 254
         10.3.3 定时器/计数器 2 工作模式 ··· 256
         10.3.4 定时器/计数器 3 工作模式 ··· 257
         10.3.5 定时器/计数器 4 工作模式 ··· 258

第 11 章 通用异步串行收发器原理及应用 ··· 259
  ▶ 视频讲解：175 分钟，7 集
  11.1 RS-232 标准简介 ·· 259

11.1.1　RS-232 传输特点 ……………………………………………………………… 259
　　　11.1.2　RS-232 数据传输格式 …………………………………………………………… 260
　　　11.1.3　RS-232 电气标准 ………………………………………………………………… 261
　　　11.1.4　RS-232 参数设置 ………………………………………………………………… 262
　　　11.1.5　RS-232 连接器 …………………………………………………………………… 262
　11.2　串口模块结构和引脚 …………………………………………………………………………… 263
　　　11.2.1　串口模块结构 ……………………………………………………………………… 263
　　　11.2.2　串口引脚 …………………………………………………………………………… 264
　11.3　串口 1 寄存器及工作模式 …………………………………………………………………… 264
　　　11.3.1　串口 1 寄存器组 …………………………………………………………………… 264
　　　11.3.2　串口 1 工作模式 …………………………………………………………………… 268
　11.4　设计实例一：人机交互控制的实现 …………………………………………………………… 270
　11.5　设计实例二：按键扫描与串口显示 …………………………………………………………… 274
　11.6　串口 2 寄存器及工作模式 …………………………………………………………………… 280
　　　11.6.1　串口 2 寄存器组 …………………………………………………………………… 280
　　　11.6.2　串口 2 工作模式 …………………………………………………………………… 282
　11.7　设计实例三：红外通信的原理及实现 ………………………………………………………… 283

第 12 章　ADC 原理及应用 …………………………………………………………………………… 284

▶ 视频讲解：160 分钟，7 集

　12.1　模数转换器原理 ………………………………………………………………………………… 284
　　　12.1.1　模数转换器的参数 ………………………………………………………………… 284
　　　12.1.2　模数转换器的类型 ………………………………………………………………… 285
　12.2　ADC 结构原理 ………………………………………………………………………………… 287
　　　12.2.1　ADC 的结构 ……………………………………………………………………… 287
　　　12.2.2　ADC 转换结果的计算方法 ……………………………………………………… 288
　12.3　ADC 寄存器组 ………………………………………………………………………………… 288
　　　12.3.1　P1 口模拟功能控制寄存器 ……………………………………………………… 288
　　　12.3.2　ADC 控制寄存器 ………………………………………………………………… 289
　　　12.3.3　时钟分频寄存器 …………………………………………………………………… 290
　　　12.3.4　ADC 结果高位寄存器 …………………………………………………………… 290
　　　12.3.5　ADC 结果低位寄存器 …………………………………………………………… 290
　　　12.3.6　中断使能寄存器 …………………………………………………………………… 291
　　　12.3.7　中断优先级寄存器 ………………………………………………………………… 291
　12.4　设计实例一：直流电压测量及串口显示 ……………………………………………………… 291
　　　12.4.1　直流分压电路原理 ………………………………………………………………… 291
　　　12.4.2　软件设计流程 ……………………………………………………………………… 291
　　　12.4.3　具体实现过程 ……………………………………………………………………… 291
　12.5　设计实例二：直流电压测量及 LCD 屏显示 ………………………………………………… 294
　　　12.5.1　硬件电路设计 ……………………………………………………………………… 294
　　　12.5.2　1602 字符 LCD 原理 ……………………………………………………………… 296
　　　12.5.3　软件设计流程 ……………………………………………………………………… 299
　　　12.5.4　具体实现过程 ……………………………………………………………………… 299

12.6　设计实例三：交流电压测量及 LCD 屏显示 …… 303
12.7　设计实例四：温度测量及串口显示 …… 303

第 13 章　增强型 PWM 发生器原理及应用 …… 304

▶ 视频讲解：75 分钟，4 集

13.1　脉冲宽度调制原理 …… 304
13.2　增强型 PWM 发生器模块 …… 304
　　13.2.1　增强型 PWM 发生器功能 …… 304
　　13.2.2　增强型 PWM 发生器寄存器集 …… 305
13.3　设计实例一：生成单路 PWM 信号 …… 310
13.4　设计实例二：生成两路互补 PWM 信号 …… 312
13.5　设计实例三：步进电机的驱动和控制 …… 313
　　13.5.1　五线四相步进电机的工作原理 …… 314
　　13.5.2　步进电机的驱动 …… 314
　　13.5.3　使用软件驱动步进电机 …… 315
　　13.5.4　使用 PWM 模块驱动步进电机 …… 316
　　13.5.5　设计下载和验证 …… 317

第 1 章 单片机和嵌入式系统导论

CHAPTER 1

本章介绍单片机和嵌入式系统的基础知识,内容包括单片机和桌面系统的基本架构、处理器核的指令集架构、单片机硬件基础知识以及单片机编程语言。

通过对单片机和嵌入式系统基础知识的介绍,帮助读者理解嵌入式系统和单片机中的一些重要概念。

1.1 单片机和桌面系统的基本架构

本节将通过详细介绍单片机的内部结构来说明单片机这一术语的本质含义,并通过介绍面向桌面应用的处理器系统的架构来说明单片机与面向桌面应用的计算机系统的本质区别。

1.1.1 单片机的结构

单片机是指单个集成电路(Integrated Circuit,IC)芯片上的小型计算机(Microcomputer),也称为微控制器(Microcontroller Unit,MCU)。

MCU 主要面向嵌入式应用,这些应用面向自动控制产品和设备,比如汽车发动机的控制系统、植入式医疗设备、遥控器、办公机器、电器、电动工具、玩具和其他嵌入式系统。

通常,在 MCU 内包含一个/多个中央处理单元(Central Processing Unit,CPU)、易失性和非易失性存储器,以及可编程的输入和输出设备,如图 1.1 所示。

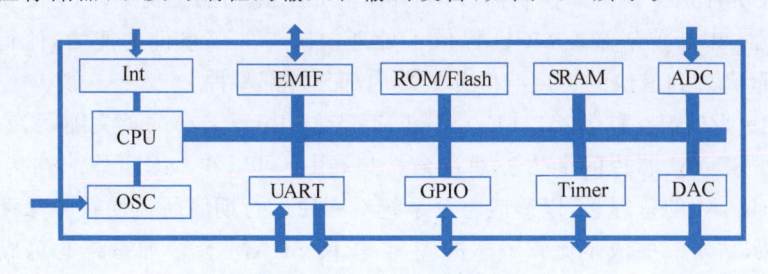

图 1.1 MCU 内部简化结构

(1) OSC 为晶体振荡器(Oscillator)的英文缩写,它为 MCU 提供最基本的时钟源。通过 MCU 内的相位锁相环(Phase Locked Loop,PLL)电路,基于该时钟源可以产生不同频率和相位的其他时钟信号,以提供给 MCU 内的所有功能单元。

随着半导体技术的发展和芯片设计水平的不断提高,厂商经常在 MCU 内部集成了晶体振荡器,这样用户就不需要像以前那样需要在 MCU 外部连接晶体振荡器电路,这样既减少了系统硬件设计的复杂度,降低了系统设计成本,同时也提高了系统的可靠性。当然,MCU 也仍然保留了从外部输入时钟源的能力。这样,就为系统的设计提供了更多的灵活性。

(2) CPU 是 MCU 中的核心功能单元。从 MCU 外部获取的所有信息都要汇集到 CPU 进行处理,CPU 将处理后的数据送到存储器或者外设。CPU 是指令集架构(Instruction Set Architecture,ISA)的具体实现,也称为微架构(Microarchitecture),它所采用的 ISA 决定了 MCU 的性能和特点。

(3) SRAM 是静态随机访问存储器(Static Random Access Memory)的英文缩写,主要用于暂时保存在程序运行过程中所需要的数据,它充当了易失性存储器的角色。这种类型存储器的主要特点是需要上电来保存信息。当 MCU 断电时,保存在易失性存储器中的数据会丢失。

(4) Flash 是闪存(Flash Memory)的英文简称,主要用于保存程序代码,它充当了非易失性存储器的角色。这种类型存储器的主要特点是不需要上电保存信息。当 MCU 断电时,程序代码仍然会保存在非易失性存储器中。在闪存问世之前,MCU 厂商经常使用只读存储器(Read Only Memory,ROM)或一次性可编程 ROM(One Time Programmable ROM,OTPROM)来保存程序代码。

(5) UART 为通用串行收发器(Universal Asynchronous Receiver/Transmitter)的英文缩写,它是一种以串行方式发送和接收数据的简单外部设备(简称外设)。在 MCU 中,UART 是标准配置,这是因为这种外设通常用于帮助嵌入式系统开发人员调试设备。通过 UART 和支持 UART 的串口调试软件进行人机交互,以快速定位系统的故障。

(6) GPIO 为通用输入/输出(General Purpose Input & Output)的英文缩写,它是 MCU 最基本的外设配置,也是 MCU 中最简单的外设。MCU 内的 CPU 可以直接驱动 GPIO 或读取 GPIO 的逻辑状态。

(7) Timer 为定时器的英文单词,它是 MCU 中必不可少的基本外设。定时器为 MCU 提供定时和计数功能,是 MCU 中提供最基本的外设配置。当在 MCU 中运行嵌入式操作系统(Operating System,OS)时,定时器也用于为 OS 提供"嘀嗒"时钟。

(8) Int Controller 为中断控制器(Interrupt Controller)的英文缩写,它是 MCU 中最基本的功能单元。中断控制器为 MCU 提供了处理内部与外部事件的能力,使得 MCU 内的 CPU 能够以最高效和最快的速度响应并处理内部与外部事件。

(9) EMIF 为外部存储器接口(External Memory Interface)的英文缩写,它为 MCU 提供了连接片外 SRAM 芯片的能力。通过该接口,用户可以在 MCU 外部连接多片 SRAM 芯片来扩展 SRAM 的总容量,以适应整个系统对程序运行期间所需要暂时保存大容量数据的需要。显然,对于一些成本比较敏感的应用,扩展 SRAM 会增加系统的总成本。由于现代 MCU 中片内提供的 SRAM 容量足以保证低成本的嵌入式应用,因此只有在必要的情况下,才需要在 MCU 外部采用外接 SRAM 芯片的方式来扩展 SRAM 的总容量。

(10) ADC 和 DAC 分别为模拟数字转换器(Analog-to-Digital Converter)单元和数字模拟转换器(Digital-to-Analog Converter)单元的英文缩写。随着集成电路设计技术的不断发展,MCU 也向着混合信号的方向发展,最主要的表现就是在 MCU 内部集成了 ADC 和 DAC 单元。这样,MCU 就成为连接数据采集、处理和驱动控制的边缘设备,构建起了模拟和数字世界之间的"桥梁"。

此外,在一些对功耗比较敏感的应用中(比如使用电池为 MCU 供电的应用),要求 MCU 具有更加灵活的低功耗工作模式,这些模式包括间歇工作模式、休眠模式或冬眠模式。

从半导体工艺和设计技术的角度来看,MCU 朝着片上系统(System on Chip,SoC)的方向发展,即在 MCU 中集成的外设数量不断增加,集成的 SRAM 和闪存的容量也越来越大,CPU 的性能也越来越高。与以前的 MCU 相比,MCU 的整体性能和复杂度在增加,但是 MCU 的总成本却保持不变,这符合"摩尔定律"所预测的半导体发展规律。MCU 的这种发展趋势进一步降低了系统总成本,并且进一步提高了整个系统的可靠性。

1.1.2 桌面系统的结构

读者经常会问,MCU 与个人计算机(Personal Computer,PC)和移动电话(也称为手机)上使用的微处理器(Microprocessor)有什么不同? PC 和手机主要面向桌面应用,它们搭载着 Windows 操作系统/Android 操作系统/iOS 操作系统,其简化的系统结构如图 1.2 所示。

(1) 使用了性能强大的微处理器,它的时钟速度可以达到几吉赫兹的频率,而 MCU 内的时钟最多也就在几百兆赫兹的频率。此外,这种性能强大的微处理器中,还包含了多级高速缓存(Cache)和存储器管理单元(Memory Management Unit,MMU)。虽然有些高性能 MCU 的 CPU 内部也提供了 Cache,但是 MCU 内部不存在 MMU。

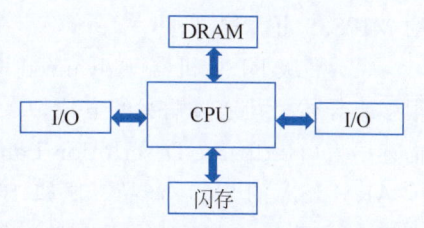

图 1.2 PC 或移动电话的简化系统结构

(2) 处理器内部集成的低容量 SRAM 用于高速缓存。而面向桌面的应用中,要求处理器外部扩展大容量同步动态随机访问存储器(Synchronous Dynamic RAM,SDRAM),这种外扩存储器的容量一般为几十吉字节的容量,甚至多达几吉字节的容量。而 MCU 内集成的 SRAM 存储器的容量一般为几十千字节的容量。

(3) 处理器外部扩展了大容量 NOR/NAND 闪存,这种外扩的闪存容量最多达到几 GB,其容量也远远大于 MCU 内集成的闪存。

(4) 由于处理器面向桌面应用,因此其外部连接的输入/输出设备也比 MCU 内集成的输入/输出设备的功能更加复杂。比如在面向桌面应用的处理器中提供了高性能的 PCI/PCI-E 接口,这种接口在 MCU 中就没有提供。

此外,面向桌面的应用中所搭载的操作系统的功能也远比 MCU 上所能搭载的操作系统的功能复杂得多。常见的,在 MCU 上搭载的嵌入式操作系统有 μC-OS、FreeRTOS、RTX51-Tiny 和 RT-Thread 等。

思考与练习 1-1:单片机是指_____。

思考与练习 1-2:在单片机中,通常包含_____、_____和_____,其中最核心的功能单元是_____,其作用是_____。

思考与练习 1-3:在单片机中,集成的 SRAM 属于_____(易失性/非易失性)存储器,集成的闪存属于_____(易失性/非易失性)存储器。

思考与练习 1-4：在单片机中，用于连接模拟世界到数字世界的功能单元是_____，用于连接数字世界到模拟世界的功能单元是_____。

思考与练习 1-5：简述面向桌面应用的计算机系统和微控制器的主要区别。

1.2 处理器核的指令集架构

不同厂商的 MCU 内集成的 CPU 核也有所不同。在前面介绍 MCU 内的 CPU 核时，提到 CPU 是 ISA 的具体实现，也称为微架构。即，MCU 厂商根据 ISA 设计 CPU，以最终实现 ISA 中每条指令期望实现的功能。准确来说，所谓的处理器核的类型实际上是指不同的 ISA。

1.2.1 指令集架构的主要类型

本节介绍在 MCU 的 CPU 中使用较多的 ISA 类型。

(1) 无内部互锁流水级微处理器（Microprocessor without Interlocked Pipeline Stages，MIPS）ISA，它由 MIPS 公司提供。在 Microchip（中文称为微芯）公司的 PIC32 系列 MCU 内就集成了 M4K，该处理器核是 MIPS 核中的一款 32 位低功耗 RISC 内核，采用了增强型的 MIPS32 Ⅱ ISA。

(2) 高级 RISC 机器（Advanced RISC Machine，ARM）ISA，它由 ARM 公司提供。全球很多半导体公司通过购买的方式，从 ARM 公司获取 Cortex-M 系列处理器核的 ISA、硬件描述语言（Hardware Description Language，HDL）设计代码、物理版图，并基于它们制造基于 ARM ISA 的 MCU 产品。比如，ST（中文称为意法半导体）公司的 STM32G0 系列 MCU 内集成了 Cortex-M0＋处理器核、STM32F4 系列 MCU 内集成了 Cortex-M4 处理器核、STM32H7 系列 MCU 内集成了 Cortex-M7 处理器核。

(3) 用于 Intel（中文称为英特尔）公司的 MCS-51 MCU（也称为 8051）和 MCS-251 MCU（也称为 80251）的 ISA。全球很多半导体公司基于英特尔授权的基于 MCS-51 MCU 和 MCS-251 MCU 的 ISA，设计并制造基于这些 ISA 的 MCU 产品。

具体来说，Intel 首先制定了一个 ISA，基于该 ISA 实现了 MCS-51 MCU。当其他 MCU 厂商得到了 ISA 的使用授权后，就可以自己也设计和实现基于该 ISA 的 MCU，简称为 8051 单片机。比如，STC 公司基于该 ISA，设计并量产了 STC89C52RC 系列 MCU、STC15 系列 MCU 和 STC8 系列 MCU。它们都基于 Intel MCS-51 MCU 的 ISA，因此这些 MCU 又称为 8051 单片机。此外，这些 8051 单片机对最早的 Intel MCS-51 MCU 的内部结构进行了改进和优化，使得其性能有了显著提高，因此又把 STC 公司的这些 8051 单片机称为增强型 8051 单片机。

1.2.2 MCS-51 指令集架构

MCS-51（通常称为 8051）是 Intel 公司 1980 年开发的应用于嵌入式系统的 8 位 MCU 系列。这个最早的版本在 20 世纪 80 年代和 90 年代早期就很受欢迎，其增强型的衍生产品（实际上是指使用 MCS-51 ISA 的改进型 MCU）至今仍被广泛应用于嵌入式系统中。

在 MCS-51 MCU 内部，集成了 CPU、RAM、ROM、I/O、UART、中断控制和定时器，它具有单独的程序指令和数据存储空间。本质上，MCS-51 是一个 8 位的 MCU，这是因为

MCS-51 核内部主要提供了可以实现算术和逻辑运算的 8 位算术逻辑单元、8 位数据总线和 8 位寄存器。

MCS-51 MCU 所使用的 ISA 包含 111 条指令,其中 49 条为单字节指令、46 条为双字节指令、16 条为三字节指令,这是复杂指令集计算机(Complex Instruction Set Computer,CISC)的典型代表。CISC 的典型特点就是具有可变的指令长度,并且允许在存储器上执行算术和逻辑运算。

与 CISC 不同,精简指令集计算机(Reduced Instruction Set Computer,RISC)主要表现为指令长度固定,并且不支持在存储器上执行算术和逻辑运算,所有的算术和逻辑运算必须在寄存器上完成,本节前面提到的用于 ARM Cortex-M 处理器核的 ISA 就属于 RISC 的范畴。

需要注意,由于半导体集成电路设计技术的发展,现代版本的 MCS-51 MCU 比 Intel 最早的 MCS-51 MCU 运行速度更快且性能更高,同时保持了与传统 MCS-51 ISA 指令的兼容性。最早的 Intel MCS-51 MCU 每个机器周期运行 12 个时钟周期,大多数指令在一个或两个机器周期内完成。典型地,最高时钟频率为 12MHz,这意味着早期 Intel 的 MCS-51 MCU 可以在每秒执行 100 万条单周期指令或 50 万条双周期指令。而现代版本的基于 MCS-51 ISA 的 MCU(或称为 8051 单片机)可以在每个周期执行一个时钟周期。这意味着在相同的时钟频率下,基于 MCS-51 ISA 的现代版本 8051 单片机可以在每秒执行 1200 万条单周期指令,或 600 万条双周期指令。并且,随着 8051 单片机时钟频率的提高,每秒可执行指令的个数还会显著增加。

思考与练习 1-6:下面属于 CISC 的 ISA 是(   )。
(A) Cortex-M0　　　(B) MCS_51　　　(C) MIPS　　　(D) MCS-251

思考与练习 1-7:下面属于 RISC 的 ISA 是(   )。
(A) Cortex-M0　　　(B) MCS-51　　　(C) Cotex-M3　　　(D) MIPS

思考与练习 1-8:英特尔 MCS-51 MCU(也称为 8051 单片机)每个机器周期运行_____个时钟周期,大多数指令在一个或两个机器周期内完成。而现代版本的基于 MCS-51 ISA 的 MCU(也称为增强型的 8051 单片机)可以在每个周期执行_____个时钟周期,速度快了_____倍。

思考与练习 1-9:英特尔的 MCS-51 属于_____位单片机,它具有_____(共享/独立)的程序存储器和数据存储器。

1.3　单片机硬件基础知识

本书以 STC 公司的 STC15W4K32S4 系列 8 位 8051 单片机为例,介绍了单片机的硬件基础知识,内容包括主要功能、IAP 和 ISP、I/O 驱动原理、硬件下载电路设计以及电源系统设计。

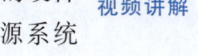

1.3.1　主要功能

该系列单片机的主要功能如下。
(1) 片内集成高达 4KB 容量的 RAM 数据存储空间。
(2) 采用了增强型 8051 CPU 内核,达到 1 个时钟/1 个机器周期的性能,比传统的 8051 速度快 7~12 倍。其速度比 STC 早期的 1T 系列单片机(如 STC12/11/10 系列)的速度快20%。

（3）采用宽电压供电技术，其工作电压范围为2.5～5.5V。

注意：当单片机工作在高时钟频率时，建议其工作电压范围2.7～5.5V。

（4）采用低功耗设计技术，该系列单片机可以工作在低速模式、空闲模式及掉电模式。

注意：当工作在掉电模式时，可通过外部中断或者内部掉电唤醒定时器唤醒。

（5）内置高可靠复位电路，不需要外部复位。当通过ISP编程时，提供16级可选的复位门槛电压。

（6）内置R/C时钟电路，无须使用外部晶体振荡器。当使用ISP编程时，内部时钟频率为5～35MHz。振荡器频率特性：在正常温度时，温漂为±0.3%；在−40～+85℃；温漂为±1%；在−20～+65℃时，温漂为±0.6%。

注意：读者也可以使用外部有源或者无源晶体振荡器产生的时钟输入信号。STC推荐使用内部的R/C时钟电路。

（7）提供了大量的掉电唤醒资源，包括INT0/INT1（上升沿/下降沿中断均可），INT2/INT3/INT4（下降沿中断）；CCP0/CCP1/RxD/RxD2/RxD3/RxD4/T0/T1/T2/T3/T4引脚；内部掉电唤醒专用定时器。

（8）该系列单片机提供了16KB、32KB、40KB、48KB、56KB、58KB、61KB、63.5KB容量的片内Flash程序存储器，擦写次数可达10万次以上。

（9）片内大容量EEPROM功能，擦写次数可达10万次以上。

（10）芯片集成8通道10位的高速ADC，采样速度可达30万次采样/秒。

（11）芯片集成比较器模块。可以当作1路ADC使用，并可作掉电检测；支持外部引脚CMP+与外部引脚CMP−进行比较，可产生中断，并可在引脚CMPO上产生输出（可设置极性）；也支持外部引脚CMP+与内部带隙电压进行比较。

（12）片内集成6通道15位带死区控制的专用高精度脉冲宽度调制（Pulse Width Modulation，PWM）模块。此外，还提供了2通道CCP模块，通过它的高速脉冲输出功能可实现2路11～16位PWM。它们可以用来实现以下功能：8路DAC功能；2个16位定时器；2个外部中断（支持上升沿/下降沿中断）。注：CCP是英文单词的缩写，即Capture（捕获）、Compare（比较）和PWM（脉冲宽度调制）。

（13）片内集成最多7个定时器/计数器模块，其中：5个16位可重装载定时器/计数器，包括T0/T1/T2/T3/T4（T0和T1与普通8051单片机的定时器/计数器模块兼容），均可实现时钟输出。通过引脚MCLKO，可以将分频（分频因子为1、2、4、16）后的系统时钟SYSCLK输出。此外，2路CCP也可实现2个定时器。

（14）片内提供可编程时钟输出功能。实现对内部系统时钟，或者连接到外部引脚的时钟进行分频后输出。其中：P3.5引脚输出定时器/计数器0的时钟T0CLKO；P3.4引脚输出定时器/计数器1的时钟T1CLKO；P3.0引脚输出定时器/计数器2的时钟T2CLKO；P0.4引脚输出定时器/计数器3的时钟T3CLKO；P0.6引脚输出定时器/计数器4的时钟T4CLKO；P3.4引脚对外输出分频后的系统时钟SYSCLK。

注意：对前面5个定时器/计数器的输出时钟，可实现1～65536级分频；对于15系列8个引脚封装的单片机而言，在P3.4引脚输出分频后的系统时钟SYSCLK。

（15）片内集成4个完全独立的超高速串口/UART。通过分时复用的方法，可当作

9个串口。

(16) 片内集成硬件看门狗定时器(Watch Dog Timer,WDT)模块。

(17) 该系列单片机采用了先进的指令集架构,100%兼容普通8051指令集。此外,提供了硬件乘法/除法指令。

(18) 该系列单片机提供了GPIO资源,根据不同器件,可提供26、30、42、38、46、62个GPIO端口。当对单片机复位后,将GPIO配置为准双向I/O口/弱上拉模式,这与传统8051单片机一致。在复位后,可以通过模式寄存器将GPIO设置为4种模式,即准双向口/弱上拉、强推挽/强上拉、仅为输入/高阻以及开漏。每个I/O口驱动能力最大可达到20mA,但是整个芯片的电流最大不要超过120mA。

8051单片机硬件开发平台使用了STC公司的硬件可仿真的IAP15W4K58S4。STC公司官方单片机开发平台的外观图如图1.3所示。

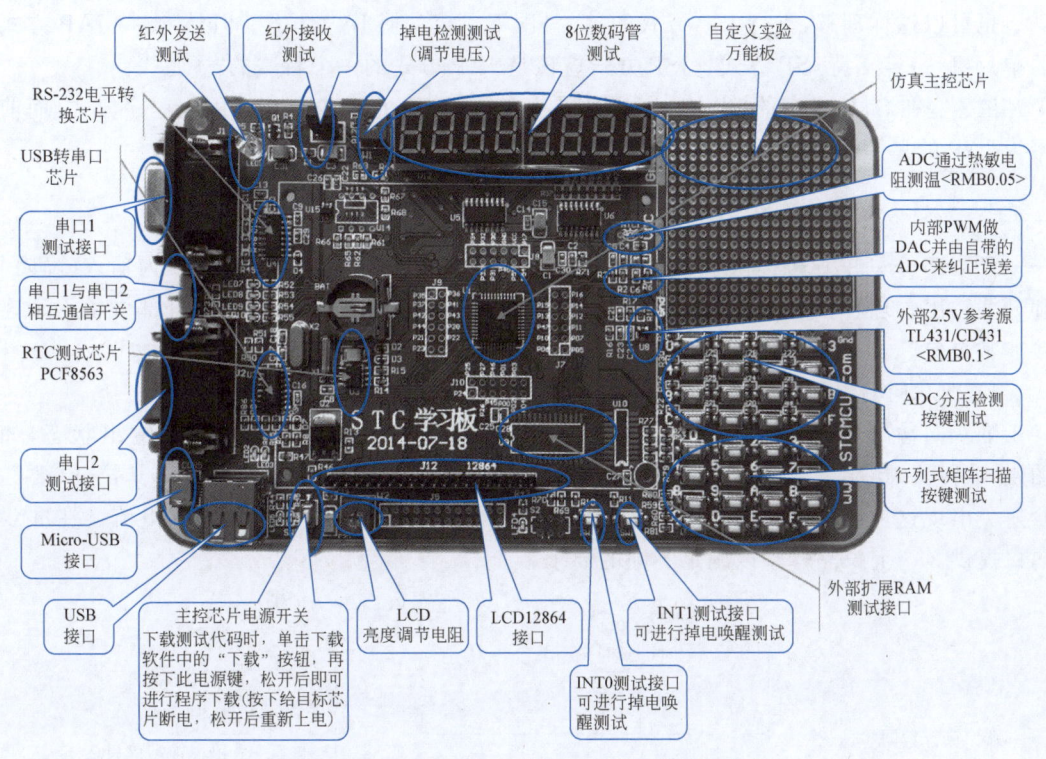

图1.3 STC公司官方单片机开发平台的外观图

1.3.2 ISP和IAP

当软件开发人员使用Keil μVision(C51)集成开发环境完成软件代码的编写和调试后,就需要使用STC公司提供的STC-ISP软件工具将最终的程序固化到8051单片机内部的程序存储器中。

很明显,当在本地完成程序的固化后,就可以将基于STC 8051单片机开发的电子产品(系统)交付给最终的用户。但是,也存在另一种情况,当最终的电子产品交付客户使用一段时间后,需要对产品的软件程序进行更新,但是由于种种原因设计人员又不能到达现场处理更新产品软件的事情,此时就需要使用其他更新方式。典型地,通过网络的远程更新方式。

因此，将本地固化程序的方式称为在系统编程（In System Programming，ISP），而将另一种固化程序的方式称为在应用编程（In Application Programming，IAP）。

1. ISP

通过单片机专用的串行编程接口和 STC 提供的专用串口下载器固化程序软件，对单片机内部的 Flash 存储器进行编程。一般来说，实现 ISP 只需要很少外部电路的辅助。

2. IAP

IAP 技术是从结构上将 Flash 存储器映射为两个存储空间。当运行一个存储空间的用户程序时，可对另一个存储空间重新编程。然后，将控制权从一个存储空间切换到另一个存储空间。与 ISP 相比，IAP 的实现更加灵活。典型地，可利用 USB 电缆和 USB-UART 转换芯片将 STC 单片机接到计算机的 USB 接口（在计算机上会虚拟出一个串口），并且通过软件开发人员自行开发的软件工具对 STC 单片机内部的存储器进行编程。

也可以这样理解，支持 ISP 方式的单片机，不一定支持 IAP 方式；但是，支持 IAP 方式的单片机，一定支持 ISP 方式。ISP 方式应该是 IAP 方式的一个特殊的"子集"。

注意：在 STC 量产的单片机中，前缀为 STC 的单片机不支持 IAP 固化程序方式，而前缀为 IAP 的单片机支持 IAP 固化程序方式。

1.3.3 I/O 驱动原理

STC15 系列单片机提供了四种驱动模式，即准双向输出、强推挽输出、仅为输入（高阻）和开漏输出。理解和掌握这些驱动模式和应用场景，对于将 STC 单片机与外部设备正确连接非常重要。

1) 准双向输出配置

准双向输出类型可以用作输出和输入功能，而不需要重新配置 I/O 口输出状态，如图 1.4 所示。当端口锁存数据置为逻辑高时，驱动能力很弱，允许外部设备将其拉低（要尽量避免出现这种情况）；当引脚的输出为低时，驱动能力很强，可吸收很大的电流。在准双向口提供 3 个上拉晶体管以满足不同的要求。

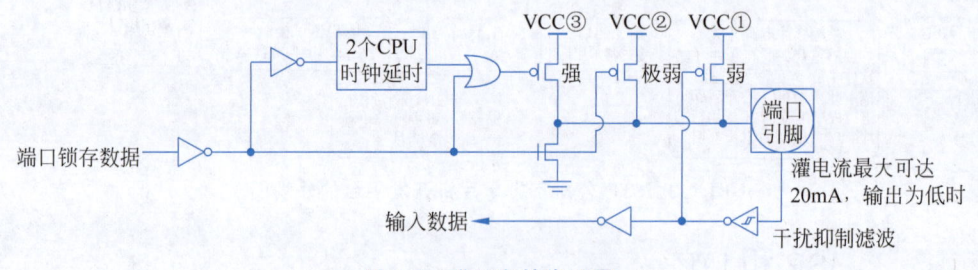

图 1.4　准双向输出配置

第 1 个晶体管（见图 1.4 中标号①）称为弱上拉晶体管。当端口锁存数据置"1"且引脚本身为"1"时打开，此上拉提供基本驱动电流使准双向口输出为"1"。如果一个引脚输出为"1"而由外部设备下拉到低时，弱上拉晶体管关闭而极弱上拉晶体管维持打开状态，为了把这个引脚强拉为低，外部设备必须有足够的灌电流能力使引脚上的电压降到门限电平以下。对于 5V 供电的单片机，弱上拉晶体管的电流大约为 $250\mu A$；对于 3.3V 供电的单片机，弱上拉晶体管的电流大约为 $150\mu A$。

第 2 个晶体管（见图 1.4 中标号②）称为极弱上拉晶体管。当端口锁存数据置为"1"时，该晶体管导通。当引脚悬空时,这个极弱的上拉源产生很弱的上拉电流将引脚上拉到高电平。对于 5V 供电的单片机,极弱上拉晶体管的电流约为 $18\mu A$;对于 3.3V 单片机,极弱上拉晶体管的电流约为 $5\mu A$。

第 3 个晶体管(见图 1.4 中标号③)称为强上拉晶体管。当端口锁存数据由"0"变化到"1"时,这个上拉用于加快准双向口由逻辑"0"到逻辑"1"的跳变过程。当出现这种情况时,强上拉打开约 2 个时钟以使引脚能够迅速地上拉到高电平。

STC 1T 系列单片机供电电压 VCC 为 3.3V,如果在引脚施加 5V 电压,将会有电流从引脚流向 VCC,这样将产生额外的功耗。

注意:建议不要在准双向口模式下向 3.3V 单片机引脚施加 5V 电压,如果出现这种情况,则需要外加限流电阻,或使用二极管/三极管作为输入隔离。在对准双向口读取外部设备状态前,要先将相应端口的位置为"1",才可以读到外部正确的状态,这点特别重要。

2) 强推挽输出配置

强推挽输出配置的下拉结构与开漏输出以及准双向口的下拉结构相同,如图 1.5 所示,但当端口锁存数据为"1"时,经过反相器后,晶体管①导通,晶体管②截止。因此,提供持续的强上拉。推挽模式一般用于需要更大驱动电流的情况。

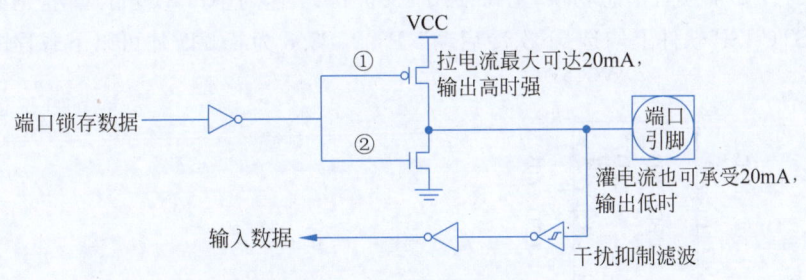

图 1.5 强推挽输出配置

3) 仅为输入(高阻)配置

输入口带有一个施密特触发器输入以及一个干扰抑制电路,如图 1.6 所示。

注意:仅为输入(高阻)时,不提供吸收 20mA 电流的能力。

4) 开漏输出配置

在开漏模式下,单片机既可以读取引脚的外部状态,也可以控制外部引脚输出高电平或低电平。如果要正确地读取外部状态或者需要对外部输出高电平,则要外加上拉电阻,如图 1.7 所示。

图 1.6 仅为输入配置

图 1.7 开漏输出配置

当端口锁存数据置为"1"时,经过反相器后变为"0",此时上拉晶体管截止(不导通)。很明显,这种配置方式需要在外部端口引脚接上拉电阻。当外接上拉电阻后,开漏模式的 I/O 口还可以读取外部状态,同时可以作为输出 I/O;当端口锁存数据置为"0"时,经过反相器后变为"1",晶体管导通,端口引脚下拉到地。

注意：8051 CPU 的时钟速度较高，因此，当软件执行由低变高的指令后，加入 1~2 个空操作延迟指令，再读取外部状态。在 STC 单片机中，通过 I/O 端口模式寄存器可以切换这些引脚的工作模式，在本书后续章节详细介绍这些寄存器。

思考与练习 1-10：根据图 1.4 分析准双向端口的工作原理。

思考与练习 1-11：根据图 1.5 分析强推挽模式端口的工作原理。

思考与练习 1-12：根据图 1.6 分析开漏输出模式端口的工作原理。

1.3.4 硬件下载电路设计

本节介绍 STC 公司提供的两个典型的 ISP 硬件下载电路，包括通过 USB-串口芯片的下载电路和 USB 直接下载编程电路。

1. 通过 USB-串口芯片的下载电路

通过 CH340G 芯片实现从 PC/笔记本电脑的 USB 与 IAP15W4K58S4 单片机串口的连接，如图 1.8 所示。由于 IAP15W4K58S4 单片机的 P3.0 和 P3.1 口作为下载/仿真使用（下载和仿真时仅可以使用 P3.0 和 P3.1 口），因此 STC 公司建议用户将串口 1 放在 P3.6/P3.7 或者 P1.6/P1.7。如果读者不想切换，坚持使用 P3.0/P3.1 作为串口 1 进行通信，则必须在下载程序时，在 STC-ISP 软件上勾选"下次冷启动"，P3.2/P3.3 为 0/0 时才可以下载程序。

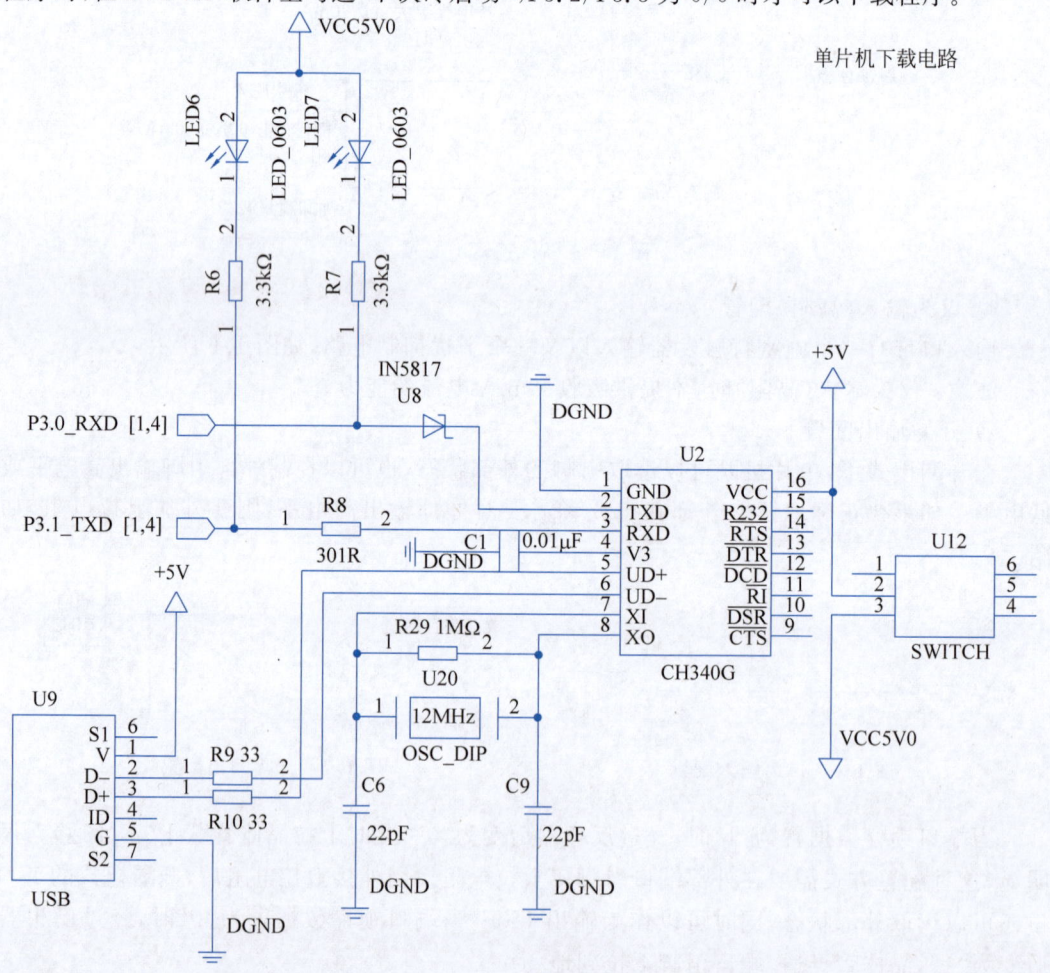

图 1.8 通过 USB 转串口芯片 CH340 的 STC 单片机下载电路

注意：内部高可靠复位,可彻底省掉外部复位电路。默认出厂时将 P5.4/RST/MCLK0 引脚设为 I/O 口,可以通过 STC-ISP 软件将其设置为 RST 复位脚(高电平复位)。建议在 VCC 和 GND 之间就近加上电源去耦电容 $47\mu F$、$0.01\mu F$,可去除电源线噪声,提高抗干扰能力。

2. USB 直接下载编程电路

STC 公司提供了通过 USB 直接下载编程电路,如图 1.9 所示。在这种下载模式中,单片机的 P3.0/P3.1 直接连接计算机 USB 的 D+和 D-信号线。这里外部晶振电路可以不焊接,但是建议在 PCB 板上设计此线路,如需使用 USB 直接下载模式则建议焊接该电路,该电路用于防止在 USB 直接下载时内部时钟精度不够准确而引起程序下载失败。

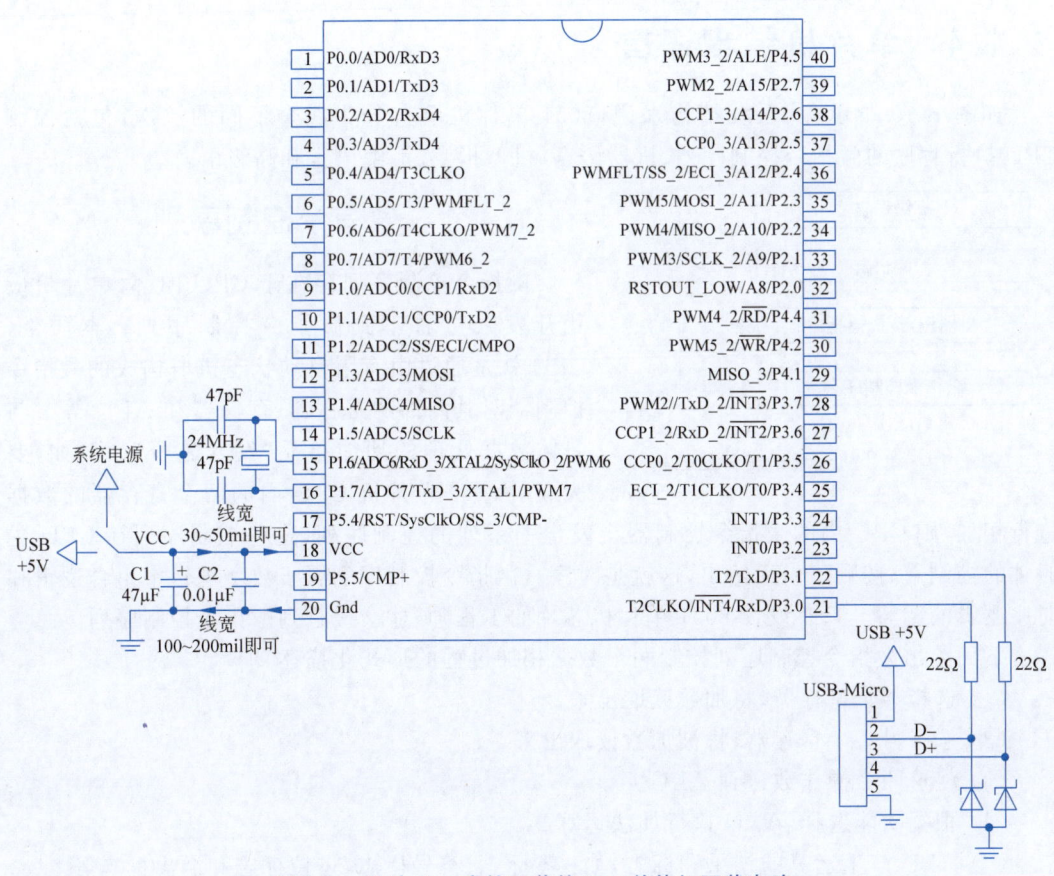

图 1.9　通过 USB 直接下载的 STC 单片机下载电路

注意：用 USB 直接下载编程电路不能实现硬件仿真/硬件在线调试功能。使用 USB 直接下载方式时,要注意 STC 公司 USB 驱动程序对 Windows 操作系统的支持程度。

1.3.5　电源系统设计

读者自己设计的单片机系统的电源可以由计算机 USB 供电;也可不用计算机 USB 供电,由系统电源供电。如果读者自己设计的单片机系统直接使用 USB 供电,则在将自己设计的单片机系统插到 PC/笔记本电脑的 USB 口时,计算机就会检测到 IAP15W4K58S4 单片机插入到 PC/笔记本电脑 USB 接口。如果读者第一次使用该计算机对 IAP15W4K58S4

单片机进行 ISP 下载,则该计算机会自动安装 USB 驱动程序,而 IAP15W4K58S4 单片机则处于等待状态,直到 PC/笔记本电脑安装完驱动程序并发送"下载/编程"命令给它。

如果读者自己开发的单片机系统使用系统电源供电,则该单片机系统必须在停电(即关闭系统电源)后才能插上计算机 USB 口。在单片机系统插到 PC/笔记本电脑 USB 接口并且打开单片机上的系统供电电源后,计算机会检测到 IAP15W4K58S4 单片机插入计算机 USB 接口。如果读者第一次使用计算机对 IAP15W4K58S4 单片机进行 ISP 下载,则该计算机会自动安装 USB 驱动程序,而 IAP15W4K58S4 单片机则自动处于等待状态,直到计算机安装完驱动程序,并且发送"下载/编程"命令给单片机系统。

注意:本书提供的硬件开发平台均采用 USB 直接供电方式。

1.4 单片机编程语言

如图 1.10 所示,从系统结构来说,8051 单片机语言分为四个不同的层次,包括控制 CPU 执行程序的微指令控制序列、机器语言/机器指令、汇编语言和高级语言。

1.4.1 微指令控制序列

微指令控制序列存在于 CPU 内部,单片机应用开发人员看不到微指令控制序列。本质上,CPU 就是通过由有限自动状态机所构成的微指令控制器对其内部的寄存器、存储器和 ALU 等参与具体数据处理的功能单元"发号施令"。例如,要完成对 8051 单片机 CPU 内的两个寄存器的数据进行相加,则 CPU 内的微指令控制器会发出一系列的控制序列,这些控制序列在 CPU 主时钟的控制下,按顺序先后给出,这就是时序。微指令控制序列属于数字逻辑中组合逻辑和时序逻辑的范畴。只有设计 8051 单片机芯片的工程师,才会接触到微指令控制序列。

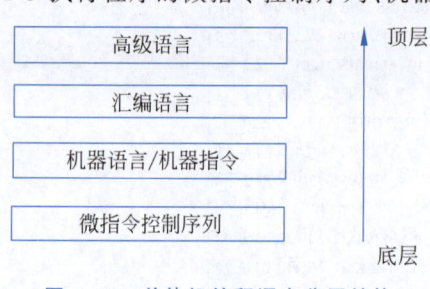

图 1.10 单片机编程语言分层结构

下面给出微指令控制序列控制两个数据相加过程的形式化描述。

(1) 选择某个寄存器,将加数读取出来。
(2) 选择另一个寄存器,将被加数读取出来。
(3) 将这两个操作数送到 ALU。
(4) 根据功能选择,ALU 执行加法运算。
(5) ALU 产生运算的结果和标志,如:零标志、符号标志、进位标志和溢出标志等。
(6) 根据指令的要求,将运算的结果送到寄存器或者存储器中进行保存。

可以看出,一个简单的加法运算要产生一系列的控制序列,这也是通常所说的译码和执行指令。

1.4.2 机器语言

从上面可以知道,单片机的应用工程师根本不需要知道微指令控制序列,他只要告诉 CPU,执行加法运算即可,也就是说,不需要掌握 CPU 内部结构的具体实现方式。保存在单片机内程序存储器中的由"0"和"1"构成的序列,就是机器语言(也称为机器指令或机器代码)。通过取出相应的机器指令(机器代码),就可以实现加法运算。

在 8051 单片机中，ACC 累加器和一个常数(立即数)相加的机器语言的格式，如图 1.11 所示。从图中可以看出，机器语言是由 0 和 1 构成的序列，这个序列(机器指令)中包含操作码和操作数两部分。

(1) 操作码。

操作码告诉 CPU 所需要执行的操作。该指令的操作码用二进制表示为：$(00100100)_2$，用十六进制表示为：$(24)_{16}$。操作码部分包含了操作的类型编码，同时也包含了一部分的操作数内容，指明了参与加法运算的一个数来自 ACC 累加寄存器中。

图 1.11 单片机机器语言格式

(2) 操作数。

操作数是操作的对象。操作对象包括立即数(常数)、寄存器和存储器等。在图 1.11 中，immediate data 表示立即数(常数)，占用了 1 字节(8bit)，表示参与加法运算的另一个数的具体取值。

但是，纯粹意义上的机器语言对程序员太难理解了，为什么？这是因为程序员是 CPU 的操作者，而不是 CPU 的设计者，程序员根本不可能从二进制代码的排列中看出机器语言所描述的逻辑操作行为。而且，程序员很难记忆这些"0"和"1"构成的机器语言/机器指令序列。

1.4.3 汇编语言

为了帮助程序员从更抽象的行为级上理解 CPU 所执行的操作，计算机软件设计人员开发了一套基于助记符的 CPU 指令系统的描述方法。通过汇编语言助记符指令，程序员可以将这些助记符所表示的 CPU 指令组合在一起，构成一个复杂的称为"程序"的软件来控制 CPU 的运行。

通过汇编器(软件工具)，将使用汇编语言助记符描述的指令转换成使用成机器语言描述的机器指令。用下面完整的汇编助记符形式描述机器指令，其中：标号用来表示一行指令；助记符表示所要执行的逻辑操作行为；操作数为逻辑操作行为所操作的具体对象。

[标号：]　　助记符　　[操作数]　　[；注释]

现在用下面的汇编语言助记符指令来描述图 1.11 的机器指令。其中：ADD 表示数据相加操作；A 表示目的操作数，即 ACC 累加器。♯25 表示源操作数。

ADD A，♯25

因此，这个汇编助记符指令所实现的功能是，将立即数(常数)25 和 ACC 累加器内所保存的数相加，得到的结果保存在 ACC 累加器中。因此，在汇编语言(助记符)级上理解 CPU 的指令操作更加直观，而且无须知道指令二进制的具体表示形式。因此，降低了软件程序设计人员在 8051 单片机上开发应用程序的难度。

但是，由于汇编语言下面是机器语言，所以对于使用汇编语言编程的程序员来说，必须很清楚 CPU 的指令集、寄存器单元和存储器映射等烦琐的硬件规则。虽然其执行效率与机器语言相当，但是使用汇编语言开发复杂应用程序的效率很低。由于很多程序员根本不了解 CPU 的具体内部结构，所以对他们而言，使用汇编语言编程并不比直接使用机器语言编程有更多的优势,这也是一件令他们非常苦恼的事情。

但是,汇编语言仍然非常重要,重要性体现在如下方面。

(1) 对理解 CPU 内部的结构和运行的原理非常重要。

(2) 很多与 CPU 打交道的软件驱动程序,尤其是操作系统的初始引导代码必须用汇编语言开发,这是因为以 C 语言为代表的高级语言,其语法并不能一一对应到机器指令,也就是无法实现某些机器指令的功能。

(3) 一些对程序执行时间比较苛刻的场合也需要使用汇编语言进行开发,这样能显著减少程序的运行时间,提高代码的执行效率。

1.4.4 高级语言

目前,MCU 的软件集成开发工具(如 Keil μVision)支持使用 C 语言实现对单片机的程序开发。C 语言不能直接运行在 CPU 上,它必须通过编译器和链接器(软件工具)的处理,最终生成可执行文件,也就是转换成机器语言才能在 CPU 上运行。

从图 1.10 可以看出,与 C 语言相比,汇编语言更接近于机器语言。因此,使用以 C 语言为代表的高级语言所编写的代码其运行的效率不可能比用汇编语言编程的运行效率高。所以,如果让 C 语言所编写的代码和汇编语言编写的代码有一样高的代码执行效率,需要 C 程序员使用各种程序设计技巧提高 C 语言代码的设计效率,并且调整编译工具的优先级设置选项,以满足代码长度和运行时间的双重要求。

代码长度和运行时间是单片机程序设计的两个最基本的要求。

(1) 要求程序代码尽可能短,这样可以大大节省所占用的程序存储器空间,减少对程序存储器空间的要求。

(2) 程序代码的运行尽量满足实时性的要求,这样在程序执行过程中可以实时地响应不同外设的要求。虽然对程序优化会让高级语言程序员耗费很多精力,但是,让他们高兴的是,他们再也不用和底层硬件直接打交道了。

现在令程序员更高兴的事情是,越来越多的厂商提供了硬件的应用程序接口(Application Program Interface,API)函数。这样,程序员可以不用知道更多的硬件实现细节,只需关心如何编写代码来使硬件工作,这样就大大提高了程序的设计效率。

下面以两个 8 位数相加为例,说明 C 语言、汇编语言和机器语言之间的关系。

代码清单 1-1 两个 8 位数相加的 C 语言描述的例子

```
void main()
{
    char a = 10, b = 80, c;
    c = a + b;
}
```

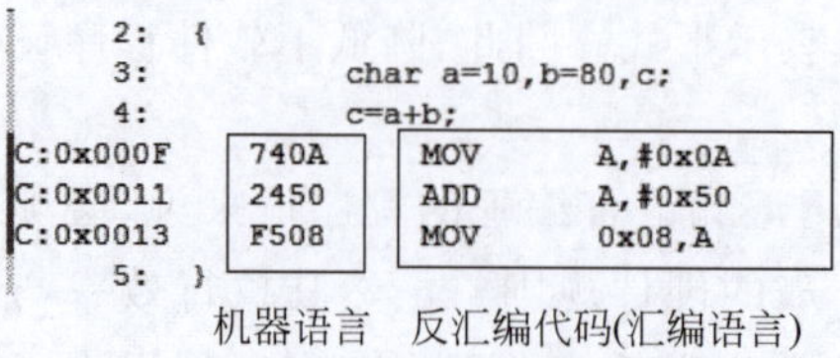

```
    2:   {
    3:       char a=10,b=80,c;
    4:       c=a+b;
C:0x000F  740A    MOV   A,#0x0A
C:0x0011  2450    ADD   A,#0x50
C:0x0013  F508    MOV   0x08,A
    5:   }
```
机器语言　反汇编代码(汇编语言)

图 1.12 C 语言、汇编语言和机器语言之间的关系

该段代码的反汇编代码(汇编语言)和机器指令(机器语言)与 C 语言之间的对应关系,如图 1.12 所示。

正如上面所提到的那样,8051 单片机软件代码开发的设计者必须能够很好地处理好汇编语言和 C 语言的关系。

思考与练习 1-13：单片机编程语言的四个层次为_____、_____、_____和_____。

思考与练习 1-14：机器语言/汇编语言指令中,包含_____和_____。

思考与练习 1-15：请说明在单片机程序设计中,使用 C 语言编程/汇编语言编程的优势。

对于 8051 单片机而言,应该从电子系统的高层次来认知,而不应该只从单片机本身来认知。这是因为由 8051 单片机所构成的电子系统,包括软件和硬件两部分。软件包括汇编语言设计、C 语言程序设计、操作系统、数据结构、算法(数字信号处理和控制理论)的知识,硬件包括模拟电子技术、数字逻辑、处理器、接口、ADC 和 DAC、电路设计的知识。

本书的编写就是基于 8051 单片机系统这个层次,虽然单片机所涉及的知识点较多,但是仍然有一条主线,即正确认识处理器架构、处理器和指令集之间的关系,汇编语言和 C 语言之间的关系,接口与外设之间的关系。

在学习单片机这门课程的时候应该紧密围绕着三大主题,即软件和硬件的协同设计、软件和硬件的协同仿真、软件和硬件的协同调试,这样才能把握整个单片机的"精髓"。

第 2 章 数值表示及转换

CHAPTER 2

本章介绍了数值表示方法及转换方法,内容包括常用码制、正数表示方法、正数码制转换、负数表示方法、负数补码的计算、定点数表示和浮点数表示。

在单片机 CPU 系统和程序设计中,经常会用到数值表示的基本概念和运算方法,是系统学习后续单片机内容的基础,读者务必要掌握本章内容。

2.1 常用码制

数字逻辑工作在开关状态下,即二进制状态。为了满足不同的运算需求,人们又制定了使用八进制、十进制和十六进制表示数字的规则。十进制是日常生活中经常使用到的一种记数规则。

2.1.1 二进制码制

二进制是以 2 为基数的进位制,即逢 2 进 1,如表 2.1 所示。在计算机系统中,采用二进制记数规则。这是因为采用二进制记数,只使用 0 和 1 两个数字符号,这样非常简单方便,并且很容易通过半导体元器件实现逻辑 0 和逻辑 1 两个状态。通过将 0 和 1 进行组合,就可以表示任意一个二进制数。

为了表示方便,在 C/C++ 语言中,二进制数以 0b 开头,如 0b1011、0b010111;在汇编语言中,二进制数以 B/b 结尾,如 1011B/1011b、010111B/01011b。

2.1.2 十进制码制

十进制是以 10 为基数的进位制,即逢 10 进 1,如表 2.1 所示。在十进制记数规则中,只出现 0~9 这十个数字。通过将这些数字进行组合,就可以表示任意一个十进制数。

在计算机系统中,对十进制数的表示没有特殊的要求。

2.1.3 八进制码制

八进制是以 8 为基数的进位制,即逢 8 进 1,如表 2.1 所示。在八进制记数规则中,只使用 0~7 这八个数字。通过将这些数字进行组合,就可以表示任何一个八进制数。

为了表示方便,在 C/C++ 语言中,八进制数以 0 开头,如 0123、0675;在汇编语言中,八进制数以 O/o 结尾,如 123O/123o、675O/675o。

2.1.4 十六进制码制

十六进制是以 16 为基数的进位制,即逢 16 进 1,如表 2.1 所示。在十六进制计数规则中,只使用数字 0~9 和字母 A/a、B/b、C/c、D/d、E/e、F/f(对应于十进制数的 10~15)表示。

为了表示方便,在 C/C++语言中,十六进制数以 0x 开头,如 0x1234、0xE1DD;在汇编语言中,十六进制数以 H 结尾,如 1234H、E1DDH。

注意:这种对应关系,只限制在非负的整数范围。对于负数整数的表示方法,将在后面进行详细说明。

表 2.1 不同进制数之间的对应关系

十进制数	二进制数	八进制数	十六进制数
0	0000	0	0
1	0001	1	1
2	0010	2	2
3	0011	3	3
4	0100	4	4
5	0101	5	5
6	0110	6	6
7	0111	7	7
8	1000	10	8
9	1001	11	9
10	1010	12	A
11	1011	13	B
12	1100	14	C
13	1101	15	D
14	1110	16	E
15	1111	17	F
16	10000	20	10
17	10001	21	11
18	10010	22	12
19	10011	23	13
20	10100	24	14

从表 2.1 中可以得出一些结论。

(1) 为什么在十六进制计数系统中,大于 9 小于 16 的数字使用字符 A/a、B/b、C/c、D/d、E/e、F/f 表示?这是因为如果不用 A/a 表示 10,而用 10 表示的话,会出现理解上的错误,十六进制中的 10 对应于十进制数 16,而不是对应于十进制数的 10。

(2) 观察八进制计数系统,八进制的 0~7 分别对应于二进制低三位的 000~111;八进制的 10~17 也分别对应于二进制计数系统中低三位的 000~111。也就是说,连续的八进制数,其循环周期为 8。因此,如果将二进制数从最低位开始,每三个数字为一组进行划分,就可以将二进制数转换成八进制数。例如,对于一个二进制数 10011000010,将其从最低位开始,每三个数字划分为一组,得到划分后的二进制数"10,011,000,010",可以直接得到所对应的八进制数 2302。

（3）观察十六进制计数系统，十六进制的 0～F 分别对应于二进制低四位的 0000～1111；十六进制的 10～1F 也分别对应于二进制计数系统中低四位的 0000～1111。也就是说，连续的十六进制数，其循环周期为 16。因此，如果将二进制数从最低位开始，每四个数字为一组进行划分，就可以将二进制数转换成十六进制数。例如，对于一个二进制数 10011000010，将其从最低位开始，每四个数字划分为一组，得到划分后的二进制数"100，1100，0010"，可以直接得到所对应的十六进制数 4C2。

2.1.5 BCD 码

BCD(Binary-Coded Decimal)码也称二进码十进数或二-十进制代码，用 4 位二进制数来表示 1 位十进制数中的 0～9 这 10 个数码，BCD 码是一种二进制数字编码形式，用二进制编码表示十进制代码。

BCD 码可分为有权码和无权码两类：有权 BCD 码有 8421 码、2421 码、5421 码，其中 8421 码是最常用的；无权 BCD 码有余 3 码、Gray 码(**注意**：Gray 码并不是 BCD 码)等。

1. 8421

8421 BCD 码是最基本和最常用的 BCD 码，它和四位自然二进制码相似，各位的权值为 8、4、2、1，故称为有权 BCD 码。与四位自然二进制码不同的是，它只选用了四位二进制码中前 10 组代码，即用 0000～1001 分别代表它所对应的十进制数，不使用余下的六组编码。

2. 5421 和 2421

5421 BCD 码和 2421 BCD 码为有权 BCD 码，它们从高位到低位的权值分别为 5、4、2、1 和 2、4、2、1。在这两种有权 BCD 码中，有的十进制数码存在两种加权方法，例如，5421 BCD 码中的数字 5，既可以用 1000 表示，也可以用 0101 表示；2421 BCD 码中的数字 6，既可以用 1100 表示，也可以用 0110 表示。这说明 5421 BCD 码和 2421 BCD 码的编码方案并不唯一。

3. 余 3 码

余 3 码是 8421 BCD 码的每个码组加 3(0011)形成的。常用于 BCD 码的运算电路中。

4. Gray 码

Gray 码也称循环码、格雷码，其最基本的特性是任何相邻的两组代码中，仅有一位数字不同，因而又叫单位距离码。

2.2 正数表示方法

本节介绍正数的表示方法，内容包括正整数的表示和正小数的表示。

2.2.1 正整数的表示

下面更进一步地说明不同进制数的表示方法。

（1）对于一个四位十进制数 7531，用 10 的幂次方表示为

$$7 \times 10^3 + 5 \times 10^2 + 3 \times 10^1 + 1 \times 10^0$$

（2）对于一个五位二进制数 10101，用 2 的幂次方表示为

$$1\times2^4+0\times2^3+1\times2^2+0\times2^1+1\times2^0$$

该二进制数等价于十进制数 21。

(3) 对于一个三位八进制数 327,用 8 的幂次方表示为

$$3\times8^2+2\times8^1+7\times8^0$$

该八进制数等价于十进制数 215。

(4) 对于一个四位十六进制数 13AF,用 16 的幂次方表示为

$$1\times16^3+3\times16^2+A\times16^1+F\times16^0$$

注意：A 等效于十进制数 10,F 等效于十进制数 15。

该十六进制数等价于十进制数 5039。

推广总结：

(1) 对于一个 N 位的二进制数,最低位记为第 0 位,最高位记为第 $N-1$ 位。其计算公式为

$$Y=S_{N-1}\cdot2^{N-1}+S_{N-2}\cdot2^{N-2}+\cdots+S_1\cdot2^1+S_0\cdot2^0$$

其中,S_i 为第 i 位二进制数的值,取值为 0 或者 1;2^i 为第 i 位二进制数的权值;Y 为等效的十进制数。

(2) 对于一个 N 位的八进制数,最低位记为第 0 位,最高位记为第 $N-1$ 位。其计算公式为

$$Y=S_{N-1}\cdot8^{N-1}+S_{N-2}\cdot8^{N-2}+\cdots+S_1\cdot8^1+S_0\cdot8^0$$

其中,S_i 为第 i 位八进制数的值,取值范围为 0~7;8^i 为第 i 位八进制数的权值;Y 为等效的十进制数。

(3) 对于一个 N 位的十六进制数,最低位为第 0 位,最高位为第 $N-1$ 位。其计算公式为

$$Y=S_{N-1}\cdot16^{N-1}+S_{N-2}\cdot16^{N-2}+\cdots+S_1\cdot16^1+S_0\cdot16^0$$

其中,S_i 为第 i 位十六进制数的值,取值范围为 0~9、A~F;16^i 为第 i 位十六进制数的权值;Y 为等效的十进制数。

从上面的表示方法可以得到一个重要结论,即不同进制的数就是数字和对应的权值相乘,然后进行相加所得到的最终结果。

2.2.2 正小数的表示

前面介绍了使用其他进制表示十进制正整数的方法。那么,一个十进制的正小数又该如何表示呢？

(1) 对于一个 3 位十进制小数 0.714,用 10 的幂次方表示为

$$7\times10^{-1}+1\times10^{-2}+4\times10^{-3}$$

(2) 对于一个 5 位二进制小数 0.10101,用 2 的幂次方表示为

$$1\times2^{-1}+0\times2^{-2}+1\times2^{-3}+0\times2^{-4}+1\times2^{-5}$$

其等效于十进制小数 0.65625。

推广总结：

对于一个 N 位的二进制小数,最高位为第 0 位,最低位为第 $N-1$ 位。其计算公式为

$$Y = S_0 \cdot 2^{-1} + S_1 \cdot 2^{-2} + S_2 \cdot 2^{-3} + \cdots + S_{N-1} \cdot 2^{-N}$$

其中,S_i 为第 i 位二进制小数的值,取值范围为 0 或者 1;$2^{-(i+1)}$ 为第 i 位二进制小数的权值;Y 为等效的十进制小数。

从上面的计算过程可以看出,二进制整数和二进制小数的区别在于,二进制整数的权值为整数,二进制小数的权值为小数。

注意:对于一个既包含整数部分,又包含小数部分的二进制正数来说,就是将整数部分和小数部分分别用整数二进制计算公式和小数二进制计算公式表示。

2.3 正数码制转换

2.3.1 十进制整数转换成其他进制数

本节介绍十进制正整数转换成二进制数和十六进制数的方法。

1. 十进制正整数转换成二进制数的方法

将十进制正整数转换成对应的二进制数的方法主要包括长除法和比较法。

1) 长除法

采用长除法,除数始终为 2,将十进制进行分解,直到商为 0 结束。然后,按顺序将最后得到的余数排在最高位,而最先得到的余数排在最低位。

【例 2-1】 使用长除法将十进制整数 59 转换成所对应的二进制数。

$59 \div 2 = 29 \cdots 1$
$29 \div 2 = 14 \cdots 1$
$14 \div 2 = 7 \cdots 0$
$7 \div 2 = 3 \cdots 1$
$3 \div 2 = 1 \cdots 1$
$1 \div 2 = 0 \cdots 1$

注意:$\cdots$ 前面的数字表示商,$\cdots$ 后面表示的数字为余数。

所以,十进制正整数 59 所对应的二进制数为 111011。

2) 比较法

比较法也就是让需要转换的正整数和不同的二进制权值进行比较。

(1) 当需要转换的正整数大于所对应的二进制权值时,得到 1,并且将转换的正整数减去二进制权值得到余数。然后,再用得到的余数与下一个二进制权值进行比较。

(2) 当需要转换的数小于所对应的二进制权值时,得到 0,并且不做任何处理。

【例 2-2】 使用比较法将十进制正整数 59 转换成所对应的二进制数。

通过比较法,如表 2.2 所示,得到十进制正整数 59 所对应的二进制数为 111011。

表 2.2 比较法将十进制正整数转换为二进制数

比较的数	59	59	27	11	3	3	1
二进制权值	2^6(64)	2^5(32)	2^4(16)	2^3(8)	2^2(4)	2^1(2)	2^0(1)
对应的二进制值	0	1	1	1	0	1	1
余数	59	27	11	3	3	1	0

从以上两种方法可以看出,比较法比长除法更容易理解,显著降低了运算量。并且,只

要改变比较的权值,就可以得到十进制转换成其他进制的计算方法。

2. 十进制正整数转换成十六进制数的方法

将十进制正整数转换成对应的十六进制数的方法主要包括长除法和比较法。

1) 长除法

采用长除法,除数始终为16,将十进制数进行分解,直到商为0结束。然后,按顺序将最后得到的余数排在最高位,而最先得到的余数排在最低位。

【例2-3】 使用长除法将十进制整数4877转换成所对应的十六进制数。

$4877 \div 16 = 304 \cdots 13(D)$

$304 \div 16 = 19 \cdots 0$

$19 \div 16 = 1 \cdots 3$

$1 \div 16 = 0 \cdots 1$

注意:…前面的数字表示商,…后面表示的数字为余数。

所以,十进制正整数4877所对应的十六进制数为130D。

2) 比较法

比较法就是让需要转换的正整数和不同的十六进制权值进行比较。

(1) 当需要转换的正整数大于所对应的十六进制权值时,得到商,并且转换的正整数减去十六进制权值与商的积得到余数。然后,再用得到的余数与下一个十六进制权值进行比较。

(2) 当需要转换的数小于所对应的十六进制权值时,得到0,并且不做任何处理。

【例2-4】 使用比较法将十进制整数4877转换成所对应的十六进制数。

通过比较法,如表2.3所示,得到十进制正整数4877所对应的十六进制数为130D。

表2.3 比较法将十进制正整数转换为十六进制数

比较的数	4877	781	13	13
十六进制权值	$16^3(4096)$	$16^2(256)$	$16^1(16)$	$16^0(1)$
对应的十六进制值	1	3	0	D
余数	781	13	13	0

2.3.2 十进制小数转换成二进制数

将十进制小数转换成二进制数的方法主要包括长乘法和比较法。

1. 长乘法

将小数乘以2,取其整数部分的结果。然后,再用计算后的小数部分依此重复计算,算到小数部分全为0为止。在读取整数部分的结果时,最先得到的整数放在小数的最高有效位,而最后得到的整数放在小数的最低有效位。

【例2-5】 使用长乘法将一个十进制小数0.8125转换成所对应的二进制小数。

$0.8125 \times 2 = 1.625$ 取整是1

$0.625 \times 2 = 1.25$ 取整是1

$0.25 \times 2 = 0.5$ 取整是0

$0.5 \times 2 = 1.0$ 取整是1

所以,十进制小数0.8125所对应的二进制小数表示为0.1101。

2. 比较法

比较法也就是让需要转换的小数和所对应的二进制权值进行比较。

（1）当需要转换的小数大于所对应的二进制权值时，得到 1，并且将转换的小数减去所对应的二进制权值得到余数。然后，再用得到的余数与下一个二进制权值进行比较。

（2）当需要转换的小数小于所对应的二进制权值时，得到 0，并且不做任何处理。

【例 2-6】 使用比较法将一个十进制小数 0.8125 转换成所对应的二进制数。

通过比较法，如表 2.4 所示，得到十进制小数 0.8125 所对应的二进制数为 0.1101。

表 2.4 比较法将十进制小数转换为二进制小数

比较的数	0.8125	0.3125	0.0625	0.0625
二进制权值	$2^{-1}(0.5)$	$2^{-2}(0.25)$	$2^{-3}(0.125)$	$2^{-4}(0.0625)$
对应的二进制值	1	1	0	1
余数	0.3125	0.0625	0.0625	0

思考与练习 2-1：完成下面整数的转换（使用最少的位数）：

(1) $(35)_{10}$ = (_____)$_2$ = (_____)$_{16}$ = (_____)$_8$

(2) $(213)_{10}$ = (_____)$_2$ = (_____)$_{16}$ = (_____)$_8$

(3) $(1034)_{10}$ = (_____)$_2$ = (_____)$_{16}$ = (_____)$_8$

思考与练习 2-2：完成下面正数的转换（使用最少的位数）：

(1) $(13.076)_{10}$ = (_____)$_2$

(2) $(247.0678)_{10}$ = (_____)$_2$

2.4 负数表示方法

前面介绍的是正数的表示方法。但是，在日常的计算过程中，计算机也会大量地遇到负数的情况。例如：对于 5－3 的减法运算，可以写成 5＋(－3)。这样，减法运算就变成了加法运算。但是，正数变成了负数。

在数字系统中，用于执行算术运算功能的部件经常需要处理负数。所以，必须要定义一种表示负数的方法。一个字长为 N 位的二进制系统（如计算机）总共可以表示 2^N 个十进制整数，可以使用 $2^N/2$ 个二进制数表示十进制的非负整数（包括零和正整数），使用 $2^N/2$ 个二进制数表示十进制的负整数。在实际的数字系统（如计算机）中，将 N 位字长的二进制数中的一个比特位用作一个符号位，以区分正数和负数。通常，将 N 位字长二进制数的最高有效位(Most Significant Bit，MSB)作为符号位。当 MSB 取值为 1 时，该二进制数表示十进制的负数；当 MSB 取值为 0 时，该二进制数表示十进制的正数。

在所有可能的负数二进制编码方案中，经常使用符号幅度表示法和二进制补码表示法。

2.4.1 符号幅度表示法

当采用符号幅度表示法时，N 位字长二进制数的 MSB 表示符号位，剩下的 N－1 位表示幅度，如图 2.1(a)所示。对于一个字长为 8 位的二进制数来说，当采用符号幅度表示法时，十进制的正整数 16 用二进制数表示为 00010000，而十进制的负整数－16 用二进制数表示为 10010000。这种表示方法，比较直观并且很容易理解。

但是，符号幅度表示法用在数字系统中表示负数时，最不利的方面体现在如下方面。

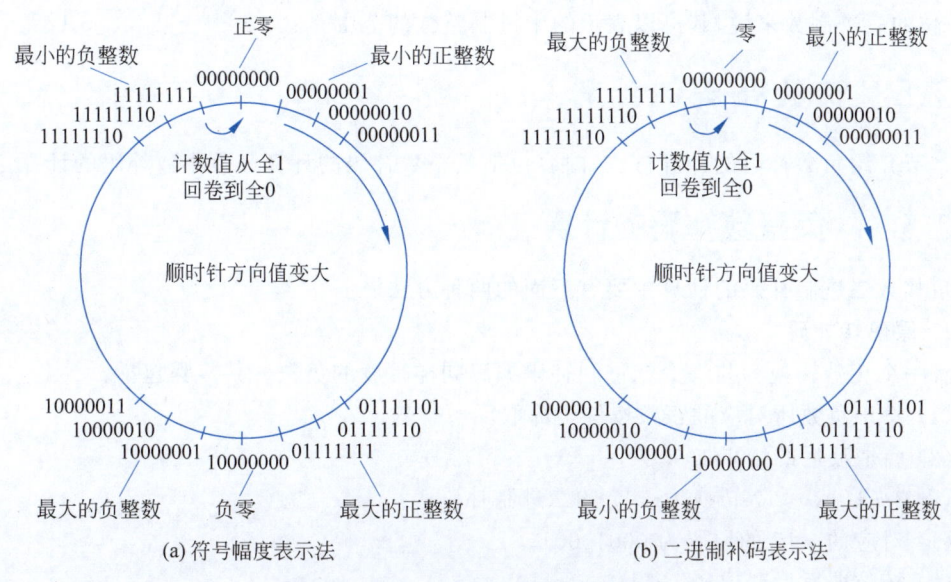

图 2.1 8 位负整数的两种不同表示法

(a) 符号幅度表示法   (b) 二进制补码表示法

(1) 最大的正整数将出现在二进制数所表示范围近一半的地方,后面紧跟着负零,然后是最大的负整数,如图 2.1(a)所示。

(2) 最小的负整数出现在二进制数可表示范围的末尾,如图 2.1(a)所示。很明显,在最小的十进制负整数(-127)后面,由于二进制数位宽(字长)的限制,最小的十进制负整数 -127(二进制表示为 11111111)将回卷到正零(二进制表示为 00000000)。由于从最小的十进制负整数 -127 将跳变到正零,出现了表示数的不连续问题。

(3) 在幅度符号表示法中,二进制数 00000000 表示为正零(符号位为 0 表示正数),10000000 表示为负零(符号位为 1 表示负数)。因此,出现了对零这个整数的两种不同表示方法。

因此,一个更好的负整数表示方法应该将最大的负整数、零和最小的正整数放在相邻的位置,即数的表示应具有连续性,并且消除对零的两种不同表示方法。

2.4.2 补码表示法

由于符号幅度表示法存在明显的缺陷,因此引入了二进制补码表示法,如图 2.1(b)所示。在采用二进制补码表示法时,MSB 仍是符号位,MSB 取值为 1 表示负数,MSB 取值为 0 表示正数。在这种表示法中,整数 0 只由一个 N 位字长的全零二进制数表示,因此消除了在幅度符号表示法中对整数 0 的两种不同表示方法。在补码表示法中,除了零以外,其余的 2^N-1 个数表示正整数和负整数。由于 2^N-1 是奇数,而 $\lceil(2^N-1)/2\rceil$ 个二进制数表示十进制数中的负整数,其余的 $\lfloor(2^N-1)/2\rfloor$ 个二进制数表示十进制数中的正整数。换句话说,可以表示的十进制负整数比可以表示的十进制正整数要多一个数。在该例子中,由于使用 8 位字长的二进制数表示十进制整数,因此可以表示的十进制负整数范围是 -128~-1,可以表示的十进制正整数的范围是 +1~+127,此外还包含一个十进制整数 0。

采用二进制补码表示负数唯一的缺点就是不直观,但是消除了符号幅度表示法所存在的所有缺陷。因此,在实际的数字系统中通常采用二进制补码来表示负数。对于一个字长为 N 位的二进制数来说,其可以表示的十进制整数的范围是:$-2^{N-1} \sim 2^{N-1}-1$。

2.5 负数补码的计算

本节介绍负数补码的计算方法,内容包括负整数补码的计算和负小数补码的计算。

2.5.1 负整数补码的计算

负整数二进制补码的计算主要有下面的两种方法。

1. 原码转补码

将一个正数转换为与一个二进制补码编码同样幅度的负数。其步骤包括:
(1) 将该负数所对应的正数按位全部取反。
(2) 将取反后的结果加 1。

【例 2-7】 将+17 转换为-17 的二进制补码。
(1) 对应的+17 的原码为 00010001。
(2) 按位取反后变成 11101110。
(3) 结果加 1,变成 11101111。

【例 2-8】 将-35 转换为+35 的二进制补码。
(1) 对应的-35 的补码为 11011101。
(2) 按位取反后变成 00100010。
(3) 结果加 1,变成 00100011。

【例 2-9】 将-127 转换为+127 的二进制补码。
(1) 对应的-127 的补码为 10000001。
(2) 按位取反后变成 01111110。
(3) 结果加 1,变成 01111111。

【例 2-10】 将+1 转换为-1 的二进制补码。
(1) 对应的+1 的原码为 00000001。
(2) 按位取反后变成 11111110。
(3) 结果加 1,变成 11111111。

2. 比较法

比较法的计算步骤如下。
(1) 得到需要转换负数的最小权值,该权值为负数,以-2^i表示,使得其满足:
$$-2^i < 需要转换的负数$$
(2) 取比该权值绝对值 2^i 小的权值,以 $2^{i-1}, 2^{i-2}, \cdots, 2^0$ 的幂次方表示。
(3) 需要转换的负数$+2^i$,得到了正数,以后的权值 $2^{i-1}, 2^{i-2}, \cdots, 2^0$ 按照前面的方法和这个正数进行比较。

【例 2-11】 使用比较法得到负整数-97 所对应的二进制补码。

对于负的十进制整数-97 来说,假设使用 8 位二进制数进行表示,则其所对应的二进制补码为 10011111B,如表 2.5 所示。

表 2.5 有符号整数的二进制补码表示

转换的数	−97	31	31	31	15	7	3	1
权值	$-2^7(-128)$	$2^6(64)$	$2^5(32)$	$2^4(16)$	$2^3(8)$	$2^2(4)$	$2^1(2)$	$2^0(1)$
二进制数	1	0	0	1	1	1	1	1
余数	31	31	31	15	7	3	1	0

2.5.2 负小数补码的计算

对于负小数二进制补码来说,最容易的方法就是比较法。其方法和前面介绍负整数补码中所使用的比较法类似,步骤如下所述。

(1) 得到需要转换负数的最小权值,该权值为负数,以 -2^0 表示。

(2) 取比该权值绝对值 2^i 小的权值,以 $2^{-1},2^{-2},\cdots,2^{-N}$ 的幂次方表示。

(3) 需要转换的负小数+1,得到了正数,以后的权值 $2^{-1},2^{-2},\cdots,2^{-N}$ 按照前面的方法和这个正数进行比较。

【例 2-12】 使用比较法得到负小数 −0.03125 所对应的二进制补码,如表 2.6 所示。对于负小数 −0.03125 来说,其所对应的二进制补码为 1.11111。

表 2.6 有符号小数的二进制补码表示

转换的数	−0.03125	0.96875	0.46875	0.21875	0.09375	0.03125
权值	$-2^0(-1)$	$2^{-1}(0.5)$	$2^{-2}(0.25)$	$2^{-3}(0.125)$	$2^{-4}(0.0625)$	$2^{-5}(0.03125)$
二进制数	1	1	1	1	1	1
余数	0.96875	0.46875	0.21875	0.09375	0.03125	0

思考与练习 2-3:当数据宽度为 8 位时,使用补码表示下面的负整数:

(1) −1=_____。

(2) −127=_____。

(3) −55=_____。

思考与练习 2-4:当数据宽度为 8 位时,可以表示整数的范围是_____。

思考与练习 2-5:当数据宽度为 16 位时,可以表示整数的范围是_____。

思考与练习 2-6:当数据宽度为 8 位时,使用补码表示下面的小数:

(1) −0.897=_____。

(2) −0.003=_____。

上面使用二进制数进行表示时,是否存在误差? 如果有误差,请计算误差的大小。

2.6 定点数表示

定点数就是二进制小数点在固定位置的数。二进制小数点左边部分的位被定义为整数位,而该点右边部分的位被定义成小数位。例如,对于二进制定点小数 101.01011 来说,有 3 个二进制整数位 101,5 个二进制小数位 01011。通常表示为 Q$m.n$ 格式。其中:

(1) m 为整数部分的二进制的位数。m 越大,表示数的动态范围越大;反之,表示数的范围越小。

(2) n 为小数部分的二进制的位数。n 越大,表示数的精度越高;反之,表示数的精度越低。

对于定点数而言,$m+n$ 为定值。因此,只能在动态范围和小数精度之间进行权衡。

【例 2-13】 将十进制数 −28.65625 用定点二进制的形式表示。

使用前面所介绍的比较法，将 −28.65625 表示成 Q7.5 定点二进制数 1100010.01011B，如表 2.7 所示。

表 2.7 定点数的二进制补码表示

转换的数	−28.65625	35.34375	3.34375	3.34375	3.34375	3.34375	1.34375	0.34375	0.34375	0.09375	0.09375	0.03125
权值	-2^6	2^5	2^4	2^3	2^2	2^1	2^0	2^{-1}	2^{-2}	2^{-3}	2^{-4}	2^{-5}
二进制数	1	1	0	0	0	1	0	0	1	0	1	1
余数	35.34375	3.34375	3.34375	3.34375	3.34375	1.34375	0.34375	0.34375	0.09375	0.09375	0.03125	0

思考与练习 2-7：对于下面的有符号数，采用 Q4.5 表示：

(1) 5.678＝_____。

(2) −7.276＝_____。

2.7 浮点数表示

本节将介绍浮点数的表示方法。许多具有专用浮点单元(Float-Point Unit，FPU)的数字信号处理器中广泛使用浮点处理单元。但是不建议使用浮点处理，这是因为：运算速度慢；占用大量的逻辑设计资源。

但是，某些情况下 FPU 也是必不可少的。例如，在需要一个很大动态范围或者很高计算精度的应用场合。

此外，使用浮点可能使得设计更加简单。这是因为在定点设计中，需要最好地利用可用的动态范围。但是，在浮点设计中，不需要考虑动态范围的限制。

浮点数可以在更大的动态范围内提供更高的分辨率。通常，当定点数由于受其精度和动态范围所限不能精确表示数值时，浮点数能提供更好的解决方法。当然，也在速度和复杂度方面带来了损失。大多数的浮点数都遵循单精度或双精度的 IEEE 浮点标准。标准浮点数字长由一个符号位 S、指数 e 和无符号（小数）的规格化尾数 m 构成，如图 2.2 所示。

| S | 指数 e | 无符号尾数 m |

图 2.2 浮点数的格式

浮点数可以用下式描述：

$$X = (-1)^S 1.m \cdot 2^{e-\text{bias}}$$

对于 IEEE-754 标准来说，还有下面的约定：

(1) 当指数 $e=0$，尾数 $m=0$ 时，表示 0。

(2) 当指数 $e=255$，尾数 $m=0$ 时，表示无穷大。

(3) 当指数 $e=255$，尾数 $m!=0$ 时，表示 NaN (Not a Number，不是一个数)。

(4) 对于最接近于 0 的数，根据 IEEE-754 的约定，为了扩大对 0 值附近数据的表示能力，取阶码 $P=-126$，尾数 $m=(0.00000000000000000000001)_2$。此时该数的二进制表示为 0 00000000 00000000000000000000001。IEEE 给出了单精度和双精度格式的参数，如表 2.8 所示。

表 2.8 IEEE 的单精度和双精度格式的参数

参数	单精度	双精度
字长	32	64
尾数	23	52
指数	8	11
偏置	127	1023

第 3 章 Keil μVision(C51)开发工具

CHAPTER 3

本章将简要介绍用于开发 STC 8051 单片机所需要的 Keil μVision5 集成开发环境,以及该集成开发环境的设计流程,并通过一个简单的 C 语言设计实例说明 Keil μVision5 的基本开发流程。

通过本章内容,可以初步了解 STC 8051 单片机的软件开发环境,并初步掌握由 Keil μVision5 实现单片机程序开发的基本设计流程。

3.1 Keil μVision 集成开发环境介绍

Keil 公司于 2014 年推出了集成开发环境 μVision5,它是一个基于 Windows 操作系统(32 位/64 位)的开发平台。

3.1.1 软件功能介绍

μVision5 提供了功能强大的编辑器,并且提供了管理工程的功能。μVision5 集成了用于开发嵌入式应用的所有工具,包括:C/C++编译器、宏汇编器、链接器/定位器和 HEX 文件生成器。通过该集成开发环境提供的下列功能,可以帮助程序员加速开发的过程。

(1) 全功能的源代码编辑器。
(2) 用于配置开发工具的元件库。
(3) 用于创建和维护工程的工程管理器。
(4) 用于对嵌入式设计文件进行处理的汇编器、编译器和链接器。
(5) 用于所有开发环境设置的对话框界面。
(6) 集成了带有高速 CPU 和外设仿真器的源码级和汇编器级调试器工具。
(7) 用于对目标硬件进行软件调试的高级 GDI 接口,以及 Keil ULINK 调试适配器。
(8) 用于将应用程序下载到 Flash 存储器的 Flash 编程工具。
(9) 手册、在线帮助、器件手册和用户指南。

注意:STC 使用自己专用的 STC-ISP 工具将应用程序下载到 STC 单片机的 Flash 存储器中。

μVision5 集成开发环境和调试器是整个 Keil 开发工具链的中心,它们提供了大量的特性以帮助程序开发人员快速完成嵌入式应用的开发。

μVision5 提供了建立模式(Build Mode),用于创建应用程序,以及调试模式(Debug Mode),用于调试应用程序。通过 μVision5 集成的仿真器或者实际的硬件系统,设计者可以对应用程序进行调试。比如:通过 STC 提供的下载工具 STC-ISP 和 USB 下载电缆,设计者可以在实际系统上通过 Keil 集成开发环境对应用程序进行在线调试。

注意：并不是所有的 STC15 系列单片机都支持硬件调试功能，设计者可以参考 STC15 系列单片机手册以了解是否支持对单片机进行硬件仿真。本书介绍的 IAP15W4K58S4 和 STC8 系列单片机均支持对单片机的硬件仿真(在线调试)功能。

3.1.2 软件的下载

为方便对本书后续内容的学习，本节将介绍 μVision5 软件的下载方法，下载 μVision5 集成开发环境的步骤如下。

注意：在进行下面的过程前，必须保证网络正常连接。

(1) 在计算机浏览器地址栏中，输入 http://www.keil.com，登录 Keil 官网。

(2) 在打开的 Keil 官网左侧的 Software Downloads 下找到并单击 Product Downloads，如图 3.1 所示。

(3) 在打开的页面中，出现 Download Products 页面。在该页面中，单击 C51，如图 3.2 所示。

(4) 打开 C51 界面，该界面提供了列表，需要填写相关信息，如图 3.3 所示。

图 3.1 进入下载界面入口(一)

注意：凡是标识黑体的项，都需要提供信息，E-mail 信息必须真实有效。

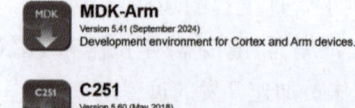

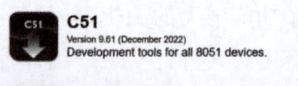

图 3.2 进入下载界面入口(二)

(5) 当填写必要的信息后，单击该页面下方的 Submit 按钮。

(6) 出现新的界面。在该界面下，单击 C51V961.EXE 图标，如图 3.4 所示。

图 3.3 进入下载界面入口(三)

图 3.4 进入下载界面入口(四)

(7) 出现"下载"对话框,显示了下载软件的进度,如图 3.5 所示。

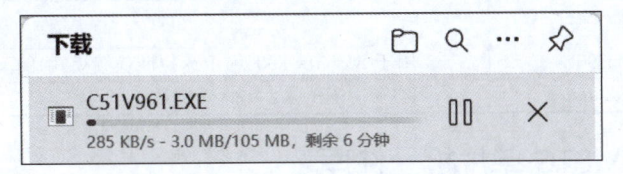

图 3.5 "下载"对话框显示下载软件的进度

3.1.3 软件的安装

本节将介绍 Keil μVision5 软件的安装方法,主要步骤如下。

(1) 下载完软件后,在"下载"对话框单击"在文件夹中显示"按钮。

(2) 进入到保存安装文件的目录中。在该目录中,找到并双击 C51V961.exe。

(3) 按照安装过程中的提示信息完成软件的安装。在安装软件的过程中,默认安装路径为 C:\Keil_v5。

(4) 安装成功后,在 Windows 11 操作系统桌面的底部单击"开始"按钮,弹出浮动菜单。单击浮动菜单右上角的"全部"按钮,定位到标题为"K"的窗口,在该窗口中,出现 Keil μVision5 图标,如图 3.6(a)所示;同时,在 Windows 11 操作系统桌面上出现名字为 Keil μVision5 的图标,如图 3.6(b)所示。

(a) 开始菜单中的μVision5图标 (b) 桌面上的图标

图 3.6 成功安装 μVision5 后的图标

注意:在安装完成后需要获取许可文件,否则在对程序进行处理时会出现异常情况。打开 Keil μVision 集成开发环境后,在主界面主菜单下,选择 File→License Management 选项,出现 License Management 对话框界面。在该界面中,添加 License 许可证文件。

当安装完 Keil μVision5 后,在默认安装路径 C:\Keil_v5 路径下,给出了该集成开发环境的文件夹结构,如表 3.1 所示。

表 3.1 Keil μVision 集成开发环境文件夹结构

文件夹	内容
C:\Keil_v5\UV4	μVision 命令文件
C:\Keil_v5\C51	C51 工具链的默认基本文件夹
C:\Keil_v5\C51\ASM	用于宏汇编器的汇编器源文件模板和包含文件
C:\Keil_v5\C51\BIN	μVision 工具链的可执行文件
C:\Keil_v5\C51\Examples	示例程序
C:\Keil_v5\C51\FlashMon	用于 Flash 监控器和预配置版本的配置文件
C:\Keil_v5\C51\HLP	用于 μVision/C51 的在线文档
C:\Keil_v5\C51\INC	用于 C 编译器的包含文件
C:\Keil_v5\C51\ISD51	用于 ISD51 在系统调试器和预配置版本的文件
C:\Keil_v5\C51\LIB	运行库和 MCU 启动文件
C:\Keil_v5\C51\Mon51	用于 Monitor-51(用于传统 8051 单片机)的配置文件

续表

文件夹	内容
C:\Keil_v5\C51\Mon390	用于 Monitor-390(用于达拉斯连续模式)的配置文件
C:\Keil_v5\C51\RtxTiny2	RTX51 Tiny V2 实时操作系统

3.1.4 导入 STC 单片机元件库

在 Keil μVision 集成开发环境中完成 STC 单片机软件开发流程前,需要将 STC 公司的单片机元件库导入到 Keil μVision 集成开发环境中,导入 STC 单片机元件库的步骤如下。

(1) 在本书提供的资料中,找到并双击 STC 公司提供的 AIapp-ISP-V6.94X.exe 文件,打开主界面,如图 3.7 所示。

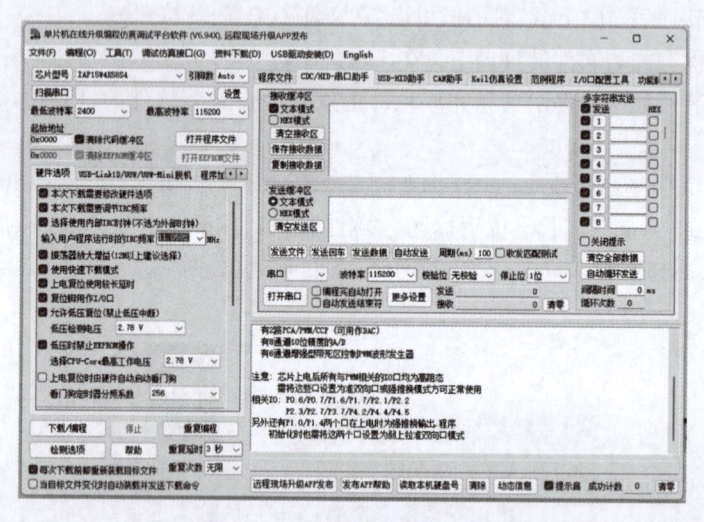

图 3.7 STC-ISP 软件主界面

(2) 在该界面内的右侧窗口中,单击"Keil 仿真设置"标签。在该标签页面下,单击"添加型号和头文件到 Keil 中,添加 STC 仿真器驱动到 Keil 中"按钮,如图 3.7 所示。

(3) 在"浏览文件夹"对话框中,出现"请选择 Keil 的安装目录…"提示信息,如图 3.8 所示,将路径定位到 c:\Keil_v5 目录下。读者根据自己安装的 μVision5 路径选择所指向的路径。

(4) 单击"确定"按钮,出现添加 STC-MCU 器件成功的消息对话框界面。

至此,成功地将 STC 单片机的元器件库添加到 μVision5 集成开发环境中。

注意:STC 单片机的头文件保存在 c:\Keil_v5\C51\INC\STC 目录下。

图 3.8 选择路径界面

3.1.5 软件的启动

下面介绍 μVision5 软件的启动方法:在 Windows 11 操作系统桌面中,单击"开始"按钮,弹出浮动菜单。单击浮动菜单右上角的"全部"按钮。在浮动菜单中,单击 Keil μVision5 图标,或者在 Windows 11 操作系统桌面上,单击 Keil μVision5 图标,出现 Keil μVision5 启动界面,如图 3.9 所示。

图 3.9 Keil μVision5 启动界面

3.2 Keil μVision 软件开发流程介绍

通过 Keil μVision 集成开发环境开发 STC 8051 单片机软件程序的流程如图 3.10 所示。从 STC 单片机应用的角度而言,程序开发的任务包含两方面。

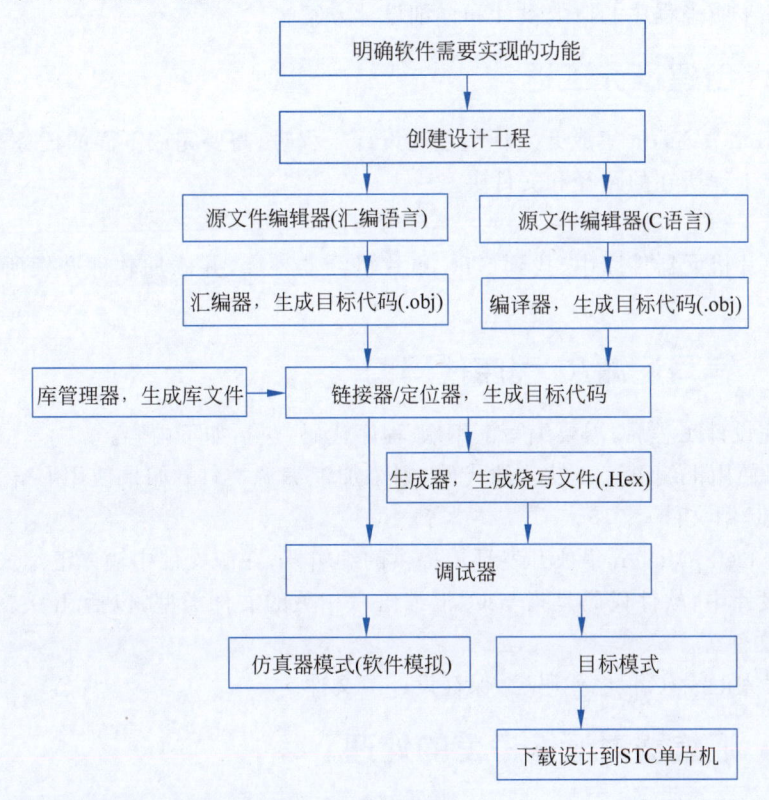

图 3.10 通过 Keil μVision 集成开发环境开发 STC 8051 单片机软件程序的流程

(1) 编写硬件驱动,并提供应用程序接口函数 API。
(2) 基于 API 编写应用程序,使得单片机系统能满足应用要求。

传统情况下,8051 单片机的程序开发都是直接面向于底层硬件的,即先编写硬件驱动,然后基于硬件驱动进行编写,也就是通常所说的"裸奔"。这种开发方法的最大局限性在于程序的可移植性较差、维护成本高。此外,由于这种开发方式没有使用操作系统进行支持,很难实现多任务的协同分时处理。

随着单片机应用程序开发要求的不断提高,程序设计思想也发生了明显的变化,主要体现在如下方面。

（1）使用 API 函数封装底层具体的硬件，而应用程序开发者只需要调用这些 API 函数即可，这样就显著降低了应用程序对底层的依赖性，使得应用程序具有更好的可移植性。

（2）在单片机程序开发中，引入操作系统的支持，这样可以支持多任务的分时协同同步处理，显著提高了复杂应用程序的可靠性。

3.2.1 明确软件需求

对于编写软件代码的程序员，在开始编写软件代码前，需要明确并完成下面的要求。

（1）了解所提供的硬件的性能。

（2）了解 STC 单片机的软件开发环境 Keil μVision5 所能实现的功能。

（3）明确软件代码所要实现的功能。

（4）绘制用于表示软件代码实现过程的数据流程图和程序流程图。

（5）进一步明确程序的概要设计和详细设计方案。

3.2.2 创建设计工程

在使用 Keil μVision 集成开发环境创建设计工程时，需要完成下面的任务。

（1）指定工程所在的路径和文件夹。

（2）命名工程。

（3）从单片机元器件库中，找到 STC 单片机元器件库，并添加软件开发所使用的单片机型号。

3.2.3 编写汇编/C 程序代码

在创建完设计工程后，需要编写汇编/C 程序代码，包括如下内容。

（1）如果使用汇编语言开发软件代码，则添加汇编源文件；如果使用 C 语言开发软件代码，则添加 C 源文件。

（2）通过 Keil μVision 集成开发环境提供的编辑器，在源文件中输入汇编/C 语言代码。在程序设计中，软件代码是指与 C/汇编语言相关的文件类型，包括 .h 头文件、.c 文件和 .a51 汇编文件等。

（3）编写完汇编/C 程序代码后，保存设计源文件。

3.2.4 汇编器对汇编语言的处理

汇编器允许程序员使用 MCU 助记符指令编写程序代码。在一些对速度、代码长度和对硬件控制的精确程度有要求的应用中，必须使用汇编语言编写代码。Keil 开发环境中的汇编器软件工具将汇编语言助记符翻译/转换为可执行的机器码，同时支持源码级符号调试，以及对宏处理的强大能力。

汇编器将汇编代码源文件翻译成可重定位的目标模块，以及可以创建带有符号表和交叉引用细节的列表文件。并且，将完整的行号、符号和类型信息写到所生成的文件中。通过这些信息，可以在调试器中准确地显示程序变量，行号则用于 μVision 调试器和第三方调试工具的源代码级调试。

Keil 汇编器支持不同类型的宏处理器(取决于结构)。

（1）标准宏处理器（Standard Macro Processor，SMP）。它是一种比较容易使用的宏处理器，允许在汇编程序中使用与其他汇编器兼容的语法规则来定义和使用宏。

（2）宏处理语言（Macro Processing Language，MPL）。它是字符串替换工具，与 Intel 的 ASM-51 宏处理器兼容。MPL 包含一些预定义的宏处理器函数，它提供了一些有用的操作，比如字符串操作和数字处理。

在程序设计中，使用宏减少了开发和维护时间。汇编器提供的宏处理器还具有其他特点，包括根据命令行命令对汇编程序进行有条件汇编。代码部分的有条件汇编可以帮助程序员设计出最短长度的代码，同时也允许从相同的汇编源文件中生成不同的应用程序代码。

3.2.5　C 编译器对 C 语言的处理

Keil ANSI C 编译器可以用于为 STC 8051 结构的单片产生快速压缩的代码。与通过汇编器转换的汇编语言相比，采用通过 C 编译器转换的 C 语言编程同样可以得到高效率的目标代码。对于程序员而言，与采用汇编语言编写代码相比，使用以 C 语言为代表的高级语言编写代码具有下面的优势。

（1）不要求掌握处理器指令集的知识，只要求最初级的处理器架构知识。

（2）由编译器负责寄存器的分配、不同存储器类型和数据类型的寻址。

（3）当程序接收到正规的结构时，可以将其分解成不同的函数，这样就有利于源代码的重用，使得应用程序结构更好。

（4）将带有指定操作的不同选择进行组合，可以提高程序的可读性。

（5）所使用的关键字和操作函数更接近人的思维习惯。

（6）极大地缩短了软件开发和调试的时间。

（7）C 运行库包含很多标准的例程，比如：格式化输出、数字类型转换和浮点算术运算。

（8）采用了模块化的程序结构，因此很容易将已经存在的程序包含到新的程序中。

（9）C 语言遵循 ANSI 标准，因此它非常容易移植，即很容易将应用从一个处理器架构移植到另一个处理器架构中。

3.2.6　库管理器生成库文件

库管理器创建和维护目标模块库，这些目标模块库由 C 编译器和汇编器创建。库文件提供了一个便捷的方式，用于引用和组合大量可以被链接器使用的模块。

通过使用库，链接器可以解析用于当前程序的外部变量和函数，提取库中的模块。如果需要的话，可以将其添加到当前的应用程序中。在应用程序中，没有被调用的那些模块中的例程不会出现在最终的输出文件中。链接器从库中所提取的目标模块可以像其他模块那样被正确地处理。

在程序设计中，使用库的好处主要包括安全、运行速度快以及能够将代码长度降到最小。库可以提供大量的函数和例程，不需要给出源代码。

程序员使用 μVision 工程管理器提供的库管理器建立的是库文件，而不是可执行程序。可以在 Options for Target 对话框的 output 标签页面下，选中 Create Library 前面的复选框，或者通过命令提示符调用库管理器。

3.2.7 链接器生成绝对目标模块文件

链接器/定位器将目标模块组合为一个可执行程序，它解析外部和共同的引用，并且为可重定位的程序段分配绝对地址。链接器处理由编译器和汇编器所创建的目标模块，并且自动包含所需要的库模块。

程序员可以从命令行调用链接器，或者让 μVision 自动调用它。默认的链接器命令可以适配大多数的应用程序，无须使用额外的选项。但是，它也可以为应用程序指定设置。

注意：在 Keil μVision 完成编译和链接，生成目标文件后，会生成下面的文件。

(1) .lst：对应文件在编译器中的行号，占用的代码空间等。
(2) .lnp：对应项目，包含了什么文件，生成什么文件等信息。
(3) 无后缀文件：这个是最终生成的文件。
(4) .obj：是编译器生成的目标文件。
(5) .m51：这个文件很重要，可以用文本编辑器打开。当软件设计中出现问题时，必须通过这个文件才能分析这些问题，比如覆盖分析，混合编程时查看函数段名等，里面都是链接器的连接信息，例如有哪些代码段、数据段，都是多大，被定位到单片机哪个地址，哪个函数调用了哪个函数，没有调用哪个函数，工程代码总大小，内存使用总大小等。

3.2.8 目标到 HEX 转换器

目标到 HEX 转换器用于将链接器所创建的绝对目标模块转换为 Intel 十六进制文件。Intel 十六进制文件是 ASCII 文件，它对应用程序的十六进制表示。通过 STC 公司提供的 stc-isp 软件，可以将 Intel 十六进制文件写到 STC 单片机的程序存储器 Flash 中。

3.2.9 调试器调试目标代码

μVision 集成开发环境中集成了图形化的调试器，它提供的特性如下。

(1) 不同单步模式的 C 源代码级或者汇编代码级的程序执行。
(2) 访问复杂断点的多重断点选项。
(3) 用于查看和修改存储器、变量和 MCU 寄存器的窗口。
(4) 列出了用于调用栈窗口的程序调用树。
(5) 用于查看片上控制器外设状态细节的外设对话框。
(6) 用于调试命令入口的命令提示符和类似 C 的脚本语言。
(7) 记录了运行程序时间统计信息的执行统计。
(8) 用于安全性比较苛刻的应用测试的代码覆盖统计。
(9) 记录和显示变量和外设 I/O 信号值的逻辑分析仪。

该调试器提供了下面两种工作模式，包括仿真器模式和目标模式。

1. 仿真器模式

仿真器模式将调试器配置为只用于软件产品，即精确的模拟目标系统，包括指令和片上外设。这允许在有可用的真实硬件平台之前，提前对应用程序代码进行测试，这样可以加速嵌入式系统的软件开发过程。在仿真器模式下，下面是调试器提供的特性。

(1) 允许在没有实际硬件平台的情况下,在计算机上对代码进行测试。
(2) 软件进行早期的功能调试,改善软件整体可靠性。
(3) 允许设置硬件调试器不允许的断点。
(4) 相对于添加了噪声的硬件调试器仿真可以提供优化的输入信号。
(5) 允许贯穿信号处理算法的单步运行。当MCU停止时,会阻止外部信号。
(6) 使对会破坏真实外设的失败场景的检查更加容易。

2. 目标模式

在目标模式下,调试器将与真实的STC单片机硬件系统进行连接。使用调试界面下已经提供的STC Monitor-51 Driver驱动程序对STC单片机系统进行调试。通过USB-串口电缆,将PC的USB口和STC单片机的串口进行连接,通过STC单片机串口对实际硬件目标系统进行调试。

思考与练习3-1:在对编程语言(汇编/C)的处理过程中,编译器/汇编器的作用是_____。

思考与练习3-2:在对所生成的目标代码处理时,链接器的作用是_____。

思考与练习3-3:对单片机进行的调试,分为_____模式和_____模式,它们各自的作用。(提示:分为仿真器模式和目标模式,也称为软件仿真模式和硬件调试模式,有些也称之为脱机调试和连机调试模式。)

3.3 Keil μVision 基本开发流程的实现

本节将通过一个简单的C语言程序,对C语言程序框架及开发流程进行详细说明。内容包括建立新的设计工程、添加新的C语言文件、设计建立、下载程序到目标系统、硬件在线调试。

3.3.1 建立新的设计工程

本节将建立新的设计工程,建立新设计工程的步骤如下。
(1) 打开 μVision5 集成开发环境。
(2) 在 μVision5 集成开发环境主界面主菜单下,选择 Project→New μVision Project。
(3) 出现 Create New Project 对话框,选择并定位到合适的路径,然后在文件名右侧的文本框中输入 top。

注意:表示该工程的名字是 top.uvproj。可在本书配套资源的 STC_example\例子3-1 目录下,在 Keil μVision5 集成开发环境下打开该设计。

(4) 单击 OK 按钮。
(5) 出现 Select a CPU Data Base File 对话框,在其中的下拉框中,选择 STC MCU Database 选项。
(6) 单击 OK 按钮。
(7) 出现 Select Device for Target 'Target 1'...对话框界面,如图3.11所示。在该界面上方的下拉框中,选择 STC MCU Database。然后,在下面的左侧窗口中找到并展开 STC 前面的"+"。可以看到以列表的形式给出了可用的 STC 单片机型号。在展开项中,找到并选择 STC15W4K32S4。

注意:① 全书涉及的是 STC 公司的 IAP15W4K58S4 单片机。该单片机属于

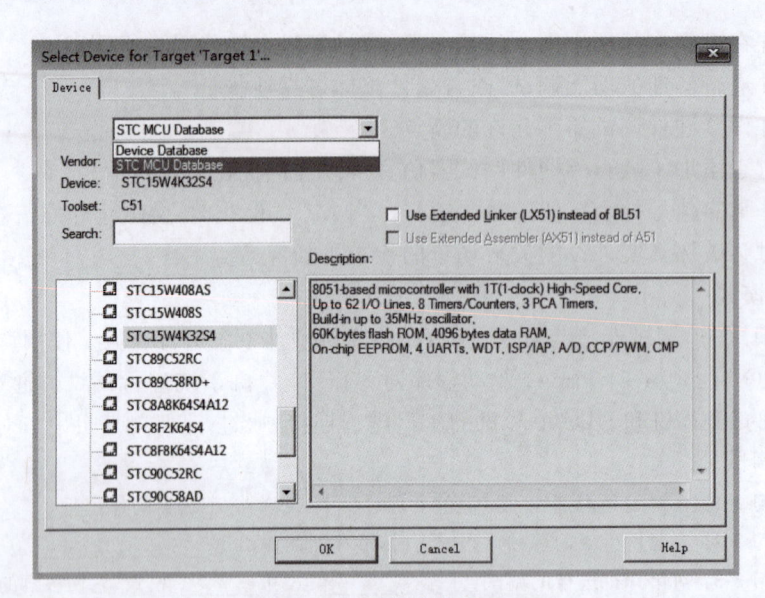

图 3.11 器件选择界面

STC15W4K32S4 系列。

② 当使用 STC8 系列单片机时,根据使用的硬件平台选择所对应的单片机型号即可。

(8) 单击 OK 按钮。

(9) 出现 Copy'STARTUP. A51' to Project Folder and Add File to Project? 对话框界面。该界面提示是否在当前设计工程中添加 STARTUP. A51 文件。

(10) 单击"否(N)"按钮。

(11) 在主界面左侧窗口中,选择 Project 标签。在该标签窗口下,给出了工程信息,如图 3.12 所示。

其中,顶层文件夹名字为 Target1。在该文件夹下,存在一个 Source Group 1 子目录。

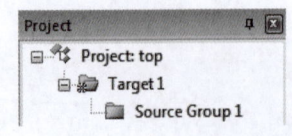

图 3.12 新建工程界面

3.3.2 添加新的 C 语言文件

本节将为当前工程添加新的 C 语言文件。添加 C 语言文件的步骤如下。

(1) 在图 3.12 中右击 Source Group 1 出现浮动菜单。在浮动菜单内,选择 Add New Item to Group 'Source Group 1'选项。

(2) 出现 Add New Item to Group'Source Group 1'对话框,如图 3.13 所示,按下面设置参数。

① 在左侧窗口中,选中 C File(.c)。

② 在 Name 右侧的文本框中输入 main。该 C 语言的文件名称为 main.c;如果使用汇编语言编程,则选择 Asm File(.s)。

(3) 单击 Add 按钮。

(4) 在图 3.12 所示的 Project 窗口中,就会在 Source Group 1 子目录下添加名字为 main.c 的 C 语言文件。

(5) 在右侧窗口中,自动打开 main.c 文件。

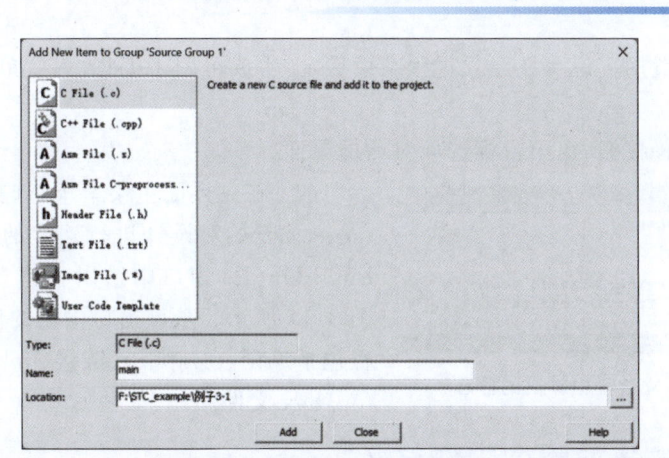

图 3.13 选择 C 语言文件模板

(6) 输入 C 程序代码,如代码清单 3-1 所示。

代码清单 3-1　main.c 文件

```
sfr P4 = 0xc0;                        //定义 P4 端口的地址
sbit P46 = P4^6;                      //定义 P4.6 引脚
void main()
{
    long int i = 0;
    while(1)
    {
        P46 = 0;                      //设置 P4.6 引脚为低
            for(i = 0;i < 100000;i++); //延迟
        P46 = 1;                      //设置 P4.6 引脚为高
            for(i = 0;i < 100000;i++); //延迟
    }
}
```

(7) 保存设计代码。

3.3.3　设计建立

本节将对设计建立(Build)参数进行设置,并实现对设计的建立过程,其步骤主要包括:

(1) 在如图 3.12 所示的窗口中,选中 Target 1 文件夹,并右击,出现浮动菜单。在浮动菜单内,选中 Options for Target 'Target 1'…选项。

(2) 出现 Options for Target 'Target 1'对话框界面。在该对话框界面下,选中 Output 选项卡,如图 3.14 所示。在该选项卡界面下,选中 Create HEX File 的复选框。

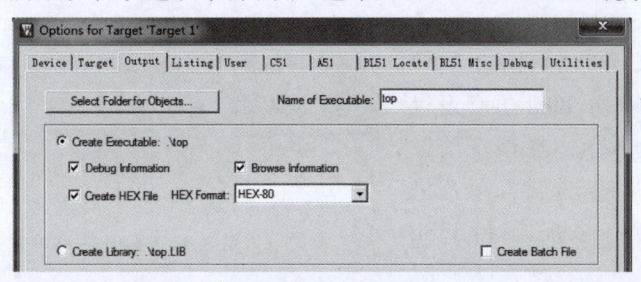

图 3.14　Output 标签页下的选项

注意：该设置用于说明在建立过程结束后,会生成可用于编程 STC 单片机的十六进制 HEX 文件。

(3) 单击 OK 按钮,退出目标选项对话框界面。

(4) 在主界面主菜单下,选择 Project→Build target。开始对设计进行建立的过程。在下面的 Build Output 窗口中给出了建立过程的信息,如图 3.15 所示。从该窗口输出的信息可知,建立过程包括编译(compile)、链接(link),并且最终生成 top.hex 文件。

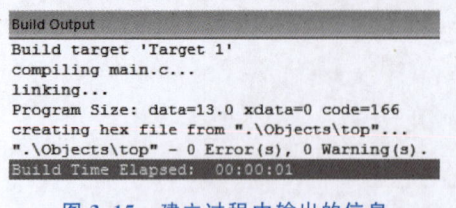

图 3.15 建立过程中输出的信息

3.3.4 下载程序到目标系统

本节将使用 STC 公司专用的下载工具 STC-ISP,将 top.hex 文件下载到单片机的片内程序存储器中,步骤如下。

(1) 打开 AIapp-ISP-V6.94X 软件工具。
(2) 通过 USB 电缆将 STC 单片机硬件开发平台和 PC 连接。
(3) 单击"打开程序"按钮,定位到 STC_example\例子 3-1\Objects 目录下,选择 top.hex 文件。
(4) 单击 AIapp-ISP-V6.94X 软件左下方的"下载/编程"按钮。
(5) 操作目标系统的上电按钮,使得单片机系统先断电再上电。
(6) AIapp-ISP-V6.94X 工具自动将 top.hex 文件下载到单片机 IAP15W4K58S4 的程序存储器中。

思考与练习 3-4：观察开发平台上 LED 的状态,验证设计是否成功。

3.3.5 硬件在线调试

硬件在线调试(硬件仿真)是 IAP15W4K58S4 提供的一个重要的功能,通过硬件在线调试能够发现软件仿真时不能探测到的一些更深层次的设计问题。比如：当程序不能响应外部中断的时候,可能有以下几种情况：全局中断没有使能;对应的外部中断没有使能;中断服务程序代码有问题(没有进入中断服务程序;没有从中断服务程序正常返回),这些可能性只有通过硬件在线调试功能才能确认。因此,软件仿真绝不能代替硬件在线调试。

本节将通过该设计实例,介绍硬件在线调试的基本设计流程,主要步骤如下。

(1) 保持定位在刚才的 top.hex 文件目录下,并且使 STC 单片机开发平台通过 USB 正确连接到 PC 的 USB 接口。

(2) 打开 STC-ISP 软件,在该软件工具右侧找到并打开 Keil 仿真设置选项卡,如图 3.16 所示。在该选项卡设置界面中,单击"将所选目标单片机设置为仿真芯片(宽压系统,支持 USB 下载)"按钮。

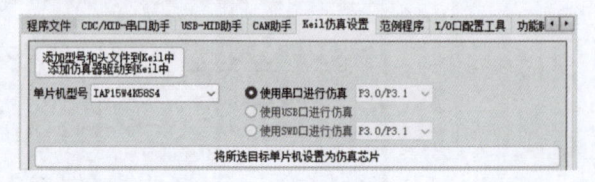

图 3.16 Keil 仿真设置入口

(3) 给 STC 单片机开发平台执行先断电再上电的操作,将 top.hex 文件成功下载到

STC 单片机中。

(4) 在 Keil μVision 集成开发环境的 Project 窗口中单击 Target，出现浮动菜单。在浮动菜单内，选择 Options for Target 'Target 1'…选项。

(5) 在 Options for Target 'Target 1'对话框中单击 Debug 标签，如图 3.17 所示。在该标签界面中，将默认选中 Use Simulator 前面的复选框切换到选择 Use 的复选框。并且在 Use 的下拉框中选择 STC Monitor-51 Driver。Use Simulator 用于软件仿真（脱机仿真），而 Use: STC Monitor-51 Driver 用于硬件仿真（在线调试）。

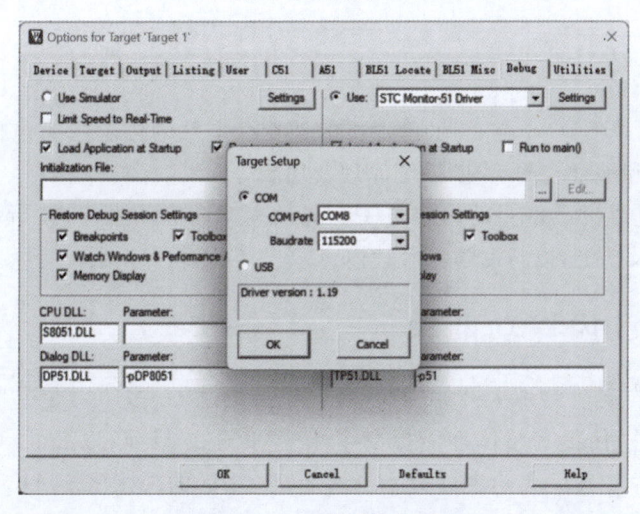

图 3.17　Keil 仿真目标设置

(6) 单击下拉框右侧的 Settings 按钮，出现 Target Setup 对话框。特别要注意，这里选择的 COM Port 应该与 STC-ISP 软件中所检测到的串口号相同，在此处使用 COM8 设置（根据自己 PC 的串口号），Baudrate（波特率）默认设置为 115200。

(7) 单击 OK 按钮，退出 Target Setup 对话框。

(8) 单击 OK 按钮，退出 Options for Target 'Target 1'对话框。

(9) 打开 main.c 文件，单击第 9 行和第 11 行所对应的灰色区域，为第 9 行和第 11 行代码设置断点。

(10) 在 Keil μVision 集成开发环境主界面主菜单下，选择 Debug→Start/Stop Debug Session 选项，进入调试器界面。

(11) 在调试界面内按 F5 键，进行硬件断点调试（见图 3.18）。此时可以观察 STC 硬件开发平台上 LED 灯的变化情况。

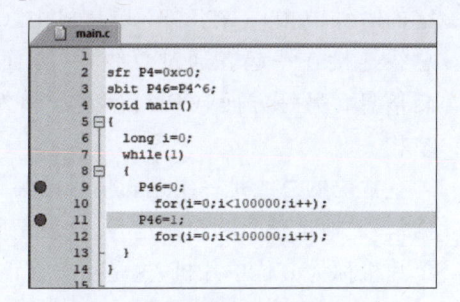

图 3.18　在 C 源文件上设置断点

(12) 调试完成后，通过再次选择 Debug→Start/Stop Debug Session 选项，退出调试器界面。

思考与练习 3-5：硬件在线调试体现软件和硬件协同调试的重要思想，通过尝试执行纯软件仿真，比较并体会两者的联系和区别。

第 4 章 8051 单片机架构

CHAPTER 4

本章详细介绍了 STC 8 位 8051 单片机的架构。本章的内容主要包括 CPU 内核功能单元、存储器结构和地址空间、中断系统原理及功能等。

本章是学习单片机最重要的内容之一。通过本章内容的学习,读者将系统学习 8051 CPU 核内部结构及功能,以帮助学习后续内容。

4.1 CPU 内核功能单元

8051 单片机自诞生的那天开始,到现在已经持续了 40 多年。在这期间,人们对其性能不断地进行改进,使得其整体性能提高了 10 倍以上。目前,以 8051 CPU 内核为核心的单片机仍然发挥着其巨大的生命力。虽然 8051 CPU 的内核比较简单,但是以其为核心的单片机系统却包含了构成计算机系统的全部要素。图 4.1 给出了经典 8051 单片机内部结构图。

在单片机中,包含了运算器、控制器、存储器、外设和时钟系统共 5 个子系统。在这 5 个子系统中,运算器和控制器构成了 8051 中央处理单元(Central Processing Unit,CPU)。在 8051 CPU 中,运算器和控制器通过 CPU 内部的总线连接在一起。这样,在 CPU 内控制器的控制下,运算器内的各个功能部件有条不紊地按顺序工作(这里的按顺序是指按给定的时钟节拍)。在 8051 单片机中,CPU、存储器和外设通过 CPU 外部的、单片机片内的总线连接在一起。通过总线,一方面,在 CPU、存储器和外设之间传输数据、地址和控制信息;另一方面,CPU、存储器和外设共享总线。因此,这种结构是典型的共享总线结构。

常说的总线是一组逻辑信号的集合。在传统计算机体系结构中,这些逻辑信号包括数据信号、地址信号和控制信号,这就是所谓的三总线结构。之所以将以 8051 CPU 为核心的单片机称为 8 位单片机,这是由于在该单片机中数据信号的宽度是 8 位。

STC 内的 8051 CPU 核是高性能、运行速度经过优化的 8 位中央处理单元(CPU)。它 100%兼容工业标准的 8051 CPU。8051 CPU 外围主要包括内部数据 RAM、外部数据空间、特殊功能寄存器、CPU 时钟分频器。

STC 8051 CPU 的特性如下所述。

(1) 采用流水线 RISC 结构,其执行速度比工业标准 8051 快十几倍。

(2) 与工业标准 8051 指令集 100%兼容。

(3) 大多数指令使用1个或2个时钟周期执行。

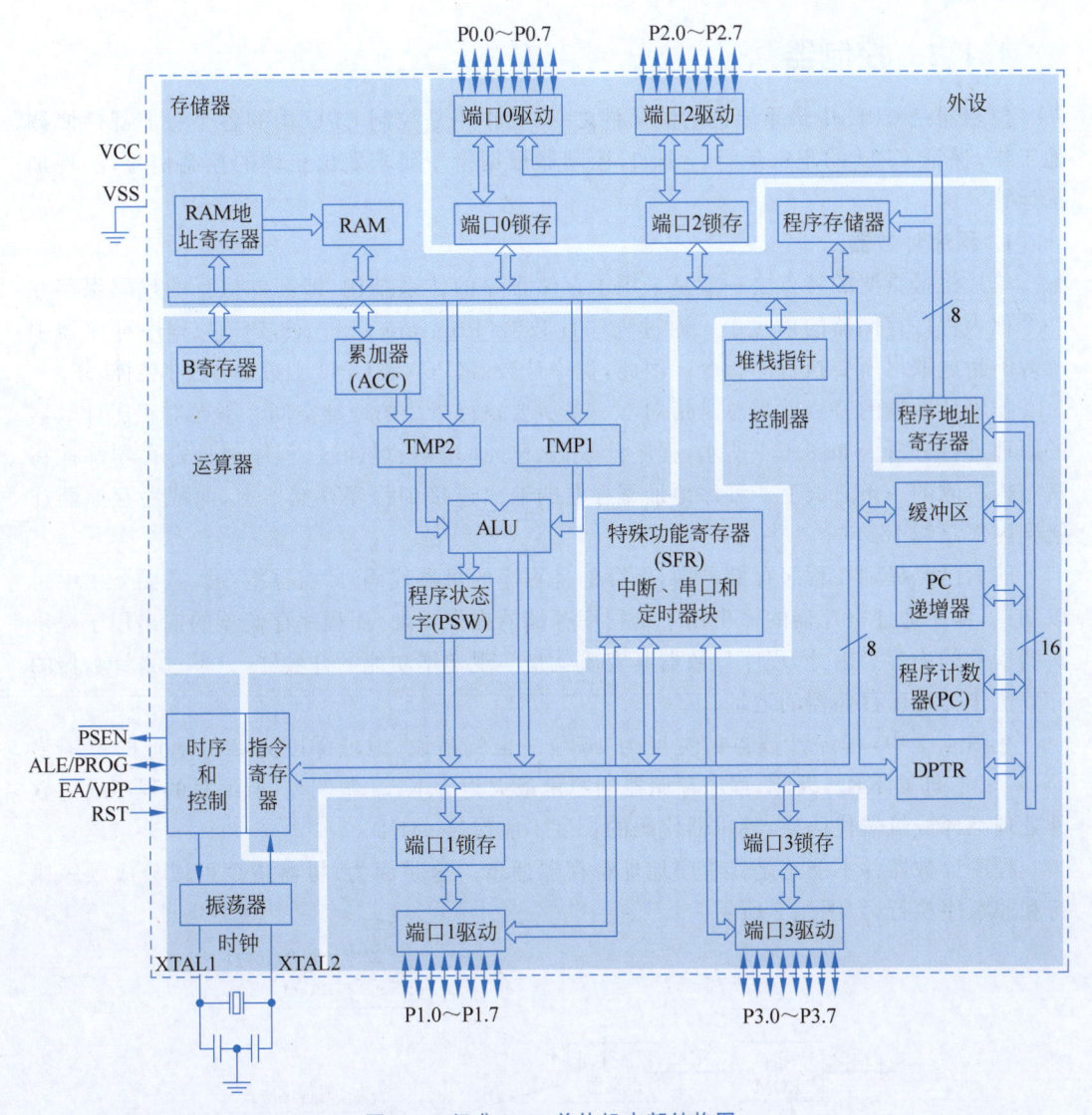

图 4.1 经典 8051 单片机内部结构图

（4）256 字节的内部数据 RAM。

（5）使用双 DPTR 扩展标准 8051 结构。

（6）提供了片外扩展的 64KB 外部数据存储器。

注意：封装在 40 引脚以上的 STC 单片机提供此扩展功能。

（7）提供了多达 21 个中断源。

（8）新特殊功能寄存器可以快速访问 STC 单片机 I/O 端口，以及控制 CPU 时钟频率。

任何一个中央处理单元(CPU)都包含有控制器和运算器两大基本模块。下面将通过 STC 单片机分析 8051 CPU 的功能。

思考与练习 4-1：8051 CPU 内包含 ＿＿＿＿ 和 ＿＿＿＿ 两大功能部件。

思考与练习 4-2：请读者仔细分析 8051 CPU 内的各个部件与总线的连接关系，划分出控制器单元和运算器单元。

4.1.1 控制器

控制器是 CPU 中最重要的功能部件之一,其作用是控制 CPU 内的各个组成部件协调地工作,保证 CPU 的正常运行。例如,控制器根据指令要求发出正确的控制信号,实现加法运算。

1. 程序计数器

单片机最重要的特点之一就是采用了存储程序的体系结构,即需要执行的代码保存在一个称为程序存储器的单元中。通过程序计数器(Program Counter,PC)从程序存储器中源源不断地取出所要执行的指令。因此,程序计数器(PC)是 CPU 中最基本的控制部分。

程序计数器的特点就是总是指向下一条所要执行指令的地址空间。下面对程序计数器的原理进行分析。如图 4.1 所示,程序计数器、PC 递增器、缓冲区、程序地址寄存器都挂在其结构右侧的一条总线上。程序地址寄存器的输出连接到程序存储器上,而程序存储器连接到内部总线上。

前面已经提到在程序存储器中,保存的是程序的机器代码,即机器指令。从图 4.1 中可以知道,程序地址寄存器的输出用于给程序存储器提供地址,而程序存储器的输出用于提供机器指令的内容。因此,程序计数器其实质就是实现递增功能的计数器,只不过是计数器的计数值作为程序存储器的地址。

在图 4.1 中,程序计数器的宽度为 16 位。也就是说,地址深度为 2^{16},地址的范围为 0~65 536,即 64KB。因此,程序存储器的容量最大为 64KB。很明显,所编写的程序通过软件处理翻译成机器代码后,其机器代码的长度不能超过 64KB。

程序计数器并不能总是让程序地址寄存器递增。这是因为,机器指令可以分成顺序执行和非顺序执行,如图 4.2 所示。

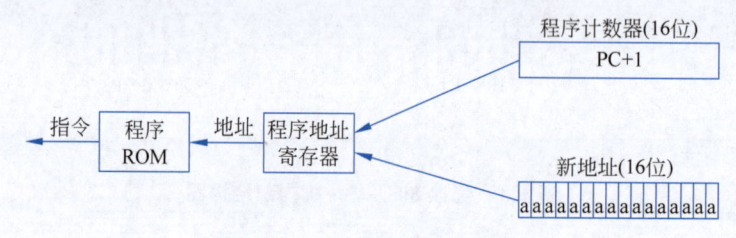

图 4.2 机器指令的执行顺序

1) 顺序执行

顺序执行是指按机器指令的前后顺序,顺序地执行指令,即把 PC+1 后的值送给程序地址寄存器,作为程序存储器的地址。然后,从程序存储器读出指令。这就是所说的程序计数器总是指向下一条要执行的指令。

2) 非顺序执行

在编写的软件代码中,经常出现条件判断语句、跳转语句、程序调用语句和中断调用等。因此,当运行程序代码的过程中遇到这些指令时,程序的执行顺序并不是按照 PC+1→PC 来执行程序,而是将这些语句所指向新指令所在的新目标地址赋给程序地址寄存器。

思考与练习 4-3:在单片机中,PC 总是指向_____。

思考与练习 4-4:请说明程序计数器的宽度和程序代码长度之间的关系。

思考与练习 4-5：在单片机中，CPU 执行指令的顺序靠_____控制。

思考与练习 4-6：在单片机中，程序的执行顺序可以通过代码中的_____进行控制。

提示：运算的标志位、条件判断语句、程序调用语句和中断服务语句等，在学习完后面的 8051 指令集后进行进一步的详细说明。

2．指令通道

指令通道包含取指单元、译码单元、执行指令单元。本质上，取指、译码和执行指令的过程就是一个有限自动状态机（Finite State Machine，FSM），也就是经常所说的微指令控制器。

1）取指单元

根据 PC 所指向的存放指令程序存储器的地址，取出指令。在 8051 单片机中，程序存储器的宽度为 8 位。由于 8051 的机器指令有 8 位、16 位或 24 位，即 1 字节、2 字节或 3 字节。所以，对于不同的指令来说，取指令所需要的时钟周期并不相同，可能需要几个时钟周期才能完成取指操作。

2）译码单元

根据取出指令的操作码部分，对指令进行翻译。这个翻译过程就是将机器指令转换成一系列的逻辑控制序列，这些控制序列将直接控制 CPU 内的运算单元。

3）执行指令单元

当完成译码过程后，根据逻辑控制序列（微指令）所产生的逻辑行为，控制运算器单元，从而完成指令需要实现的操作行为。

例如，假设此时取出一条机器指令（汇编助记符表示）：

ADD A,Rn

其机器指令的格式为：

0010,1rrr

注意：rrr 表示寄存器的编号。

该指令完成寄存器 Rn 和累加器 A 数据相加的操作。其译码和执行指令的过程应该包含：

（1）从寄存器 Rn 中取出数据送入 ALU 的一个输入端口 TMP1，表示为

(Rn)->(TMP1)

（2）从累加器 ACC 中取出数据送入 ALU 的另一个输入端口 TMP2，表示为

(ACC)->(TMP2)

（3）将 TMP1 和 TMP2 的数据送到 ALU 进行相加，产生结果，表示为

(TMP2)+(TMP1)->(总线)

（4）将 ALU 产生的结果，通过内部总线送入到 ACC 累加器中，表示为

(总线)->(ACC)

注意：虽然通常将指令通道的译码和执行指令的过程进行这样细致的划分，但实际上，译码产生控制序列的过程就是在执行指令。

思考与练习 4-7：请说明单片机中，指令通道包含_____、_____和_____；它们的作用分别是_____、_____和_____。

3．流水线技术

传统 8051 单片机的指令通道采用的是串行结构，如图 4.3 所示。为了分析问题方便，下面假设每条指令的取指周期、译码周期和执行指令的周期都是一样的。当采用串行执行结构时，对于 3 条指令来说，需要 T9 个周期才能执行完成。

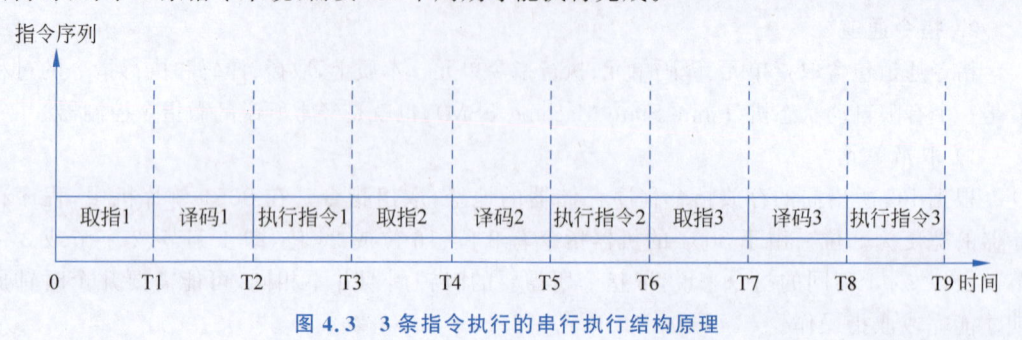

图 4.3　3 条指令执行的串行执行结构原理

与传统的 8051 CPU 指令通道相比，STC 8 位 8051 单片机内 CPU 的指令通道采用了改进后的(二级/三级)流水线结构，如图 4.4 所示。下面分析指令的三级流水线通道。

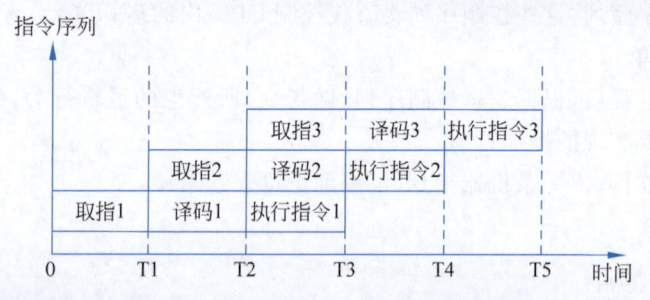

图 4.4　3 条指令执行的流水线结构原理

注意：当把译码和执行指令分开讨论时，称为三级流水线结构；而当把译码和执行指令合并在一起讨论时，称为两级流水线结构。

(1) 在 0 时刻，从 PC 指向的程序存储器中取出指令 1。

(2) 在 T1 时刻，将取出的指令 1 送到译码单元进行译码；同时，从 PC 指向的程序存储器中取出指令 2。

(3) 在 T2 时刻，将执行译码后的指令 1；同时，将已经取出的指令 2 进行译码，并从 PC 指向的程序存储器取出指令 3。

(4) 在 T3 时刻，将执行译码后的指令 2；同时，将已经取出的指令 3 进行译码。

(5) 在 T4 时刻，将执行译码后的指令 3。

从图 4.4 中可以看出，当采用三级流水线结构以后，只需要 T5 个周期就能执行完 3 条指令。基于前面的假设条件，指令通道的吞吐量提高了近 1 倍。当执行指令的数量增加时，流水线结构优势将更加明显。

思考与练习 4-8：在单片机中，指令通道采用流水线的目的是_____。

思考与练习 4-9：仿照图 4.4 所示的分析过程，请给出当执行 5 条指令时的流水线结构，以及性能(吞吐量和延迟)的改善情况。

4．双数据指针

双数据指针(DPTR)是一个 16 位的专用寄存器，由 DPL(低 8 位)和 DPH(高 8 位)组成,其地址为 82H(DPL,低字节)和 83H(DPH,高字节)。DPTR 是 8051 中唯一可以直接进行 16 位操作的寄存器。此外,也可以按照字节分别对 DPH 和 DPL 进行操作。

如果 STC 单片机没有外部数据总线,则该单片机只存在一个 16 位的数据指针,否则,如果单片机有外部数据总线,则该单片机设计了两个 16 位的数据指针 DPTR0 和 DPTR1,这两个数据指针共用一个地址空间,可以通过软件设置特殊功能寄存器(Special Function Register,SFR)中 P_SW1(地址为 A2H)的第 0 位,即数据指针选择(Data Pointer Select,DPS)来选择所使用的 DPTR,如图 4.5 所示。

助记符	地址	名字	7	6	5	4	3	2	1	0	复位值
AUXR1 P_SW1	A2H	辅助寄存器 1	S1_S1	S1_S0	CCP_S1	CCP_S0	SPI_S1	SPI_S0	0	DPS	0000,0000

图 4.5 DPTR 选择位 DPS

(1) DPS=0,选择 DPTR0(0x83:0x82),其中:0x83 为 16 位 DPTR0 的高寄存器 DPH0;0x82 为 16 位 DPTR0 的低寄存器 DPL0。

(2) DPS=1,选择 DPTR1(0x83:0x82),其中:0x83 为 16 位 DPTR1 的高寄存器 DPH1;0x82 为 16 位 DPTR1 的低寄存器 DPL1。

思考与练习 4-10:在 8051 单片机中,DPTR 的功能是什么?

思考与练习 4-11:在 STC 单片机中,提供了 _____ 个 DPTR,说明如何使用它们。

5. 堆栈及指针

在单片机中,有一个称为堆栈的特殊存储空间,其主要用于保存现场。典型地,当在执行程序的过程中遇到跳转指令时,就需要将当前 PC+1 指向的下一条指令的地址保存起来,等待执行完跳转指令的时候,再将所保存的下一条指令的地址恢复到程序地址寄存器中,如图 4.6 所示。

图 4.6 堆栈的操作原理

注意:图 4.6 中①、②表示操作的顺序。

在 STC 单片机中,用于控制指向存储空间位置的是一个堆栈指针(Stack Pointer,SP),它实际上就是一个 8 位的专用寄存器,该寄存器的内容就是栈顶的地址,也就是用于表示当前栈顶在内部 RAM 块中的位置。

为了更好地说明堆栈的工作原理,以三个数据 0x30、0x31 和 0x32 入栈和出栈为例,如图 4.7 和图 4.8 所示。假设在对堆栈进行操作前,当前 SP 的内容为 0x82,也就是 SP 指向堆栈存储空间地址为 0x82 的位置。

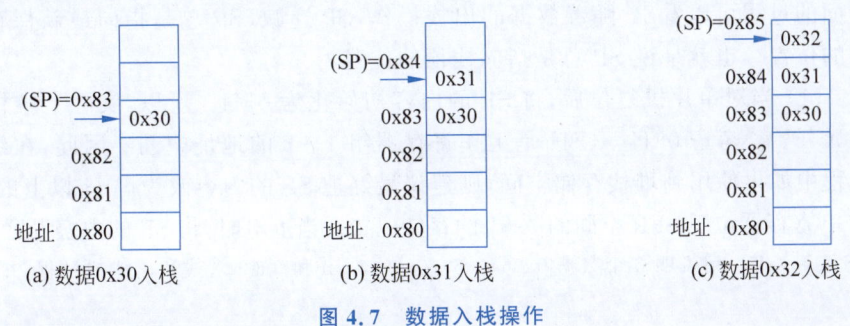

(a) 数据0x30入栈   (b) 数据0x31入栈   (c) 数据0x32入栈

图 4.7 数据入栈操作

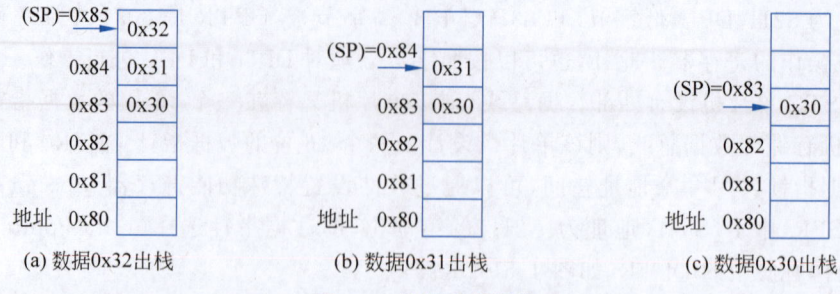

```
(SP)=0x85 → 0x32
       0x84   0x31
       0x83   0x30
       0x82
       0x81
地址    0x80
(a) 数据0x32出栈
```

```
(SP)=0x84 → 0x31
       0x83   0x30
       0x82
       0x81
地址    0x80
(b) 数据0x31出栈
```

```
(SP)=0x83 → 0x30
       0x82
       0x81
地址    0x80
(c) 数据0x30出栈
```

图 4.8　数据出栈操作

1) 入栈操作

（1）数据 0x30 要进行入栈操作时，首先(SP)+1->(SP)，也就是 SP 内容加 1，SP 的内容变成 0x83，也就是 SP 指向堆栈存储空间地址为 0x83 的位置，然后，将数据 0x30 保存在该位置。

（2）数据 0x31 要进行入栈操作时，首先(SP)+1->(SP)，也就是 SP 内容加 1，SP 的内容变成 0x84，也就是 SP 指向堆栈存储空间地址为 0x84 的位置，然后，将数据 0x31 保存在该位置。

（3）数据 0x32 要进行入栈操作时，首先(SP)+1->(SP)，也就是 SP 内容加 1，SP 的内容变成 0x85，也就是 SP 指向堆栈存储空间地址为 0x85 的位置，然后，将数据 0x32 保存在该位置。

从上面的过程可以看出，随着数据的入栈操作，(SP)递增，SP 总是指向保存最新数据的存储器位置。也就是通常所说的 SP 总是指向栈顶的位置。

2) 出栈操作

（1）数据 0x32 要进行出栈操作时，此时 SP 指向栈顶 0x85 的位置。首先读取该位置所保存的数据 0x32，将其放置到需要恢复的寄存器中；然后，(SP)-1->(SP)，也就是 SP 内容减 1，SP 的内容变成 0x84，也就是 SP 指向堆栈存储空间地址为 0x84 的位置。

（2）数据 0x31 要进行出栈操作时，此时 SP 指向栈顶 0x84 的位置。首先读取该位置所保存的数据 0x31，将其放置到需要恢复的寄存器中；然后，(SP)-1->(SP)，也就是 SP 内容减 1，SP 的内容变成 0x83，也就是 SP 指向堆栈存储空间地址为 0x83 的位置。

（3）数据 0x30 要进行出栈操作时，此时 SP 指向栈顶 0x83 的位置。首先读取该位置所保存的数据 0x30，将其放置到需要恢复的寄存器中；然后，(SP)-1->(SP)，也就是 SP 内容减 1，SP 的内容变成 0x82，也就是 SP 指向堆栈存储空间地址为 0x82 的位置。

从上面的过程可以看出，随着数据的出栈操作，SP 递减，SP 总是指向最新保存的数据的存储器的位置。也就是说 SP 总是指向栈顶的位置。

注意：（1）当对单片机复位后，将 SP 的内容初始化为 07H。所以，实际上堆栈从 08H 的地址单元开始。考虑 08H～1FH 是工作寄存器组 1～3 的地址空间。因此，在编写程序代码的过程中如果使用到堆栈存储空间，则建议最好把 SP 的内容改为 80H 以上的值。

（2）SP 寄存器位于 SFR 空间的 0x81 的存储位置。当上电时，将 SP 的内容设置为 0x07。

思考与练习 4-12：请说明 5 个数据 0x06、0x68、0x90、0x10 和 0x00 入栈和出栈的过程，并用图进行描述。

4.1.2 运算器

运算器用于执行丰富的数据操作功能。在 STC 单片机中，8051 CPU 内的运算器包括 8 位算术逻辑单元、累加器、B 寄存器、程序状态字。

1. 8 位算术逻辑单元

在 8051 CPU 内的运算器中，最核心的部件就是算术逻辑单元（Arithmetic and Logic Unit，ALU）。8051 CPU 内的 ALU 宽度为 8 位，它可以实现的功能如下。

（1）算术运算：实现 8 位加、减、乘和除运算。

（2）其他运算：实现递增、递减、BCD 十进制调整和比较运算。

（3）逻辑运算：实现逻辑与（AND）、逻辑或（OR）、逻辑异或（XOR）、逻辑取反（NOT）和旋转/移位操作。

（4）按位运算：置位、复位、取补，如果没有置位则不执行跳转操作，如果置位则执行跳转操作，并且执行清除操作以及移入/移出进位标志寄存器的操作。

2. 累加器

累加器（Accumulator，ACC），也简写为 A，用于保存大多数指令运算结果。累加器位于特殊功能寄存器（Special Function Register，SFR）地址为 0xE0 的位置。

3. B 寄存器

在乘法和除法操作中，B 寄存器有特殊用途；而在其他情况，它用于通用寄存器。B 寄存器位于特殊功能寄存器（SFR）地址为 0xF0 的位置。

1）乘法操作

参与乘法运算的一个操作数保存在 B 寄存器中，另一个保存在 A 寄存器中。并且，在乘法运算后，所得乘积的高 8 位保存在 B 寄存器中，而乘积的低 8 位保存在 A 寄存器中。

2）除法操作

参与除法运算的被除数保存在 A 寄存器中，除数保存在 B 寄存器中。并且，在除法运算后，所得的商保存在 A 寄存器中，而余数保存在 B 寄存器中。

思考与练习 4-13：在 8051 单片机内，当进行乘法/除法运算时，会使用_____和_____寄存器。

思考与练习 4-14：当实现乘法运算时，高 8 位结果保存在_____，低 8 位结果保存在_____。

思考与练习 4-15：当实现除法运算时，商保存在_____，余数保存在_____。

4. 程序状态字

在程序状态字（Program Status Word，PSW）寄存器中，保存一些具有特殊含义的比特位，这些位反映当前 8051 CPU 内的工作状态。该寄存器位于 SFR 地址为 0xD0 的位置。表 4.1 给出了 PSW 寄存器的内容。

表 4.1 PSW 寄存器内容

比特位	7	6	5	4	3	2	1	0
名字	CY	AC	F0	RS1	RS0	OV	RSV	P

（1）CY：进位标志。算术和位指令操作影响该位。在进行加法运算时，如果最高位有进位；或者在进行减法运算时，如果最高位有借位，则将 CY 设置为 1，否则设置为 0。

(2) AC：辅助进位标志。ADD、ADDC、SUBB 指令影响该位。在进行加法运算时，如果第 3 位向第 4 位有进位；或者在进行减法运算时，如果第 3 位向第 4 位有借位，则将 AC 设置为 1，否则设置为 0。设置辅助进位标志的目的是便于 BCD 码加法、减法运算的调整。

(3) F0：通用标志位。

(4) RS1 和 RS0：寄存器组选择位。用于选择不同的寄存器组，其含义如表 4.2 所示。

表 4.2　RS1 和 RS0 工作寄存器组的选择位含义

RS1	RS0	当前使用的工作寄存器组（R0～R7）
0	0	0 组（00H～07H）
0	1	1 组（08H～0FH）
1	0	2 组（10H～17H）
1	1	3 组（18H～1FH）

(5) OV：溢出标志。ADD、ADDC、SUBB、MUL 和 DIV 指令影响该位状态。在后面会详细说明。

(6) RSV：保留位。

(7) P：奇偶标志位。在每条指令执行后，设置或者清除该比特位，该位用于表示累加器 ACC 中 1 的个数。如果 ACC 中有奇数个 1，则将 P 设置为 1；否则，如果 ACC 中有偶数个 1（包括 0 个 1 的情况），则将 P 设置为 0。

思考与练习 4-16：在 8051 单片机中，PSW 表示＿＿＿＿，作用是＿＿＿＿，它包含＿＿＿＿、＿＿＿＿、＿＿＿＿、＿＿＿＿、＿＿＿＿和＿＿＿＿位。

4.1.3　特殊功能寄存器

STC 系列单片机除了提供传统 8051 单片机的标准寄存器外，还提供了特殊功能寄存器（SFR）。实际上，SFR 是具有特殊功能的 RAM 区域，它是多个控制寄存器和状态寄存器的集合，如表 4.3 所示。这些寄存器用于对 STC 单片机内的各个功能模块进行管理、控制和监视。

注意：(1) STC15 系列单片机的 SFR 和高 128 字节的 RAM 共用相同的地址范围，都使用 80H～FFH 的区域。因此，需要使用直接寻址方式访问 SFR。

(2) 只有当 SFR 内寄存器地址能够被 8 整除时才可以进行位操作，即表 4.3 中灰色区域可以进行位操作，其他区域不可以进行位操作。

表 4.3　SFR 的映射空间（STC15W4K32S4 系列单片机）

地址	0/8	1/9	2/A	3/B	4/C	5/D	6/E	7/F	地址
0xF8	P7	CH	CCAP0H	CCAP1H	CCAP2H				0xFF
0xF0	B	PWMC FG	PCA_PWM0	PCA_PWM1	PCA_PWM2	PWMCR	PWMIF	PWMF DCR	0xF7
0xE8	P6	CL	CCAP0L	CCAP1L	CCAP2L				0xEF
0xE0	ACC	P7M1	P7M0				CMPCR1	CMPCR2	0xE7
0xD8	CCON	CMOD	CCAPM0	CCAPM1	CCAPM2				0xDF

续表

地址	0/8	1/9	2/A	3/B	4/C	5/D	6/E	7/F	地址
0xD0	PSW	T4T3M	T4H RL_TH4	T4L RL_TL4	T3H RL_TH3	T3L RL_TL3	T2H RL_TH2	T2L RL_TL2	0xD7
0xC8	P5	P5M1	P5M0	P6M1	P6M0	SPSTAT	SPCTL	SPDAT	0xCF
0xC0	P4	WDT_CONTR	IAP_DATA	IAP_ADDRH	IAP_ADDRL	IAP_CMD	IAP_TRIG	IAP_CONTR	0xC7
0xB8	IP	SADEN	P_SW2		ADC_CONTR	ADC_RES	ADC_RESL		0xBF
0xB0	P3	P3M1	P3M0	P4M1	P4M0	IP2	IP2H	IPH	0xB7
0xA8	IE	SADDR	WKTCL WKCTL_CNT	WKTCH WKTCH_CNT	S3CON	S3BUF		1E2	0xAF
0xA0	P2	BUS_SPEED	AUXR1 P_SW1						0xA7
0x98	SCON	SBUF	S2CON	S2BUF		P1ASF			0x9F
0x90	P1	P1M1	P1M0	P0M1	P0M0	P2M1	P2M0	CLK_DIV PCON2	0x97
0x88	TCON	TMOD	TL0 RL_TL0	TL1 RL_TL1	TH0 RL_TH0	TH1 RL_TH1	AUXR	INT_CLKO AUXR2	0x8F
0x80	P0	SP	DPL	DPH	S4CON	S4BUF		PCON	0x87

思考与练习4-17：在8051单片机中，SFR表示_____，它_____（属于/不属于）RAM的一部分，其作用是_____。

注意：本节仅对SFR中端口控制寄存器和CPU时钟分频器的功能进行说明，其他寄存器的功能在后续章节中进行详细说明。

1. 端口模式控制寄存器

在SFR中，提供了用于对单片机P0端口、P1组端口、P2组端口、P3组端口、P4组端口、P5组端口、P6组端口和P7组端口模式控制的控制寄存器。下面以P0端口模式控制寄存器为例，说明模式端口控制寄存器的设置方法。

注：(1) LQFP 64脚封装的STC单片机才有P6组端口和P7组端口；

(2) 单片机的P5组端口只有6位有效，即P5.0~P5.5，而其余端口都是8位有效，即Px.0~Px.7(x表示端号，x=0,1,2,3,4,6或7)。

P0端口模式控制寄存器包括P0M0和P0M1寄存器。

1) P0M0寄存器

P0M0寄存器(地址94H)也称为端口0模式配置寄存器0，对该寄存器中每位的说明如表4.4所示，复位值为0x00。

表4.4 P0M0寄存器

比特	B7	B6	B5	B4	B3	B2	B1	B0
名字	P0M0.7	P0M0.6	P0M0.5	P0M0.4	P0M0.3	P0M0.2	P0M0.1	P0M0.0

2) P0M1寄存器

P0M1寄存器(地址93H)也称为端口0模式配置寄存器1，对该寄存器中每位的说明如表4.5所示，复位值为0x00。

表 4.5 P0M1 寄存器

比特	B7	B6	B5	B4	B3	B2	B1	B0
名字	P0M1.7	P0M1.6	P0M1.5	P0M1.4	P0M1.3	P0M1.2	P0M1.1	P0M1.0

P0M0.x 和 P0M1.x 组合起来用于控制 P0 口的方向和驱动模式,如表 4.6 所示。

表 4.6 P0M1.x 和 P0M0.x 的组合含义

P0M1	P0M0	含 义
0	0	准双向端口,与传统 8051 I/O 模式兼容。其灌电流可达 20mA,拉电流为 270μA(由于制造误差,拉电流实际在 150～270μA)
0	1	推挽输出,即强上拉输出,电流可达到 20mA,因此在使用时需要接入限流电阻
1	0	仅为输入(高阻)
1	1	开漏(Open Drain),内部上拉电阻断开。在该模式下,既可以读外部状态也可以对外输出高电平/低电平。因此,需要加上拉电阻,否则读不到外部状态,也不能对外输出高电平

注:表中的 x 对应于端口 0 的每个引脚。

对于 P1 端口、P2 端口、P3 端口、P4 端口、P6 端口和 P7 端口,模式寄存器的含义与 P0 端口相同,如表 4.7 所示。

表 4.7 端口模式寄存器的地址和复位值

模式寄存器的名字	功能	SFR 地址(十六进制)	复位值(二进制)
P1M0	P1 端口 P1M0 模式寄存器	92H	00010001
P1M1	P1 端口 P1M1 模式寄存器	91H	11000000
P2M0	P2 端口 P2M0 模式寄存器	96H	00000000
P2M1	P2 端口 P2M1 模式寄存器	95H	10001110
P3M0	P3 端口 P3M0 模式寄存器	B2H	00000000
P3M1	P3 端口 P3M1 模式寄存器	B1H	10000000
P4M0	P4 端口 P4M0 模式寄存器	B4H	00000000
P4M1	P4 端口 P4M1 模式寄存器	B3H	00110100
P5M0	P5 端口 P5M0 模式寄存器	CAH	xx000000
P5M1	P5 端口 P5M1 模式寄存器	C9H	xx000000
P6M0	P6 端口 P6M0 模式寄存器	CCH	00000000
P6M1	P6 端口 P6M1 模式寄存器	CBH	00000000
P7M0	P7 端口 P7M0 模式寄存器	E2H	00000000
P7M1	P7 端口 P7M1 模式寄存器	E1H	00000000

2. 端口寄存器

通过端口寄存器,STC 单片机可以读取端口状态,或者向端口写数据。这里以 P0 端口寄存器为例进行说明。

1) P0 端口寄存器(地址 80H)

P0 寄存器中每一个比特位与 STC 单片机外部 P0 组内的引脚一一对应,如表 4.8 所示,复位值为 0xFF。

表 4.8 P0 端口寄存器

比特	B7	B6	B5	B4	B3	B2	B1	B0
名字	P0.7	P0.6	P0.5	P0.4	P0.3	P0.2	P0.1	P0.0

2) 其他端口寄存器

其他端口寄存器的地址和复位值,如表 4.9 所示。

表 4.9 其他端口寄存器的地址和复位值

端口寄存器的名字	功能	SFR 地址(十六进制)	复位值(二进制)
P1	P1 端口寄存器	90H	11111111
P2	P2 端口寄存器	A0H	11111111
P3	P3 端口寄存器	B0H	11111111
P4	P4 端口寄存器	C0H	11111111
P5	P5 端口寄存器	C8H	xx111111
P6	P6 端口寄存器	E8H	11111111
P7	P7 端口寄存器	F8H	11111111

3. 时钟分频器

CPU 分频器允许 CPU 运行在不同的速度。用户通过配置 SFR 地址为 0x97 位置的 CLK_DIV(PCON2)寄存器来控制 8051 内 CPU 的时钟频率,复位值为 00000000B,如表 4.10 所示。

表 4.10 CLK_DIV(PCON2)寄存器

比特位	B7	B6	B5	B4	B3	B2	B1	B0
名字	MCKO_S1	MCKO_S0	ADRJ	Tx_Rx	MCLKO_2	CLKS2	CLKS1	CLKS0

其中,B2~B0 比特位 CLKS2~CLKS0 用于对主时钟进行分频,如表 4.11 所示。

表 4.11 CLKS2~CLKS0 各位的含义

CLKS2	CLKS1	CLKS0	含义
0	0	0	主时钟频率/1
0	0	1	主时钟频率/2
0	1	0	主时钟频率/4
0	1	1	主时钟频率/8
1	0	0	主时钟频率/16
1	0	1	主时钟频率/32
1	1	0	主时钟频率/64
1	1	1	主时钟频率/128

注意:主时钟可以是内部的 R/C 时钟,也可以是外部输入时钟/外部晶体振荡器产生的时钟,如图 4.9 所示。

此外,CLK_DIV 寄存器中的 MCKO_S1 和 MCKO_S0 比特位用于控制在 STC 单片机引脚 MCLKO(P5.4)或者 MCLKO_2(P1.6)输出不同频率的时钟,如表 4.12 所示。

表 4.12 MCKO_S1 和 MCKO_S0 比特位的含义

MCKO_S1	MCKO_S0	含义
0	0	主时钟不对外输出时钟
0	1	输出时钟,输出时钟频率=SYSclk 时钟频率
1	0	输出时钟,输出时钟频率=SYSclk 时钟频率/2
1	1	输出时钟,输出时钟频率=SYSclk 时钟频率/4

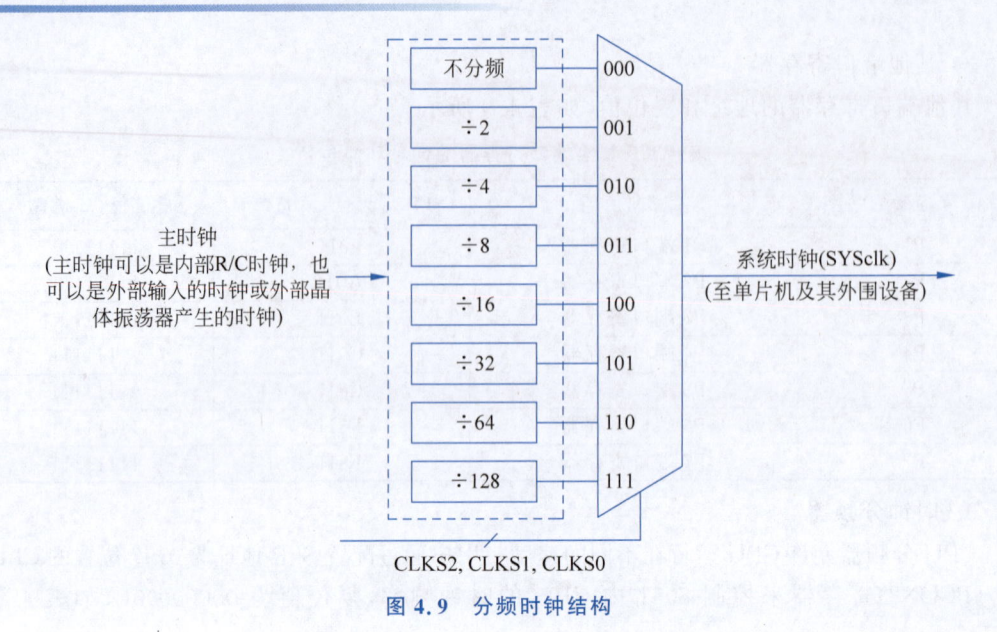

```
                    ┌─────────┐
                    │  不分频  │──000
                    ├─────────┤
                    │   ÷2    │──001
                    ├─────────┤
                    │   ÷4    │──010
     主时钟          ├─────────┤
(主时钟可以是内部R/C时钟，也   │   ÷8    │──011       系统时钟(SYSclk)
 可以是外部输入的时钟或外部晶 ├─────────┤      (至单片机及其外围设备)
 体振荡器产生的时钟)  │   ÷16   │──100
                    ├─────────┤
                    │   ÷32   │──101
                    ├─────────┤
                    │   ÷64   │──110
                    ├─────────┤
                    │  ÷128   │──111
                    └─────────┘
                 CLKS2, CLKS1, CLKS0
```

图 4.9　分频时钟结构

注意：SYSclk 为系统时钟。STC15W 系列单片机通过 CLK_DIV 寄存器的 B3 位 (MCLKO_2)选择在 MCLKO/P5.4 口对外输出时钟，还是在 MCLKO_2/XTAL2/P1.6 口对外输出时钟，如表 4.13 所示。

表 4.13　时钟输出端口选择

MCLKO_2	含 义
0	在 MCLKO/P5.4 口对外输出时钟
1	在 MCLKO_2/XTAL2/P1.6 口对外输出时钟

思考与练习 4-18：在 STC 8051 单片机中，CLK_DIV 寄存器的功能是_____。

4.2　存储器结构和地址空间

本节将介绍 STC 单片机存储器结构和地址空间，内容包括程序 Flash 存储器、数据 Flash 存储器、内部数据 RAM 和外部数据存储器。

4.2.1　程序 Flash 存储器

本节将介绍程序存储器空间映射和程序存储器特点。

1．程序存储器空间映射

STC 单片机程序存储器空间位于 0x0000～0xFFFF 的地址范围。16 位的程序计数器 (PC)指向下一条将要执行的指令。8051 CPU 只能通过 MOVC 指令从程序空间读取数据。

注意：在 STC15W4K32S4 系列的单片机内部集成了 8～61KB 容量的 Flash 程序存储器，如表 4.14 所示。

表 4.14　STC15W4K32S4 系列存储器空间分配

类　型	程序存储器
STC15W4K08S4	0x0000～0x1FFF(8KB)
STC15W4K16S4	0x0000～0x3FFF(16KB)

续表

类　　型	程序存储器
STC15W4K24S4	0x0000～0x5FFF(24KB)
STC15W4K32S4	0x0000～0x7FFF(32KB)
STC15W4K40S4	0x0000～0x9FFF(40KB)
STC15W4K48S4	0x0000～0xBFFF(48KB)
STC15W4K56S4	0x0000～0xDFFF(56KB)
STC15W4K60S4	0x0000～0xEFFF(60KB)
IAP15W4K61S4	0x0000～0xF3FF(61KB)

当复位时,程序计数器(PC)的内容为0x0000。因此,从程序存储器地址为0x0000的地方开始执行程序。此外,中断服务程序的入口地址(也称为中断向量)也保存在程序存储器低地址空间内。在程序存储器中,每个中断都有一个固定的入口地址。当外部中断进入8051 CPU并得到响应后,8051 CPU就自动跳转到相应的中断入口地址执行中断服务程序,具体见后面的详细说明。

2. 程序存储器特点

STC单片机内的程序存储器可以保存用户程序、数据和表格信息,其具有下面的特点。
(1) 提供10万次以上擦写能力。
(2) 低压保护功能,即在低压状态下,禁止对程序存储器进行擦除和编程。
(3) 程序存储器对外不提供读电路,因而有效地防止对用户程序的破解。
(4) 只有对程序存储器进行擦除操作后,才能对其进行编程操作。
(5) 在对程序存储器编程时,可以将程序代码乱序后存放。
(6) 程序存储器的最后7字节设置全球唯一的ID号。
(7) 以扇区为单位擦除。
(8) 以字节为单位进行编程。
(9) STC单片机提供了通过通用异步串口,对Flash进行擦除、编程和代码加密的能力。

思考与练习4-19:在STC单片机中,程序存储器的作用是_____。当访问程序存储器时,使用_____指令。

4.2.2 数据Flash存储器

STC系列单片机内部提供了大容量的数据Flash存储器,用于实现电可擦除的只读存储器(Electrically Erasable Programmable Read-Only Memory,EEPROM)的功能。数据Flash存储器和程序Flash存储器空间是分开的。Flash存储器特点如下。
(1) 通过ISP/IAP技术可以将内部的数据Flash当作EEPROM使用。
(2) 擦写次数在10万次以上。
(3) 以扇区为单位,每个扇区包含512字节。
(4) 数据存储器的擦除操作是按扇区进行的。

注意:由于EEPROM是以扇区为单位管理的,所以数据存储器的擦除操作也是按扇区进行的。因此,建议同一次修改的数据保存在同一个扇区,不是同一次修改的数据需要保存在不同扇区。

表 4.15 给出了 STC15W4K32S4 系列单片机数据 Flash(EEPROM)空间容量和地址。

表 4.15　STC15W4K32S4 系列单片机数据 Flash(EEPROM)空间容量和地址

型号	EEPROM 容量	扇区数	用 IAP 字节读时，数据 Flash 的起始扇区首地址	用 IAP 字节读时，数据 Flash 的结束扇区末尾地址	用 MOVC 指令读时，数据 Flash 的起始扇区首地址	用 MOVC 指令读时，数据 Flash 的结束扇区末尾地址
STC15W4K16S4	42KB	84	0x0000	0xA7FF	0x4C00	0xF3FF
STC15W4K32S4	26KB	52	0x0000	0x67FF	0x8C00	0xF3FF
STC15W4K40S4	18KB	36	0x0000	0x47FF	0xAC00	0xF3FF
STC15W4K48S4	10KB	20	0x0000	0x27FF	0xCC00	0xF3FF
STC15W4K56S4	2KB	4	0x0000	0x07FF	0xEC00	0xF3FF
IAP15W4K61S4	—	122	0x0000	0xF3FF	—	—
IRC15W4K63S4	—	126	0x0000	0xFBFF	—	—

注：后两个系列特殊，用户可以在用户程序区直接修改用户程序，所有 Flash 空间均可作数据 Flash(EEPROM)修改。没有专门的数据 Flash，但是用户可以将用户程序区的程序 Flash 当作数据 Flash 使用，使用时不要擦除自己的有效程序。

注意：对于其他类型的单片机数据 Flash 的容量和映射关系，请参阅 STC 提供的单片机数据手册。

4.2.3　内部数据 RAM

STC15 系列的单片机内部集成了 RAM，可用于存放程序执行的中间结果和过程数据。以 STC15W4K32S4 系列单片机为例，在单片机内部集成了 4KB 的内部数据 RAM。在逻辑和物理上，将其分为两个地址空间：内部 RAM，其容量为 256 字节；内部扩展 RAM，其容量为 3840 字节。

1. 内部 RAM

STC15 系列单片机内部 RAM 空间可以分成三部分，如图 4.10 所示。

1) 低 128 字节 RAM(兼容传统 8051)

这部分的存储空间既可采用直接寻址方式又可采用间接寻址方式。这部分 RAM 区域也称为通用 RAM 区域，如图 4.11 所示。这个区域分为工作寄存器组区域、可位寻址区域、用户 RAM 和堆栈区。

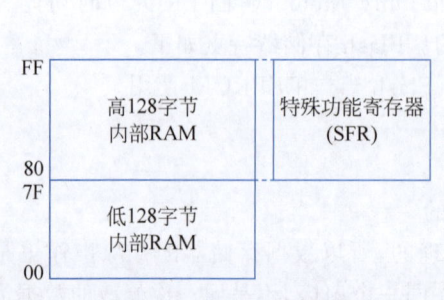

图 4.10　内部 RAM 结构

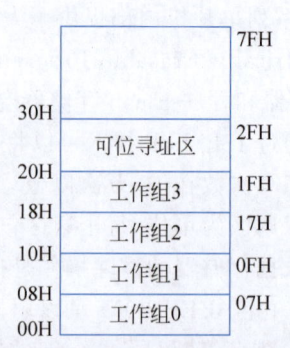

图 4.11　低 128 字节的内部 RAM

(1) 工作寄存器组区域。该区域的地址从 0x00~0x1F,占用 32 字节单元。在 8051 CPU 内提供了 4 组工作寄存器,每组称为一个寄存器组。

每个寄存器组包含 8 个工作寄存器区,范围是 R0~R7,但是它们属于不同的物理空间。通过使用不同的寄存器组,可以提高运算的速度。在工作寄存器组区内提供 4 组寄存器,是因为 1 组寄存器往往不能满足应用的要求。在前面已经说明,通过 PSW 中的 RS1 和 RS0 位,设置当前所使用的寄存器组。

(2) 可位寻址区域。在地址 0x20~0x2F 的 16 字节的区域中,可实现按位寻址。也就是说,可以对这 16 个单元中的每一位进行单独的寻址,这个区域一个有 128 位,所对应的地址范围是 0x00~0x7F,而内部 RAM 低 128 字节的地址范围也是 0x00~0x7F。但是,两者之间存在本质的区别,这是因为,位地址指向的是一个位,而字节地址指向的是一个字节单元,在程序中是通过不同的指令进行区分的。

(3) 用户 RAM 和堆栈区。在地址 0x30~0xFF 区域(包含了高 128 字节区域)是用户的 RAM 和堆栈区,可以采用直接寻址或者间接寻址的方式访问该区域。

2) 高 128 字节 RAM(Intel 在 8052 中扩展了高 128 字节 RAM)

这部分区域虽然和 SFR 区域的地址范围重合,都在 0x80~0xFF 的区域。但是,它们在物理上是相互独立的,通过不同的寻址方式来区分它们。对于高 128 字节 RAM 区域来说,只能采用间接寻址方式。

3) 特殊功能寄存器

特殊功能寄存器在本章前面进行了详细的说明。对于 SFR 来说,只能采用直接寻址的方式。

思考与练习 4-20:在 STC 8051 单片机中,内部数据 RAM 分为_____、_____和_____三部分。

思考与练习 4-21:在 STC 8051 单片机的内部数据 RAM 的高 128 字节复用_____和_____区域,可分别通过_____方式访问它们。

思考与练习 4-22:在 STC 8051 单片机中,共有_____组寄存器,使用_____来选择它们中的一组。

2. 内部扩展 RAM

在 STC15W4K32S4 系列的单片机中,除了集成 256 字节的内部 RAM 外,还集成了 3840 字节的扩展 RAM 区,其地址范围是 0x0000~0x0EFF。在该系列单片机中,访问内部 RAM 的方法和传统 8051 单片机访问外部扩展 RAM 的方法一致,但是不影响单片机外部 P0 口(数据总线和高 8 位地址总线)、P2 口(低 8 位地址总线)、P4.2/$\overline{WR}$、P4.4/$\overline{RD}$ 和 P4.5/ALE 信号线。

在 STC 系列单片机中,通过下面方式访问内部扩展 RAM。

(1) 使用汇编语言,通过 MOVX 指令访问内部扩展 RAM 区域,访问的指令为

MOVX @DPTR 或者 MOVX @Ri

(2) 使用 C 语言,通过使用 xdata 声明存储类型来访问内部扩展 RAM 区域。

在 STC 系列单片机中,由 SFR 内地址为 0x8E 的辅助寄存器 AUXR 控制,如表 4.16 所示。在该寄存器中的 EXTRAM 位控制是否可以访问该区域,如图 4.12 所示。当复位时,该寄存器的值为 00000001B。

表 4.16 辅助寄存器 AUXR 各位的含义

比特位	B7	B6	B5	B4	B3	B2	B1	B0
名字	T0x12	T1x12	UAR_M0x6	T2R	T2_C/T	T2x12	EXTRAM	S1ST2

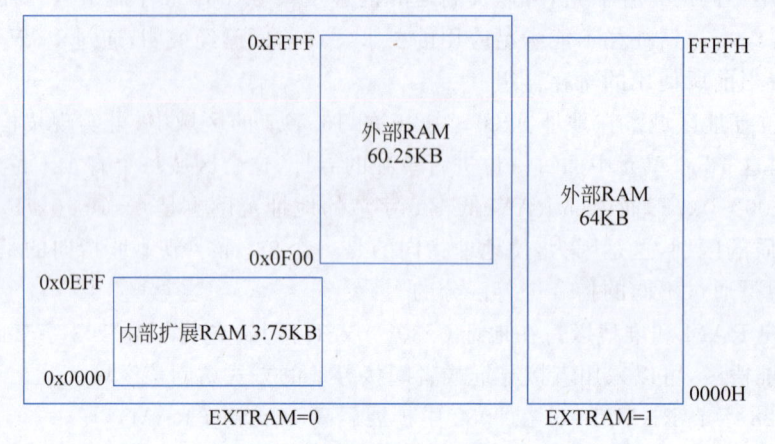

图 4.12 控制访问内部扩展 RAM 或外部数据存储器

（1）EXTRAM 为 0 时，可以访问内部扩展 RAM。在 STC15W4K32S4 系列单片机中，通过指令"MOVX @DPTR"访问 0x0000～0x0EFF 单元（3840 字节）。当访问地址超过 0x0F00 时，总是访问外部数据存储器。

注意：指令 MOVX @Ri 只能访问 0x00～0xFF 单元。

（2）EXTRAM 为 1 时，禁止访问内部扩展 RAM，此时指令"MOVX @DPTR/MOVX @Ri"的使用同普通 8052 单片机。

思考与练习 4-23：在 STC 8051 单片机中，提供了_____容量的内部扩展 RAM，其地址为_____，可使用_____指令来访问它们。

注意：从上面可以看出来，访问片内扩展 RAM 和外部数据存储器的方式是一样的，只不过前者在 STC 8051 单片机的内部，而后者在 STC 8051 单片机的外部。

4.2.4 外部数据存储器

本节将介绍外部数据存储器，内容包括外部数据存储器访问控制和外部数据存储器访问时序。

1. 外部数据存储器访问控制

STC15 系列 40 引脚以上的单片机具有扩展 64KB 外部数据存储器和 I/O 口的能力。当访问 STC 单片机外扩的数据存储器时，$\overline{WR}$ 和 $\overline{RD}$ 信号有效。在 STC15 系列单片机中，增加了一个用于控制外部数据存储器数据总线速度的特殊功能寄存器 BUS_SPEED。该寄存器在 SFR 地址为 0xA1 的位置，如表 4.17 所示。当复位时，该寄存器设置为 xxxxxx10B。

表 4.17 BUS_SPEED 寄存器各位含义

比特位	B7	B6	B5	B4	B3	B2	B1	B0
名字	—	—	—	—	—	—	EXRTS[1:0]	

其中，EXRTS[1:0] 比特位的含义如表 4.18 所示。

表 4.18　EXRTS[1:0]比特位的含义

EXRTS[1:0]	建立/保持/读和写时钟周期个数
00	1
01	2
10	4
11	8

2. 外部数据存储器访问时序

为了方便读者理解外部数据存储器的访问原理,给出了读写外部数据存储器的时序,如图 4.13 所示。

由于 STC 单片机的低 8 位地址线和数据线引脚复用在 P0[7:0]端口上,因此在 XADRL 建立和保持周期内,P0[7:0]端口上产生出所要访问外部数据存储器的低 8 位地址。P0[7:0]产生的低 8 位地址和 P2[7:0]产生的高 8 位地址拼成一个 16 位的地址。它可以访问的外部数据存储器的地址范围为 0x0000~0xFFFF,即 64KB 的范围。

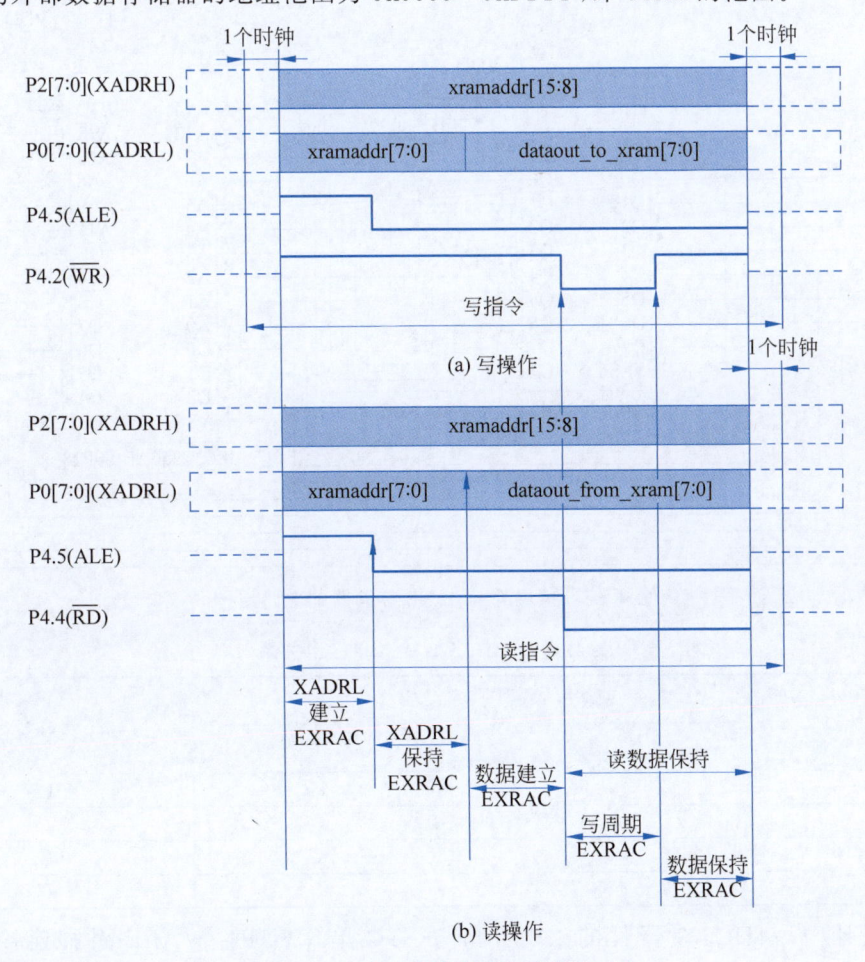

图 4.13　外部存储器的写和读操作时序

(1) 对于写操作而言,在 XADRL 保持结束后,在 P0[7:0]端口上产生将要写到外部数据存储器的 8 位数据 dataout_to_xram[7:0]。

(2) 对于读操作而言,在 XADRL 保持结束后,在 P0[7:0]端口上出现外部数据存储器返回的 8 位读数据 dataout_from_xram[7:0]。

更进一步的：

(1) 对于 STC15 系列的单片机来说，写指令的时间长度等于

$$T_{XADRL建立} + T_{XADRL保持} + T_{数据建立} + T_{写周期} + T_{数据保持}$$

(2) 对于 STC15 系列的单片机来说，读指令的时间长度等于

$$T_{XADRL建立} + T_{XADRL保持} + T_{数据建立} + T_{读数据保持}$$

注意：建立时间是指在有效触发沿之前，数据/地址有效的时间。保持时间是指在有效触发沿之后，数据/地址有效的时间。

3. 单片机和外部数据存储器的硬件电路

由于单片机上的低 8 位地址和 8 位数据复用在 P0 端口上，因此需要将复用的低 8 位地址和 8 位数据分离。在实际应用中，通过使用 74HC573 器件将地址和数据进行分离，如图 4.14 所示，74HC573 是 8 位带 3 态输出的锁存器，其功能如表 4.19 所示。

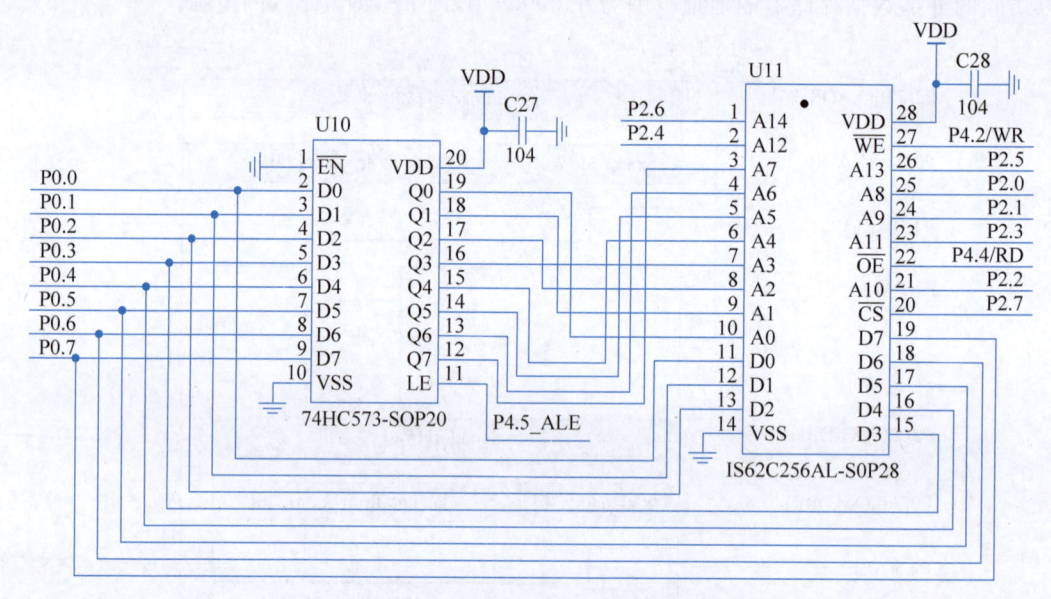

图 4.14 扩展外部 32KB 存储器的电路结构

表 4.19 74HC573 输入和输出关系

输入			输出 Q
EN	LE	D	
0	1	1	1
0	1	0	0
0	0	×	Q_0
1	×	×	Z

在设计中，74HC573 器件的 LE 引脚与 STC 单片机 P4.5/ALE 引脚连接。根据图 4.13 所示的时序，当 ALE 为高时，P0[7:0]端口给出的是用于访问外部数据存储器的低 8 位地址。通过这个器件，就产生出可以连接到外部型号为 IS62C256 SRAM 存储器的低 8 位地址；而 STC 单片机的 P2[7:0]端口直接产生用于访问外部数据存储器的高 8 位地址。

P0[7:0]端口和需要访问的外部数据存储器的 8 位数据线直接进行连接。此外，P2.7

引脚可作为访问外部存储器的片选信号。

4.3 中断系统原理及功能

本节介绍 STC 8051 单片机中断原理及功能,内容包括中断原理、中断系统结构、中断优先级处理、中断优先级控制寄存器、中断向量表。

4.3.1 中断原理

STC 单片机中的中断系统是为了 8051 CPU 具有实时处理外界紧急事件能力而设置的一种机制。

当 8051 CPU 正在处理某个事件的时候,即正在正常执行一段程序代码时,外界发生了紧急事件,这个紧急事件可以通过 STC 单片机的外部引脚或内部信号送给 8051 CPU,8051 CPU 就需要做出判断是不是需要立即处理这个紧急事件。如果 CPU 允许立即处理这个事件,则暂时停止当前正在执行的程序代码,而跳转到用于处理该紧急事件的程序代码,即通常所说的中断服务程序。当处理完紧急事件,也就是执行完处理该紧急事件的程序代码后,再继续处理前面所打断的正常执行的程序代码。这个过程称为中断,如图 4.15 所示。下面对这个过程进行说明:

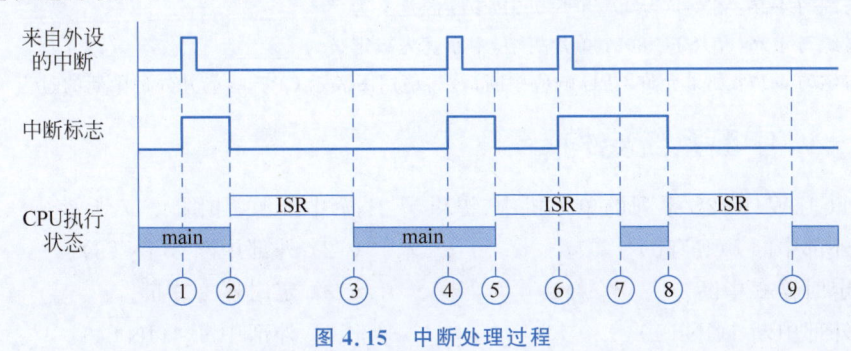

图 4.15 中断处理过程

① 外设在中断线上产生脉冲。中断控制器设置中断标志,并向 CPU 发出请求。

② CPU 响应并开始执行中断服务程序(Interrupt Service Routine,ISR)。中断控制器在进入 ISR 入口时,清除中断标志。

③ CPU 从中断返回。

④ 外设在中断线上产生脉冲。中断控制器设置中断标志,并向 CPU 发出请求。

⑤ CPU 响应并开始执行中断服务程序 ISR。中断控制器在进入 ISR 入口时,清除中断标志。

⑥ 当正在执行 ISR 时,外设在中断线上产生脉冲。中断控制器设置中断待处理标志。

⑦ CPU 从中断服务程序返回。当设置中断标志时,中断控制器产生一个中断。

⑧ CPU 开始执行 ISR。中断控制器在进入 ISR 入口时,清除中断标志。

⑨ CPU 从中断服务程序返回。

注:④~⑨表示中断嵌套。

为了方便读者对后续内容的学习,下面对中断系统的一些术语进行说明。

(1) 中断系统:在 STC 单片机中,用于实现中断过程的功能部件称为中断系统。

(2) 中断源：可以打断当前正在执行程序的紧急事件称为中断源。

(3) 中断优先级：当有多个紧急事件同时需要 8051 CPU 进行处理时,就存在 CPU 到底先处理哪个紧急事件的问题。在 8051 CPU 中,为这些紧急事件设置了优先级。也就是 8051 CPU 总是先处理优先级最高的紧急事件,总是最后处理优先级最低的紧急事件。

对于具有相同优先级的紧急事件来说,将按照产生事件的前后顺序进行处理。

(4) 中断嵌套：当 8051 CPU 正在处理一个中断源的时候,即正在执行相应的中断服务程序时,外部又出现了一个优先级更高的紧急事件需要进行处理。如果 8051 CPU 允许,则暂停处理当前正在执行的中断处理程序,转而去执行用于处理优先级更高的紧急事件的中断服务程序。这种允许高优先级中断打断当前中断处理程序的机制称为中断嵌套,如图 4.16 所示。

注意：不允许中断嵌套的中断系统则称为单级中断系统。

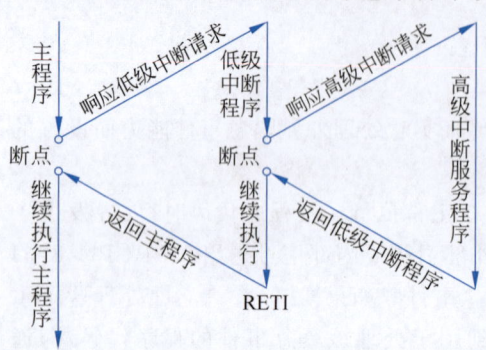

图 4.16 中断嵌套结构

思考与练习 4-24：在 STC 8051 单片机中,中断定义为_____。

思考与练习 4-25：在 STC 8051 单片机中,中断源定义为_____。

思考与练习 4-26：在 STC 8051 单片机中,中断优先级定义为_____。

思考与练习 4-27：如果允许 CPU 响应中断请求,请用图表示 CPU 响应并处理中断的过程。

4.3.2 中断系统结构

在 STC15W4K32S 系列的单片机中,提供了 21 个中断源,如图 4.17 所示。

(1) 外部中断 0(INT0)。
(2) 定时器 0 中断。
(3) 外部中断 1(INT1)。
(4) 定时器 1 中断。
(5) 串口 1 中断。
(6) A/D 转换中断。
(7) 低电压检测(LVD)中断。
(8) CCP/PWM/PCA 中断。
(9) 串口 2 中断。
(10) SPI 中断。
(11) 外部中断 2(INT2)。
(12) 外部中断 3(INT3)。
(13) 定时器 2 中断。
(14) 外部中断 4(INT4)。
(15) 串口 3 中断。
(16) 串口 4 中断。
(17) 定时器 3 中断。
(18) 定时器 4 中断。
(19) 比较器中断。
(20) PWM 中断。
(21) PWM 异常检测中断。

从图 4.17 中可以看出,在这 21 个中断中,外部中断 2、外部中断 3、定时器 2 中断、外部中断 4、串口 3 中断、串口 4 中断、定时器 3 中断、定时器 4 中断和比较器中断的优先级总是固定为最低优先级(0 级)外,其他的中断都具有两个中断优先级,可以实现两级中断嵌套。另外,用户可以通过中断允许寄存器 IE 的 B7 比特位 EA,以及相应中断的允许位,使能或者禁止 8051 CPU 响应该中断。通常把 8051 CPU 禁止响应中断称为屏蔽中断(中断屏蔽)。下面对用于使能或者禁止中断的寄存器进行说明。

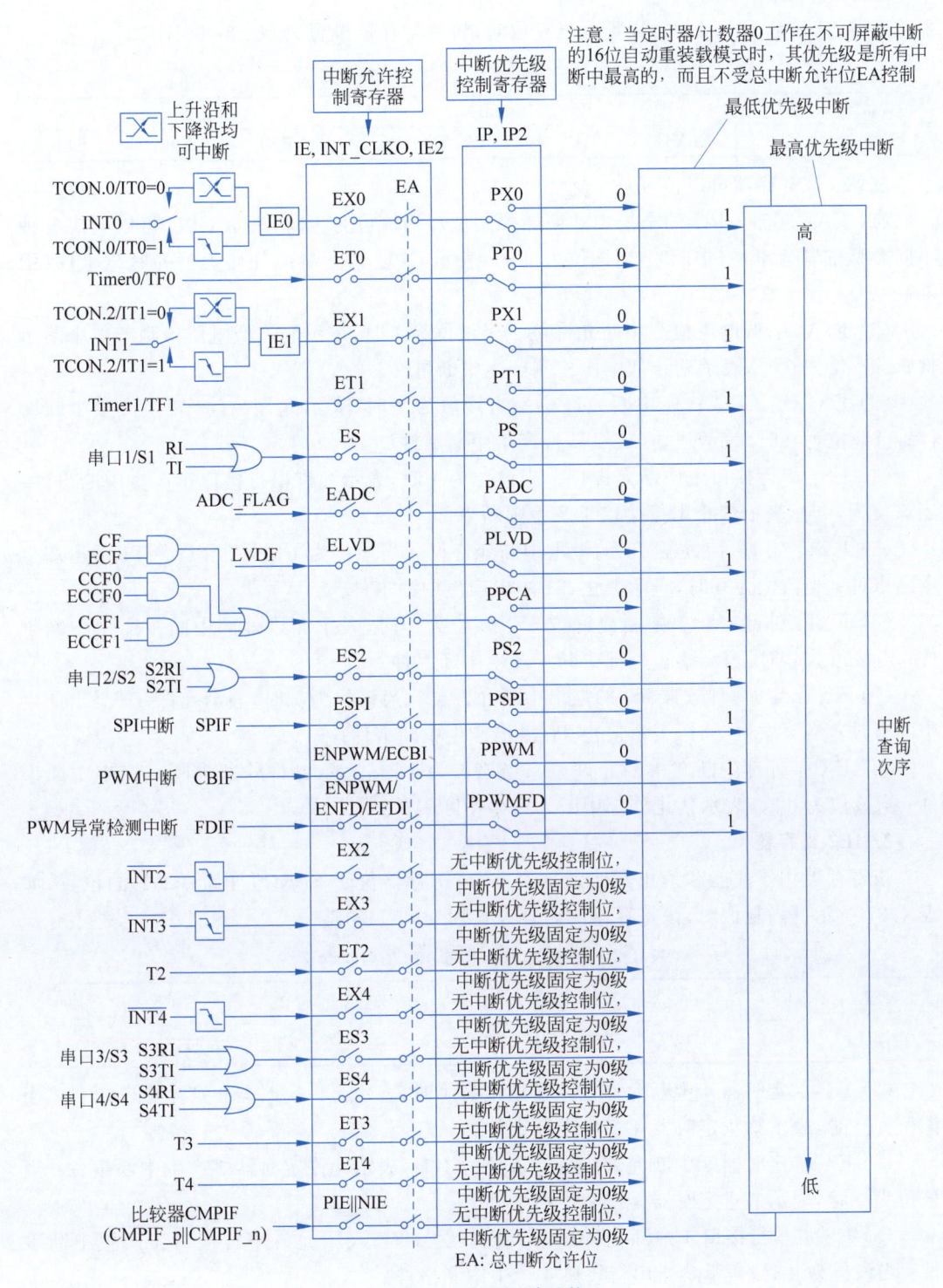

图 4.17 中断系统结构

1. IE 寄存器

在 STC15W4K32S4 系列单片机内,8051 CPU 是否允许和禁止响应所有中断源,以及是否允许每一个中断源,这都是由内部的中断允许寄存器 IE 控制,如表 4.20 所示。该寄存器位于 SFR 地址为 0xA8 的位置。当复位时,将该寄存器设置为 00000000B。

表 4.20　中断允许寄存器 IE 的各位含义

比特位	B7	B6	B5	B4	B3	B2	B1	B0
名字	EA	ELVD	EADC	ES	ET1	EX1	ET0	EX0

注意:该寄存器可以位寻址。

(1) EA:8051 CPU 的全局中断使能控制位。当该位为 1 时,表示 CPU 可以响应各种不同类型的紧急事件(中断);当该位为 0 时,表示 CPU 禁止响应任何类型的紧急事件(中断)。

(2) ELVD:低电压检测中断允许位。当该位为 1 时,表示允许低电压检测产生中断事件;当该位为 0 时,表示禁止低电压检测产生中断事件。

(3) EADC:ADC 转换中断允许位。当该位为 1 时,表示允许 ADC 转换产生中断事件;当该位为 0 时,表示禁止 ADC 转换产生中断事件。

(4) ES:串行接口 1 中断允许位。当该位为 1 时,表示允许串行接口 1 产生中断事件;当该位为 0 时,表示禁止串行接口 1 产生中断事件。

(5) ET1:定时/计数器 T1 的溢出中断允许位。当该位为 1 时,表示允许 T1 溢出产生中断事件;当该位为 0 时,表示禁止 T1 溢出产生中断事件。

(6) EX1:外部中断 1 中断允许位。当该位为 1 时,表示允许外部中断 1 产生中断事件;当该位为 0 时,表示禁止外部中断 1 产生中断事件。

(7) ET0:定时/计数器 T0 的溢出中断允许位。当该位为 1 时,表示允许 T0 溢出产生中断事件;当该位为 0 时,表示禁止 T0 溢出产生中断事件。

(8) EX0:外部中断 0 中断允许位。当该位为 1 时,表示允许外部中断 0 产生中断事件;当该位为 0 时,表示禁止外部中断 0 产生中断事件。

2. IE2 寄存器

该寄存器用于使能和禁止其他紧急事件,该寄存器位于 SFR 地址为 0xAF 的位置,如表 4.21 所示。当复位时,该寄存器的内容设置为 x0000000B。

表 4.21　中断允许寄存器 IE2 的各位含义

比特位	B7	B6	B5	B4	B3	B2	B1	B0
名字	—	ET4	ET3	ES4	ES3	ET2	ESPI	ES2

(1) ET4:定时器 4 中断允许位。当该位为 1 时,表示允许定时器 4 产生中断事件;当该位为 0 时,表示禁止定时器 4 产生中断事件。

(2) ET3:定时器 3 中断允许位。当该位为 1 时,表示允许定时器 3 产生中断事件;当该位为 0 时,表示禁止定时器 3 产生中断事件。

(3) ES4:串行接口 4 中断允许位。当该位为 1 时,表示允许串行接口 4 产生中断事件;当该位为 0 时,表示禁止串行接口 4 产生中断事件。

(4) ES3:串行接口 3 中断允许位。当该位为 1 时,表示允许串行接口 3 产生中断事件;当该位为 0 时,表示禁止串行接口 3 产生中断事件。

(5) ET2:定时器 2 中断允许位。当该位为 1 时,表示允许定时器 2 产生中断事件;当该位为 0 时,表示禁止定时器 2 产生中断事件。

(6) ESPI：SPI 接口中断允许位。当该位为 1 时，表示允许 SPI 接口产生中断事件；当该位为 0 时，表示禁止 SPI 接口产生中断事件。

(7) ES2：串行接口 2 中断允许位。当该位为 1 时，表示允许串行接口 2 产生中断事件；当该位为 0 时，表示禁止串行接口 2 产生中断事件。

3. INT_CLKO 寄存器

外部中断允许和时钟输出寄存器。该寄存器是 STC15 系列单片机新增加的寄存器，该寄存器位于 SFR 地址为 0x8F 的位置，如表 4.22 所示。当复位时，该寄存器的内容设置为 x0000000B。

表 4.22　中断允许和时钟输出寄存器 INT_CLKO 的各位含义

比特位	B7	B6	B5	B4	B3	B2	B1	B0
名字	—	EX4	EX3	EX2	MCKO_S2	T2CLKO	T1CLKO	T0CLKO

注意：在此只介绍和中断有关的比特位。

(1) EX4：外部中断 4 中断允许位。当该位为 1 时，表示允许外部中断 4 产生中断事件；当该位为 0 时，表示禁止外部中断 4 产生中断事件。

注意：外部中断 4 只能通过下降沿进行触发。

(2) EX3：外部中断 3 中断允许位。当该位为 1 时，表示允许外部中断 3 产生中断事件；当该位为 0 时，表示禁止外部中断 3 产生中断事件。

注意：外部中断 3 只能通过下降沿进行触发。

(3) EX2：外部中断 2 中断允许位。当该位为 1 时，表示允许外部中断 2 产生中断事件；当该位为 0 时，表示禁止外部中断 2 产生中断事件。

注意：外部中断 2 只能通过下降沿进行触发。

4. TCON 寄存器

TCON 寄存器称为定时器/计数器控制寄存器，如表 4.23 所示，该寄存器位于 SFR 地址为 0x88 的位置。当复位时，该寄存器的内容设置为 00000000B。

表 4.23　定时器/计数器控制寄存器 TCON 的各位含义

比特位	B7	B6	B5	B4	B3	B2	B1	B0
名字	TF1	TR1	TF0	TR0	IE1	IT1	IE0	IT0

注意：这里只介绍和中断有关的比特位含义。

(1) IE1：外部中断 1(INT1/P3.3) 中断请求标志。当该位为 1 时，外部中断 1 向 CPU 请求中断。当 CPU 响应该中断后，由硬件自动清除该位。

(2) IT1：外部中断 1 中断源类型选择位。当该位为 0 时，表示 INT1/P3.3 引脚上的上升沿或者下降沿信号均可以触发外部中断 1；当该位为 1 时，表示外部中断 1 为下降沿触发方式。

(3) IE0：外部中断 0(INT0/P3.2) 中断请求标志。当该位为 1 时，外部中断 0 向 CPU 请求中断。当 CPU 响应该中断后，由硬件自动清除该位。

(4) IT0：外部中断 0 中断源类型选择位。当该位为 0 时，表示 INT0/P3.2 引脚上的上升沿或者下降沿信号均可以触发外部中断 0；当该位为 1 时，表示外部中断 0 为下降沿触发方式。

对于上面的寄存器来说，对于 IE 寄存器的设置操作，可以通过下面的位操作指令实现：

```
SETB BIT
CLR BIT
```

或通过下面的字节操作指令实现：

```
MOV IE, #DATA
ANL IE, #DATA
ORL IE, #DATA
MOV IE, A
```

对于 IE2 和 INT_CLKO 寄存器的设置操作，只能通过字节操作指令完成。

4.3.3 中断优先级处理

中断控制器提供了中断优先级处理的能力为每个中断分配不同的优先级。下面分析不同优先级的处理。

1. 先后产生中断

如果一个 8051 CPU 确认需要响应中断 INTB，而 CPU 此时正在执行另一个中断 INTA，这里有三种可能性用于处理这种情况。

(1) 如果 INTA 的优先级比 INTB 低，则：

① 在当前 INTA 正在执行的指令上停下来，即暂时停止运行 INTA。

② 将 INTA 的现场入栈，即保护现场，CPU 开始转向执行 INTB。

③ 当执行完 INTB 后，CPU 跳转到刚才中断执行 INTA 指令的地方，继续执行 INTA。

(2) 如果 INTA 的优先级比 INTB 高，则：

① INTB 一直等待，直到执行完 INTA。

② 一旦执行完 INTA 后，立即开始执行 INTB。

(3) 如果 INTA 和 INTB 有相同的优先级，则：

① 如果正在执行 INTA，则 INTB 等待执行完 INTA。当执行完 INTA 后，开始执行 INTB。

② 如果正在执行 INTB，则 INTA 等待执行完 INTB。当执行完 INTB 后，开始执行 INTA。

2. 同时产生中断

(1) 如果 INTA 优先级低于 INTB，则 INTB 获得仲裁权，开始执行。

(2) 如果 INTA 优先级高于 INTB，则 INTA 获得仲裁权，开始执行。

(3) 如果 INTA 和 INTB 有相同的优先级，则具有低索引值的中断获得仲裁权，开始执行。

4.3.4 中断优先级控制寄存器

传统 8051 单片机具有两个中断优先级，即最高优先级和最低优先级，可以实现两级中断嵌套。在 STC15 系列单片机中，通过设置特殊功能寄存器 IP1 和 IP2 中的相应位，可以将部分中断设为带有 2 个中断优先级，除外部中断 2($\overline{INT2}$)、外部中断 3($\overline{INT3}$) 和外部中断 4($\overline{INT4}$) 以外，可以将其他所有中断请求源设置为 2 个优先级。

1. 中断优先级寄存器 IP1

该寄存器用于设置部分中断源的优先级，其位于 SFR 地址为 0xB8 的位置，如表 4.24 所示。当复位时，该寄存器的内容设置为 00000000B。

表 4.24 中断优先级寄存器 IP1 各位的含义

比特位	B7	B6	B5	B4	B3	B2	B1	B0
名字	PPCA	PLVD	PADC	PS	PT1	PX1	PT0	PX0

注意：该寄存器可位寻址。

(1) PPCA：PCA 中断优先级控制位。当该位为 0 时，PCA 中断为最低优先级(优先级 0)；当该位为 1 时，PCA 中断为最高优先级(优先级 1)。

(2) PLVD：低电压检测中断优先级控制位。当该位为 0 时，低电压检测中断为最低优先级(优先级 0)；当该位为 1 时，低电压检测中断为最高优先级(优先级 1)。

(3) PADC：ADC 中断优先级控制位。当该位为 0 时，ADC 转换中断为最低优先级(优先级 0)；当该位为 1 时，ADC 转换中断为最高优先级(优先级 1)。

(4) PS：串口 1 中断优先级控制位。当该位为 0 时，串口 1 中断为最低优先级(优先级 0)；当该位为 1 时，串口 1 中断为最高优先级(优先级 1)。

(5) PT1：定时器 1 中断优先级控制位。当该位为 0 时，定时器 1 中断为最低优先级(优先级 0)；当该位为 1 时，定时器 1 中断为最高优先级(优先级 1)。

(6) PX1：外部中断 1 中断优先级控制位。当该位为 0 时，外部中断 1 为最低优先级(优先级 0)；当该位为 1 时，外部中断 1 为最高优先级(优先级 1)。

(7) PT0：定时器 0 中断优先级控制位。当该位为 0 时，定时器 0 中断为最低优先级(优先级 0)；当该位为 1 时，定时器 0 中断为最高优先级(优先级 1)。

(8) PX0：外部中断 0 中断优先级控制位。当该位为 0 时，外部中断 0 为最低优先级(优先级 0)；当该位为 1 时，外部中断 0 为最高优先级(优先级 1)。

2. 中断优先级寄存器 IP2

该寄存器用于设置部分中断源的优先级，其位于 SFR 地址为 0xB5 的位置，如表 4.25 所示。当复位时，该寄存器的内容设置为 xxx00000B。

表 4.25 中断优先级寄存器 IP2 各位的含义

比特位	B7	B6	B5	B4	B3	B2	B1	B0
名字	—	—	—	PX4	PPWMFD	PPWM	PSPI	PS2

注意：该寄存器不可位寻址。

(1) PX4：外部中断 4 中断优先级控制位。当该位为 0 时，外部中断 4 为最低优先级(优先级 0)；当该位为 1 时，外部中断 4 为最高优先级(优先级 1)。

(2) PPWMFD：PWM 异常检测中断优先级控制位。当该位为 0 时，PWM 异常检测中断为最低优先级(优先级 0)；当该位为 1 时，PWM 异常检测中断为最高优先级(优先级 1)。

(3) PPWM：PWM 中断优先级控制位。当该位为 0 时，PWM 中断为最低优先级(优先级 0)；当该位为 1 时，PWM 中断为最高优先级(优先级 1)。

(4) PSPI：SPI 中断优先级控制位。当该位为 0 时，SPI 中断为最低优先级(优先级 0)；当该位为 1 时，SPI 中断为最高优先级(优先级 1)。

(5) PS2：串口 2 中断优先级控制位。当该位为 0 时，串口 2 中断为最低优先级(优先级 0)；当该位为 1 时，串口 2 中断为最高优先级(优先级 1)。

思考与练习 4-28：在 STC 8051 单片机中，当有一个紧急事件需要 CPU 进行处理时，需要的前提条件是 _____。(提示：允许该事件发出中断请求，以及 CPU 允许响应该中断请求。)

4.3.5 中断向量表

前面提到,当 CPU 响应紧急事件的时候,要转向用于处理紧急事件的程序代码(这个程序代码通常称为中断服务程序),那么问题就出现了,CPU 是如何找到用于处理紧急事件程序代码的起始地址的呢?原来在 8051 CPU 的程序存储器空间内,专门开辟了一块存储空间用于保存处理不同类型事件的程序代码的起始地址,也称为中断服务程序入口地址。

在计算机中,把这个用于保存处理不同类型事件的程序代码起始地址的存储空间称为中断向量表。实际上,中断向量表就是程序存储器中的一块特定的存储空间而已,只不过这个存储空间的位置已经事先规定好了,用户不可以修改中断向量表所在地址空间的位置。

但是,用户可以做的工作是可以修改中断向量表中每个中断向量的内容,也就是为处理每个不同类型事件的程序代码指定起始地址,这就是所说的中断映射,如图 4.18 所示。中断源、中断向量和中断号的对应关系,如表 4.26 所示。

表 4.26 中断源、中断向量和中断号的对应关系

中断源	中断向量	中断号(C 语言编程使用)
外部中断 0	0x0003	0
定时器 0	0x000B	1
外部中断 1	0x0013	2
定时器 1	0x001B	3
串口(UART)1	0x0023	4
ADC 中断	0x002B	5
低电压检测(LVD)	0x0033	6
可编程计数器阵列(PCA)	0x003B	7
串口(UART)2	0x0043	8
同步串口 SPI	0x004B	9
外部中断 2	0x0053	10
外部中断 3	0x005B	11
定时器 2	0x0063	12
外部中断 4	0x0083	16
串口(UART)3	0x008B	17
串口(UART)4	0x0093	18
定时器 3	0x009B	19
定时器 4	0x00A3	20
比较器	0x00AB	21
PWM	0x00B3	22
PWM 异常检测	0x00BB	23

注:中断向量表中的每个中断向量的内容实质上是一条指向中断服务程序入口地址的跳转指令。

从图 4.18 中可以看到,程序 Flash 存储空间的低地址区已经分配了中断向量表,所以这个区域禁止保存用户程序代码。因此,用户程序经常保存在程序 Flash 存储空间起始地址为 0x100 的地方。在程序存储器地址为 0x0000 的位置有一条跳转指令,用于避开中断向量表的区域。

思考与练习 4-29:在 STC 8051 单片机中,中断向量定义为_____。

思考与练习 4-30:在 STC 8051 单片机中,中断向量表定义为_____。

思考与练习 4-31:在 STC 8051 单片机中,对于每个紧急事件在中断向量表中给该事件分配了_____字节,用于_____。

思考与练习 4-32:在 STC 8051 单片机中,中断向量表的起始地址是_____,结束地址是_____。

思考与练习 4-33:在 STC 8051 单片机中,中断向量表保存_____个中断向量。

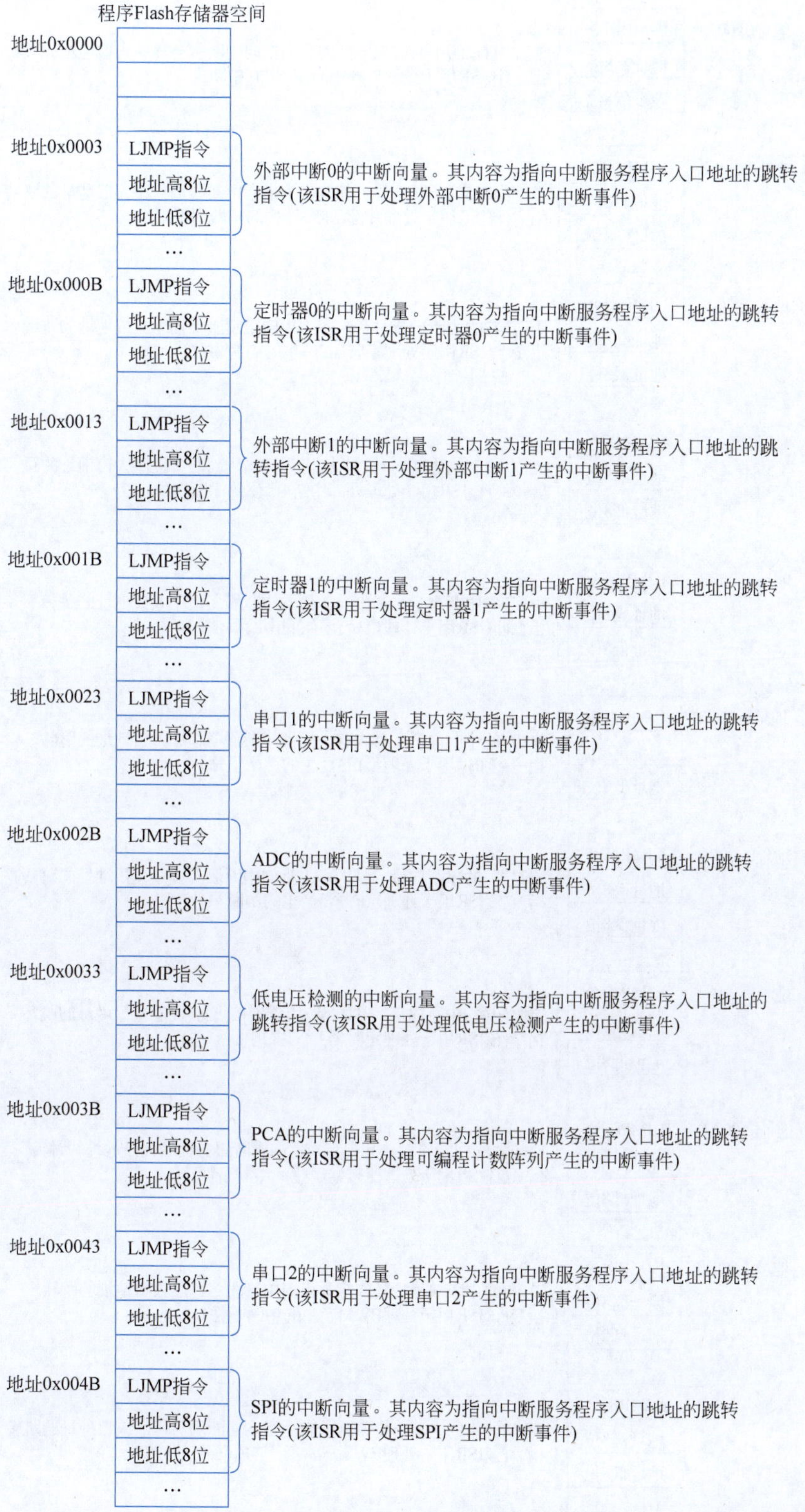

程序Flash存储器空间	说明
地址0x0000	
地址0x0003 LJMP指令 / 地址高8位 / 地址低8位 / …	外部中断0的中断向量。其内容为指向中断服务程序入口地址的跳转指令(该ISR用于处理外部中断0产生的中断事件)
地址0x000B LJMP指令 / 地址高8位 / 地址低8位 / …	定时器0的中断向量。其内容为指向中断服务程序入口地址的跳转指令(该ISR用于处理定时器0产生的中断事件)
地址0x0013 LJMP指令 / 地址高8位 / 地址低8位 / …	外部中断1的中断向量。其内容为指向中断服务程序入口地址的跳转指令(该ISR用于处理外部中断1产生的中断事件)
地址0x001B LJMP指令 / 地址高8位 / 地址低8位 / …	定时器1的中断向量。其内容为指向中断服务程序入口地址的跳转指令(该ISR用于处理定时器1产生的中断事件)
地址0x0023 LJMP指令 / 地址高8位 / 地址低8位 / …	串口1的中断向量。其内容为指向中断服务程序入口地址的跳转指令(该ISR用于处理串口1产生的中断事件)
地址0x002B LJMP指令 / 地址高8位 / 地址低8位 / …	ADC的中断向量。其内容为指向中断服务程序入口地址的跳转指令(该ISR用于处理ADC产生的中断事件)
地址0x0033 LJMP指令 / 地址高8位 / 地址低8位 / …	低电压检测的中断向量。其内容为指向中断服务程序入口地址的跳转指令(该ISR用于处理低电压检测产生的中断事件)
地址0x003B LJMP指令 / 地址高8位 / 地址低8位 / …	PCA的中断向量。其内容为指向中断服务程序入口地址的跳转指令(该ISR用于处理可编程计数阵列产生的中断事件)
地址0x0043 LJMP指令 / 地址高8位 / 地址低8位 / …	串口2的中断向量。其内容为指向中断服务程序入口地址的跳转指令(该ISR用于处理串口2产生的中断事件)
地址0x004B LJMP指令 / 地址高8位 / 地址低8位 / …	SPI的中断向量。其内容为指向中断服务程序入口地址的跳转指令(该ISR用于处理SPI产生的中断事件)

图 4.18　中断向量表

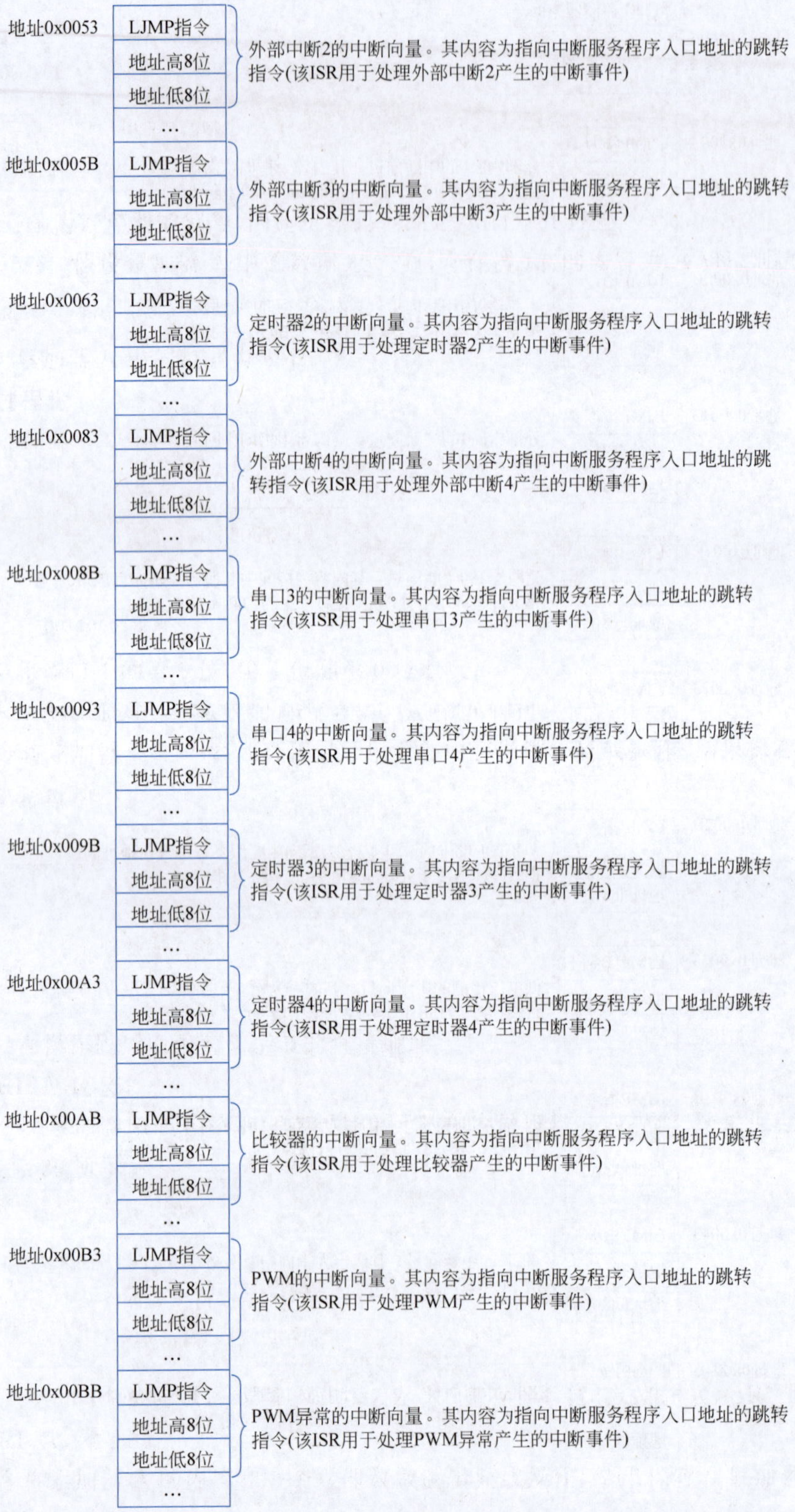

地址	内容	说明
地址0x0053	LJMP指令 地址高8位 地址低8位 …	外部中断2的中断向量。其内容为指向中断服务程序入口地址的跳转指令(该ISR用于处理外部中断2产生的中断事件)
地址0x005B	LJMP指令 地址高8位 地址低8位 …	外部中断3的中断向量。其内容为指向中断服务程序入口地址的跳转指令(该ISR用于处理外部中断3产生的中断事件)
地址0x0063	LJMP指令 地址高8位 地址低8位 …	定时器2的中断向量。其内容为指向中断服务程序入口地址的跳转指令(该ISR用于处理定时器2产生的中断事件)
地址0x0083	LJMP指令 地址高8位 地址低8位 …	外部中断4的中断向量。其内容为指向中断服务程序入口地址的跳转指令(该ISR用于处理外部中断4产生的中断事件)
地址0x008B	LJMP指令 地址高8位 地址低8位 …	串口3的中断向量。其内容为指向中断服务程序入口地址的跳转指令(该ISR用于处理串口3产生的中断事件)
地址0x0093	LJMP指令 地址高8位 地址低8位 …	串口4的中断向量。其内容为指向中断服务程序入口地址的跳转指令(该ISR用于处理串口4产生的中断事件)
地址0x009B	LJMP指令 地址高8位 地址低8位 …	定时器3的中断向量。其内容为指向中断服务程序入口地址的跳转指令(该ISR用于处理定时器3产生的中断事件)
地址0x00A3	LJMP指令 地址高8位 地址低8位 …	定时器4的中断向量。其内容为指向中断服务程序入口地址的跳转指令(该ISR用于处理定时器4产生的中断事件)
地址0x00AB	LJMP指令 地址高8位 地址低8位 …	比较器的中断向量。其内容为指向中断服务程序入口地址的跳转指令(该ISR用于处理比较器产生的中断事件)
地址0x00B3	LJMP指令 地址高8位 地址低8位 …	PWM的中断向量。其内容为指向中断服务程序入口地址的跳转指令(该ISR用于处理PWM产生的中断事件)
地址0x00BB	LJMP指令 地址高8位 地址低8位 …	PWM异常的中断向量。其内容为指向中断服务程序入口地址的跳转指令(该ISR用于处理PWM异常产生的中断事件)

图 4.18 （续）

第 5 章 MCS-51 指令集架构

CHAPTER 5

本章介绍了 STC 单片机 CPU 指令系统,主要内容包括寻址模式类型和指令类型和功能。

CPU 指令系统反映了 8051 CPU 的结构。当指令系统确定后,CPU 内核的结构就确定了。通过对寻址模式类型、指令类型和功能的学习,进一步掌握 STC 单片机 CPU 的结构和接口功能,为后续学习汇编语言和 C 语言程序设计方法打下基础,同时才能使所编写的软件程序在运行时达到最高的性能要求。

5.1 寻址模式类型

一条机器指令包含两部分,即操作码和操作数。操作码的目的是对被操作对象进行处理。典型地,对被操作对象实现逻辑与或非运算、加减乘除运算等。在机器/汇编语言指令中,将操作对象称为操作数。

在 STC 8051 单片机中,这些被操作的对象(操作数)可以保存在 CPU 的内部寄存器、片内 Flash 程序存储器、片内 RAM、片内扩展 RAM 或者片外存储器中,也可能仅是一个常数(它作为指令的一部分存在)。

因此,就需要预先确定一些规则,一方面使得操作数可以保存在这些区域内;另一方面,CPU 可以找到它们。在 STC 8051 单片机中,将 CPU 寻找操作对象(操作数)所保存位置的方式称为寻址模式。

在 STC 8051 单片机中,操作对象包括立即数、直接位地址、程序地址、直接地址、间接地址、特殊的汇编器符号。这些操作对象和寻址模式相关。

需要说明的是,特殊汇编器符号用来表示 8051 CPU 的内部功能寄存器,不可以修改这些符号。在 8051 单片机常用的寄存器符号如下。

(1) A 表示 8051 的累加器 ACC。
(2) DPTR 表示 16 位的数据指针,指向外部数据空间或者代码存储空间。
(3) PC 表示 16 位的程序计数器,指向下一条将要执行指令的地址。
(4) C 表示进位标志 CY。
(5) AB 表示 A 和 B 寄存器对,用于乘和除操作。
(6) R0~R7 表示当前所使用寄存器组内的 8 个 8 位通用寄存器。
(7) SP 表示堆栈指针。
(8) DPS 表示数据指针选择寄存器。

STC15 系列单片机采用的是 8051 CPU 内核,所以其寻址模式和传统的 8051 单片机是一样的。

1. 立即数寻址模式

一些指令直接加载常数的值,而不是地址。例如指令:

```
MOV A,＃3AH
```

功能:将 8 位的十六进制立即数 3A 送给累加器 A,如图 5.1 所示。

2. 直接寻址模式

操作数由一个直接 8 位地址域指定。当使用这种模式时,只能访问片内 RAM 和特殊功能寄存器 SFR。例如指令:

```
MOV A,3AH
```

功能:将片内 RAM 中地址为 3AH 单元内的数据送给累加器 A,如图 5.2 所示。

图 5.1 立即数寻址模式

图 5.2 直接寻址模式

注意:和 MOV A,＃3AH 指令的区别。如果操作数前带"＃"符号,则操作数表示的是一个立即数,是立即数寻址模式。而操作数前面不带"＃"符号,则操作数表示的是存储器的地址,3A 是存储器的地址,表示把存储器地址为 3A 单元的内容送到累加器 A 中。

3. 间接寻址模式

由指令指定一个寄存器,该寄存器包含操作数的地址。寄存器 R0 和 R1 用来指定 8 位地址,数据指针寄存器(DPTR)用来指定 16 位的地址。例如指令:

```
ANL A,@R1
```

假设累加器 A 的内容为 31H,R1 寄存器的内容为 60H,即(R1)=60H,则以 60H 作为存储器的地址,将 60H 地址单元的内容与累加器 A 中的数 31H 进行逻辑与运算,运算结果存放在累加器 A 中,如图 5.3 所示。

图 5.3 间接寻址模式

4. 寄存器寻址模式

某些特定指令用来访问寄存器组中的 R0～R7 寄存器、累加器 A、通用寄存器 B、地址寄存器和进位 CY。由于这些指令不需要地址域,因此这些指令访问效率更高。例如指令:

```
INC R0
```

功能：将寄存器 R0 的内容加 1，再送回 R0，如图 5.4 所示（假设当前寄存器 R0 中的数为 50H）。

5. 相对寻址模式

相对寻址时将程序计数器（PC）中的当前值与指令中第二字节给出的数相加，其结果作为转移指令的目的转移地址。PC 中的当前值为基地址，指令第二字节给出的数作为偏移量。由于目的地址是相对于 PC 中的基地址而言，所以这种寻址方式称为相对寻址。偏移量为带符号的数，范围为 −128～+127。这种寻址方式主要用于跳转指令。例如指令：

JC 80H

注意：该指令为两字节，操作码 JC 占用一字节，80H 占用另一字节。

功能：当进位标志为 1 时，则进行跳转，如图 5.5 所示。

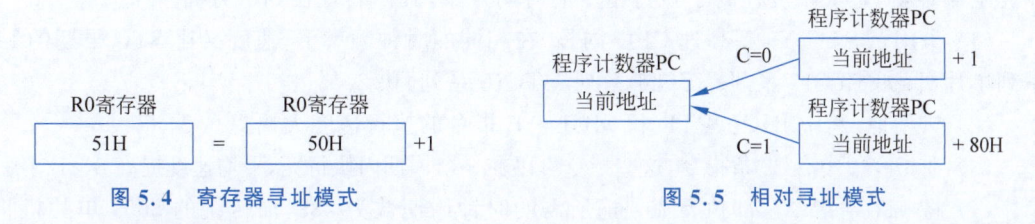

图 5.4　寄存器寻址模式

图 5.5　相对寻址模式

6. 变址寻址模式

变址寻址模式使用数据指针作为基地址，累加器值作为偏移地址来读取程序 Flash 存储器。例如指令：

MOVC A,@A+DPTR

功能：将 DPTR 和 A 的内容相加所得到的值作为程序存储器的地址，并将该地址单元的内容送 A，如图 5.6 所示。

图 5.6　变址寻址模式

7. 位寻址模式

位寻址是对一些内部数据存储器 RAM 和特殊功能寄存器 SFR 进行位操作时的寻址模式。在进行位操作时，指令操作数直接给出该位的地址，然后根据操作码的类型对该位进行操作。在这种模式下，操作数是 256bit 中的某一位。例如指令：

MOV C,2BH

功能：把位寻址区位地址为 2BH 的位状态送进位标志 C，如图 5.7 所示。

图 5.7　位寻址模式

思考与练习 5-1：在 STC 8051 单片机中，共有_____种寻址模式。

思考与练习 5-2：请说明在 STC 8051 单片机中，操作数可以存放的位置。

思考与练习 5-3：在 STC 8051 单片机中，寻址模式是指_____。

思考与练习 5-4：参考 STC 寻址模式和 STC 单片机 CPU 指令集，说明下面指令的寻址模式：

(1) MOV DPTR,♯1234H,寻址模式_____。

(2) MUL AB,寻址模式_____。

(3) SETB C,寻址模式_____。

(4) MOV A,12H,寻址模式_____。

(5) MOVC A,@A+PC,寻址模式_____。

(6) LJMP 100H,寻址模式_____。

(7) MOV A,@R1,寻址模式_____。

5.2 指令类型和功能

STC15系列单片机内的8051 CPU指令集包含111条指令,这些指令与传统的8051指令完全兼容,但是大幅度提高了执行指令的时间效率,具体表现在如下方面。

(1) 采用了STC-Y5超高速CPU内核,在相同的时钟频率下,速度又比STC早期的IT系列单片机(如STC12系列/STC11系列/STC10系列)快20%。

(2) 典型地,其中INC DPTR和MUL AB指令的执行速度大幅提高24倍。

(3) 在指令集中有22条指令,这些指令可以在一个周期内执行完,平均速度提高8~12倍。

(4) 将111条指令全部执行完一遍所需的时钟周期数为283,而传统的8051单片机将111条指令全部执行完所需要的时钟周期数为1944。

按照所实现的功能,将STC15单片机内8051 CPU指令集分为算术指令、逻辑指令、数据传送指令、布尔指令、程序分支指令。

5.2.1 算术指令

算术指令支持直接、间接、寄存器、立即数和寄存器指定指令寻址方式。算术模式用于加、减、乘、除、递增和递减操作。

1. 加法指令

1) ADD A,Rn

该指令将寄存器Rn的内容和累加器A的内容相加,结果保存在累加器A中,如表5.1所示。并设置CY标志、AC标志,以及溢出标志OV。

表 5.1 ADD A,Rn 指令的内容

助记符	操作	标志	机器码	字节数	周期数
ADD A,Rn	(PC)←(PC)+1 (A)←(A)+(Rn)	CY,AC,OV	00101rrr	1	1

(1) 当和的第3位和第7位有进位时,分别将AC、CY标志置位,否则清零。

(2) 对于带符号运算数,当和的第7位与第6位中有一位进位,而另一位不产生进位时,溢出标志OV置位,否则清零。或者可以这样说,当两个正数相加时,相加的结果为负数;或当两个负数相加时,相加的结果为正数时,在这两种情况下设置OV为1。

注意:rrr为寄存器的编号,因此机器码范围是28H~2FH。

【例5-1】 假设累加器A中的数据为C3H,R0寄存器中的数据为AAH。执行指令:

ADD A,R0

结果：(A)=6DH,(AC)=0,(CY)=1,(OV)=1。

注意：()表示内容。

计算过程为

```
    1100,0011
+   1010,1010
  ─────────────
  1,0110,1101
```

2) ADD A,direct

该指令将直接寻址单元的内容和累加器 A 的内容相加,结果保存在累加器 A 中,如表 5.2 所示。CY、AC、OV 标志的设置同上。

表 5.2 ADD A,direct 指令的内容

助记符	操作	标志	操作码	字节数	周期数
ADD A,direct	(PC)←(PC)+2 (A)←(A)+(direct)	CY,AC,OV	00100101	2	2

注意：在操作码后面跟着 1 字节的直接地址。

3) ADD A,@Ri

该指令将间接寻址单元的内容和累加器 A 的内容相加,结果保存在累加器 A 中,如表 5.3 所示。CY、AC、OV 标志的设置同上。

表 5.3 ADD A,@Ri 指令的内容

助记符	操作	标志	操作码	字节数	周期数
ADD A,@Ri	(PC)←(PC)+1 (A)←(A)+((Ri))	CY,AC,OV	0010011i	1	2

注意：i 表示 R0 或者 R1。当 i=0 时,表示 R0 寄存器;当 i=1 时,表示 R1 寄存器。

4) ADD A,#data

该指令将一个立即数和累加器 A 的内容相加,结果保存在累加器 A 中,如表 5.4 所示。CY、AC、OV 标志的设置同上。

表 5.4 ADD A,#data 指令的内容

助记符	操作	标志	操作码	字节数	周期数
ADD A,#data	(PC)←(PC)+2 (A)←(A)+data	CY,AC,OV	00100100	2	2

注意：在操作码后面跟着 1 字节的立即数。

5) ADDC A,Rn

该指令将寄存器 Rn 的内容与累加器 A 的内容及进位标志 CY 的内容相加,结果保存在累加器 A 中,如表 5.5 所示。CY、AC、OV 标志的设置同上。

表 5.5 ADDC A,Rn 指令的内容

助记符	操作	标志	操作码	字节数	周期数
ADDC A,Rn	(PC)←(PC)+1 (A)←(A)+(C)+(Rn)	CY,AC,OV	00111rrr	1	1

注意：rrr 为寄存器的编号，因此机器码范围是 38H～3FH。

【例 5-2】 假设累加器 A 中的数据为 C3H，R0 寄存器中的数据为 AAH，进位标志为 1 时，执行指令：

ADDC A,R0

结果：(A)=6EH，(AC)=0，(CY)=1，(OV)=1。

计算过程为

$$\begin{array}{r} 1100,0011 \\ 1010,1010 \\ +\qquad\qquad 1 \\ \hline 1,0110,1110 \end{array}$$

6) ADDC A,direct

该指令将直接寻址单元的内容与累加器 A 的内容及进位标志 CY 中的内容相加，结果保存在累加器 A 中，如表 5.6 所示。CY、AC、OV 标志的设置同上。

表 5.6 ADDC A,direct 指令的内容

助记符	操作	标志	操作码	字节数	周期数
ADDC A,direct	(PC)←(PC)+2 (A)←(A)+(C)+(direct)	CY,AC,OV	00110101	2	2

注意：在操作码后面跟着 1 字节的直接地址。

7) ADDC A,@Ri

该指令将间接寻址单元的内容与累加器 A 的内容及进位标志 CY 中的内容相加，结果保存在累加器 A 中，如表 5.7 所示。CY、AC、OV 标志的设置同上。

表 5.7 ADDC A,@Ri 指令的内容

助记符	操作	标志	操作码	字节数	周期数
ADDC A,@Ri	(PC)←(PC)+1 (A)←(A)+(C)+((Ri))	CY,AC,OV	0011011i	1	2

注意：i 表示 R0 或者 R1。当 i=0 时，表示 R0 寄存器；当 i=1 时，表示 R1 寄存器。

8) ADDC A,♯data

该指令将一个立即数与累加器 A 的内容及进位标志 CY 中的内容相加，结果保存在累加器 A 中，如表 5.8 所示。CY、AC、OV 标志的设置同上。

表 5.8 ADDC A,♯data 指令的内容

助记符	操作	标志	操作码	字节数	周期数
ADDC A,♯data	(PC)←(PC)+2 (A)←(A)+(C)+data	CY,AC,OV	00110100	2	2

注意：在操作码后面跟着 1 字节的立即数。

2．减法指令

1) SUBB A,Rn

该指令从累加器 A 中减去寄存器 Rn 和进位标志 CY 内的内容，将结果保存在累加器

A 中,如表 5.9 所示。

表 5.9　SUBB A,Rn 指令的内容

助记符	操作	标志	操作码	字节数	周期数
SUBB A,Rn	(PC)←(PC)+1 (A)←(A)−(C)−(Rn)	CY,AC,OV	10011rrr	1	1

(1) 如果第 7 位需要一个借位,则设置进位(借位)标志;否则,清除 CY 标志。

注意:如果在执行指令前,已经设置了 CY 标志,则表示前面的多个步骤需要一个借位。这样,从累加器中减去进位标志以及源操作数。

(2) 如果第 3 位需要一个借位,则设置 AC 标志;否则,清除 AC 标志。

(3) 如果第 6 位需要借位,而第 7 位没有借位;或者第 7 位有借位,而第 6 位没有借位,在这两种情况下都会设置 OV 标志。或者可以这样说,当减去有符号的整数时,当一个正数减去一个负数,产生一个负数结果时;或者一个负数减去一个正数时,产生一个正数结果时,设置 OV 标志。

注意:rrr 为寄存器的编号,因此机器码范围是 98H~9FH。

【**例 5-3**】　假设累加器 A 中的数据为 C9H,R2 寄存器中的数据为 54H,进位标志为 1 时,执行指令:

SUBB A,R2

结果:(A)=74H,(AC)=0,(CY)=0,(OV)=1。

计算过程为

```
        1100,1001
        0101,0100
     −          1
     ────────────
        0111,0100
```

2) SUBB A,direct

该指令从累加器 A 中减去直接寻址单元的内容和进位标志 CY 的内容,然后结果保存在累加器 A 中,如表 5.10 所示。CY、AC、OV 标志的设置同上。

表 5.10　SUBB A,direct 指令的内容

助记符	操作	标志	操作码	字节数	周期数
SUBB A,direct	(PC)←(PC)+2 (A)←(A)−(C)−(direct)	CY,AC,OV	10010101	2	2

注意:在操作码后面跟着 1 字节的直接地址。

3) SUBB A,@Ri

该指令从累加器 A 中减去间接寻址单元的内容和进位标志 CY 的内容,然后结果保存在累加器 A 中,如表 5.11 所示。CY、AC、OV 标志的设置同上。

表 5.11　SUBB A,@Ri 指令的内容

助记符	操作	标志	操作码	字节数	周期数
SUBB A,@Ri	(PC)←(PC)+1 (A)←(A)−(C)−((Ri))	CY,AC,OV	1001011i	1	2

注意：i 表示 R0 或者 R1。当 i=0 时,表示 R0 寄存器；当 i=1 时,表示 R1 寄存器。

4) SUBB A,♯data

该指令从累加器 A 中减去一个立即数和进位标志 CY 的内容,然后结果保存在累加器 A 中,如表 5.12 所示。CY、AC、OV 标志的设置同上。

表 5.12 SUBB A,♯data 指令的内容

助记符	操作	标志	操作码	字节数	周期数
SUBB A,♯data	(PC)←(PC)+2 (A)←(A)−(C)−data	CY,AC,OV	10010100	2	2

注意：操作码后面跟着 1 字节的立即数。

3. 递增指令

1) INC A

该指令将累加器 A 的内容加 1,结果保存在累加器 A 中,如表 5.13 所示。若累加器 A 的结果为 0xFF,在执行完该指令后,将其内容设置为 0。

表 5.13 INC A 指令的内容

助记符	操作	标志	操作码	字节数	周期数
INC A	(PC)←(PC)+1 (A)←(A)+1	N	00000100	1	1

2) INC Rn

该指令将寄存器 Rn 的内容加 1,结果保存在 Rn 中,如表 5.14 所示。若 Rn 的结果为 0xFF,在执行完该指令后,将其内容设置为 0。

表 5.14 INC Rn 指令的内容

助记符	操作	标志	操作码	字节数	周期数
INC Rn	(PC)←(PC)+1 (Rn)←(Rn)+1	N	00001rrr	1	2

注意：rrr 为寄存器的编号,因此机器码是 08H~0FH。

3) INC direct

该指令将直接寻址单元的内容加 1,结果保存在直接地址单元中,如表 5.15 所示。若直接地址单元的结果为 0xFF,在执行完该指令后,将其内容设置为 0。

表 5.15 INC direct 指令的内容

助记符	操作	标志	操作码	字节数	周期数
INC direct	(PC)←(PC)+2 (direct)←(direct)+1	N	00000101	2	3

注意：在操作码后面跟着 1 字节的直接地址。

4) INC @Ri

该指令将间接寻址单元的内容加 1,结果保存在间接地址单元中,如表 5.16 所示。若间接地址单元的结果为 0xFF,则将其内容设置为 0。

表 5.16　INC @Ri 指令的内容

助记符	操作	标志	操作码	字节数	周期数
INC @Ri	(PC)←(PC)+1 ((Ri))←((Ri))+1	N	0000011i	1	3

注意：i 表示 R0 或者 R1。当 i=0 时，表示 R0 寄存器；当 i=1 时，表示 R1 寄存器。

5) INC DPTR

该指令将 DPTR 的内容加 1，结果保存在 DPTR 中，如表 5.17 所示。若 DPTR 的结果为 0xFFFF，在执行完该指令后，将其内容设置为 0x0000。

表 5.17　INC DPTR 指令的内容

助记符	操作	标志	操作码	字节数	周期数
INC DPTR	(PC)←(PC)+1 (DPTR)←(DPTR)+1	N	10100011	1	1

【例 5-4】 假设寄存器 R0 中的数据为 7EH，内部 RAM 地址为 7EH 和 7FH 单元的数据分别为 FFH 和 40H，即(7E)=FFH,(7F)=40H，则当执行指令：

```
INC @R0     ;内部 RAM 地址为 7EH 单元的内容加 1,变成 00H
INC R0      ;寄存器 R0 中的数据变为 7FH
INC @R0     ;内部 RAM 地址为 7FH 单元的内容加 1,变成 41H
```

结果：(R0)=7FH，内部 RAM 地址为 7EH 和 7FH 单元的数据变为 00H 和 41H。

4. 递减指令

1) DEC A

该指令将累加器 A 的内容减 1，结果保存在累加器 A 中，如表 5.18 所示。如果累加器 A 中的内容为 0，在执行完该指令后，变为 0xFF。

表 5.18　DEC A 指令的内容

助记符	操作	标志	操作码	字节数	周期数
DEC A	(PC)←(PC)+1 (A)←(A)−1	N	00010100	1	1

2) DEC Rn

该指令将寄存器 Rn 的内容减 1，结果保存在寄存器 Rn 中，如表 5.19 所示。如果 Rn 的内容为 0，在执行完该指令后，变为 0xFF。

表 5.19　DEC Rn 指令的内容

助记符	操作	标志	操作码	字节数	周期数
DEC Rn	(PC)←(PC)+1 (Rn)←(Rn)−1	N	00011rrr	1	2

注意：rrr 为寄存器的编号，因此机器码范围是 18H～1FH。

3) DEC direct

该指令将直接寻址单元的内容减 1，结果保存在直接地址单元中，如表 5.20 所示。如果直接寻址单元的内容为 0，在执行完该指令后，变为 0xFF。

表 5.20 DEC direct 指令的内容

助记符	操作	标志	操作码	字节数	周期数
DEC direct	(PC)←(PC)+2 (direct)←(direct)-1	N	00010101	2	3

注意：在操作码后面跟着 1 字节的直接地址。

4）DEC @Ri

该指令将间接寻址单元的内容减 1，结果保存在间接地址单元中，如表 5.21 所示。如果间接寻址单元的内容为 0，在执行完该指令后，变为 0xFF。

表 5.21 DEC @Ri 指令的内容

助记符	操作	标志	操作码	字节数	周期数
DEC @Ri	(PC)←(PC)+1 ((Ri))←((Ri))-1	N	0001011i	1	3

注意：i 表示 R0 或者 R1。当 i=0 时，表示 R0 寄存器；当 i=1 时，表示 R1 寄存器。

【例 5-5】 假设寄存器 R0 中的数据为 7FH，内部 RAM 地址为 7EH 和 7FH 单元的数据分别为 40H 和 00H，即(7F)=00H，(7E)=40H，则当执行指令：

```
DEC @R0             ;内部 RAM 地址为 7FH 单元的内容减 1,变成 FFH
DEC R0              ;寄存器 R0 中的数据变为 7EH
DEC @R0 (此时的 R0 中的数据应该是 40H)  ;内部 RAM 地址为 7EH 单元的内容减 1,变成 3FH
```

结果：(R0)=7EH，内部 RAM 地址为 7EH 和 7FH 单元的数据变为 FFH 和 3FH。

5．乘法指令

MUL AB 指令将累加器 A 和寄存器 B 中的两个无符号 8 位二进制数相乘，所得的 16 位乘积的低 8 位结果保存在累加器 A 中，高 8 位结果保存在寄存器 B 中，如表 5.22 所示。

如果乘积大于 255，则溢出标志 OV 置 1；否则 OV 清零。在执行该指令时，总是清除进位标志 CY。

表 5.22 MUL AB 指令的内容

助记符	操作	标志	操作码	字节数	周期数
MUL AB	(PC)←(PC)+1 (A)←(A)×(B)结果的第 7 位～第 0 位 (B)←(A)×(B)结果的第 15 位～第 8 位	CY,OV	10100100	1	2

【例 5-6】 假设累加器 A 中的数据为 $(80)_{10}$=50H，寄存器 B 中的数据为 $(160)_{10}$=A0H，则执行指令：

```
MUL AB
```

结果：乘积为 $(12800)_{10}$=3200H，(A)=00H，(B)=32H，(CY)=0，(OV)=1。

计算过程为

```
         01010000
        ×10100000
         00000000
         00000000
         00000000
         00000000
         00000000
         01010000
         00000000
        +01010000
    ─────────────────
    011001000000000
```

6. 除法指令

DIV AB 指令用累加器 A 中的无符号整数除以寄存器 B 中无符号整数,所得的商保存在累加器 A 中,余数保存在寄存器 B 中,如表 5.23 所示。当除数(B 寄存器的内容)为 0 时,结果不定,溢出标志 OV 置 1。在执行该指令时,清除进位标志 CY。

表 5.23 DIV AB 指令的内容

助记符	操作	标志	操作码	字节数	周期数
DIV AB	(PC)←(PC)+1 (A)$_{15-8}$←(A)/(B) (B)$_{7-0}$←(A)/(B)	CY,OV	10000100	1	6

【例 5-7】 假设累加器 A 中的数据为 $(251)_{10}$=FBH,寄存器 B 中的数据为 $(18)_{10}$=12H,则执行指令:

```
DIV AB
```

结果:(A)=0DH,(B)=11H,(CY)=0,(OV)=0。

计算过程为

```
              00001101
    00010010 )11111011
             -10010
             ──────
              11010
             -10010
             ──────
              100011
             -010010
             ──────
              10001
```

7. BCD 调整指令

DA A 指令的功能是对 BCD 码的加法结果进行调整。两个压缩型 BCD 码按十进制数相加后,需经此指令的调整才能得到压缩型 BCD 码的和数,如表 5.24 所示。

表 5.24 DA A 指令的内容

助记符	操 作	标志	操作码	字节数	周期数
DA A	(PC)←(PC)+1 如果{[(A$_{3-0}$)>9]∨[(AC)=1]},则 (A$_{3-0}$)←(A$_{3-0}$)+6 如果{[(A$_{7-4}$)>9]∨[(C)=1]},则 (A$_{7-4}$)←(A$_{7-4}$)+6	CY	11010100	1	3

本指令是根据 A 的最初数值和程序状态字 PSW 的状态,决定对 A 进行加 06H、60H 或 66H 操作的。

注意:如果前面没有使用加法运算,则不能直接使用 DA 指令。此外,如果前面执行的是减法运算,则 DA 指令也不起任何作用。

【例 5-8】 假设累加器 A 中的数据为 56H,表示十进制数 56 的 BCD 码。寄存器 R3 的内容为 67H,表示十进制数 67 的 BCD 码。进位标志为 1,则执行指令:

```
ADDC A,R3      //累加器 A 的结果为 BEH,(AC) = 0,(CY) = 0
DA A           //表示十进制数的 124
```

结果表示为(A)=124。

注意:因为在执行完 ADDC 指令后,(A)=BEH。$(A)_{3-0}>9$,所以$(A)_{3-0}+6\to(A)_{3-0}=4H$,向第 4 位有进位。$(A)_{7-4}>9$,所以$(A)_{7-4}+6+进位\to(A)_{7-4}=2H$,最高位有进位。

思考与练习 5-5:假定(A)=66H,(R0)=55H,(55H)=FFH,执行指令:

ADD A,@R0

(A)= _____ ,(CY)= _____ ,(OV)= _____ 。

思考与练习 5-6:如果(A)=60H,(B)=73H,(CY)=1 时,执行指令:

ADDC A, B

(A)= _____ ,(CY)= _____ ,(OV)= _____ 。

思考与练习 5-7:如果(A)=3DH,(B)=4EH,执行指令:

MUL AB

(A)= _____ ,(B)= _____ 。

5.2.2 逻辑指令

逻辑指令执行布尔操作,如逻辑与、逻辑或、逻辑异或操作,对累加器内容进行旋转,累加器半字交换。

1. 逻辑与指令

1) ANL A,Rn

该指令将累加器 A 的内容和寄存器 Rn 的内容做逻辑与操作,结果保存在累加器 A 中,如表 5.25 所示。

表 5.25 ANL A,Rn 指令的内容

助记符	操作	标志	操作码	字节数	周期数
ANL A,Rn	(PC)←(PC)+1 (A)←(A)∧(Rn)	N	01011rrr	1	1

注意:rrr 为寄存器的编号,因此机器码范围是 58H~5FH。

【例 5-9】 假设累加器 A 中的数据为 C3H,寄存器 R0 的内容为 55H,则执行指令:

ANL A,R0

结果:累加器 A 中的数据为 41H。

注意:计算过程为

```
  11000011
∧ 01010101
----------
  01000001
```

【例 5-10】 执行指令

ANL P1, #01110011B

结果：将端口 1 的第 7 位、第 3 位和第 2 位清零。

2) ANL A, direct

该指令将累加器 A 的内容和直接寻址单元的内容做逻辑与操作，结果保存在累加器 A 中，如表 5.26 所示。

表 5.26 ANL A, direct 指令的内容

助记符	操作	标志	操作码	字节数	周期数
ANL A, direct	(PC)←(PC)+2 (A)←(A)∧(direct)	N	01010101	2	2

注意：在操作码后面跟着 1 字节的直接地址。

3) ANL A, @Ri

该指令将累加器 A 的内容和间接寻址单元中的内容做逻辑与操作，结果保存在累加器 A 中，如表 5.27 所示。

表 5.27 ANL A, @Ri 指令的内容

助记符	操作	标志	操作码	字节数	周期数
ANL A, @Ri	(PC)←(PC)+1 (A)←(A)∧((Ri))	N	0101011i	1	2

注意：i 表示 R0 或者 R1。当 i=0 时，表示 R0 寄存器；当 i=1 时，表示 R1 寄存器。

4) ANL A, #data

该指令将累加器 A 的内容和立即数做逻辑与操作，结果保存在累加器 A 中，如表 5.28 所示。

表 5.28 ANL A, #data 指令的内容

助记符	操作	标志	操作码	字节数	周期数
ANL A, #data	(PC)←(PC)+2 (A)←(A)∧data	N	01010100	2	2

注意：在操作码后面跟着 1 字节的立即数。

5) ANL direct, A

该指令将累加器 A 的内容和直接寻址单元的内容做逻辑与操作，结果保存在直接寻址单元中，如表 5.29 所示。

表 5.29 ANL direct, A 指令的内容

助记符	操作	标志	操作码	字节数	周期数
ANL direct, A	(PC)←(PC)+2 (direct)←(direct)∧(A)	N	01010010	2	3

注意：在操作码后面跟着 1 字节的直接地址。

6) ANL direct，♯data

该指令对立即数和直接寻址单元的内容做逻辑与操作，结果保存在直接寻址单元中，如表 5.30 所示。

表 5.30　ANL direct，♯data 指令的内容

助记符	操作	标志	操作码	字节数	周期数
ANL direct，♯data	(PC)←(PC)＋3 (direct)←(direct)∧data	N	01010011	3	3

注意：在操作码后面跟着 1 字节的直接地址和 1 字节的立即数。

2. 逻辑或指令

1) ORL A，Rn

该指令将累加器 A 的内容和寄存器 Rn 中内容做逻辑或操作，结果保存在累加器 A 中，如表 5.31 所示。

表 5.31　ORL A，Rn 指令的内容

助记符	操作	标志	操作码	字节数	周期数
ORL A，Rn	(PC)←(PC)＋1 (A)←(A)∨(Rn)	N	01001rrr	1	1

注意：rrr 为寄存器的编号，因此机器码范围是 48H～4FH。

【例 5-11】 假设累加器 A 中的数据为 C3H，寄存器 R0 的内容为 55H，则执行指令：

ORL A，R0

结果：累加器 A 中的数据为 D7H。

计算过程为

```
    11000011
  ∨ 01010101
  ──────────
    11010111
```

【例 5-12】 执行指令

ORL P1，♯00110010B

结果：将端口 1 的第 5 位、第 4 位和第 1 位置 1。

2) ORL A，direct

该指令将累加器 A 的内容和直接寻址单元的内容做逻辑或操作，结果保存在累加器 A 中，如表 5.32 所示。

表 5.32　ORL A，direct 指令的内容

助记符	操作	标志	操作码	字节数	周期数
ORL A，direct	(PC)←(PC)＋2 (A)←(A)∨(direct)	N	01000101	2	2

注意：在操作码后面跟着 1 字节的直接地址。

3) ORL A,@Ri

该指令将累加器 A 的内容和间接寻址单元中内容做逻辑或操作,结果保存在累加器 A 中,如表 5.33 所示。

表 5.33 ORL A,@Ri 指令的内容

助记符	操作	标志	操作码	字节数	周期数
ORL A,@Ri	(PC)←(PC)+1 (A)←(A)∨((Ri))	N	0100011i	1	2

注意:i 表示 R0 或者 R1。当 i=0 时,表示 R0 寄存器;当 i=1 时,表示 R1 寄存器。

4) ORL A,#data

该指令将累加器 A 的内容和立即数做逻辑或操作,结果保存在累加器 A 中,如表 5.34 所示。

表 5.34 ORL A,#data 指令的内容

助记符	操作	标志	操作码	字节数	周期数
ORL A,#data	(PC)←(PC)+2 (A)←(A)∨data	N	01000100	2	2

注意:在操作码后面跟着 1 字节的立即数。

5) ORL direct,A

该指令将直接寻址单元的内容和累加器 A 的内容做逻辑或操作,结果保存在直接寻址单元中,如表 5.35 所示。

表 5.35 ORL direct,A 指令的内容

助记符	操作	标志	操作码	字节数	周期数
ORL direct,A	(PC)←(PC)+2 (direct)←(direct)∨(A)	N	01000010	2	3

注意:在操作码后面跟着 1 字节的直接地址。

6) ORL direct,#data

该指令将直接寻址单元中内容和立即数做逻辑或操作,结果保存在直接寻址单元中,如表 5.36 所示。

表 5.36 ORL direct,#data 指令的内容

助记符	操作	标志	操作码	字节数	周期数
ORL direct,#data	(PC)←(PC)+3 (direct)←(direct)∨data	N	01000011	3	3

注意:在操作码后面跟着 1 字节的直接地址和 1 字节的立即数。

3. 逻辑异或指令

1) XRL A,Rn

该指令将累加器 A 的内容和寄存器 Rn 的内容做逻辑异或操作,结果保存在累加器 A 中,如表 5.37 所示。

表 5.37 XRL A,Rn 指令的内容

助记符	操作	标志	操作码	字节数	周期数
XRL A,Rn	(PC)←(PC)+1 (A)←(A)∀(Rn)	N	01101rrr	1	1

注意：rrr 为寄存器的编号,因此机器码范围是 68H~6FH。

【**例 5-13**】 假设累加器 A 中的数据为 C3H,寄存器 R0 的内容为 AAH,则执行指令:

XRL A,R0

结果:累加器 A 中的数据为 69H。

计算过程为

$$\begin{array}{r}11000011\\ \forall10101010\\ \hline 01101001\end{array}$$

【**例 5-14**】 执行指令

XRL P1,#00110001B

结果:将端口 1 的第 5 位、第 4 位和第 0 位取反。

2) XRL A,direct

该指令将累加器 A 的内容和直接寻址单元的内容做逻辑异或操作,结果保存在累加器 A 中,如表 5.38 所示。

表 5.38 XRL A,direct 指令的内容

助记符	操作	标志	操作码	字节数	周期数
XRL A,direct	(PC)←(PC)+2 (A)←(A)∀(direct)	N	01100101	2	2

注意：在操作码后面跟着 1 字节的直接地址。

3) XRL A,@Ri

该指令将累加器 A 的内容和间接寻址单元的内容做逻辑异或操作,结果保存在累加器 A 中,如表 5.39 所示。

表 5.39 XRL A,@Ri 指令的内容

助记符	操作	标志	操作码	字节数	周期数
XRL A,@Ri	(PC)←(PC)+1 (A)←(A)∀((Ri))	N	0110011i	1	2

注意：i 表示 R0 或者 R1。当 i=0 时,表示 R0 寄存器;当 i=1 时,表示 R1 寄存器。

4) XRL A,#data

该指令将累加器 A 的内容和一个立即数做逻辑异或操作,结果保存在累加器 A 中,如表 5.40 所示。

表 5.40　XRL A,♯data 指令的内容

助记符	操作	标志	操作码	字节数	周期数
XRL A,♯data	(PC)←(PC)+2 (A)←(A)∀data	N	01100100	2	2

注意：在操作码后面跟着1字节的立即数。

5) XRL direct，A

该指令将直接寻址单元的内容和累加器 A 的内容做逻辑异或操作，结果保存在直接寻址的单元中，如表 5.41 所示。

表 5.41　XRL direct,A 指令的内容

助记符	操作	标志	操作码	字节数	周期数
XRL direct,A	(PC)←(PC)+2 (direct)←(direct)∀(A)	N	01100010	2	3

注意：在操作码后面跟着1字节的直接地址。

6) XRL direct，♯data

该指令将直接寻址的内容和一个立即数做逻辑异或操作，结果保存在直接寻址的单元中，如表 5.42 所示。

表 5.42　XRL direct,♯data 指令的内容

助记符	操作	标志	操作码	字节数	周期数
XRL direct,♯data	(PC)←(PC)+3 (direct)←(direct)∀data	N	01100011	3	3

注意：在操作码后面跟着1字节的直接地址和1字节的立即数。

4. 清除指令

CLR A 指令将累加器 A 中的各位清零，如表 5.43 所示。

表 5.43　CLR A 指令的内容

助记符	操作	标志	操作码	字节数	周期数
CLR A	(PC)←(PC)+1 (A)←0	N	11100100	1	1

【例 5-15】假设累加器 A 中的数据为 5CH，则执行指令：

CLR A

结果：(A)=00H。

5. 取反指令

CPL A 指令将累加器 A 按位取反，即将累加器 A 各位中的逻辑 1 变成逻辑 0，逻辑 0 变成逻辑 1，如表 5.44 所示。

表 5.44　CPL A 指令的内容

助记符	操作	标志	操作码	字节数	周期数
CPL A	(PC)←(PC)+1 (A)←($\overline{A}$)	N	11110100	1	1

【例 5-16】 假设 P1 端口的数据为 5BH，则执行指令：

CPL P1.1
CPL P1.2

结果：将 P1 端口设置为 5DH＝01011101B。

6．移位指令

1) RL A

该指令将累加器 A 中的内容循环左移，如表 5.45 所示。

表 5.45　RL A 指令的内容

助记符	操作	标志	操作码	字节数	周期数
RL A	(PC)←(PC)＋1 $(A_{n+1})←(A_n)$, n＝0～6 $(A_0)←(A_7)$	N	00100011	1	1

【例 5-17】 假设累加器 A 的数据为 C5H(11000101B)，则执行指令：

RL A

结果：累加器 A 的数据变成 8BH＝10001011B。

2) RLC A

该指令将累加器 A 的内容和进位标志 CY 一起循环左移，如表 5.46 所示。

表 5.46　RLC A 指令的内容

助记符	操作	标志	操作码	字节数	周期数
RLC A	(PC)←(PC)＋1 $(A_{n+1})←(A_n)$, n＝0～6 $(A_0)←(CY)$ $(CY)←(A_7)$	CY	00110011	1	1

【例 5-18】 假设累加器 A 的数据为 C5H(11000101B)，进位标志(CY)＝0，则执行指令：

RLC A

结果：累加器 A 的内容变成 8AH＝10001010B，进位标志(CY)＝1。

3) RR A

该指令将累加器 A 的内容循环右移，如表 5.47 所示。

表 5.47　RR A 指令的内容

助记符	操作	标志	操作码	字节数	周期数
RR A	(PC)←(PC)＋1 $(A_n)←(A_{n+1})$, n＝0～6 $(A_7)←(A_0)$	N	00000011	1	1

【例 5-19】 假设累加器 A 的数据为 C5H(11000101B)，则执行指令：

RR A

结果：累加器 A 的内容变成 E2H＝11100010B。

4) RRC A

该指令将累加器 A 的内容和进位标志 CY 一起循环右移,如表 5.48 所示。

表 5.48　RRC A 指令的内容

助记符	操作	标志	操作码	字节数	周期数
RRC A	$(PC) \leftarrow (PC)+1$ $(A_n) \leftarrow (A_{n+1}), n=0\sim6$ $(A_7) \leftarrow (CY)$ $(CY) \leftarrow (A_0)$	CY	00010011	1	1

【例 5-20】假设累加器 A 的数据为 C5H(11000101B),进位标志(CY)=0,则执行指令:

```
RRC A
```

结果:累加器 A 的内容变成 62H=01100010B,进位标志(CY)=1。

7. 半字节交换指令

SWAP A 指令将累加器 A 中的半字节互换,即将累加器 A 的高、低半字节互换,如表 5.49 所示。

表 5.49　SWAP A 指令的内容

助记符	操作	标志	操作码	字节数	周期数
SWAP A	$(PC) \leftarrow (PC)+1$ $(A_{3\text{-}0}) \leftarrow (A_{7\text{-}4})$ $(A_{7\text{-}4}) \leftarrow (A_{3\text{-}0})$	N	11000100	1	1

【例 5-21】假设累加器 A 的数据为 C5H(11000101B),则执行指令:

```
SWAP A
```

结果:累加器 A 的内容变成 5CH=01011100B。

思考与练习 5-8:如果(A)=AAH,(R0)=55H,则

(1) 执行指令

ANL A,R0

(A)=_____。

(2) 执行指令

ORL A,R0

(A)=_____。

(3) 执行指令

XRL A,R0

(A)=_____。

(4) 执行指令

RL A

(A)=_____。

5.2.3　数据传送指令

STC 单片机中的数据传送指令包括数据传输指令、堆栈操作指令和数据交换指令。

1. 数据传输指令

STC 单片机中的数据传输指令包括内部数据传输指令、外部数据传输指令和查找表传输指令。

1) 内部数据传输指令

该类型数据传输指令是在任何两个内部 RAM 或者 SFR 间实现数据传输。这些指令

使用直接、间接、寄存器和立即数寻址。

(1) MOV A,Rn

该指令将寄存器 Rn 中的内容复制到累加器 A 中,且 Rn 的内容不发生变化,如表 5.50 所示。

表 5.50　MOV A,Rn 指令的内容

助记符	操作	标志	操作码	字节数	周期数
MOV A, Rn	(PC)←(PC)+1 (A)←(Rn)	N	11101rrr	1	1

注意:rrr 为寄存器的编号,因此机器码范围是 E8H~EFH。

(2) MOV A,direct

该指令将直接寻址单元的内容复制到累加器 A 中,且直接寻址单元的内容不发生变化,如表 5.51 所示。

表 5.51　MOV A,direct 指令的内容

助记符	操作	标志	操作码	字节数	周期数
MOV A, direct	(PC)←(PC)+2 (A)←(direct)	N	11100101	2	2

注意:在操作码后面跟着 1 字节的直接地址。

(3) MOV A,@Ri

该指令将间接寻址单元中的内容复制到累加器 A 中,且间接寻址单元的内容不发生变化,如表 5.52 所示。

表 5.52　MOV A,@Ri 指令的内容

助记符	操作	标志	操作码	字节数	周期数
MOV A, @Ri	(PC)←(PC)+1 (A)←((Ri))	N	1110011i	1	2

注意:i 表示 R0 或者 R1。当 i=0 时,表示 R0 寄存器;当 i=1 时,表示 R1 寄存器。

(4) MOV A,♯data

该指令将立即数复制到累加器 A 中,且立即数的内容不发生变化,如表 5.53 所示。

表 5.53　MOV A,♯data 指令的内容

助记符	操作	标志	操作码	字节数	周期数
MOV A, ♯data	(PC)←(PC)+2 (A)←data	N	01110100	2	2

注意:在操作码后面跟着 1 字节的立即数。

(5) MOV Rn,A

该指令将累加器 A 的内容复制到寄存器 Rn 中,且累加器 A 的内容不发生变化,如表 5.54 所示。

表 5.54　MOV Rn,A 指令的内容

助记符	操作	标志	操作码	字节数	周期数
MOV Rn,A	(PC)←(PC)+1 (Rn)←(A)	N	11111rrr	1	1

注意：rrr 为寄存器的编号,因此机器码范围是 F8H~FFH。

(6) MOV Rn,direct

该指令将直接寻址单元的内容复制到寄存器 Rn 中,且直接寻址单元的内容不发生变化,如表 5.55 所示。

表 5.55　MOV Rn,direct 指令的内容

助记符	操作	标志	操作码	字节数	周期数
MOV Rn,direct	(PC)←(PC)+2 (Rn)←(direct)	N	10101rrr	2	3

注意：rrr 为寄存器的编号,因此机器码范围是 A8H~AFH；在操作码后面跟着 1 字节的直接地址。

(7) MOV Rn,♯data

该指令将立即数复制到寄存器 Rn 中,且立即数的内容不发生变化,如表 5.56 所示。

表 5.56　MOV Rn,♯data 指令的内容

助记符	操作	标志	操作码	字节数	周期数
MOV Rn,♯data	(PC)←(PC)+2 (Rn)←data	N	01111rrr	2	2

注意：rrr 为寄存器的编号,因此机器码范围是 78H~7FH；在操作码后面跟着 1 字节的立即数。

(8) MOV direct,A

该指令将累加器 A 的内容复制到直接寻址单元中,且累加器 A 的内容不发生变化,如表 5.57 所示。

表 5.57　MOV direct,A 指令的内容

助记符	操作	标志	操作码	字节数	周期数
MOV direct,A	(PC)←(PC)+2 (direct)←(A)	N	11110101	2	2

注意：在操作码后面跟着 1 字节的直接地址。

(9) MOV direct,Rn

该指令将寄存器 Rn 的内容复制到直接寻址单元中,且 Rn 的内容不发生变化,如表 5.58 所示。

表 5.58　MOV direct,Rn 指令的内容

助记符	操作	标志	操作码	字节数	周期数
MOV direct,Rn	(PC)←(PC)+2 (direct)←(Rn)	N	10001rrr	2	2

注意：rrr 为寄存器的编号，因此机器码范围是 88H～8FH；在操作码后面跟着 1 字节的直接地址。

(10) MOV direct, direct

该指令将直接寻址单元的内容复制到另一个直接寻址单元中，且源直接寻址单元的内容不发生变化，如表 5.59 所示。

表 5.59 MOV direct, direct 指令的内容

助记符	操作	标志	操作码	字节数	周期数
MOV direct, direct	(PC) ← (PC) + 3 (direct) ← (direct)	N	10000101	3	3

注意：在操作码后面跟着两字节的直接地址，一个是源操作数地址，另一个是目的操作数地址。

(11) MOV direct，@Ri

该指令将间接寻址单元的内容复制到直接寻址单元中，且间接寻址单元的内容不发生变化，如表 5.60 所示。

表 5.60 MOV direct，@Ri 指令的内容

助记符	操作	标志	操作码	字节数	周期数
MOV direct，@Ri	(PC) ← (PC) + 2 (direct) ← ((Ri))	N	1000011i	2	3

注意：i 表示 R0 或者 R1。当 i=0 时，表示 R0 寄存器；当 i=1 时，表示 R1 寄存器。在操作码后面跟着 1 字节的直接地址。

(12) MOV direct，#data

该指令将立即数复制到直接寻址单元中，且立即数的内容不发生变化，如表 5.61 所示。

表 5.61 MOV direct，#data 指令的内容

助记符	操作	标志	操作码	字节数	周期数
MOV direct，#data	(PC) ← (PC) + 3 (direct) ← data	N	01110101	3	3

注意：在操作码后面跟着 1 字节的直接地址和 1 字节的立即数。

(13) MOV @Ri, A

该指令将累加器 A 的内容复制到间接寻址的单元中，且累加器 A 的内容不发生变化，如表 5.62 所示。

表 5.62 MOV @Ri,A 指令的内容

助记符	操作	标志	操作码	字节数	周期数
MOV @Ri,A	(PC) ← (PC) + 1 ((Ri)) ← (A)	N	1111011i	1	2

注意：i 表示 R0 或者 R1。当 i=0 时，表示 R0 寄存器；当 i=1 时，表示 R1 寄存器。

(14) MOV @Ri, direct

该指令将直接寻址单元的内容复制到间接寻址的寄存器中，且直接寻址寄存器内容不

发生变化，如表 5.63 所示。

表 5.63 MOV @Ri,direct 指令的内容

助记符	操作	标志	操作码	字节数	周期数
MOV @Ri, direct	(PC)←(PC)+2 ((Ri))←(direct)	N	1010011i	2	3

注意：i 表示 R0 或者 R1。当 i=0 时，表示 R0 寄存器；当 i=1 时，表示 R1 寄存器。在操作码后面跟着 1 字节的直接地址。

(15) MOV @Ri,♯data

该指令将立即数内容复制到间接寻址单元中，且立即数的内容不发生变化，如表 5.64 所示。

表 5.64 MOV @Ri,♯data 指令的内容

助记符	操作	标志	操作码	字节数	周期数
MOV @Ri, ♯data	(PC)←(PC)+2 ((Ri))←data	N	0111011i	2	2

注意：i 表示 R0 或者 R1。当 i=0 时，表示 R0 寄存器；当 i=1 时，表示 R1 寄存器。在操作码后面跟着 1 字节的立即数。

(16) MOV DPTR,♯data16

该指令将一个 16 位的立即数复制到数据指针寄存器 DPTR 中，且 16 位立即数的内容不发生变化，如表 5.65 所示。

表 5.65 MOV DPTR,♯data16 指令的内容

助记符	操作	标志	操作码	字节数	周期数
MOV DPTR,♯data16	(PC)←(PC)+3 DPH←$data_{15-8}$ DPL←$data_{7-0}$	N	10010000	3	3

注意：在操作码后面跟着两字节(16 位)的立即数。

【例 5-22】 假设内部 RAM 地址为 30H 的单元的内容为 40H，而 40H 单元的内容为 10H。端口 1 的数据为 CAH(11001010B)，则执行指令：

```
MOV R0,♯30H          ;将立即数 30H 送到寄存器 R0,(R0) = 30H
MOV A,@R0            ;将 30H 作为指向内部 RAM 的地址,内部 RAM 地址为 30H
                     ;单元的内容 40H 送到累加器 A 中
MOV R1,A             ;将累加器 A 的内容 40H 送到寄存器 R1 中,(R1) = 40H
MOV B,@R1            ;将 40H 作为指向内部 RAM 的地址,内部 RAM 地址为 40H
                     ;单元的内容 10H 送到寄存器 B 中
MOV @R1,P1           ;将 P1 端口的内容送到 R1 寄存器所指向的内部 RAM 的
                     ;地址单元中,即内部 RAM 地址为 40H 的单元的内容变为 CAH
MOV P2,P1            ;将 P1 端口的内容送到 P2 端口中,P2 端口的内容变为 CAH
```

2) 外部数据传输指令

该类型传输指令是在累加器和 8051 片内扩展 RAM 和外部扩展 RAM 地址空间实现数据传输，这种传输只能使用 MOVX 指令。

(1) MOVX A,@Ri

该指令将外部数据存储区的 1 字节的内容复制到累加器 A 中。8 位外部数据存储区地址由 R0 或 R1 确定,且外部数据存储器单元的内容不发生变化,如表 5.66 所示。

表 5.66 MOVX A,@Ri 指令的内容

助记符	操作	标志	操作码	字节数	周期数
MOVX A,@Ri	(PC)←(PC)+1 (A)←((Ri))	N	1110001i	1	3

注意：i 表示 R0 或者 R1。当 i=0 时,表示 R0 寄存器;当 i=1 时,表示 R1 寄存器。

【例 5-23】 假设有一个时分复用地址/数据线的外部 RAM 存储器,容量为 256B,该存储器连接到 STC 单片机的 P0 端口上,端口 P3 用于提供外部 RAM 所需要的控制信号。端口 P1 和 P2 用作通用输入/输出端口。R0 寄存器和 R1 寄存器中的数据分别为 12H 和 34H,外部 RAM 地址为 34H 的单元内容为 56H,执行指令:

```
MOVX A,@R1        ;将外部 RAM 地址为 34H 单元的内容 56H 送到累加器 A
MOVX @R0,A        ;将累加器 A 的内容 56 送到外部 RAM 地址为 12H 的单元中
```

(2) MOVX A,@DPTR

该指令将外部数据存储区的 1 字节的内容复制到累加器 A 中。16 位外部数据存储区单元的地址由 DPTR 寄存器确定,且外部数据存储器单元的内容不发生变化,如表 5.67 所示。

表 5.67 MOVX A,@DPTR 指令的内容

助记符	操作	标志	操作码	字节数	周期数
MOVX A,@DPTR	(PC)←(PC)+1 (A)←(DPTR)	N	11100000	1	2

(3) MOVX @Ri,A

该指令将累加器 A 的内容复制到外部数据存储单元中。8 位外部数据存储区地址由 R0 或 R1 确定,且累加器 A 中的内容不发生变化,如表 5.68 所示。

表 5.68 MOVX @Ri,A 指令的内容

助记符	操作	标志	操作码	字节数	周期数
MOVX @Ri,A	(PC)←(PC)+1 ((Ri))←(A)	N	1111001i	1	4

注意：i 表示 R0 或者 R1。当 i=0 时,表示 R0 寄存器;当 i=1 时,表示 R1 寄存器。

(4) MOVX @DPTR,A

该指令将累加器 A 的内容复制到外部数据存储单元中。16 位外部数据存储区单元的地址由 DPTR 寄存器确定,且累加器 A 中的内容不发生变化,如表 5.69 所示。

表 5.69 MOVX @DPTR,A 指令的内容

助记符	操作	标志	操作码	字节数	周期数
MOVX @DPTR,A	(PC)←(PC)+1 (DPTR)←(A)	N	11110000	1	3

3) 查找表传输指令

只在累加器和程序存储器之间实现数据传输,这种传输只能使用 MOVC 指令。

(1) MOVC A,@A+DPTR

该指令将数据指针寄存器 DPTR 和累加器 A 的内容相加所得到的存储器地址单元的内容复制到累加器 A 中,如表 5.70 所示。

表 5.70 MOVC A,@A+DPTR 指令的内容

助记符	操作	标志	操作码	字节数	周期数
MOVC A,@A+DPTR	(PC)←(PC)+1 (A)←((A)+(DPTR))	N	10010011	1	5

【例 5-24】 假设累加器 A 的值在 0~4,下面的子程序将累加器 A 中的值转换为用 DB 伪指令定义的 4 个值之一:

```
REL_PC: INC A
        MOVC A,@A + PC
        RET
        DB 66H
        DB 77H
        DB 88H
        DB 99H
```

如果在调用该子程序之前累加器的值为 02H,执行完该子程序后,累加器的值变为 88H。MOVC 指令之前的 INC A 指令是为了在查表时跨越 RET 而设置的。如果 MOVC 和表格之间被多字节隔开,则为了正确地读取表格,必须将相应的字节数预先加到累加器 A 上。

(2) MOVC A,@A+PC

该指令将程序计数器 PC 和累加器 A 的内容相加所得到的存储器地址单元的内容复制到累加器 A 中,如表 5.71 所示。

表 5.71 MOVC A,@A+PC 指令的内容

助记符	操作	标志	操作码	字节数	周期数
MOVC A,@A+PC	(PC)←(PC)+1 (A)←((A)+(PC))	N	10000011	1	4

2. 堆栈操作指令

1) POP direct

该指令将堆栈指针 SP 所指向栈顶的内容保存到直接寻址单元中,然后执行(SP)−1→(SP)的操作,此操作不影响标志位,如表 5.72 所示。

表 5.72 POP direct 指令的内容

助记符	操作	标志	操作码	字节数	周期数
POP direct	(PC)←(PC)+2 (direct)←((SP)) (SP)←(SP)−1	N	11010000	2	2

注意:在操作码后面跟着 1 字节的直接地址。

【例 5-25】 假设堆栈指针的初值为 32H,内部 RAM 地址 30H～32H 单元的数据分别为 20H、23H 和 01H,则执行指令:

POP DPH
POP DPL

结果:堆栈指针的值变成 30H,(DPH)=01H,(DPL)=23H。

如果继续执行指令:

POP SP

则在这种特殊情况下,在写入出栈数据 20H 之前,栈指针减小到 2FH,然后再随着 20H 的写入,(SP)=20H。

2) PUSH direct

该指令将堆栈指针(SP)+1→(SP)指向栈顶单元,将直接寻址单元的内容送入 SP 所指向的堆栈空间,此操作不影响标志位,如表 5.73 所示。

表 5.73 PUSH direct 指令的内容

助记符	操作	标志	操作码	字节数	周期数
PUSH direct	(PC)←(PC)+2 (SP)←(SP)+1 ((SP))←(direct)	N	11000000	2	3

注意:在操作码后面跟着 1 字节的直接地址。

【例 5-26】 假设在进入中断服务程序之前堆栈指针的值为 09H,数据指针 DPTR 的值为 0123H,则执行下面的指令:

PUSH DPL
PUSH DPH

结果:堆栈指针变成 0BH,并把数据 23H 和 01H 分别保存到内部 RAM 的 0AH 和 0BH 的存储单元中。

3. 数据交换指令

1) XCH A,Rn

该指令将累加器 A 的内容和寄存器 Rn 中的内容互相交换,如表 5.74 所示。

表 5.74 XCH A,Rn 指令的内容

助记符	操作	标志	操作码	字节数	周期数
XCH A,Rn	(PC)←(PC)+1 (A)↔(Rn)	N	11001rrr	1	2

注意:rrr 为寄存器的编号,因此机器码范围是 C8H～CFH。

2) XCH A,direct

该指令将累加器 A 的内容和直接寻址单元的内容互相交换,如表 5.75 所示。

表 5.75 XCH A,direct 指令的内容

助记符	操作	标志	操作码	字节数	周期数
XCH A,direct	(PC)←(PC)+2 (A)↔(direct)	N	11000101	2	3

注意：在操作码后面跟着1字节的直接地址。

3）XCH A,@Ri

该指令将累加器 A 的内容和间接寻址的内容互相交换，如表5.76所示。

表 5.76 XCH A,@Ri 指令的内容

助记符	操作	标志	操作码	字节数	周期数
XCH A,@Ri	(PC)←(PC)+1 (A)↔((Ri))	N	1100011i	1	3

注意：i 表示 R0 或者 R1。当 i=0 时，表示 R0 寄存器；当 i=1 时，表示 R1 寄存器。

【例 5-27】 假设 R0 的内容为地址 20H，累加器 A 的内容为 3FH。内部 RAM 地址为 20H 单元的内容为 75H，执行指令：

XCH A,@R0

结果：执行该指令后，将 20H 所指向的内部 RAM 的单元的数据 75H 和累加器 A 的内容 3FH 进行交换，结果是累加器 A 的内容变成 75H，而内部 RAM 地址为 20H 单元的内容变成 3FH。

4）XCHD A,@Ri

该指令将累加器 A 的内容和间接寻址单元内容的低半字节互相交换，如表 5.77 所示。

表 5.77 XCHD A,@Ri 指令的内容

助记符	操作	标志	操作码	字节数	周期数
XCHD A,@Ri	(PC)←(PC)+1 (A_{3-0}) ↔ $((Ri))_{3-0}$	N	1101011i	1	3

注意：i 表示 R0 或者 R1。当 i=0 时，表示 R0 寄存器；当 i=1 时，表示 R1 寄存器。

【例 5-28】 假设寄存器 R0 的内容为 20H，累加器 A 的内容为 36H，内部 RAM 地址为 20H 的单元内容为 75H，执行指令：

XCHD A,@R0

结果：将 20H 所指向内部 RAM 单元的数据 75H 和累加器 A 的内容 36H 的低 4 位数据进行交换，结果是累加器 A 的内容变成 35H，而内部 RAM 地址为 20H 单元的内容变成 76H。

思考与练习 5-9：假设(30H)=40H,(31H)=5DH,(SP)=15H,则执行下面的指令：

PUSH 30H
PUSH 31H

的目的是_____,(SP)=_____。

5.2.4 布尔指令

8051 单片机有独立的位可寻址区域。它有 128 比特的位可寻址的 RAM 和 SFR。

1. 清除指令

1）CLR bit

该指令将目的比特位清零，如表 5.78 所示。

表 5.78 CLR bit 指令的内容

助记符	操作	标志	操作码	字节数	周期数
CLR bit	(PC)←(PC)+2 (bit)←0	N	11000010	2	3

注意：在操作码后面跟着 1 字节的位地址。

【例 5-29】 假设端口 P1 的数据为 5DH(01011101B)，执行指令：

CLR P1.2

结果：端口 P1 的内容为 59H(01011001B)。

2) CLR C

该指令将进位标志位 CY 清零，如表 5.79 所示。

表 5.79 CLR C 指令的内容

助记符	操作	标志	操作码	字节数	周期数
CLR C	(PC)←(PC)+1 (C)←0	CY	11000011	1	1

2. 设置指令

1) SETB bit

该指令将目标比特位置 1，如表 5.80 所示。

表 5.80 SETB bit 指令的内容

助记符	操作	标志	操作码	字节数	周期数
SETB bit	(PC)←(PC)+2 (bit)←1	N	11010010	2	3

注意：在操作码后面跟着一字节的位地址。

2) SETB C

该指令将进位标志 CY 置 1，如表 5.81 所示。

表 5.81 SETB C 指令的内容

助记符	操作	标志	操作码	字节数	周期数
SETB C	(PC)←(PC)+1 (C)←1	CY	11010011	1	1

【例 5-30】 假设端口 P1 的数据为 34H(00110100B)，执行指令：

SETB C
SETB P1.0

结果：进位标志(CY)=1，端口 P1 的数据变成为 35H(00110101B)。

3. 取反指令

1) CPL bit

该指令将目标比特位取反，如表 5.82 所示。

表 5.82　CPL bit 指令的内容

助记符	操作	标志	操作码	字节数	周期数
CPL bit	(PC)←(PC)+2 (bit)←$\overline{\text{bit}}$	N	10110010	2	3

注意：在操作码后面跟着 1 字节的位地址。

【例 5-31】 假设端口 P1 的数据为 5BH(01011011B)，执行指令：

```
CPL P1.1
CPL P1.2
```

结果：端口 P1 的数据变成为 5DH(01011101B)。

2) CPL C

该指令将进位标志 CY 取反。如果 CY 为 1，执行该指令后 CY 为 0；反之亦然，如表 5.83 所示。

表 5.83　CPL C 指令的内容

助记符	操作	标志	操作码	字节数	周期数
CPL C	(PC)←(PC)+1 (C)←$(\overline{C})$	CY	10110011	1	1

4. 逻辑与指令

1) ANL C, bit

该指令对进位标志 CY 和一个比特位做逻辑与操作，结果保存在 CY 中，如表 5.84 所示。

表 5.84　ANL C,bit 指令的内容

助记符	操作	标志	操作码	字节数	周期数
ANL C, bit	(PC)←(PC)+2 (CY)←(CY)∧(bit)	CY	10000010	2	2

注意：在操作码后面跟着 1 字节的位地址。

2) ANL C, /bit

该指令对进位标志 CY 和一个比特位取反后做逻辑与操作，结果保存在 CY 中，如表 5.85 所示。

表 5.85　ANL C,/bit 指令的内容

助记符	操作	标志	操作码	字节数	周期数
ANL C, /bit	(PC)←(PC)+2 (CY)←(CY)∧$(\overline{\text{bit}})$	CY	10110000	2	2

注意：在操作码后面跟着 1 字节的位地址。

【例 5-32】 假设 P1 端口的第 0 位为 1，且累加器 A 的第 7 位为 1，同时溢出标志 OV 的内容为 0，执行指令：

```
MOV C,P1.0      ;进位标志 CY 设置为 1
ANL C,ACC.7     ;进位标志 CY 设置为 1
ANL C,/OV       ;进位标志 CY 设置为 1
```

5. 逻辑或指令

1) ORL C, bit

该指令把进位标志 CY 的内容和比特位内容做逻辑或操作,结果保存在 CY 中,如表 5.86 所示。

表 5.86 ORL C,bit 指令的内容

助记符	操作	标志	操作码	字节数	周期数
ORL C,bit	(PC)←(PC)+2 (CY)←(CY)∨(bit)	CY	01110010	2	2

注意:在操作码后面跟着 1 字节的位地址。

2) ORL C, /bit

该指令把进位标志 CY 的内容和比特位内容取反后做逻辑或操作,结果保存在 CY 中,如表 5.87 所示。

表 5.87 ORL C,/bit 指令的内容

助记符	操作	标志	操作码	字节数	周期数
ORL C,/bit	(PC)←(PC)+2 (CY)←(CY)∨$\overline{(bit)}$	CY	10100000	2	2

注意:在操作码后面跟着 1 字节的位地址。

【例 5-33】 假设 P1 端口的第 0 位为 1,或者累加器 A 的第 7 位为 1,或者溢出标志 OV 的内容为 0,执行指令:

```
MOV C,P1.0      ;进位标志 CY 设置为 1
ORL C,ACC.7     ;进位标志 CY 设置为 1
ORL C,/OV       ;进位标志 CY 设置为 1
```

6. 传输指令

1) MOV C, bit

该指令把一个比特位的值复制到进位标志 CY 中,且比特位的值不发生变化,如表 5.88 所示。

表 5.88 MOV C,bit 指令的内容

助记符	操作	标志	操作码	字节数	周期数
MOV C,bit	(PC)←(PC)+2 (CY)←(bit)	CY	10100010	2	2

注意:在操作码后面跟着 1 字节的位地址。

2) MOV bit, C

该指令把进位标志 CY 的内容复制到一个比特位中,且进位标志 CY 的值不发生变化,如表 5.89 所示。

表 5.89 MOV bit,C 指令的内容

助记符	操作	标志	操作码	字节数	周期数
MOV bit,C	(PC)←(PC)+2 (bit)←(C)	N	10010010	2	3

注意:在操作码后面跟着 1 字节的位地址。

【例 5-34】 假设进位标志 CY 的初值为 1,端口 P2 中的数据为 C5H(11000101B),端口 P1 中的数据为 35H(00110101B),执行指令:

```
MOV P1.3,C      ;P1 端口的值变为 3DH(00111101B)
MOV C,P2.3      ;进位标志 CY 设置为 0
MOV P1.2,C      ;P1 端口的值变为 39H(00111001B)
```

7. 跳转指令

1) JB bit,rel

该指令判断 bit 位中的数据是否为 1,如果为 1,则跳转到(PC)+rel 指定的目标地址;否则,程序转向下一条指令,该操作不影响标志位,如表 5.90 所示。

表 5.90　JB bit,rel 指令的内容

助记符	操作	标志	操作码	字节数	周期数
JB bit,rel	(PC)←(PC)+3 如果(bit)=1,则(PC)←(PC)+rel	N	00100000	3	5

注意:在使用助记符编写汇编语言程序时,Keil μVision 将助记符中的 rel 转换成程序存储空间内的一个目标地址。而在生成所对应的机器指令时,并不是直接使用 rel 所表示的目标地址,而是将其转换成一个相对偏移量 rel.address,对于该条指令而言,相对偏移量的计算方法表示为

$$\text{rel.address} = \text{rel(助记符所表示的目标地址)} - \text{PC} - 3$$

其中,rel.address 对应于操作中(PC)+rel 中的 rel。

因此,读者一定要正确理解助记符中 rel 的含义,以及操作中 rel 所表示的含义。对于本条机器指令而言,操作码后面跟着 1 字节的位地址和 1 字节的偏移量 rel.address,即表示为下面的形式

0 0 1 0	0 0 0 0	bit address	rel.address

【例 5-35】 假设端口 1 的数据为 CAH(11001010B),累加器 A 的内容为 56H(01010110B)。则执行指令:

```
JB P1.2,LABEL1    ;跳转条件不成立
JB ACC.2,LABEL2   ;跳转条件成立
```

结果:程序跳转到标号 LABEL2 的地方执行。

2) JNB bit,rel

该指令判断 bit 中的数据是否为 0,如果为 0,则程序跳转到(PC)+rel 指定的目标地址;否则,程序转向下一条指令,该操作不影响标志位,如表 5.91 所示。

表 5.91　JNB bit,rel 指令的内容

助记符	操作	标志	操作码	字节数	周期数
JNB bit,rel	(PC)←(PC)+3 如果(bit)=0,则(PC)←(PC)+rel	N	00110000	3	5

注意:在操作码后面跟着 1 字节的位地址和 1 字节的偏移量 rel。

【例 5-36】 假设端口 1 的数据为 CAH(11001010B),累加器 A 的内容为 56H(01010110B)。则执行指令:

```
JNB P1.3,LABEL1       ;跳转条件不成立
JNB ACC.3,LABEL2      ;跳转条件成立
```

结果：程序跳转到标号 LABEL2 的地方执行。

3) JC rel

该指令判断进位标志位 CY 是否为 1，如果为 1，则跳转到(PC)+rel 指定的目标地址；否则，程序转向下一条指令，该操作不影响标志位，如表 5.92 所示。

表 5.92 JC rel 指令的内容

助记符	操作	标志	操作码	字节数	周期数
JC rel	(PC)←(PC)+2 如果(CY)=1,则(PC)←(PC)+rel	N	01000000	2	3

注意：在操作码后面跟着 1 字节的偏移量 rel。

【例 5-37】 假设进位标志 CY 为 0，则执行指令：

```
JC LABEL1       ;跳转条件不成立
CPL C           ;取反,进位标志 CY 变为 1
JC LABEL2       ;跳转条件成立
```

结果：程序跳转到标号 LABEL2 的地方执行。

4) JNC rel

该指令判断进位标志位 CY 是否为 0，如果为 0，则跳转到(PC)+rel 指定的目标地址；否则，程序转向下一条指令，该操作不影响标志位，如表 5.93 所示。

表 5.93 JNC rel 指令的内容

助记符	操作	标志	操作码	字节数	周期数
JNC rel	(PC)←(PC)+2 如果(CY)=0,则(PC)←(PC)+rel	N	01010000	2	3

注意：在操作码后面跟着 1 字节的偏移量 rel。

【例 5-38】 假设进位标志 CY 为 1，则执行指令：

```
JNC LABEL1      ;跳转条件不成立
CPL C           ;取反,进位标志 CY 变为 0
JNC LABEL2      ;跳转条件成立
```

结果：程序跳转到标号 LABEL2 的地方执行。

5) JBC bit,rel

该指令判断指定 bit 位是否为 1，如果为 1，则将该位清零，并且跳转到(PC)+rel 指定的目标地址；否则，程序转向下一条指令，该操作不影响标志位，如表 5.94 所示。

表 5.94 JBC bit,rel 指令的内容

助记符	操作	标志	操作码	字节数	周期数
JBC bit, rel	(PC)←(PC)+3 如果(bit)=1,则: bit←0,(PC)←(PC)+rel	N	00010000	3	5

注意：在操作码后面跟着 1 字节的位地址和 1 字节的偏移量 rel。

【例 5-39】 假设累加器 A 的内容为 56H(01010110B)，则执行指令：

```
JBC ACC.3,LABEL1    ;跳转条件不成立
JBC ACC.2,LABEL2    ;跳转条件成立,并且将 ACC.2 清零
```

结果：程序跳转到标号 LABEL2 的地方执行，累加器 A 的内容变为 52H(01010010B)。

5.2.5 程序分支指令

8051 支持有条件和无条件的程序分支指令,这些程序分支指令用于修改程序的执行顺序。

1. 调用指令

1) ACALL addr11

该指令无条件地调用在指定地址处的子程序。目标地址由递增 PC 的高 5 位、操作码的第 7~5 位和指令第 2 字节并置组成。所以,所调用的子程序的首地址必须与 ACALL 后面指令的第 1 字节在同一个 2KB 区域内,如表 5.95 所示。

表 5.95 ACALL addr11 指令的内容

助记符	操作	标志	操作码	字节数	周期数
ACALL addr11	(PC) ← (PC) + 2 (SP) ← (SP) + 1 ((SP)) ← (PC$_{7-0}$) (SP) ← (SP) + 1 ((SP)) ← (PC$_{15-8}$) (PC$_{10-0}$) ← 页面地址	无	a$_{10}$a$_9$a$_8$10010	2	4

注意：a$_{10}$a$_9$a$_8$ 是 11 位目标地址的 A$_{10}$~A$_8$ 位。在操作码后面带着 1 字节目标地址的 A$_7$~A$_0$ 位。

【例 5-40】 假设堆栈指针的初值为 07H,标号 SUBRTN 位于程序存储器地址为 0345H 的位置,如果执行位于地址 0123H 处的指令：

```
ACALL SUBRTN
```

结果：堆栈指针的内容变成 09H,内部 RAM 地址为 08H 和 09H 的位置保存的内容为 25H 和 01H,PC 值变为 0345H。

2) LCALL addr16

该指令无条件地调用首地址为 addr16 处的子程序。执行该指令时,将 PC 加 3,以获得下一条指令的地址。然后将指令第 2、第 3 字节所提供的 16 位目标地址加载到 PC$_{15-0}$,程序转向子程序的首地址执行,如表 5.96 所示。所调用的子程序首地址可以在 64KB 的范围内。

表 5.96 LCALL addr16 指令的内容

助记符	操作	标志	操作码	字节数	周期数
LCALL addr16	(PC) ← (PC) + 3 (SP) ← (SP) + 1 ((SP)) ← (PC$_{7-0}$) (SP) ← (SP) + 1 ((SP)) ← (PC$_{15-8}$) (PC) ← addr$_{15-0}$	N	00010010	3	4

注意：在操作码后面带着 1 字节目标地址的 A$_{15}$~A$_8$ 位和 1 字节目标地址的 A$_7$~

A₀ 位。

【例 5-41】 假设堆栈指针的初值为 07H,标号 SUBRTN 位于程序存储器地址为 1234H 的位置,如果执行位于地址 0123H 处的指令:

LCALL SUBRTN

结果:堆栈指针的内容变成 09H,内部 RAM 地址为 08H 和 09H 的位置保存的内容为 26H 和 01H,PC 值变为 1234H。

2. 返回指令

1) RET

该指令将栈顶高地址和低地址字节连续地送给 PC 的高字节和低字节,并把堆栈指针减 2,返回 ACALL 或 LCALL 的下一条指令,继续往下执行,该指令的操作不影响标志位,如表 5.97 所示。

表 5.97 RET 指令的内容

助记符	操作	标志	操作码	字节数	周期数
RET	$(PC_{15-8}) \leftarrow ((SP))$ $(SP) \leftarrow (SP) - 1$ $(PC_{7-0}) \leftarrow ((SP))$ $(SP) \leftarrow (SP) - 1$	N	00100010	1	4

【例 5-42】 堆栈指针的内容为 0BH,内部 RAM 地址为 0AH 和 0BH 的位置保存的内容为 23H 和 01H,如果执行指令:

RET

结果:堆栈指针的内容变成 09H,程序将从地址为 0123H 的地方继续执行。

2) RETI

该指令将从中断服务程序返回,并清除相应的内部中断状态寄存器。CPU 在执行 RETI 后,至少要再执行一条指令,才能响应新的中断请求,如表 5.98 所示。

表 5.98 RETI 指令的内容

助记符	操作	标志	操作码	字节数	周期数
RETI	$(PC_{15-8}) \leftarrow ((SP))$ $(SP) \leftarrow (SP) - 1$ $(PC_{7-0}) \leftarrow ((SP))$ $(SP) \leftarrow (SP) - 1$	N	00110010	1	4

【例 5-43】 堆栈指针的内容为 0BH,在地址 0123H 处的指令执行结束期间产生中断,内部 RAM 地址为 0AH 和 0BH 的位置保存的内容为 23H 和 01H,如果执行指令:

RETI

结果:堆栈指针的内容变成 09H,中断返回后继续从程序代码地址为 0123H 的位置执行。

3. 无条件转移指令

1) AJMP addr11

该指令实现无条件跳转。绝对跳转操作的目标地址是由 PC 递增两次后值的高 5 位、操作码的第 7～5 位和第 2 字节并置而成,如表 5.99 所示。目标地址必须包含 AJMP 指令后第一条指令的第 1 字节在内的 2KB 范围内。

表 5.99　AJMP addr11 指令的内容

助记符	操作	标志	操作码	字节数	周期数
AJMP addr11	(PC)←(PC)+2 (PC$_{10-0}$)←页面地址	N	a$_{10}$a$_9$a$_8$00001	2	3

注意:a$_{10}$a$_9$a$_8$ 是 11 位目标地址的 A$_{10}$～A$_8$ 位。在操作码后面带着 1 字节目标地址的 A$_7$～A$_0$ 位。

【例 5-44】假设标号 JMPADR 位于程序存储器的 0123H 的位置,如果指令:

AJMP JMPADR

位于程序存储器地址为 0345H 的位置。

结果:执行完该指令后,PC 的值变为 0123H。

2) LJMP addr16

该指令实现无条件长跳转操作,跳转的 16 位目的地址由指令的第 2 和第 3 字节组成,如表 5.100 所示。因此,程序指向的目标地址可以包含程序存储器的整个 64KB 空间。

表 5.100　LJMP addr16 指令的内容

助记符	操作	标志	操作码	字节数	周期数
LJMP addr16	(PC)← addr$_{15}$…addr$_0$	N	00000010	3	4

注意:在操作码后面带着 1 字节目标地址的 A$_{15}$～A$_8$ 位和 1 字节目标地址的 A$_7$～A$_0$ 位。

【例 5-45】假设标号 JMPADR 位于程序存储器的 1234H 的位置,如果指令:

LJMP JMPADR

位于程序存储器地址为 1234H 的位置。

结果:执行完该指令后,PC 的值变为 1234H。

3) SJMP rel

该指令实现无条件短跳转操作,跳转的目的地址是由 PC 递增两次后的值和指令的第 2 字节带符号的相对地址相加而成的,如表 5.101 所示。

表 5.101　SJMP rel 指令的内容

助记符	操作	标志	操作码	字节数	周期数
SJMP rel	(PC)←(PC)+2 (PC)←(PC)+rel	N	10000000	2	3

注意:在操作码后面带着 1 字节的相对偏移量 rel。

【例 5-46】假设标号 RELADR 位于程序存储器的 0123H 的位置,如果指令:

SJMP RELADR

位于程序存储器地址为 0100H 的位置。

结果:执行完该指令后,PC 的值变为 0123H。

注：在上面这个例子中，紧接 SJMP 的下一条指令的地址是 0102H，因此跳转的偏移量为 0123H－0102H＝21H。

4）JMP @A＋DPTR

该指令实现无条件的跳转操作，跳转的目标地址是将累加器 A 中的 8 位无符号数与数据指针 DPTR 的内容相加而得。相加运算不影响累加器 A 和数据指针 DPTR 的原内容，如表 5.102 所示。若相加结果大于 64KB，则从程序存储器的零地址往下延续。

表 5.102　JMP @A＋DPTR 指令的内容

助记符	操作	标志	操作码	字节数	周期数
JMP @A＋DPTR	(PC)←(A)＋(DPTR)	N	01110011	1	5

【例 5-47】 假设累加器 A 中的值是偶数（0～6）。下面的指令序列将使程序跳转到位于跳转表 JMP_TBL 的 4 条 AJMP 指令中的某一条去执行：

```
          MOV DPTR, #JMP_TBL
          JMP @A + DPTR
JMP_TBL:  AJMP LABEL0
          AJMP LABEL1
          AJMP LABEL2
          AJMP LABEL3
```

如果开始执行上面指令时，累加器 A 中的值为 04H，那么程序最终会跳到标号为 LABEL2 的地方执行。

注意：AJMP 是一个 2 字节指令，所以在跳转表中，各个跳转指令的入口地址依次相差 2 字节。

4．有条件转移指令

1）JNZ rel

该指令实现有条件跳转。判断累加器 A 的内容是否不为 0，如果不为 0，则跳转到(PC)＋rel 指定的目标地址；否则，程序转向下一条指令，如表 5.103 所示。

表 5.103　JNZ rel 指令的内容

助记符	操作	标志	操作码	字节数	周期数
JNZ rel	(PC)←(PC)＋2 如果(A)≠0，则(PC)←(PC)＋rel	N	01110000	2	4

注意：在操作码后面带着 1 字节的偏移量 rel。

【例 5-48】 假设累加器 A 的内容为 00H，则执行指令：

```
JNZ LABEL1    ;跳转条件不成立
INC A         ;累加器的内容加 1
JNZ LABEL2    ;跳转条件成立
```

结果：程序跳转到标号 LABEL2 的地方执行。

2）JZ rel

该指令实现有条件跳转。判断累加器 A 的内容是否为 0，如果为 0，则跳转到(PC)＋rel 指定的目标地址；否则，程序转向下一条指令，如表 5.104 所示。

表 5.104 JZ rel 指令的内容

助记符	操作	标志	操作码	字节数	周期数
JZ rel	(PC)←(PC)+2 如果(A)=0,则(PC)←(PC)+rel	N	01100000	2	4

注意：在操作码后面带着 1 字节的偏移量 rel。

【**例 5-49**】 假设累加器 A 的内容为 01H,则执行指令：

```
JZ LABEL1        ;跳转条件不成立
DEC A            ;累加器的内容减1
JZ LABEL2        ;跳转条件成立
```

结果：程序跳转到标号 LABEL2 的地方执行。

3) CJNE A,direct,rel

该指令对累加器 A 和直接寻址单元内容相比较,若它们的值不相等,则程序转移到 (PC) + rel 指向的目标地址。若直接寻址单元的内容小于累加器内容,则清除进位标志 CY；否则,置位进位标志 CY,如表 5.105 所示。

表 5.105 CJNE A,direct,rel 指令的内容

助记符	操作	标志	操作码	字节数	周期数
CJNE A,direct,rel	(PC)←(PC)+3 如果(A)≠(direct),则 (PC)←(PC)+rel 如果(A)<(direct),则 (CY)←1 否则(CY)←0	CY	10110101	3	5

注意：在操作码后面跟着 1 字节的直接地址和 1 字节的偏移量 rel。

4) CJNE A,#data,rel

该指令将比较累加器 A 的内容和立即数,若它们的值不相等,则程序转移(PC) + rel 指向的目标地址。进位标志 CY 设置同上,该指令不影响累加器 A 的内容,如表 5.106 所示。

表 5.106 CJNE A,#data,rel 指令的内容

助记符	操作	标志	操作码	字节数	周期数
CJNE A,#data,rel	(PC)←(PC)+3 如果(A)≠data,则 (PC)←(PC)+rel 如果(A)<data,则 (CY)←1 否则(CY)←0	CY	10110101	3	4

注意：在操作码后面跟着 1 字节的立即数和 1 字节的偏移量 rel。

5) CJNE Rn,#data,rel

该指令将寄存器 Rn 的内容和立即数进行比较,若它们的值不相等,则程序转移到(PC) + rel 指向的目标地址。进位标志 CY 设置同上,如表 5.107 所示。

表 5.107 CJNE Rn，♯data，rel 指令的内容

助记符	操作	标志	操作码	字节数	周期数
CJNE Rn,♯data,rel	(PC)←(PC)+3 如果(Rn)≠data,则 (PC)←(PC)+rel 如果(Rn)<data,则(CY)←1,否则(CY)←0	CY	10111rrr	3	4

注意：rrr 为寄存器的编号，因此机器码范围是 B8H～BFH。在操作码后面跟着 1 字节的立即数和 1 字节的偏移量 rel。

6) CJNE @Ri, ♯data, rel

该指令将间接寻址的内容和立即数相比较，若它们的值不相等，则程序转移到(PC)+rel 指向的目标地址。进位标志 CY 设置同上，如表 5.108 所示。

表 5.108 CJNE @Ri，♯data，rel 指令的内容

助记符	操作	标志	操作码	字节数	周期数
CJNE @Ri,♯data,rel	(PC)←(PC)+3 如果((Ri))≠(direct),则 (PC)←(PC)+rel 如果((Ri))<data,则 (CY)←1 否则(CY)←0	CY	1011011i	3	5

注意：i 表示 R0 或者 R1。当 i=0 时，表示 R0 寄存器；当 i=1 时，表示 R1 寄存器。在操作码后面跟着 1 字节的立即数和 1 字节的偏移量 rel。

【例 5-50】 假设累加器 A 的内容为 34H，寄存器 R7 的内容为 56H。则执行指令：

```
CJNE R7,♯60H,NOT_EQ
…                    ;R7 的内容为 60H
NOT_EQ: JC    REQ_LOW  ;如果 R7<60H
…                    ;R7>60H
```

结果：第一条指令将进位标志 CY 设置为 1，程序跳转到标号 NOT_EQ 的地方。接着测试进位标志 CY，可以确定寄存器 R7 的内容大于还是小于 60H。

7) DJNZ Rn,rel

该指令实现有条件跳转。每执行一次指令，寄存器 Rn 的内容减 1，并判断其内容是否为 0。若不为 0，则转向(PC)+rel 指向的目标地址，继续执行循环程序，否则，结束循环程序，执行下一条指令，如表 5.109 所示。

表 5.109 DJNZ Rn,rel 指令的内容

助记符	操作	标志	操作码	字节数	周期数
DJNZ Rn, rel	(PC)←(PC)+2 (Rn)←(Rn)-1 如果(Rn)≠0,则 (PC)←(PC)+rel	N	11011rrr	2	4

注意：rrr 为寄存器的编号，因此机器码范围是 D8H～DFH。在操作码后面跟着 1 字

节的偏移量 rel。

8) DJNZ direct,rel

该指令实现有条件跳转。每执行一次指令,直接寻址单元的内容减 1,并判断其内容是否为 0。若不为 0,则转向(PC)＋rel 指向的目标地址,继续执行循环程序,否则,结束循环程序,执行下一条指令,如表 5.110 所示。

表 5.110　DJNZ direct,rel 指令的内容

助记符	操作	标志	操作码	字节数	周期数
DJNZ direct,rel	(PC)←(PC)＋3 (direct)←(Rn)－1 如果(direct) ≠ 0,则 (PC)←(PC)＋rel	N	11010101	3	5

注意：在操作码后面跟着 1 字节的直接地址和 1 字节的偏移量 rel。

【**例 5-51**】　假设内部 RAM 地址为 40H、50H 和 60H 的单元分别保存着数据 01H、70H 和 15H,则执行指令：

```
DJNZ 40H,LABEL_1
DJNZ 50H,LABEL_2
DJNZ 60H,LABEL_3
```

结果：程序将跳转到标号 LABEL_2 处执行,且相应的 3 个 RAM 单元的内容变成 00H、6FH 和 15H。

5. 空操作指令

NOP 指令表示无操作,如表 5.111 所示。

表 5.111　NOP 指令的内容

助记符	操作	标志	操作码	字节数	周期数
NOP	(PC)←(PC)＋1	N	0x00	1	1

【**例 5-52**】　假设期望在端口 P2 的第 7 位引脚上输出一个长时间的低电平脉冲,该脉冲持续 5 个机器周期(精确)。若仅仅使用 SETB 和 CLR 指令序列,生成的脉冲只能持续一个机器周期。因此,需要设法增加 4 个额外的机器周期,可以按照下面的方式实现所要求的功能(假设在此期间没有使能中断)：

```
CLR P2.7
NOP
NOP
NOP
NOP
SETB P2.7
```

第 6 章 汇编语言程序设计

CHAPTER 6

本章将介绍汇编语言编程模型，内容包括汇编语言程序结构、汇编代码中段的分配、汇编语言符号及规则、汇编语言操作数描述、汇编语言控制描述、Keil μVision5 汇编语言设计流程、端口控制的汇编语言程序设计、中断服务程序的汇编语言设计。

本章所介绍的所有汇编语言的语法都是为能够构建在单片机上运行的程序模型服务的。

能熟练地使用本章所介绍的汇编语言语法和汇编语言助记符构建出程序模型，这个要求是很高的。当学习本章有不清楚的内容时，只有两个办法可以解决这个问题，一个是再更加深入理解 8051 CPU 结构和指令系统；另一个就是多编写程序代码。

当彻底地理解和掌握汇编语言后，再学习 C 语言编程的时候，就非常容易了。这是因为此时读者已经对单片机的软件开发方法有了很深入的理解。

6.1 汇编语言程序结构

实际上，所谓的汇编语言程序就是按照一定的规则组合在一起的机器语言助记符和汇编器助记符指令。这些按一定规则组合在一起的汇编语言助记符机器指令，能通过软件开发工具的处理，转换成可以在 STC 8051 CPU 上按照设计要求运行的机器代码。

代码清单 6-1　一段完整汇编语言程序代码

```
        NAME    main               ;声明模块
        my_seg  SEGMENT CODE       ;声明代码段 my_seg
                RSEG    my_seg     ;切换到代码段 my_seg
        TABLE:  DB      3,2,5,0xFF ;声明 4 个常数

        myprog  SEGMENT CODE       ;声明代码段 myprog
                RSEG    myprog     ;切换到代码段 myprog
                LJMP    main       ;在程序存储器地址 0x0000 的位置跳转
                USING   0          ;使用第 0 组寄存器
                ORG     100H       ;定位到代码段 100H 的位置
        main:   MOV     DPTR,#TABLE ;将 TABLE 表的地址送给 DPTR 寄存器
                MOV     A,#3        ;将立即数 3 送到累加器 A 中
                MOVC    A,@A+DPTR   ;将(A)+(DPTR)所指向的程序 Flash 的
                                    ;内容送给累加器 A
                MOV     P1,0        ;给 P1 端口清零
                MOV     P1,A        ;将累加器 A 的内容送到 P1 端口
        END
```

注意：读者可参考本书配套资源的 STC_example\例子 6-1。在设计中，可以选择

AJMP main 语句，以减少程序代码长度。

6.2 汇编代码中段的分配

正如前面所提到的那样，一个由汇编语言所构建的程序代码中包括如下内容。

（1）绝大部分代码都是机器语言助记符。这些程序代码中的机器语言助记符经过软件工具处理后转换成机器指令（机器码），然后保存在单片机程序存储器中。通常地，将保存程序代码的区域称为代码段（code segment）。

（2）根据程序设计的复杂度，需要提供代码中所需数据所在的位置。这些需要操作的数据可能保存在不同的存储空间中。因此，就需要在程序中明确地说明这些数据所存放的位置。典型地，在 STC 15 系列单片机中，提供了片内基本 RAM、片内扩展 RAM 等存储单元。通常地，将保存数据的区域统称为数据段（data segment）。

（3）在运行程序的过程中，可能还需要对 8051 CPU 内功能部件的状态进行保存和恢复操作。前面已经说明，这是由堆栈机制实现的。在这种情况下，就需要明确指出保存这些运行状态的存储空间大小和位置。

在任何一个由汇编语言编写的程序中，必须要有代码段，而其他段存在与否，由具体的程序模型决定。

思考与练习 6-1：在汇编语言程序代码中，指定（分配）段的目的是什么？

6.2.1 CODE 段

CODE 段，也称为代码段，它是用来保存程序中汇编助记符描述的机器指令部分。CODE 段放在 STC 单片机中的程序 Flash 存储空间。

CODE 段可以由 MOVC 指令，并且通过 DPTR 寄存器进行访问。下面给出定义和访问 CODE 段的代码清单。

代码清单 6-2 定义和访问 CODE 段的代码

```
my_seg SEGMENT CODE              ;定义 CODE 段
       RSEG      my_seg
TABLE: DB        1,2,4,8,0x10    ;定义常数表

myprog SEGMENT CODE              ;定义 CODE 段
       RSEG      myprog
       MOV       DPTR,#TABLE     ;加载 TABLE 的地址
       MOV       A,#3            ;加载偏移量
       MOVC      A,@A+DPTR       ;通过 MOVC 指令访问
END
```

思考与练习 6-2：在汇编语言程序中，CODE 段的作用是什么？说明访问 CODE 段的方法。

6.2.2 BIT 段

在 8051 汇编语言中，BIT 段可以用来保存比特位，可以通过位操作指令来访问 BIT 段。注意：可以通过位操作指令访问特殊功能寄存器 SFR。

可位寻址的地址只能是可以被 8 整除的地址，如 80H、88H、90H、98H、0A0H、0A8H、0B0H、0B8H、0C0H、0C8H、0D0H、0D8H、0E0H、0E8H、0F0H 和 0F8H 地址空间。下面

给出定义和访问 BIT 段的代码清单。

代码清单 6-3　定义和访问 BIT 段的代码

```
mybits SEGMENT BIT              ;定义 BIT 段
       RSEG    mybits
FLAG:  DBIT    1                ;保留 1 位空间
P1     DATA    90H              ; 8051 SFR 端口 1
GREEN_LED BIT  P1.2             ;在端口 P1 的第 2 引脚 P1.2 定义符号 GREEN_LED

myprog SEGMENT CODE             ;定义 CODE 段
       RSEG    myprog
       LJMP    main             ;无条件跳转到 main
       ORG     100H             ;定位到 100H 的位置
main:  SETB    GREEN_LED        ;P1.2 = 1
       JB      FLAG, is_on      ;到 DATA 的直接访问
       SETB    FLAG             ;设置 FLAG
       CLR     ACC.5            ;复位 ACC 的第 5 位
       ⋮
is_on: CLR     FLAG             ;清除 FLAG
       CLR     GREEN_LED        ;P1.2 = 0
END
```

思考与练习 6-3：在汇编语言程序中，BIT 段的作用是什么？说明访问 BIT 段的方法。

6.2.3　IDATA 段

在 8051 汇编语言中，可以定义 IDATA 段。在 IDATA 段可以定义少量的变量，这些变量将最终保存在 STC 单片机的片内 RAM 高地址和低地址区域中。

注意：IDATA 的低 128 字节和 DATA 段重叠。

通过寄存器 R0 或者 R1，程序可以间接寻址保存在 IDATA 段中的变量。下面给出定义和访问 IDATA 段的代码。

代码清单 6-4　定义和访问 IDATA 段的代码

```
myvars SEGMENT IDATA            ;定义 IDATA 段
       RSEG    myvars
BUFFER: DS     100              ;保留 100 字节

myprog SEGMENT CODE             ;定义 CODE 段
       RSEG    myprog
       LJMP    main             ;无条件跳转到 main
       ORG     100H             ;定位到 100H 位置
main:  MOV     R0, #BUFFER      ;将 BUFFER 的地址加载到 R0 寄存器
       MOV     A, @R0           ;将缓冲区的内容读到寄存器 A
       INC     R0               ;R0 内的地址递增
       MOV     @R0, A           ;将 A 的内容写到 BUFFER + 1 的存储空间
END
```

思考与练习 6-4：在汇编语言程序中，IDATA 段的作用是什么？说明访问 IDATA 段的方法。

6.2.4　DATA 段

在 8051 汇编语言中，定义了 DATA 段，该段指向 STC 单片机内部数据 RAM 的低 128 字节。通过直接和间接寻址方式，程序代码可以访问在 DATA 段中的存储器位置。下面给

出定义和访问 DATA 段的代码。

代码清单 6-5　定义和访问 DATA 段的代码

```
myvar SEGMENT DATA              ;定义 DATA 段
       RSEG      myvar
VALUE: DS        1               ;在 DATA 空间保存 1 字节

IO_PORT2 DATA    0A0H            ;特殊功能寄存器
VALUE2   DATA    20H             ;存储器的绝对地址

myprog SEGMENT CODE              ;定义 CODE 段
       RSEG      myprog
       LJMP      main            ;无条件跳转到 main
       ORG       100H            ;定位到 100H 的位置
main:  MOV       A,IO_PORT2      ;直接访问 DATA
       ADD       A,VALUE
       MOV       VALUE2,A
       MOV       R1,#VALUE       ;加载 VALUE 的值到 R1 寄存器
       ADD       A,@R1           ;间接访问 VALUE
END
```

思考与练习 6-5：在汇编语言程序中，DATA 段的作用是什么？说明访问 DATA 段的方法。

6.2.5　XDATA 段

在 8051 汇编语言中，定义了 XDATA 段，XDATA 段指向扩展 RAM 区域。通过寄存器 DPTR 和 MOVX 指令，程序代码就可以访问 XDATA 段。对于一个单页的 XDATA 存储空间来说，也可以通过寄存器 R0 和 R1 访问。下面给出定义和访问 XDATA 段的代码。

代码清单 6-6　定义和访问 XDATA 段的代码

```
my_seg SEGMENT XDATA             ;定义 XDATA 段
       RSEG      my_seg
XBUFFER: DS      2               ;保留 2 字节存储空间

myprog SEGMENT CODE              ;定义 CODE 段
       RSEG      myprog
       LJMP      main            ;无条件跳转到 main
       ORG       100H            ;定位到 100H 的位置
main:  MOV       DPTR,#XBUFFER   ;XBUFFER 的地址送到 DPTR 寄存器
       CLR       A               ;累加器 A 清零
       MOVX      @DPTR,A         ;将累加器 A 的内容送给 DPTR 指向的 XBUFFER 区域
       INC       DPTR            ;寄存器 DPTR 的内容加 1
       CLR       A               ;累加器 A 清零
       MOVX      @DPTR,A         ;累加器 A 的内容送给 DPTR 指向的 XBUFFER 区域
END
```

思考与练习 6-6：在汇编语言程序中，XDATA 段的作用是什么？说明访问 XDATA 段的方法。

6.3　汇编语言符号及规则

符号是定义的一个名字，用来表示一个值、文本块、地址或者寄存器的名字。也可用符号表示常数和表达式。

6.3.1 符号的命名规则

在 AX51 汇编器中,符号最多可以由 31 个字符组成。符号中的字符可以包括：A~Z 的大写字母、a~z 的小写字母、0~9 的数字、空格字符和问号字符。

注意：数字不可以作为符号的开头。

6.3.2 符号的作用

在汇编语言中,符号的作用如下。

(1) 使用 EQU 或者 SET 控制描述,将一个数值或者寄存器名赋给一个指定的符号名。例如：

```
NUMBER_FIVE       EQU           5
TRUE_FLAG         SET           1
FALSE_FLAG        SET           0
```

(2) 在汇编程序中,符号可以用来表示一个标号。

① 标号用于在程序或者数据空间内定义一个位置(地址)。

② 标号是该行的第一个字符域。

③ 标号后面必须跟着":"符号。一行只能定义一个标号。例如：

```
LABEL1:      DJNZ     R0, LABEL1
```

(3) 在汇编程序中,符号可以用于表示一个变量的位置。例如：

```
SERIAL_BUFFER  DATA   99h
```

6.4 汇编语言操作数描述

一个操作数可以是数字常数、符号名字、字符串或者一个表达式。本节对汇编语言操作数进行详细的说明。

注意：操作数不是汇编语言指令,它不产生汇编代码。

6.4.1 数字

数字以十六进制数、十进制数、八进制数和二进制数的形式指定。如果没有指定数字的形式,则默认为十进制数。

1) 十六进制数

后缀为 H、h,有效数字在 0~9、A~F 或 a~f,如 0FH、0FFH。

注意：当其第一个数字在 A~F 时,必须加前缀 0。十六进制数也可使用 C 语言的表示方法,如 0x12AB。

2) 十进制数

后缀为 D、d(可无后缀),有效数字在 0~9,如 1234、20d。

3) 八进制数

后缀为 O、o,有效数字在 0~7,如 25o、65O。

4) 二进制数

后缀为 B、b,有效数字为 0 和 1,如 111b、10100011B。

注意:可以在数字之间插入符号"＄",用于增加数字的可读性。例如,1＄2＄3＄4 等效于 1234。

6.4.2　字符

在表达式中可以使用 ASCII 字符来生成数字值。表达式可以由单引号包含的两个 ASCII 字符组成。

注意:字符个数不能超过两个,否则在对汇编程序处理的过程中会报错。

在汇编语言的任何地方都可以使用字符,它可以用来作为立即数。例如:'A'表示 0041h,'a'表示 0061h。

6.4.3　字符串

字符串与汇编器描述 DB 将一起使用,用来定义在 AX51 汇编程序中的消息。字符串用一对单引号' '包含。例如:

KEYMSG: DB   'Press any key to continue.'

该声明将在 KEYMSG 指向的缓冲区生成下面的十六进制数,即 50h、72h、65h、73h、73h、20h、…、6Eh、75h、65h、2Eh。

6.4.4　位置计数器

在 AX51 汇编器中,为每个段保留了一个位置计数器。在这个计数器中,包含了指令或者数据的偏移地址。默认将位置计数器初始化为 0。但是,可以用 ORG 描述符修改位置计数器的初值。

在表达式中,使用"＄"符号,用于得到位置计数器当前的值,可以使用位置计数器确定一个字符串的长度。例如:

msg: DB   'This is a message', 0
msg_len: EQU   ＄－msg

6.4.5　操作符

在汇编语言中,操作符可以是一元操作符,即只有一个操作数;或者二元操作符,即有两个操作数。表 6.1 给出了操作符的操作级别。

表 6.1　操作符及优先级

优先级	操 作 符
1	( )
2	(1) NOT、HIGH、LOW (2) BYTE0、BYTE1、BYTE2、BYTE3 (3) WORD0、WORD2、MBYTE
3	一元＋、一元－

续表

优先级	操作符
4	*、/、MOD
5	+、-
6	SHL、SHR
7	AND、OR、XOR
8	EQ、=、NE、<>、LT、<、LTE、<=、GT、>、GTE、>=

注意：(1) 1级优先级最高，8级优先级最低。SHL 表示左移运算，SHR 表示右移运算。

(2) BYTEx 根据 x 所指定操作数的位置，返回相应的字节。例如，BYTE0 返回最低的字节(与 LOW 等效)；BYTE1 返回紧挨 BYTE0 的字节(与 HIGH 等效)，如表 6.2 所示。

(3) WORDx 根据 x 指定的操作数的位置，返回相应的字。例如，WORD1 返回最低的字(16位)；WORD2 返回最高的两字节(16位)，如表 6.2 所示。

表 6.2　32 位操作数的分配

MSB	32 位操作数			LSB
BYTE3	BYTE2	BYTE1		BYTE0
WORD2		WORD1		
		HIGH		LOW

(4) MBYTEx 操作符返回用于 C51 实时库的存储器类型信息。所得到的值是存储器类型字节。这些存储器类型字节在 C51 实时库中用于访问带有 far 存储器类型定义的变量。

思考与练习 6-7：请读者根据这些符号的功能，给出每条指令所表示的含义：

(1) MOV　R2,#99 * 45
(2) MOV　R1,#1234+5678
(3) MOV　R1,#12/4
(4) MOV　R1,#(0FDh AND 03h)
(5) MOV　R0,#HIGH 1234h
(6) MOV　R3,#MBYTE far_var
(7) MOV　R2,#99 MOD 10
(8) MOV　R0,#(1 SHL 2)
(9) MOV　R0,#WORD2 12345678h

6.4.6　表达式

表达式是操作数和操作符的组合，该表达式由汇编器计算。没有操作符的操作数是最简单的表达式。表达式能用在操作数所要求的地方。下面通过一个例子说明表达式的用法。

代码清单 6-7　表达式用法代码清单

```
EXTRN CODE (CLAB)              ;CODE 空间的入口
EXTRN DATA (DVAR)              ;DATA 空间的变量

MSK     EQU     0F0H           ;定义符号来替换 0xF0 值
VALUE   EQU     MSK - 1        ;其他常数符号值
```

```
FOO SEGMENT CODE
        RSEG    FOO
        LJMP    ENTRY
        ORG     100H
ENTRY:  MOV     A,#40H                  ;用常数加载累加器
        MOV     R5,#VALUE               ;加载一个常数表示的符号值
        MOV     R3,#(0x20 AND MASK)     ;一个计算例子
        MOV     R7,#LOW(VALUE + 20H)
        MOV     R6,#1 OR (MSK SHL 4)
        MOV     R0,DVAR + 20            ;DVAR 地址加上 20,加载 R0 寄存器
        MOV     R1,#LOW(CLAB + 10)      ;加载 CLAB 地址加 10 的低部分到寄存器 R1
        MOV     R5,80H                  ;加载地址 80H ( = SFR P0)的内容到 R5 寄存器
        SETB    20H.2                   ;设置 20H.2
        END
```

6.5 汇编语言控制描述

AX51 汇编器提供了大量的控制描述,允许编程人员定义符号值,保留和初始化存储空间,控制代码的存储位置。

注意:这些描述不能和汇编助记符描述的机器指令混淆。这些描述不能产生机器代码,除了 DB、DD 和 DW 描述外,它们不影响代码存储器的内容。这些控制改变的是汇编器的状态,定义的用户符号以及添加到目标文件的信息。

6.5.1 地址控制

地址控制描述用于控制程序计数器(PC)的指向和寄存器组的选择,地址控制描述包括EVEN、ORG 和 USING。

1) EVEN

迫使位置计数器指向下一个偶数地址。例如:

```
MYDATA: SEGMENT DATA WORD
        RSEG    MYDATA
var1:   DSB     1
EVEN
var2:   DSW     1
```

2) ORG

设置位置计数器指向一个指定的偏移量或地址。例如:

```
ORG 100h
```

3) USING

说明使用哪个寄存器组。例如:

```
USING   3       ;选择第 3 组寄存器
PUSH    R2      ;将第 3 组中的 R2 寄存器入栈
```

6.5.2 条件汇编

根据符号条件的真假,条件汇编控制模块的运行。条件汇编描述包括 IF、ELSE、

ELSEIF 和 ENDIF。

（1）IF：条件为真，汇编模块。

（2）ELSE：如果前面的 IF 条件为假，则汇编模块。

（3）ELSEIF：如果前面的 IF 和 ELSEIF 条件为假，则汇编模块。

（4）ENDIF：结束 IF 模块。

下面给出条件编译的例子：

```
IF (SWITCH = 1)
…
ELSEIF (SWITCH = 2)
…
ELSE
…
ENDIF
```

6.5.3 存储器初始化

存储器初始化用于为变量分配空间并进行初始化设置，也就是给出具体的数值。存储器初始化描述符包括 DB、DD 和 DW。

（1）DB：该描述符用于说明所分配空间的类型是字节。例如：

```
TAB:    DB      2, 3, 5, 7, 11, 13, 17, 19, ';'
```

（2）DD：该描述符用于说明所分配空间的类型是双字，即 4 字节。例如：

```
VALS:   DD      12345678h, 98765432h
```

（3）DW：该描述符用于说明所分配空间的类型是字，即 2 字节。例如：

```
HERE:   DW      0
```

6.5.4 分配存储器空间

分配存储器空间描述符，用于在存储器内为变量预先分配存储空间。分配存储器空间描述符包括 DBIT、DS(DSB)、DSD 和 DSW。

（1）DBIT：该描述符用于说明为变量所分配存储空间的类型为比特。例如：

```
A_FLAG:    DBIT    1           ;保留的存储空间为 1 位
```

（2）DS(DSB)：该描述符用于说明为变量所分配存储空间的类型为字节。例如：

```
TIME:      DS      8           ;保留的存储空间为 8 字节
```

（3）DSD：该描述符用于说明为变量所分配存储空间的类型为双字，即 4 字节。例如：

```
COUNT:     DSD     9           ;保留的存储空间为 36 字节
```

（4）DSW：该描述符用于说明为变量所分配存储空间的类型为字，即 2 字节。例如：

```
COUNT:     DSW     9           ;保留的存储空间为 18 字节
```

6.5.5 过程声明

函数声明用于说明过程的开始和结束。过程声明描述符主要包括 PROC、ENDP 和

LABEL。

(1) PROC：该描述符用于定义过程的开始。

(2) ENDP：该描述符用于定义过程的结束。

过程声明的格式如下：

```
过程名字   PROC  [类型]
                ;汇编助记符
                ;汇编助记符
                …
                ;
过程名字 ENDP
```

其中，类型说明用于规定所定义过程的类型，如表 6.3 所示。

表 6.3　过程的类型

类型	说　　明
无	默认为 NEAR
NEAR	定义为一个 NEAR 类型的过程，采用 LCALL 或者 ACALL 指令调用
FAR	定义一个 FAR 类型过程，采用 ECALL 指令调用

(3) LABEL：该描述符为符号名分配一个地址。

标号后面可以跟一个":"，或者不用。标号继承了当前活动代码的属性，因此不能在程序段之外使用。格式如下：

```
标号名:     LABEL  [类型]
```

6.5.6　程序链接

程序链接主要用于控制模块之间参数的传递。控制描述符包括 EXTERN、NAME 和 PUBLIC。

(1) EXTERN：该控制描述符用于定义一个外部的符号。其格式如下：

```
EXTERN 类: 类型(符号 1,符号 2,…,符号 N)
```

其中，类表示符号所在的存储器段的类型，包括 BYTE(字节变量)、DWORD(双字变量)、FAR(远标号)、NEAR(近标号)和 WORD(字变量)。例如：

```
EXTERN   CODE: FAR (main)
EXTERN   DATA: BYTE (counter)
```

(2) NAME：该控制描述符用于指定当前模块的名字。

(3) PUBLIC：该控制描述符用于定义符号，用于说明其他模块会使用这些符号。例如：

```
PUBLIC   myvar,yourvar,othervar
```

注意：应该在当前的程序模块内定义每个符号。不能将寄存器和段符号指定为 PUBLIC。

6.5.7　段控制

段控制主要为段分配绝对地址或者可重定位描述。段控制描述符包括 BSEG、CSEG、

DSEG、ISEG、RSEG 和 XSEG。

(1) BSEG：该控制符用于定义一个绝对 BIT 段。例如：

```
BSEG        AT 10               ;地址 = 0x20 + 10 位 = 0x2A
DEC_FLAG:   DBIT 1              ;DEC_FLAG 为比特位类型
INC_FLAG:   DBIT 1              ;INC_FLAG 为比特位类型
```

(2) CSEG：该控制符用于定义一个绝对 CODE 段。例如：

```
CSEG        AT 0003h            ;CODE 段开始的绝对地址为 0x3
VECT_0:     LJMP ISR_0          ;跳转到中断向量的位置
CSEG        AT 0x100            ;绝对地址 0x100
CRight:     DB "(C) MyCompany"  ;固定位置的字符串
CSEG        AT 1000H            ;绝对地址 0x1000
Parity_TAB:                     ;Parity_TAB 的名字
            DB   00H            ;初始化 Parity_TAB 开始的缓冲区
            DB   01H
            DB   01H
            DB   00H
```

(3) DSEG：该控制符用于定义一个绝对 DATA 段。例如：

```
DSEG        AT 0x40             ;DATA 段开始的绝对地址为 40H
TMP_A:      DS   2              ;TMP_A 变量
TMP_B:      DS   4              ;TMP_B 变量
```

(4) ISEG：该控制符用于定义一个绝对 IDATA 段。例如：

```
ISEG        AT 0xC0             ;IDATA 段开始的绝对地址为 0C0H
TMP_IA:     DS   2              ;TMP_IA 变量
TMP_IB:     DS   4              ;TMP_IB 变量
```

(5) RSEG(段名字)：该控制符用于定义一个可重定位段。例如：

```
MYPROG SEGMENT CODE             ;定义一个段
       RSEG    MYPROG           ;选择段
```

(6) XSEG：该控制符用于定义一个绝对的 XDATA 段。例如：

```
XSEG AT 1000H                   ;XDATA 段的绝对开始地址为 0x1000
OEM_NAME:   DS   25             ;OEM_NAME 变量
PRD_NAME:   DS   25             ;PRD_NAME 变量
```

6.5.8 杂项

杂项控制描述包含 ERROR 和 END。

(1) ERROR：产生错误消息。
(2) END：表示汇编模块的结束。

6.6 设计实例一：Keil μVision5 汇编语言设计流程

本节将通过一个简单的设计例子，介绍 Keil μVision5 汇编语言设计流程。内容包括建立新的设计工程、添加新的汇编语言文件、建立设计、程序软件仿真、程序硬件仿真。

注意：可以定位到本书配套资源的 STC_example\例子 6-6 目录打开该设计。

6.6.1 建立新的设计工程

本节将建立新的设计工程。建立新设计工程的步骤如下。

(1) 打开 μVision5 集成开发环境。

(2) 在 μVision5 集成开发环境主界面主菜单下,选择 Project→New μVision Project 命令。

(3) 出现 Create New Project 对话框。在文件名右侧的文本框中输入 top。单击 OK 按钮。

注意:表示该工程的名字是 top.uvproj。

(4) 出现 Select a CPU Data Base File 对话框。在下拉框中选择 STC MCU Database 选项。单击 OK 按钮。

(5) 出现 Select Device for Target'Target 1'…对话框。在左侧的窗口中,找到并展开 STC 前面的"+"。在展开项中,找到并选择 STC15W4K32S4。单击 OK 按钮。

注意:全书设计使用 STC 公司的 IAP15W4K58S4 单片机。该单片机属于 STC15W4K32S4 系列。

(6) 出现 Copy 'STARTUP.A51' to Project Folder and Add File to Project 对话框。其提示是否在当前设计工程中添加 STARTUP.A51 文件。

注意:在汇编语言程序设计中不需要添加该文件。在 C 语言程序设计中也不需要添加该文件。

(7) 单击"否"按钮。

(8) 在主界面左侧窗口中选择 Project 选项卡。其中给出了工程信息。

其中,顶层文件夹名字为 Target1。在该文件夹下存在一个 Source Group 1 子目录。

6.6.2 添加新的汇编语言文件

本节将为当前工程添加新的汇编语言文件。添加汇编语言文件的步骤如下。

(1) 在 Project 窗口界面下,选择 Source Group 1,右击出现快捷菜单,选择 Add New Item to Group 'Source Group 1'命令。

(2) 出现 Add New Item to Group'Source Group 1'对话框,按下面设置参数:在左侧窗口中选中 Asm File(.s);在 Name 文本框中输入 main。单击 Add 按钮。

注意:该汇编语言的文件名字为 main.a51。

(3) 在图 6.1 所示的 Project 窗口中,在 Source Group 1 子目录下添加了名字为 main.a51 的汇编语言文件。

(4) 在右侧窗口中,自动打开了 main.a51 文件。

(5) 输入设计代码,如图 6.1 所示。

注意:该段程序主要实现对不同存储空间的访问,其目的一方面是让读者熟悉不同的段的访问方法;另一方面,通过该程序段使读者掌握调试程序的方法。

(6) 保存设计代码。

6.6.3 设计建立

本节将对设计建立(Build)的参数进行设置,并实现对设计的建立过程。

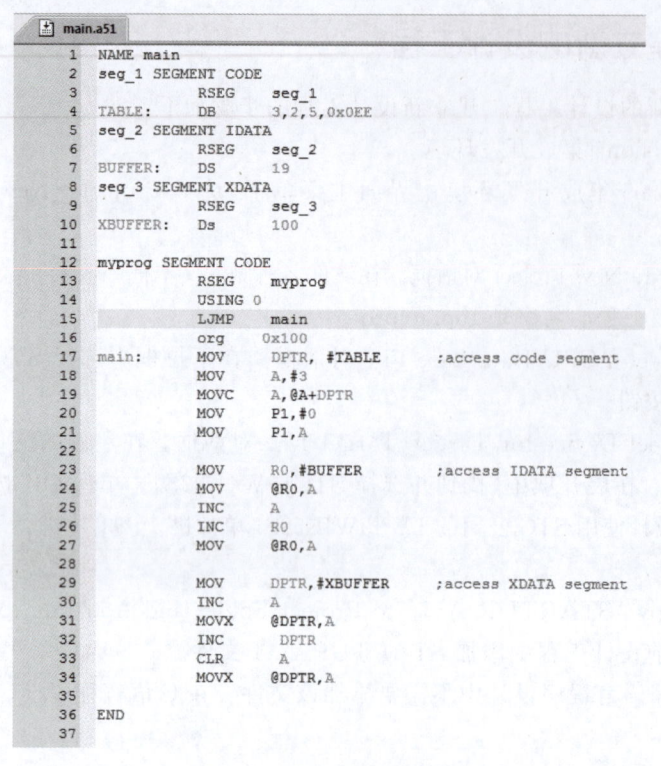

```
     main.a51
 1   NAME main
 2   seg_1 SEGMENT CODE
 3           RSEG     seg_1
 4   TABLE:  DB       3,2,5,0x0EE
 5   seg_2 SEGMENT IDATA
 6           RSEG     seg_2
 7   BUFFER: DS       19
 8   seg_3 SEGMENT XDATA
 9           RSEG     seg_3
10   XBUFFER: Ds      100
11
12   myprog SEGMENT CODE
13           RSEG     myprog
14           USING    0
15           LJMP     main
16           org      0x100
17   main:   MOV      DPTR, #TABLE      ;access code segment
18           MOV      A,#3
19           MOVC     A,@A+DPTR
20           MOV      P1,#0
21           MOV      P1,A
22
23           MOV      R0,#BUFFER        ;access IDATA segment
24           MOV      @R0,A
25           INC      A
26           INC      R0
27           MOV      @R0,A
28
29           MOV      DPTR,#XBUFFER     ;access XDATA segment
30           INC      A
31           MOVX     @DPTR,A
32           INC      DPTR
33           CLR      A
34           MOVX     @DPTR,A
35
36   END
37
```

图 6.1　main.a51 程序代码

（1）在 Project 窗口中，选中 Target 1 文件夹，右击出现快捷菜单，选择 Options for Target 'Target 1'…命令。

注意：该设置用于确定单片机晶体振荡器的工作频率。

（2）打开 Output 选项卡，选中 Create HEX File 复选框。

注意：该设置用于说明在建立过程结束后，生成可用于编程 STC 单片机的十六进制 HEX 文件。

（3）打开 Debug 选项卡，选中 Use Simulator 单选按钮。单击 OK 按钮，退出目标选项对话框。

注意：该设置用于说明在建立过程结束后，先进行脱离实际硬件环境的软件仿真。

（4）在主界面主菜单下，选择 Project→Build target 命令，开始对设计进行建立的过程。

注意：该过程对汇编文件进行汇编和链接，最后生成可执行二进制文件和 HEX 文件。

6.6.4　分析.m51 文件

本节将对建立后生成的.m51 文件进行分析，帮助读者掌握汇编语言程序设计的一些关键点。分析.m51 文件的步骤如下。

（1）在当前设计工程目录的子目录 Listings 中，找到并用写字板打开 top.m51 文件。在该文件中，LINK MAP OF MODULE 标题下给出了该设计中不同段在存储器中的空间分配情况，如图 6.2 所示。

思考与练习 6-8：根据图 6.2，请给出在该设计中 SEG_1、SEG_2 和 SEG_3 在 STC 单片机中所在的存储空间的位置、基地址以及所分配的长度，并填入表 6.4。

表 6.4 该程序代码在存储器中的位置分配和长度信息

段　　名	所在的段的类型	基　地　址	长　　度
SEG_1			
SEG_2			
SEG_3			
MYPROG			

（2）继续浏览该文件，在该文件 SYMBOL TABLE OF MODULE 标题下给出了该程序代码中，所有变量和端口在存储器中的空间分配如图 6.3 所示。

```
LINK MAP OF MODULE:  top (MAIN)


TYPE    BASE      LENGTH    RELOCATION    SEGMENT NAME
-----------------------------------------------------

* * * * * * *   D A T A   M E M O R Y   * * * * * * *
REG     0000H     0008H     ABSOLUTE      "REG BANK 0"
IDATA   0008H     0013H     UNIT          SEG_2

* * * * * * *   X D A T A   M E M O R Y   * * * * * * *
XDATA   0000H     0064H     UNIT          SEG_3

* * * * * * *   C O D E   M E M O R Y   * * * * * * *
CODE    0000H     0119H     UNIT          MYPROG
CODE    0119H     0004H     UNIT          SEG_1
```

图 6.2　top. m51 文件内容（1）

```
SYMBOL TABLE OF MODULE:  top (MAIN)

VALUE          TYPE          NAME
----------------------------------

-------        MODULE        MAIN
C:0119H        SEGMENT       SEG_1
I:0008H        SEGMENT       SEG_2
X:0000H        SEGMENT       SEG_3
C:0000H        SEGMENT       MYPROG
I:0008H        SYMBOL        BUFFER
C:0100H        SYMBOL        MAIN
D:0090H        SYMBOL        P1
C:0119H        SYMBOL        TABLE
X:0000H        SYMBOL        XBUFFER
C:0000H        LINE#         15
C:0100H        LINE#         17
C:0103H        LINE#         18
C:0105H        LINE#         19
C:0106H        LINE#         20
C:0109H        LINE#         21
C:010BH        LINE#         23
C:010DH        LINE#         24
C:010EH        LINE#         25
C:010FH        LINE#         26
C:0110H        LINE#         27
C:0111H        LINE#         29
C:0114H        LINE#         30
C:0115H        LINE#         31
C:0116H        LINE#         32
C:0117H        LINE#         33
```

图 6.3　top. m51 文件内容（2）

思考与练习 6-9：根据图 6.3，请给出在该设计中符号 BUFFER、MAIN、P1、TABLE 和 XBUFFER 在 STC 单片机中所在的存储空间的位置，并填入表 6.5。

表 6.5　该程序代码中符号在存储器中的位置分配信息

符号名字	所在段的类型	基地址
BUFFER		
MAIN		
P1		
TABLE		
XBUFFER		

思考与练习 6-10：根据图 6.3 和图 6.1，计算每条指令的长度，并与第 5 章所介绍的指令系统中的每条指令长度进行比较，看是否一致。

（3）关闭该文件。

6.6.5　分析.lst 文件

本节将对建立后生成的. lst 文件进行分析，帮助读者掌握汇编语言指令的一些关键点。分析. lst 文件的步骤如下。

（1）在当前设计工程目录的子目录 Listings 中，找到并用写字板打开 main. lst 文件。

在该文件中，LINK MAP OF MODULE 标题下给出了该设计中不同段在存储器中的空间分配情况，如图 6.4 所示。

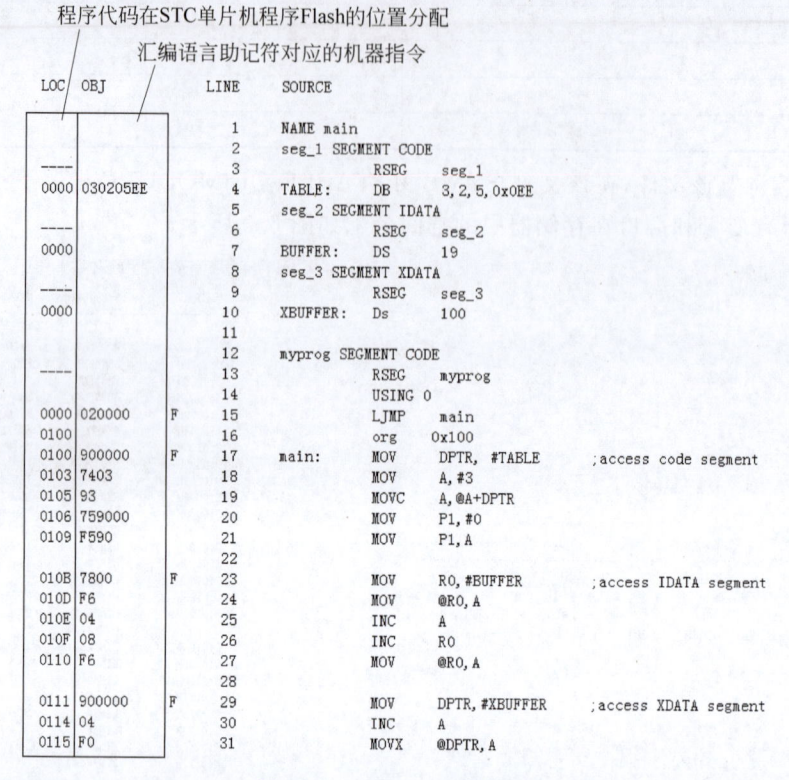

```
                        程序代码在STC单片机程序Flash的位置分配
                             汇编语言助记符对应的机器指令

LOC  OBJ          LINE  SOURCE

                    1   NAME main
                    2   seg_1 SEGMENT CODE
                    3          RSEG    seg_1
0000 030205EE       4   TABLE:  DB      3,2,5,0x0EE
                    5   seg_2 SEGMENT IDATA
                    6          RSEG    seg_2
0000                7   BUFFER: DS      19
                    8   seg_3 SEGMENT XDATA
                    9          RSEG    seg_3
0000               10   XBUFFER: Ds     100
                   11
                   12   myprog SEGMENT CODE
                   13          RSEG    myprog
                   14          USING 0
0000 020000     F  15          LJMP    main
0100               16          org     0x100
0100 900000     F  17   main:   MOV     DPTR, #TABLE    ;access code segment
0103 7403          18           MOV     A, #3
0105 93            19           MOVC    A, @A+DPTR
0106 759000        20           MOV     P1, #0
0109 F590          21           MOV     P1, A
                   22
010B 7800       F  23           MOV     R0, #BUFFER     ;access IDATA segment
010D F6            24           MOV     @R0, A
010E 04            25           INC     A
010F 08            26           INC     R0
0110 F6            27           MOV     @R0, A
                   28
0111 900000     F  29           MOV     DPTR, #XBUFFER  ;access XDATA segment
0114 04            30           INC     A
0115 F0            31           MOVX    @DPTR, A
```

图 6.4　main.lst 文件内容

注意：在该文件中，给出了每条汇编语言助记符机器指令在程序存储器中的相对位置，给出了每条汇编语言助记符机器指令所对应的机器码。

（2）关闭该文件。

思考与练习 6-11：请根据图 6.4，详细列出每条汇编语言助记符所对应的机器指令（用十六进制表示），以及所实现的功能。

6.6.6　分析.hex 文件

本节将对建立后生成的.hex 文件进行分析，帮助读者掌握编程文件的一些关键点。分析.hex 文件的步骤如下。

（1）在当前设计工程目录的子目录 Objects 中，找到并用写字板打开 top.hex 文件，如图 6.5 所示。

```
:04011900030205EEEA
:03000000020100FA
:10010009001197403937590O0F590780SF604082F
:09011000F690000004F0A3E4F0F5
:00000001FF
```

图 6.5　HEX 文件格式

许多 Flash 编程器都要求输入文件具有 Intel HEX 格式，一个 Intel HEX 文件的一行称为一个记录，每个记录都由十六进制字符构成，2 个字符表示 1 字节的值。Intel HEX 文件通常由若干记录组成，每个记录具有如下格式：

: ll aaaa tt dd ··· dd cc

其中：

① ":"表示记录起始的标志。Intel HEX 文件的每一行都是以":"开头。

② ll 表示记录的长度。用来标识该记录的数据字节数。

③ aaaa 表示装入地址。它是该记录中第一个数据字节的 16 位地址值,用来表示该记录在程序存储器中的绝对地址。

④ tt 表示记录类型。00 表示数据记录,01 表示文件结束。

⑤ dd…dd 表示记录的实际字节数据值。每一个记录都有 ll 字节的数据值。

⑥ cc 表示校验和。将它的值与记录中所有字节(包括记录长度字节)内容相加,其结果应该为 0,如果为其他数值,则表明该记录有错。

(2) 关闭该文件。

思考与练习 6-12:根据图 6.5 所示的内容,分析 HEX 文件的具体含义。

6.6.7 程序软件仿真

本节将对程序进行软件仿真。软件仿真是指,在 Keil μVision5 集成开发环境中脱离真实的硬件平台运行程序代码。这个运行过程不需要真实 STC 单片机硬件平台。当程序设计者在没有实际的 STC 单片机开发平台时,可以借助于集成开发环境提供的各种调试工具,初步判断一下所设计的软件代码是否有缺陷,这样就能及时发现程序设计中的问题。因此,程序软件仿真也称为脱机仿真,也就是脱离基于 STC 单片机的具体硬件平台的仿真。

程序软件仿真的步骤如下。

(1) 在 Keil μVision 主界面主菜单下,选择 Debug→Start/Stop Debug Session 命令,进入调试器模式。

(2) 出现调试器界面,如图 6.6 所示。在该调试器左边出现 Registers 窗口。在该界面的上方出现 Disassembly 窗口,该窗口显示的是程序代码的反汇编程序。在该窗口下方是汇编语言源程序界面。

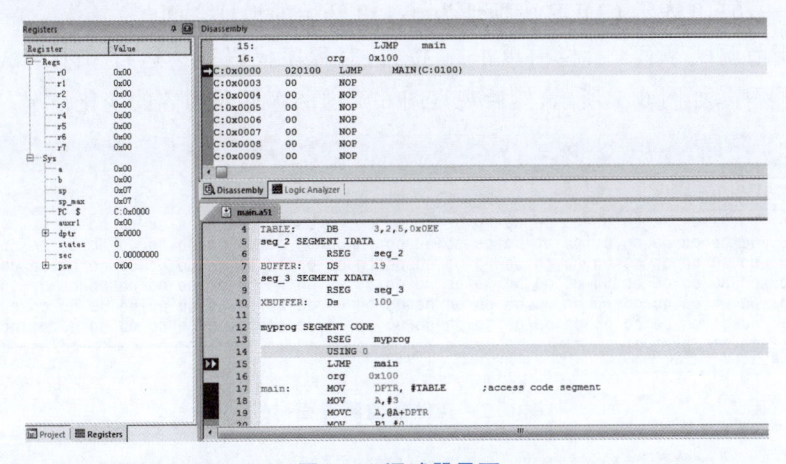

图 6.6 调试器界面

注意:如果没有出现 Registers 窗口和 Disassembly 窗口,则可以在当前调试界面主菜单下分别选择 View→Registers Windows 和 View→Disassembly Windows 命令,添加 Registers 窗口和 Disassembly 窗口。

(3) 在当前调试界面工具栏内,单击 按钮,对程序代码进行单步运行,然后观察寄存器界面内寄存器内容的变化情况。再单击 按钮,再次观察寄存器内容的变化,一直运行程序直到单步运行到 END 为止结束。

思考与练习 6-13:每运行一次单步调试,则记录运行完该行汇编指令后,寄存器的变化情况,并说明指令与寄存器变化的原因:

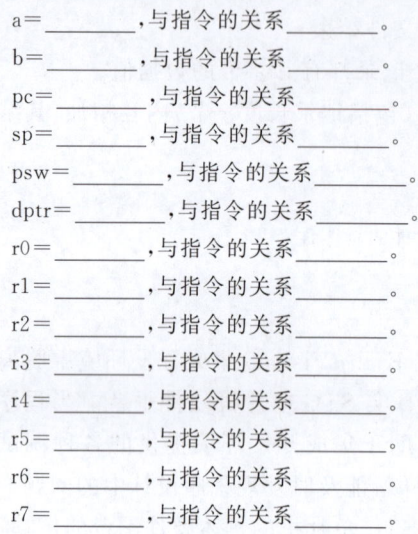

a=_____,与指令的关系_____。
b=_____,与指令的关系_____。
pc=_____,与指令的关系_____。
sp=_____,与指令的关系_____。
psw=_____,与指令的关系_____。
dptr=_____,与指令的关系_____。
r0=_____,与指令的关系_____。
r1=_____,与指令的关系_____。
r2=_____,与指令的关系_____。
r3=_____,与指令的关系_____。
r4=_____,与指令的关系_____。
r5=_____,与指令的关系_____。
r6=_____,与指令的关系_____。
r7=_____,与指令的关系_____。

(4) 在当前调试模式主界面主菜单下,选择 Debug→Reset CPU 命令,准备重新运行程序。

(5) 在当前调试模式主界面主菜单下,选择 View→Memory Windows→Memory1 命令;或者在当前调试模式主界面工具栏内单击 按钮,出现浮动菜单,选择 Memory1。

(6) 在当前调试模式主界面右下角出现 Memory1 界面,如图 6.7 所示。在 Address 文本框中输入 c:0x0119。

注意:c:0x0119 表示 CODE 段地址为 0x119 开始的地址空间。

(7) 在当前调试界面工具栏内单击 按钮,对程序代码连续运行单步调试,一直到运行完第 21 行程序,如图 6.8 所示,然后观察图 6.7 内的存储器内容的变化情况。

```
Memory 1
Address: c:0x119
C:0x0119: 03 02 05 EE 00 00 00 00 00 00 00 00 00 00 00 00 00 00 00 00 00 00
C:0x0135: 00 00 00 00 00 00 00 00 00 00 00 00 00 00 00 00 00 00 00 00 00 00
C:0x0151: 00 00 00 00 00 00 00 00 00 00 00 00 00 00 00 00 00 00 00 00 00 00
C:0x016D: 00 00 00 00 00 00 00 00 00 00 00 00 00 00 00 00 00 00 00 00 00 00
C:0x0189: 00 00 00 00 00 00 00 00 00 00 00 00 00 00 00 00 00 00 00 00 00 00
C:0x01A5: 00 00 00 00 00 00 00 00 00 00 00 00 00 00 00 00 00 00 00 00 00 00
Call Stack + Locals    Memory 1
```

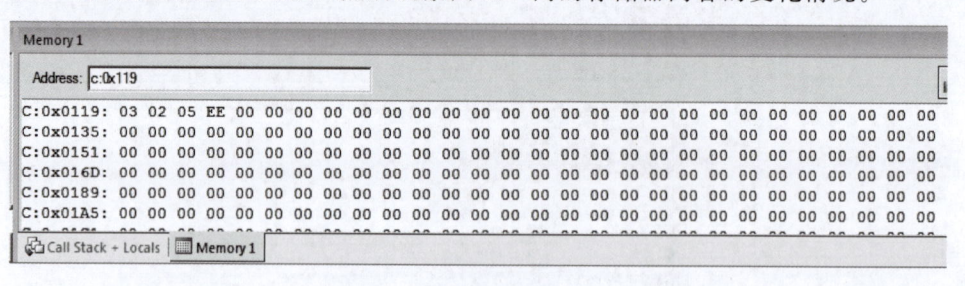

图 6.7 存储器监测界面(1)

```
17    main:    MOV     DPTR,#TABLE    ;access code segment
18             MOV     A,#3
19             MOVC    A,@A+DPTR
20             MOV     P1,#0
21             MOV     P1,A
22
```

图 6.8 单步运行程序到第 21 行

思考与练习 6-14:根据单步执行的指令分析与所观察存储器内容之间的联系。

(8) 当前调试模式主界面主菜单下选择 View→Memory Windows→Memory2 命令；或者在当前调试模式主界面工具栏内单击 ![] 按钮，出现浮动菜单，选择 Memory2。

(9) 在当前调试模式主界面右下角出现 Memory2 界面，如图 6.9 所示。在 Address 文本框中输入 d:0x00。

注意：d:0x00 表示 IDATA 段地址为 0x00 开始的地址空间。

图 6.9 存储器监测界面（2）

(10) 在当前调试界面工具栏内单击 ![] 按钮，对程序代码连续运行单步调试，一直到运行完第 27 行程序，如图 6.10 所示，然后观察图 6.9 内的存储器内容的变化情况。

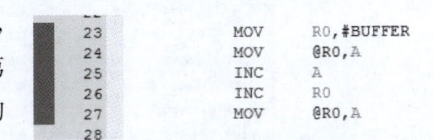

图 6.10 单步运行程序到第 28 行

思考与练习 6-15：根据单步执行的指令，分析与所观察存储器内容之间的联系。

(11) 在当前调试模式主界面主菜单下，选择 View→Memory Windows→Memory3 命令；或者在当前调试模式主界面工具栏内单击 ![] 按钮，出现浮动菜单，选择 Memory3。

(12) 在当前调试模式主界面右下角出现 Memory3 界面，如图 6.11 所示。在 Address 文本框中输入 X:0X0000。

注意：X:0X0000 表示 XDATA 段地址为 0X0000 开始的地址空间。

(13) 在当前调试界面工具栏内单击 ![] 按钮，对程序代码连续运行单步调试，一直到运行完第 34 行程序，如图 6.12 所示，然后观察图 6.11 内存储器内容的变化情况。

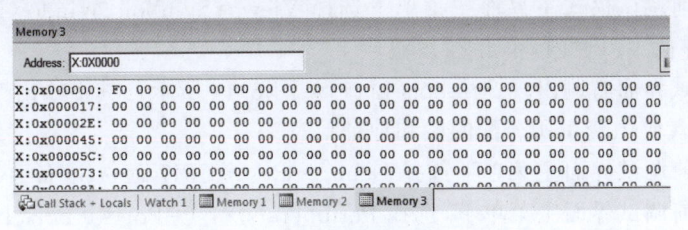

图 6.11 存储器监测界面（3）

图 6.12 单步运行程序到第 34 行

思考与练习 6-16：根据单步执行的指令，分析与所观察存储器内容之间的联系。

（14）在当前调试界面主菜单下选择 Debug→Reset CPU 命令，准备重新运行程序。

（15）在当前调试界面主菜单下选择 View→Trace→Enable Trace Recording 复选框。然后，再次选择 View→Trace→Instruction Trace 命令；或者在当前调试主界面工具栏内单击 按钮，出现浮动菜单，选择 Enable Trace Recording 复选框，然后，再次单击 按钮，出现浮动菜单，选择 Instruction Trace 选项。

（16）出现 Instruction Trace（跟踪调试）窗口界面。

（17）再次连续单步运行程序，一直到程序结束为止。当运行单步调试时，在跟踪调试窗口界面中，可以看到所执行的指令，以及该指令在程序存储器内所分配的地址和该指令的机器码，如图 6.13 所示。

思考与练习 6-17：根据图 6.13 给出的信息，详细分析每条指令。

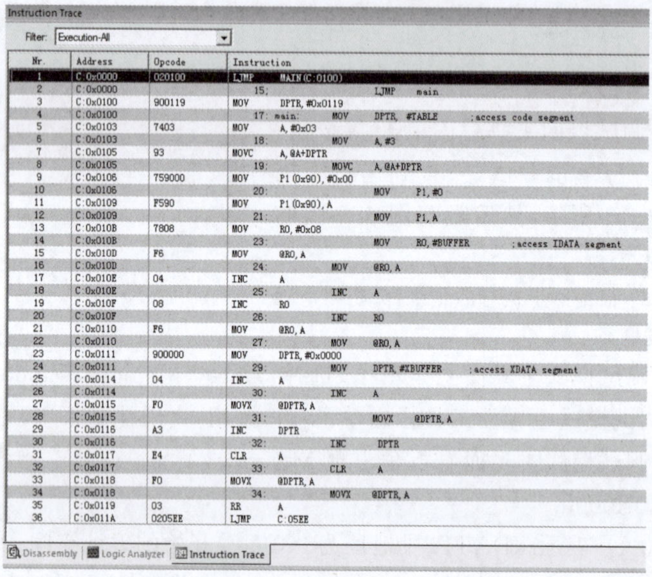

图 6.13 Instruction Trace 窗口内容

（18）在当前调试模式主界面主菜单下选择 View→Symbols Window 命令；或者在当前调试模式主界面工具栏内，单击 按钮。

（19）在调试界面右侧出现 Symbols 窗口，如图 6.14 所示。其中给出 SFR 寄存器的地址，以及为程序代码中变量所分配的段和地址信息。

（20）在当前调试界面主菜单下选择 Debug→Reset CPU 命令，准备重新运行程序。

（21）在当前调试界面主菜单下，选择 Peripherals→I/O-Ports→Port 1 命令。

（22）弹出 Parallel Port 1 界面，如图 6.15 所示。其中给出了端口 1 各个引脚当前的状态。

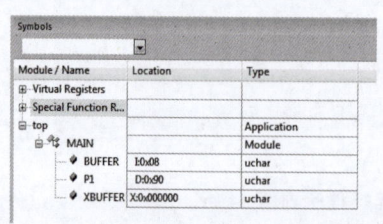

图 6.14 Symbols 窗口内容 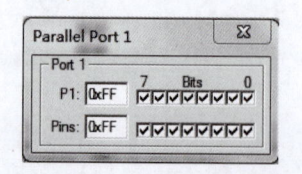　　图 6.15 Parallel Port 1 界面

(23) 再次单步运行程序,一直运行到程序代码的第 23 行为止。

思考与练习 6-18:根据端口操作指令,分析对端口的控制。读者可以尝试退出调试模式,并且修改端口控制语句,对程序代码进行再次建立,然后进入调试模式,观察所修改的程序,能否按照读者的要求实现对端口的正确控制。

(24) 在当前调试界面主菜单下选择 Debug→Reset CPU 命令,准备重新运行程序。

(25) 在当前调试主界面主菜单下选择 View→Analysis Windows→Code Coverage 命令;或者在当前调试主界面工具栏内单击 按钮,出现浮动菜单,选择 Code Coverage 选项。

(26) 在调试主界面内出现 Code Coverage 窗口界面,如图 6.16 所示。

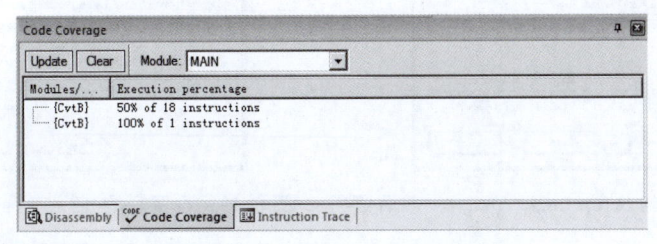

图 6.16 Code Coverage 窗口界面

(27) 在 Code Coverage 窗口界面中 Module 下拉列表中选择 MAIN。

(28) 运行单步调试,可以看到代码覆盖率随程序的单步执行而不断地增加。

(29) 在当前调试界面主菜单下选择 Debug→Start/Stop Debug Session 命令,退出调试模式主界面。

该步操作的目的是清除前面所做操作对存储空间内容的影响。因此,下面的步骤会调用软件逻辑分析工具,调试信号的逻辑状态变化。对该段代码使用逻辑分析仪进行分析的步骤如下。

(1) 在 Keil μVision 主界面主菜单下选择 Debug→Start/Stop Debug Session 命令,进入调试模式主界面。

(2) 在当前调试模式主界面主菜单下选择 View→Analysis Windows→Logic Analysis 命令;或者在当前调试主界面工具栏中单击 按钮,出现浮动菜单,选择 Logic Analyzer。

(3) 出现 Logic Analyzer(逻辑分析仪)窗口界面,如图 6.17 所示。单击 Setup 按钮。

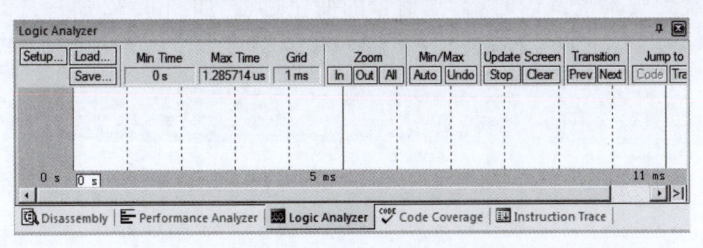

图 6.17 Logic Analyzer 窗口界面

(4) 出现 Setup Logic Analyzer 对话框,如图 6.18 所示。单击 按钮。

(5) 在 Current Logic Analyzer Signals 窗口下新添加了一个空白行。在该空白行中输入 P1。然后选中该行。

(6) 在该窗口下面的 And Mask 文本框中输入 0xFFFFFFFF。其余参数保持不变,如图 6.19 所示。单击 Close 按钮,退出配置逻辑分析仪选项界面。

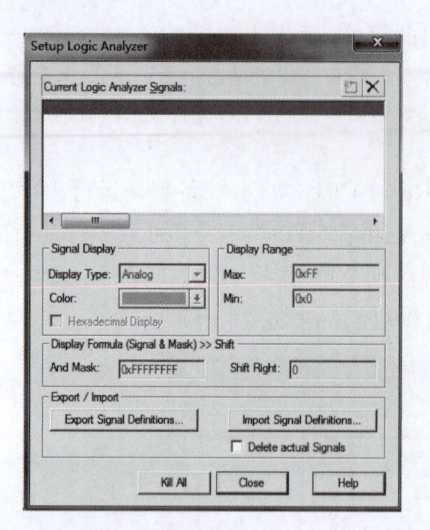

图 6.18　未设置前的 Setup Logic Analyzer 对话框　　图 6.19　设置后的 Setup Logic Analyzer 对话框

（7）在当前调试模式主界面下面的 Command 窗口内的指令行中输入 la buffer 指令，如图 6.20 所示。按 Enter 键，可以看到在 Logic Analyzer 窗口界面内新添加了 P1 和 buffer 两个逻辑信号，如图 6.21 所示。

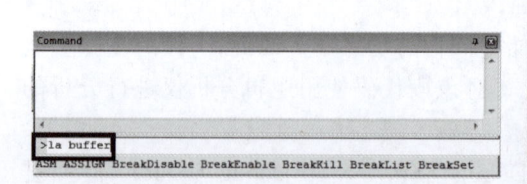

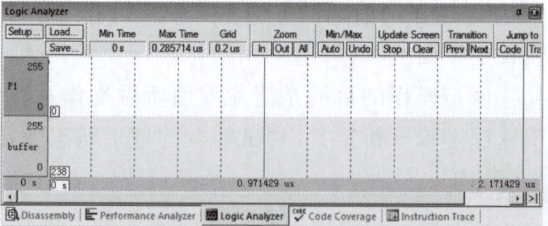

图 6.20　命令行窗口界面　　图 6.21　添加分析信号后的 Logic Analyzer 界面

（8）单步运行程序，一直运行到程序代码的第 29 行。
（9）在 Logic Analyzer 窗口界面中连续单击 In 按钮多次，用于放大窗口内的信号。
（10）当调整到观察范围内时，看到信号的变化过程，如图 6.22 所示。

思考与练习 6-19：读者可以左右拖动图中坐标线，观察不同的值变化情况，说明和指令之间的关系。

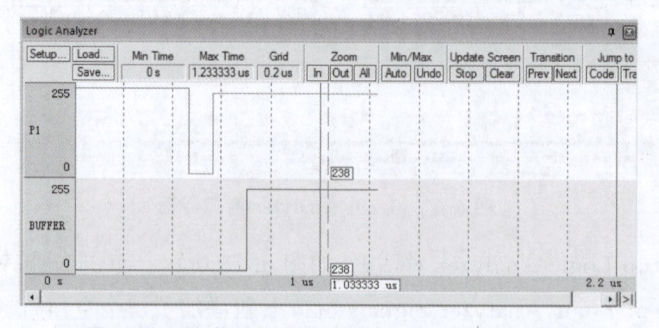

图 6.22　单步运行程序后的 Logic Analyzer 界面

（11）在当前调试主界面主菜单下选择 Debug→Start/Stop Debug Session 命令，退出调试模式主界面。

6.6.8 程序硬件仿真

本节将进行程序的硬件仿真。硬件仿真就是在 STC 单片机上真正地运行程序,然后对程序代码的执行情况进行分析。关于硬件仿真的环境设置见 STC 单片机硬件知识一章。运行程序硬件仿真的步骤如下。

(1) 在 Keil μVision 主界面主菜单下选择 Debug→Start/Stop Debug Session 命令,进入调试器模式。

(2) 再次运行单步调试,先单步运行完第 20 行代码,如图 6.23 所示。

注意:观察 STC 学习板上 LED7 和 LED8 变亮。这里详细分析一下 STC 学习板的电路设计原理,如图 6.24 所示。在该电路中,两个 LED 灯(发光二极管)的阳极接电源 VCC,而两个 LED 灯的另一端通过限流电阻 R52 和 R53 分别接到了 STC 单片机的 P1.7 引脚和 P1.6 引脚。因此,当 P1.7 引脚为高电平时,LED7 灭;而当 P1.7 引脚为低电平时,LED7 亮。同理,当 P1.6 引脚为高电平时,LED6 灭;而当 P1.6 引脚为低电平时,LED6 亮。

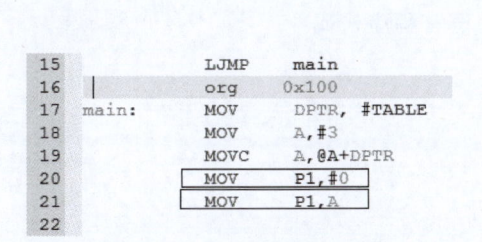

图 6.23 单步运行调试界面

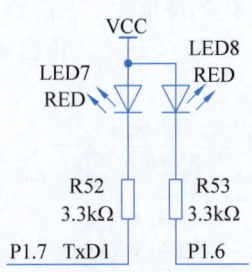

图 6.24 STC 学习板上 LED 灯的电路设计

当执行第 20 行代码"MOV P1,♯0"时,该指令将 P1 端口置 0,其中就包括让 P1.6 和 P1.7 端口置 0。因此,看到 LED6 和 LED7 灯亮。

(3) 再次运行单步调试,先单步运行完第 21 行代码"MOV P1,A",将累加器 A 的内容送给 P1 端口。由于此时累加器 A 的内容是 0xEE,也就是 P1.7 和 P1.6 置 1。因此,看到 LED6 和 LED7 灯灭。

(4) 在执行指令的时候,可以按照前面的方法,观察寄存器的变化情况、存储器内容和端口 1 的变化情况。

注意:在硬件仿真时,前面一些软件仿真可以查看的内容受到限制。

(5) 在调试主界面下,选择 Debug→Reset CPU 命令,准备重新执行程序。

(6) 在程序代码行号前单击,分别在第 20 行、第 24 行和第 30 行添加断点,如图 6.25 所示。

(7) 在当前调试模式主界面主菜单下,选择 Debug→Run 命令;或者直接按 F5 键,运行断点调试功能。

(8) 在当前调试模式主界面主菜单下选择 Debug→Start/Stop Debug Session 命令,退出调试器模式。

(9) 在 Keil μVision 主界面主菜单下选择 Project→Close Project 命令,退出当前工程。

思考与练习 6-20:请分析下面给出的汇编语言程序代码,完成下面的要求。

注意:读者可参考本书配套资源的 STC_example\例子 6-7。

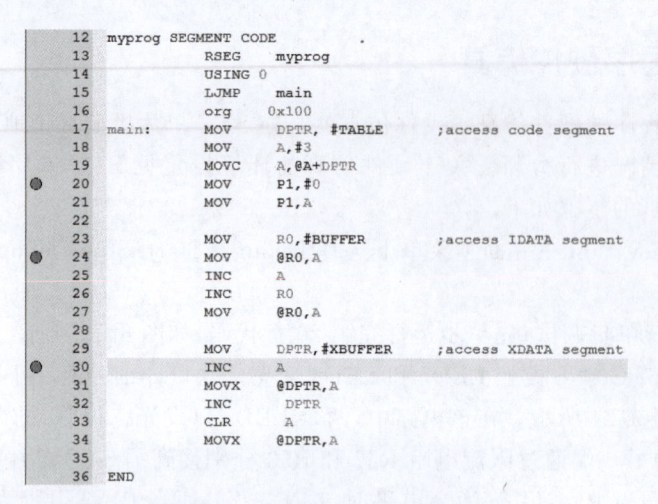

```
12      myprog SEGMENT CODE
13             RSEG    myprog
14             USING 0
15             LJMP    main
16             org     0x100
17      main:  MOV     DPTR,#TABLE        ;access code segment
18             MOV     A,#3
19             MOVC    A,@A+DPTR
● 20           MOV     P1,#0
21             MOV     P1,A
22
23             MOV     R0,#BUFFER         ;access IDATA segment
● 24           MOV     @R0,A
25             INC     A
26             INC     R0
27             MOV     @R0,A
28
29             MOV     DPTR,#XBUFFER      ;access XDATA segment
● 30           INC     A
31             MOVX    @DPTR,A
32             INC     DPTR
33             CLR     A
34             MOVX    @DPTR,A
35
36      END
```

图 6.25 在程序代码上设置断点

（1）说明代码清单 6-8 中汇编语言每条指令的功能。

代码清单 6-8 汇编语言程序代码

```
NAME main
idata_seg SEGMENT CODE                  ;_____
        RSEG idata_seg                  ;_____
i: DW       1234                        ;_____
j: DW       6789                        ;_____
xdata_seg  SEGMENT XDATA                ;_____
        RSEG xdata_seg                  ;_____
  k: DS 2                               ;_____

        CSEG    AT 0x0000               ;_____
        LJMP    main                    ;_____
        ORG     0x0100                  ;_____

main:   MOV     DPTR,#i                 ;_____
        MOV     A,#1                    ;_____
        MOVC    A,@A+DPTR               ;_____
        MOV     R0,A                    ;_____
        MOV     DPTR,#j                 ;_____
        MOV     A,#1                    ;_____
        MOVC    A,@A+DPTR               ;_____
        ADD     A,R0                    ;_____
        MOV     DPTR,#k                 ;_____
        INC     DPTR                    ;_____
        MOVX    @DPTR,A                 ;_____
        MOV     DPTR,#i                 ;_____
        MOV     A,#0                    ;_____
        MOVC    A,@A+DPTR               ;_____
        MOV     R0,A                    ;_____
        MOV     DPTR,#j                 ;_____
        MOV     A,#0                    ;_____
        MOVC    A,@A+DPTR               ;_____
        ADDC    A,R0                    ;_____
        MOV     DPTR,#K                 ;_____
        MOVX    @DPTR,A                 ;_____
END
```

(2) 说明该段汇编语言所实现的功能。
(3) 对该段程序进行软件仿真,帮助进行程序代码分析。

6.7 设计实例二:端口控制的汇编语言程序设计

本节将设计更为复杂的端口控制汇编语言程序,帮助读者进一步地理解"软件"控制"硬件"逻辑行为的方法。

设计目标:在该设计中,将设计一个在 0~3 计数(四进制)的计数器。

6.7.1 设计原理

本节介绍硬件设计原理和软件设计原理。

1. 硬件设计原理

在该设计中,使用了 STC 提供的学习板。在该学习板上提供了四个 LED 灯,名字分别用 LED7、LED8、LED9 和 LED10 表示,如图 6.26 所示。这四个 LED 灯的阳极共同接到了 VCC 电源(+5V 供电),另一端通过限流电阻 R52、R53、R54、R55 与 STC 单片机 IAP15W4K58S4 的 P1.7、P1.6、P4.7 和 P4.6 引脚连接。

(1) 单片机对应的引脚置位为低时,所连接的 LED 亮;
(2) 单片机对应的引脚置位为高时,所连接的 LED 灭。

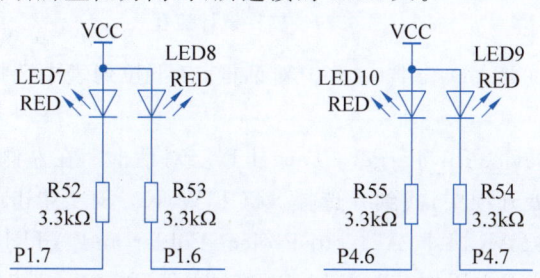

图 6.26 STC 学习板 LED 设计原理

注意:在该设计中,只用到了与单片机 P4.6 和 P4.7 引脚连接的 LED9 和 LED10 两个 LED 灯。

2. 软件设计原理

下面给出软件设计流程图,如图 6.27 所示。

注意:可在本书配套资源的\STC_example\例子 6-8 目录打开该设计。

6.7.2 建立新的工程

本节将建立新的设计工程。建立新设计工程的步骤如下。
(1) 打开 μVision5 集成开发环境。
(2) 在 μVision5 集成开发环境主界面主菜单下选择 Project→New μVision Project 命令。
(3) 出现 Create New Project 对话框。在"文件名"文本框中输入 top。单击 OK 按钮。

注意:表示该工程的名字是 top.uvproj。

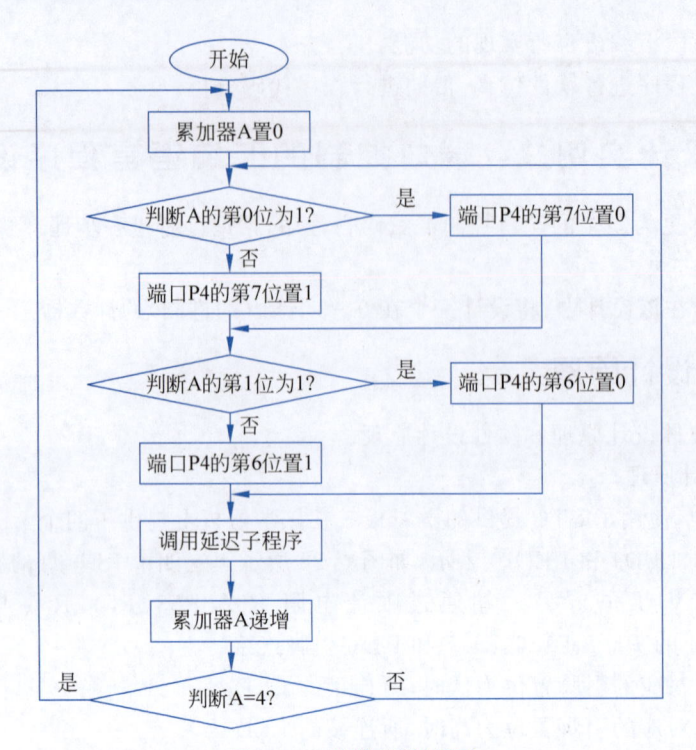

图 6.27　软件设计流程

(4) 出现 Select a CPU Data Base File 对话框，在下拉列表中选择 STC MCU Database 选项，单击 OK 按钮。

(5) 出现 Select Device for Target 'Target 1'…对话框。在左侧的窗口中，找到并展开 STC 前面的"+"。在展开项中，找到并选择 STC15W4K32S4。单击 OK 按钮。

(6) 出现 Copy 'STARTUP.A51' to Project Folder and Add File to Project 对话框，提示是否在当前设计工程中添加 STARTUP.A51 文件，单击"否"按钮。

(7) 在主界面左侧窗口中，选择 Project 选项卡。其中给出了工程信息。

6.7.3　添加汇编语言程序

本节将为当前工程添加新的汇编语言文件。添加汇编语言文件的步骤如下。

(1) 在 Project 窗口界面下选择 Source Group 1，右击出现快捷菜单，选择 Add New Item to Group 'Source Group 1'命令。

(2) 出现 Add New Item to Group'Source Group 1'对话框，按下面设置参数：在该界面左侧窗口中选中 Asm File(.s)，在 Name 文本框中输入 main。

(3) 单击 Add 按钮。

(4) 在 Project 窗口中，在 Source Group 1 子目录下添加了名字为 main.a51 的汇编语言文件。

(5) 在右侧窗口中自动打开了 main.a51 文件。

(6) 输入设计代码，如代码清单 6-9 所示。

代码清单 6-9　main.a51 文件

```
P4              DATA 0C0H               ;定义 P4 端口的地址
my_prog         SEGMENT CODE
                RSEG my_prog
                LJMP main
                ORG 0x100
main:           USING   0               ;定位到偏移 100H 的位置
                                        ;使用第 0 组寄存器 R₀～R₇
Loop1:          MOV     A,#0            ;累加器 A 初始化为 0
Loop2:          JB      ACC.0,SETP41    ;如果累加器 A 的第 0 位为 1,则跳转
                SETB    P4.7            ;否则,则置位 P4.7(P4 端口的第 7 位)
                JMP     CON             ;跳转判断下一个条件
SETP41:         CLR     P4.7            ;清零 P4.7(P4 端口的第 7 位)
CON:            JB      ACC.1,SETP42    ;如果累加器 A 的第 1 位为 1,则跳转
                SETB P4.6               ;否则,则设置 P4.6(P4 端口的第 6 位)
                JMP     CON1            ;跳转判断下一个条件
SETP42:         CLR     P4.6            ;清零 P4.6(P4 端口的第 6 位)
CON1:           MOV     R0,#20          ;寄存器 R0 初始化为 20
dly:            ACALL   delay           ;调用延迟子程序
                DEC     R0              ;R0 递减
                CJNE    R0,#0,dly       ;当 R0≠0 时,一直调用延迟子程序
                INC     A               ;否则累加器 A 递增
                CJNE    A,#4,Loop2      ;如果累加器 A 的值到 4,则跳转到 Loop2
                JMP     Loop1           ;无条件跳转到 Loop1
;*******************************
                                        ;delay 子程序为二重循环语句
delay:
                MOV     R3,#0FFH        ;R3 寄存器初始化为 0xFF
delay_1:        MOV     R4,#0FFH        ;R4 寄存器初始化为 0xFF
delay_2:        DEC     R4              ;R4 寄存器的值递减
                CJNE    R4,#0,delay_2   ;当 R4≠0 时,一直循环递减
                DEC     R3              ;否则 R3 递减
                CJNE    R3,#0,delay_1   ;如果 R3≠0,则跳转到 delay_1
RET                                     ;从子程序返回
END
```

(7) 保存设计代码。

6.7.4　设计建立

本节将对设计建立(Build)参数进行设置,并实现对设计的建立过程,步骤如下。

(1) 在 Project 窗口中选中 Target 1 文件夹,右击出现快捷菜单,选中 Options for Target 'Target 1'命令。

(2) 出现 Options for Target 'Target 1'对话框。打开 Target 选项卡,在 Xtal(MHz) 文本框中输入 30.0,其余按默认设置。

(3) 打开 Output 选项卡,选中 Create HEX File 复选框。

(4) 单击 OK 按钮,退出目标选项对话框。

(5) 在主界面主菜单下选择 Project→Build target 命令,开始对设计进行建立的过程。

注意:该过程对汇编文件进行汇编和链接,最后生成可执行二进制文件和 HEX 文件。

6.7.5　下载设计

在运行设计前,需要通过下面的步骤配置运行设计所需要的硬件和软件环境。

(1) 打开 STC 学习板，在该开发板左侧找到标识为 CON5 的 mini USB 接口。将 STC 提供的 USB 数据电缆的两端与开发板上标识为 CON5 的 USB 插座和 PC/笔记本电脑上的 USB 插座进行连接。

注意：需要事先安装 USB-UART 驱动程序。

(2) 打开本书配套资源的 STC-ISP 软件。在"串口号"下拉列表中选择 USB-SERIAL CH340(COM3)选项，并设置最低波特率和最高波特率参数。这里将最低波特率设置为 2400，最高波特率设置为 115200。

注意：读者生成的串口号的端口可能和作者所用计算机生成的端口号不一样，请酌情进行修改。在单片机型号中，必须确认是 IAP15W4K58S4 型号。

(3) 进入 STC-ISP 程序界面。在该界面中按如下设置参数：单击"打开程序文件"按钮；出现"打开程序代码文件"对话框，定位到当前工程路径下，并打开 top.HEX 文件；单击"确定"按钮；在左侧窗口中，单击"下载/编程"按钮；在 STC-ISP 软件右下方的窗口界面内出现"正在检测目标单片机…"信息。

(4) 在 STC 学习板左下方，找到一个标识为 SW19 的白色按键，按一下该按键。此时，STC-ISP 软件右下角窗口中显示编程信息。

(5) 等待编程结束。

思考与练习 6-21：请读者查看运行结果，看是否满足设计要求。

6.8 设计实例三：中断服务程序的汇编语言设计

本节将使用汇编语言编写中断服务程序，内容包括设计原理、建立新的工程、添加新的汇编语言文件、分析 lst 文件。建立设计、下载设计和硬件仿真。通过本节内容的介绍，将帮助读者进一步理解中断的机制和中断服务程序的功能。

注意：读者可以定位到本书所提供的 STC_example\例子 6-9 目录打开该设计。关于中断的详细原理，读者可参考本书第 4 章中断部分。

6.8.1 设计原理

在该设计中，将设计一个在 0～3 计数(四进制)的计数器。通过 STC 学习板上的 P4.6 和 P4.7 端口上的 LED，显示计数的值。与前面例子不一样的是，计数是通过触发外部中断 INT0 实现的，即每次当 INT0 引脚下拉到地时，触发一次中断，计数器递增一次。该设计的硬件电路的触发由按键控制，如图 6.28 所示。

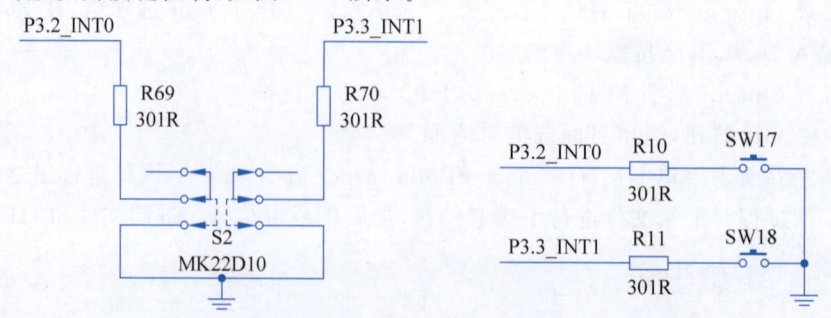

图 6.28 STC 学习板外部中断电路结构

为了正确地下载程序，并方便读者后续的实验，STC 学习板上没有焊接开关。但是，提供了 SW17 和 SW18 两个按键。

(1) 当按下 SW17 时，P3.2 引脚接地，产生一个 INT0 下降沿低脉冲信号。

(2) 当按下 SW18 时，P3.3 引脚接地，产生一个 INT1 下降沿低脉冲信号。

注意：在本节设计的例子中，只使用了 INT0 外部中断信号。

该设计的程序流程图如图 6.29(a)和图 6.29(b)所示。

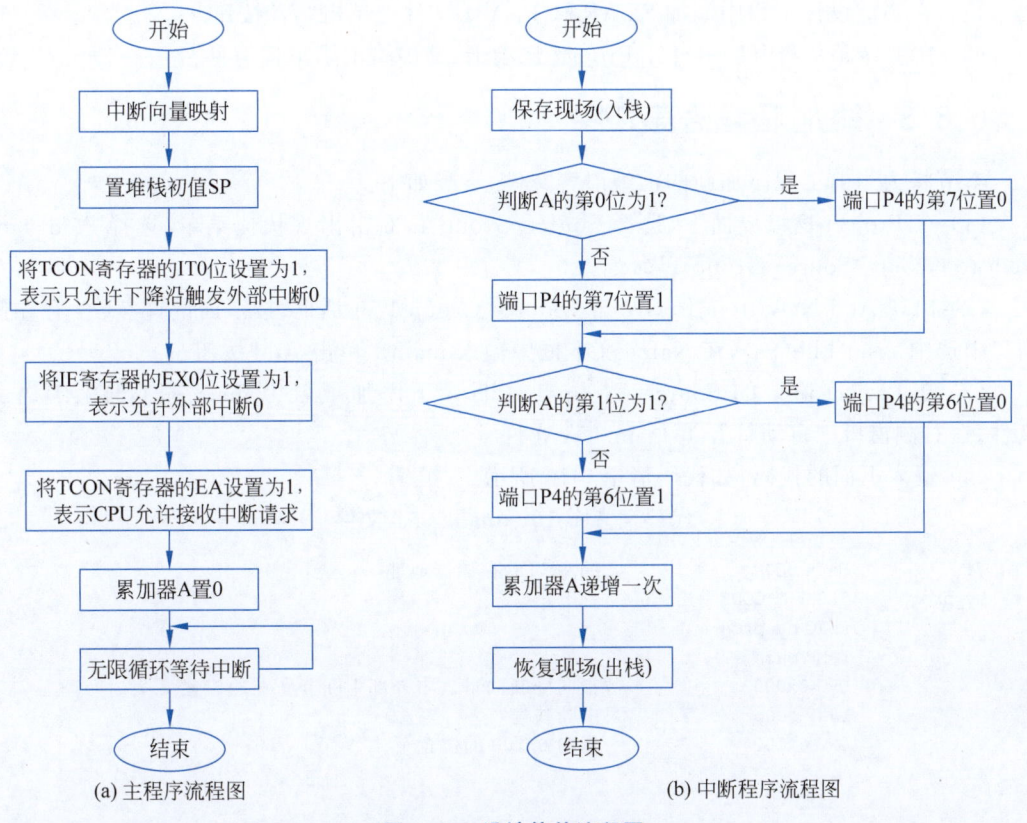

图 6.29 设计软件流程图

(a) 主程序流程图 (b) 中断程序流程图

图 6.29 中，中断向量映射是指在程序存储器所在的中断向量表中外部中断 0 的地址空间 0x0003 的位置，写入中断程序的入口地址（在程序中使用中断服务程序的名字表示，实际上在 0x0003 是一条指向中断服务程序入口的跳转指令）。

在程序存储器中，为外部中断 0 分配了 0x0004 和 0x0005 地址，用于保存处理外部中断 0 的中断服务程序入口地址的高 8 位和低 8 位，0x0003 的地址保存了一条 LJMP 指令。

6.8.2 建立新的工程

本节将建立新的设计工程，步骤如下。

(1) 打开 μVision5 集成开发环境。

(2) 在 μVision5 集成开发环境主界面主菜单下选择 Project→New μVision Project 命令。

(3) 出现 Create New Project 对话框，在"文件名"文本框中输入 top。表示该工程的名字是 top.uvproj。单击 OK 按钮。

(4) 出现 Select a CPU Data Base File 对话框。在下拉列表中选择 STC MCU Database 选项。单击 OK 按钮。

(5) 出现 Select Device for Target 'Target 1'…对话框。在左侧的窗口中，找到并展开 STC 前面的"+"。在展开项中，找到并选择 STC15W4K32S4。单击 OK 按钮。

(6) 出现 Copy 'STARTUP.A51' to Project Folder and Add File to Project 对话框。提示是否在当前设计工程中添加 STARTUP.A51 文件。单击"否"按钮。

(7) 在主界面左侧窗口中打开 Project 选项卡，其中给出了工程信息。

6.8.3 添加汇编语言文件

本节将为当前工程添加新的汇编语言文件，步骤如下。

(1) 在 Project 窗口界面下，选择 Source Group 1，右击出现快捷菜单，选择 Add New Item to Group 'Source Group 1'命令。

(2) 出现 Add New Item to Group 'Source Group 1'对话框，按下面设置参数：在左侧窗口中选中 Asm File(.s)，在 Name 文本框中输入 main。单击 Add 按钮。

(3) 在 Project 窗口的 Source Group 1 子目录下添加了名为 main.a51 的汇编语言文件。在右侧窗口中自动打开了 main.a51 文件。

(4) 输入下面的代码，如代码清单 6-10 所示。

代码清单 6-10　main.a51 文件

```
P4          DATA 0C0H              ;P4 端口的存储器地址
my_prog     SEGMENT CODE
            RSEG my_prog
            LJMP main
            ORG 0x0003             ;指向中断向量表中外部中断 0 所在的位置
            LJMP count             ;中断映射
            ORG 0x100              ;指向 0x100 的位置
main:
            USING 0
            MOV SP,#40H            ;堆栈指针指向内部数据存储器的堆栈区
            SETB IT0               ;设置外部中断 0 为低电平触发
            SETB EX0               ;使能外部中断 0
            SETB EA                ;使能 CPU 响应中断请求
            MOV A,#0               ;累加器 ACC 初始化为 0
loop:       ljmp loop              ;无限循环
;
;//==============================
;// 中断服务程序: count
;//==============================
count:
            PUSH DPH               ;DPH 入栈
            PUSH 02H               ;寄存器 R2 入栈
            JB   ACC.0,SETP41      ;如果累加器 A 的第 0 位为 1,则跳转
            SETB P4.7              ;否则,置端口 P4.7 为高,LED 灯灭
            JMP  CON               ;无条件跳转
SETP41:     CLR P4.7               ;置端口 P4.7 为低,LED 灯亮
CON:        JB   ACC.1,SETP42      ;如果累加器 A 的第 1 位为 1,则跳转
            SETB P4.6              ;否则,置端口 P4.6 为高,LED 灯灭
```

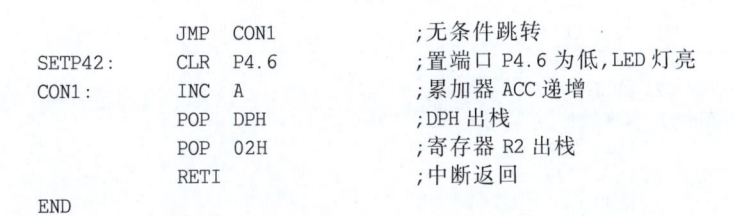

```
                    JMP    CON1              ;无条件跳转
SETP42:             CLR    P4.6              ;置端口 P4.6 为低,LED 灯亮
CON1:               INC    A                 ;累加器 ACC 递增
                    POP    DPH               ;DPH 出栈
                    POP    02H               ;寄存器 R2 出栈
                    RETI                     ;中断返回
END
```

注意：中断程序中的入栈和出栈不是必需的，是否需要入栈和出栈操作，要看主程序中是否使用了相同的寄存器。

6.8.4 分析 .lst 文件

在当前设计工程中找到并打开 main.lst 文件。文件主要片段如下所示。

代码清单 6-11　main.lst 文件片段

```
LOC OBJ            LINE   SOURCE
                   1      ;************* 功能说明           **************
                   2
                   3      ;程序使用 P4.7 P4.6 来显示 0~3 的计数值
                   4
                   5      ;*******************************************
                   6      ;*******************************************
                   7      ;定义 P4 端口的地址
    00C0           8              P4      DATA 0C0H
                   9      ;*******************************************
                   10
                   11             my_prog  SEGMENT CODE
    ----           12                      RSEG my_prog
0000 020000    F   13                      LJMP main
0003               14                      ORG 0x0003
0003 020000    F   15                      LJMP count
0100               16                      ORG 0x100
0100               17     Main:
                   18                      USING  0
0100 758140        19                      MOV SP, #40H
0103 D288          20                      SETB IT0
0105 D2A8          21                      SETB EX0
0107 D2AF          22                      SETB EA
0109 7400          23                      MOV  A,#0
010B 020000    F   24     loop:   ljmp loop
                   25     ;*******************************
                   26
                   27     ;//===============================
                   28     ;// 函数 count
                   29     ;// 描述：中断服务子程序
                   30     ;//===============================
010E               31     count:
010E C083          32              PUSH DPH
0110 C002          33              PUSH 02H
0112 20E004        34              JB   ACC.0, SETP41
0115 D2C7          35              SETB P4.7
0117 8002          36              JMP   CON
0119 C2C7          37     SETP41: CLR  P4.7
011B 20E104        38     CON:    JB   ACC.1,SETP42
```

```
011E D2C6      39          SETB P4.6
0120 8002      40          JMP  CON1
0122 C2C6      41   SETP42: CLR  P4.6
0124 04        42   CON1:   INC  A
0125 D083      43          POP  DPH
0127 D002      44          POP  02H
0129 32        45          RETI
               46          END
```

思考与练习 6-22：请说明中断服务程序 count 的入口地址_____，结束地址_____，所占的空间_____（以字节计算）。

思考与练习 6-23：请说明主程序 main 的入口地址_____，结束地址_____，所占的空间_____（以字节计算）。

思考与练习 6-24：请参考第 4 章入栈和出栈的指令说明，解释该设计中入栈和出栈操作的机器指令，以及它们之间的关系，并用图表示入栈和出栈的操作。

6.8.5 设计建立

本节将对设计建立（Build）参数进行设置，并实现对设计的建立过程。

（1）在 Project 窗口中，选中 Target 1 文件夹，右击出现快捷菜单，选中 Options for Target 'Target 1' 命令。

（2）出现 Options for Target 'Target 1' 对话框。打开 Target 选项卡，按下面设置参数：在 Xtal(MHz) 文本框中输入 30.0，其余按默认设置。

（3）打开 Output 选项卡，选中 Create HEX File 复选框。

（4）打开 Debug 选项卡，按如下设置参数：选中 Use 复选框，在右侧下拉列表中选择 STC Monitor-51 Driver，单击 Settings 按钮，出现 Target Setup 对话框，将 COM Port 设置为 COM3，将 Baudrate 设置为 115200。单击 OK 按钮，退出 Target Setup 对话框。

（5）单击 OK 按钮，退出目标选项对话框。

（6）在主界面主菜单下，选择 Project→Build target 命令，开始对设计进行建立的过程。

6.8.6 下载设计

在下载设计前，需要通过下面的步骤配置所需要的硬件和软件环境。

（1）打开 STC 学习板，在该开发板左侧找到标识为 CON5 的 mini USB 接口。将 STC 提供的 USB 数据电缆的两端与开发板上标识为 CON5 的 USB 插座和 PC/笔记本电脑上的 USB 插座进行连接。这里需要事先安装 USB-UART 驱动程序。

（2）打开本书所提供资料下的 STC-ISP 软件。在"串口号"下拉列表中选择 USB-SERIAL CH340(COM3) 选项并设置最低波特率和最高波特率参数。这里将最低波特率设置为 2400，最高波特率设置为 115200。

注意：读者生成的串口号的端口可能和作者所用计算机生成的端口号不一样，请酌情进行修改。在单片机型号中必须确认是 IAP15W4K58S4 型号。

（3）进入 STC-ISP 程序界面，并按如下设置参数：单击"打开程序文件"按钮；出现"打开程序代码文件"对话框，在该对话框中，定位到当前工程路径下，并打开 top. HEX 文件；单击"确定"按钮；在左侧窗口中单击"下载/编程"按钮。在 STC-ISP 软件右下方的窗口界面内出现"正在检测目标单片机…"信息。

(4) 在 STC 学习板左下方找到一个标识为 SW19 的白色按键,按一下该按键。此时,STC-ISP 软件右下角窗口中显示编程信息。

(5) 等待编程结束。

思考与练习 6-25:请在 STC 学习板上连续按 SW7 按键,查看运行结果是否满足设计要求,即是否计数过程由外部按键触发。

注意:由于按键有抖动,所以对观察结果会有一些干扰。

6.8.7 硬件仿真

再次进入 STC-ISP 程序界面配置硬件仿真环境。

(1) 单击"打开程序文件"按钮。

(2) 出现"打开程序代码文件"对话框。在该对话框中,定位到当前工程路径下,并打开 top. HEX 文件。单击"确定"按钮。

(3) 在右侧窗口中打开"Keil 仿真器设置"选项卡,单击"将所选目标单片机设置为仿真芯片"按钮。在 STC-ISP 软件右下方的窗口界面内出现"正在检测目标单片机…"信息。

(4) 在 STC 学习板左下方找到一个标识为 SW19 的白色按键,按一下该按键。在图 STC-ISP 程序界面内出现编程的相关信息。

(5) 在 Keil μVision 集成开发环境中打开 main. a51 文件,并在该程序的第 32 行设置断点,如图 6.30 所示。

(6) 在 Keil μVision 主界面主菜单下选择 Debug→Start/Stop Debug Session 命令,进入调试器模式。

(7) 在当前调试模式主界面主菜单下选择 Debug→Run 命令,或者直接按 F5 键,运行断点调试功能。

(8) 按下 STC 开发板的按键 SW7 一次。可以看到程序进入中断服务程序,然后断点执行完中断服务程序,退出中断服务程序。

(9) 连续触发中断若干次,重复进入中断服务程序。

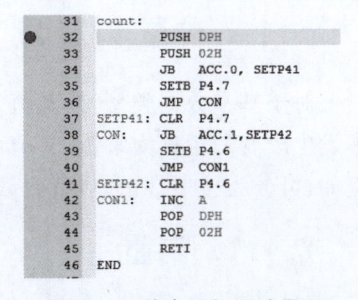

图 6.30 单步运行调试界面

思考与练习 6-26:在寄存器窗口界面中,查看寄存器的变化情况,特别要注意程序计数器(PC)的变化。

思考与练习 6-27:在堆栈窗口界面中,观察在执行程序的过程中 CPU 对主程序和中断服务程序程序计数器(PC)的保存情况,也就是入栈和出栈操作。

(10) 在当前调试模式主界面主菜单下选择 Debug→Start/Stop Debug Session 命令,退出调试器界面。

(11) 在 Keil μVision 主界面主菜单下选择 Project→Close Project 命令,退出当前工程。

第 7 章 C 语言程序设计

CHAPTER 7

本章将介绍用于 STC 单片机开发的 C 语言程序设计,内容包括常量和变量、数据类型、运算符、描述语句、数组、指针、函数、预编译指令、复杂数据结构、C 程序中使用汇编语言、端口控制的 C 语言程序设计、中断的 C 语言程序设计。

通过 C 语言进行单片机的应用开发,降低了设计成本,大大提高了设计效率,成为 STC 单片机开发的主流设计方法。因此,要求单片机程序设计人员必须熟练掌握 C 语言的词法和句法,以及调试程序方法。

本章通过大量的例子和调试工具对 C 语言进行详细的介绍,目的是让读者能从本质上认识和掌握 C 语言,从而能更进一步地实现软件和硬件的协同设计。

7.1 常量和变量

对于基本数据类型,按其值是否可变又分为常量和变量两种。在程序执行过程中,其值不发生改变的量称为常量,其值可变的量称为变量。它们可与数据类型结合起来进行分类,例如,可分为整型常量、整型变量、浮点常量、浮点变量、字符常量、字符变量。

7.1.1 常量

在程序执行过程中,其值不发生改变的量称为常量,如表 7.1 所示。

表 7.1 常量的分类

常 量	说 明
直接常量(字面量)	可以立即拿来用,无须任何说明的量。例如: (1) 整型常量: 12,0,-3 (2) 实型常量: 4.6,-1.23 (3) 字符常量: "a""b"
符号常量	用标识符代表一个常量。在 C 语言中,可以用一个标识符来表示一个常量,称为符号常量

表 7.1 中,符号常量在使用之前必须通过宏定义语句进行定义。其一般形式为:

#define 标识符 常量

其中,#define 也是一条预处理指令(预处理指令都以"#"开头),称为宏定义指令(在后面预处理程序中将进一步介绍),其功能是把该标识符定义为其后的常量值。一经定义,以后在程序中所有出现该标识符的地方均代之以该常量值。使用符号常量的好处就在于程序的可读性好,并且容易修改。

注意:习惯上符号常量的标识符用大写字母,变量标识符用小写字母,以示区别。

7.1.2 变量

其值可以改变的量称为变量。一个变量应该有一个标识符,在内存中占据一定的存储单元。在使用变量前必须要事先定义变量。

1. 变量定义

变量定义一般放在函数体的开头部分。变量定义的一般形式为:

类型说明符 变量名,变量名,…;

在书写变量定义时,应注意以下几点。

(1) 允许在一个类型说明符后定义多个相同类型的变量。各变量名之间用逗号分隔。类型说明符与变量名之间至少用一个空格间隔。

(2) 最后一个变量名之后必须以分号结尾。

(3) 变量定义必须放在变量使用之前。一般放在函数体的开头部分。

2. 变量赋值

变量可以先定义再赋值,也可以在定义的同时进行赋值;在定义变量的同时赋初值称为初始化。

在变量定义中赋初值的一般形式为:

类型说明符 变量1 = 值1,变量2 = 值2,…;

而在使用时赋值的一般形式为:

变量1 = 值1;
变量2 = 值2;

7.2 数据类型

本节介绍标准数据类型,内容包括标准 C 语言所支持的类型、单片机扩充的类型、自定义数据类型、变量及存储模式。

7.2.1 标准 C 语言所支持的类型

本节只介绍标准 C 语言所支持数据类型中的基本类型,其他数据类型将在后续内容中进行详细介绍。

1. 整数型

根据所占字节大小和表示的范围,整型数据可分为基本型、短整型和长整型。

(1) 基本型:类型说明符为 int,在内存中占 2 字节。

(2) 短整型:类型说明符为 short int 或 short。所占字节和取值范围同基本型。

(3) 长整型:类型说明符为 long int 或 long,在内存中占 4 字节。

注意:(1) 默认基本型、短整型和长整型数都是有符号数。如果需要指明它们是无符号数,则应该在类型说明符前面添加 unsigned 关键字,如表 7.2 所示。

表 7.2　C语言中各类整型数据所分配的内存字节数及范围

类型说明符	数的范围	字节数
int	$-32\,768 \sim 32\,767$，即 $-2^{15} \sim (2^{15}-1)$	2
short int	$-32\,768 \sim 32\,767$，即 $-2^{15} \sim (2^{15}-1)$	2
long int	$-2\,147\,483\,648 \sim 2\,147\,483\,647$，即 $-2^{31} \sim (2^{31}-1)$	4
unsigned int	$0 \sim 65\,535$，即 $0 \sim (2^{16}-1)$	2
unsigned short int	$0 \sim 65\,535$，即 $0 \sim (2^{16}-1)$	2
unsigned long	$0 \sim 4\,294\,967\,295$，即 $0 \sim (2^{32}-1)$	4

(2) 对于有符号数来说，在计算机中用补码表示。

上面提到的整数，都是十进制。在 C 语言中，常用的还有八进制和十六进制。在 C 语言程序中是根据前缀来区分各种进制数的。

(1) 十进制数没有前缀。其数字取值为 0～9，如 237、−568、65 535、1627。

(2) 八进制数必须以 0 开头，即以 0 作为八进制数的前缀。数字取值为 0～7。八进制数通常是无符号数，如 015、0101、0177777。

(3) 十六进制数的前缀为 0X 或 0x。其数字取值为 0～9、A～F 或 a～f，如 0X2A、0XA0、0xFFFF。

此外，可以用后缀 L 或 l 来表示长整型数。例如：

(1) 十进制长整型数：158L、358000L。

(2) 八进制长整型数：012L、077L、0200000L。

(3) 十六进制长整型数：0X15L、0XA5L、0X10000L。

对于长整型数 158L 和基本整型数 158 在数值上并无区别。但对 158L，因为是长整型数，C 编译系统将为它分配 4 字节存储空间。而对 158，因为是基本整型，只分配 2 字节的存储空间。

此外，无符号数也可用后缀表示，整型数的无符号数的后缀为 U 或 u。

【例 7-1】　整型数声明和使用的例子。

代码清单 7-1　main.c 文件

```
void main()
{
    int i = 32000, j = 32000, h;
    unsigned int m = 100, n = 0x200;
    long int k = 10000, l = - 40000;
    h = i + j;
}
```

下面对该例子进行分析。

(1) 进入本书配套资源的 STC_example\例子 7-1 目录下，在 Keil μVision5 集成开发环境下打开该设计。

(2) 在集成开发环境主界面主菜单下选择 Debug→Start/Stop Debug Session 命令。

(3) 在调试器模式下单步运行该程序，一直到程序的末尾。

(4) 将鼠标光标分别放到变量 i 和 j 的名字上，读者会发现给出的信息是变量 i 在 D:0x02 的位置上，其保存的值为 0x0000，如图 7.1(a)所示；类似地，给出的信息是变量 j 在 D:0x82 的位置上，其保存的值为 0x0000，如图 7.1(b)所示。

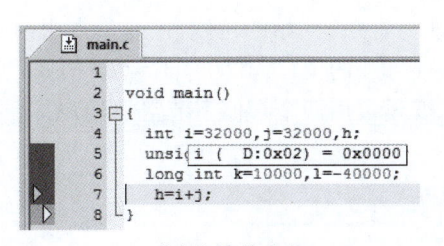

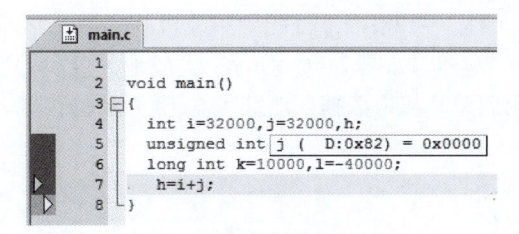

(a) 观察变量i的内容　　　　　　　　　(b) 观察变量j的内容

图 7.1　观察变量 i 和 j 的内容

读者自然会提出疑问,明明已经给 i 和 j 进行了赋值操作,为什么显示信息是 0? 在 Disassembly 窗口中找到 h=i+j 的反汇编程序,如图 7.2 所示。

分析一下:在赋值操作的时候,是两个立即数 0x7D 直接相加,即采用的是立即数寻址的方式。因此,在程序运行时,看不到 i 和 j 的内容。相加后结果 $(0xFA00)_{16}$ 保存在单片机内部数据区地址为 0x08 的位置,占用两字节的存储空间,如图 7.3 所示。

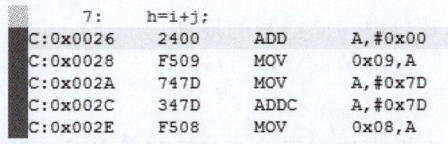

图 7.2　h=i+j 反汇编的指令内容 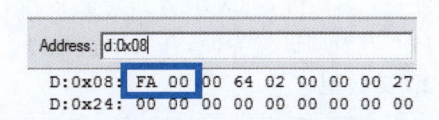　　　图 7.3　变量 h 在单片机内部数据区的值

提示:$(32000)_{10} = (7D00)_{16}$,对于两个数 $(7D00)_{16}$ 相加来说,结果为 $(FA00)_{16}$,从计算的结果来看,(CY)=0,(OV)=1。很明显结果溢出,$(FA00)_{16}$ 对应的有符号数为 −1536,即两个正数相加得到一个负数。在调试界面的 Registers 窗口中,找到并展开 psw,可以看到和前面一样的分析结果,如图 7.4 所示。

$$\begin{array}{r} 0111,1101,0000,0000 \\ +\ 0111,1101,0000,0000 \\ \hline 1111,1010,0000,0000 \end{array}$$

因此,在声明数据类型时,必须考虑所表示数据的范围,不然会由于不同整数类型数据位宽的限制而造成计算结果的溢出。

(5) 在 Memory 1 窗口界面内分别重新输入 &m 和 &n,可以看到将变量 m 的值 0x64 分配到单片机片内数据区地址为 0x0A 的位置,该变量占用两个存储字节空间,如图 7.5(a)所示;类似地,可以看到将变量 n 的值 0x200 分配到单片机内数据区地址为 0x0C 的位置,该变量占用两个存储字节空间,如图 7.5(b)所示。

图 7.4　psw 的内容　　　　　图 7.5　观察变量 m 和 n 的内容
(a) 观察变量m的内容　　(b) 观察变量n的内容

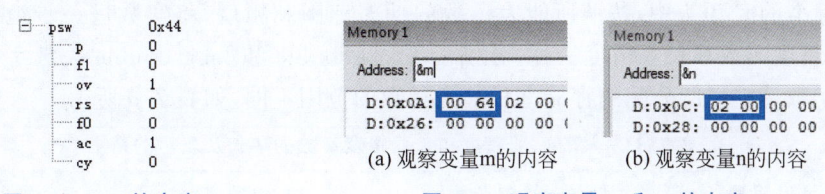

注意:&m 和 &n 表示得到变量 m 和 n 在单片机内存储空间的地址。

(6) 在 Memory 1 窗口界面内,分别重新输入 &k 和 &l,可以看到将变量 k 的值

$(10000)_{10} = (2710)_{16}$ 分配到单片机片内数据区地址为 0x0E 开始的位置,该变量占用四个存储字节空间,如图 7.6(a)所示;类似地,可以看到将变量 l 的值 $(-40000)_{10} = (FFFF63C0)_{16}$ 分配到单片机内数据区地址为 0x12 开始的位置,该变量占用四个存储字节空间,如图 7.6(b)所示。

(a) 观察变量 k 的内容　　(b) 观察变量 l 的内容

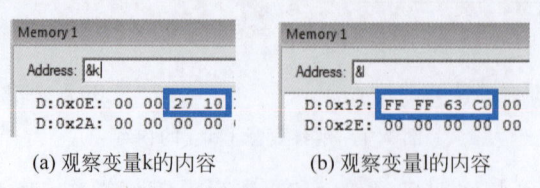

图 7.6　观察变量 k 和 l 的内容

对于 $(-40000)_{10}$ 采用二进制补码表示法,方法如下。
① $(40000)_{10}$ 原码用四字节表示为 $(0000,0000,0000,0000,1001,1100,0100,0000)_2$。
② 对原码按位取反(反码)表示为 $(1111,1111,1111,1111,0110,0011,1011,1111)_2$。
③ 反码加 1 得到补码为 $(1111,1111,1111,1111,0110,0011,1100,0000)_2 = (FFFF63C0)_{16}$。
注意:&k 和 &l 表示得到变量 k 和 l 在单片机内存储空间的地址。
(7) 退出调试器界面,并关闭该设计。

2. 实数型
在 C 语言中,提供了两种对实数的表示方法,即十进制表示法和指数形式表示法。
1) 十进制表示法
由数字 0~9 以及小数点组成,如 0.0、25.0、5.789、0.13、5.0、300.、-267.8230。
注意:在使用十进制表示浮点数时,必须包含小数点。
2) 指数形式表示法
由十进制数字、阶码标志(小写字母 e 或大写字母 E)以及阶码(只能为整数,可以带符号)组成。一般形式为:

$$a \text{ E } n$$

其中,a 和 n 均为十进制数。其表示的指数为:

$$a \times 10^n$$

例如:
(1) 2.1E5,等价于 2.1×10^5。
(2) 3.7E-2,等价于 3.7×10^{-2}。
(3) 0.5E7,等价于 0.5×10^7。
(4) -2.8E-2,等价于 -2.8×10^{-2}。

在标准的 C 语言中,按照所能表示数的动态范围和精度,将实数进一步地分成单精度实数、双精度实数和长双精度三种,分别用 float、double 和 long double 关键字声明这三种类型的实数。它们所分配的存储字长和表示数的范围不同,如表 7.3 所示。

表 7.3　单精度、双精度和长双精度实数的字长及表示的范围

类型说明符	比特数(字节数)	有效数字	数的范围
float	32(4)	6~7	$10^{-37} \sim 10^{38}$
double	64(8)	15~16	$10^{-307} \sim 10^{308}$
long double	128(16)	18~19	$10^{-4931} \sim 10^{4932}$

注意：对于单片机来说，double 和 float 类型相同。可以在具体的数值后面加后缀字母 f 表示该数为单精度浮点数。

【例 7-2】 单精度浮点数声明的例子。

代码清单 7-2　main.c 文件

```c
void main()
{
    float i = 100.00, j = 245.6e30;
}
```

下面对该例子进行分析。

(1) 进入本书配套资源的 STC_example\例子 7-2 目录下，在 Keil μVision5 集成开发环境下打开该设计。

(2) 在集成开发环境主界面主菜单下选择 Debug→Start/Stop Debug Session 命令。

(3) 在调试器模式下单步运行该程序，一直到程序的末尾。

(4) 在 Memory 1 窗口界面内分别输入 &i 和 &j，可以看到将浮点变量 i 的值 100.00 分配到单片机片内数据区地址为 0x08 开始的位置，该变量占用 4 个存储字节空间，其值用十六进制数表示为 0x42C80000，如图 7.7(a) 所示；类似地，可以看到将浮点变量 j 的值 245.6e30 分配到单片机内数据区地址为 0x0C 开始的位置，该变量占用 4 个存储字节空间，其值用十六进制数表示为 0x7541BE86，如图 7.7(b) 所示。

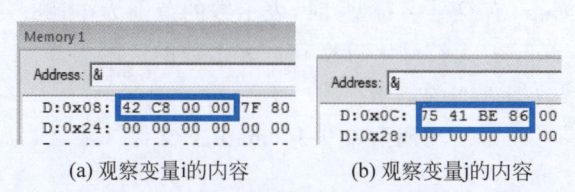

(a) 观察变量i的内容　　(b) 观察变量j的内容
图 7.7　观察变量 i 和 j 的内容

下面分析浮点数在单片机中存储的原理。

(1) 对于浮点数 100.00 来说，在计算机中存储的数 0x42C80000 对应的二进制数表示为：

$$\boxed{0\,|\,1000,0010,1\,|\,100,1000,0000,0000,0000,0000}$$

① 0 表示符号位，表示当前是正数。

② 100,0010,1 表示阶数，对应的十进制数为 133。在浮点标准中，这个值已经加上了偏移量 127，所以实际的阶数为 133−127=6，对应于 $2^6=64$，即表示的是 2 的幂次方。

③ 100,1000,0000,0000,0000,0000 表示尾数，对应的十进制小数为 0.5625。因为总是隐含 1。所以，表示的小数实际值为 1.5625。

因此，$1.5625 \times 2^6 = 1.5625 \times 64 = 100.00$。

(2) 对于浮点数 245.6e30 来说，在计算机中存储的数 0x7541BE86 对应的二进制数表示为：

$$\boxed{0\,|\,111,0101,0\,|\,100,0001,1010,1110,1000,0110}$$

① 0 表示符号位，表示当前是正数。

② 111,0101,0 表示阶数，对应的十进制数为 234。在浮点标准中，这个值已经加上了偏移量 127，所以实际的阶数为 234−127=107，对应于 $2^{107}=1.6226 \times 10^{32}$，即表示的是 2

的幂次方。

③ 100,0001,1010,1110,1000,0110 表示尾数,对应的十进制小数近似为 0.513 610 839 843 75。因为总是隐含 1。所以,表示的小数实际值为 1.513 610 839 843 75。

因此,$1.513\ 610\ 839\ 843\ 75 \times 2^{107} = 2.455\ 974 \times 10^{32}$。

(3) 退出调试器界面,并关闭该设计。

3. 字符型

在 C 语言中,字符型包括普通字符、转义字符和字符串。

1) 普通字符

在 C 语言中,普通字符型数据是用单引号括起来的一个字符,如'a'、'b'、'='、'+'、'?'。在 C 语言中,字符型数据有以下特点:

(1) 字符型数据只能用单引号括起来,不能用双引号或其他括号。

(2) 字符型数据只能是单个字符,不能是字符串。

(3) 字符可以是字符集中任意字符。但数字被定义为字符型之后就不能参与数值运算,如'5'和 5 是不同的。'5'是字符型数据,不能参与运算。

对于普通字符型数据来说,用关键字 char 进行声明。实际上,就是 8 位的二进制数,或者说 1 字节的存储宽度。更进一步地,还可以在 char 前面增加 signed(有符号)和 unsigned(无符号)声明。

(1) 当为 signed char(有符号字符型)时,表示数的范围为 −128～+127。

(2) 当为 unsigned char(无符号字符型)时,表示数的范围为 0～255。

【例 7-3】 字符型数据声明的例子。

代码清单 7-3 main.c 文件

```
void main()
{
    char a = 'a', b = 'H';
    unsigned char c = 250;
    signed char d = 120;
}
```

下面对该例子进行分析。

(1) 进入本书配套资源的 STC_example\例子 7-3 目录下,在 Keil μVision5 集成开发环境下打开该设计。

(2) 在集成开发环境主界面主菜单下选择 Debug→Start/Stop Debug Session 命令。

(3) 在调试器模式下单步运行该程序,一直到程序的末尾。

注意:字符型与整数型和实数型不一样,不能通过 & 变量名得到字符型变量的地址。

(4) 在 main.c 窗口中,将光标分别放在变量 a、b、c、d 上,就会看到字符变量的存储信息。

① 字符变量 a 的值被分配到单片机片内数据区地址为 0x08 开始的位置,该变量占用一字节存储空间,其值用十六进制数表示为 0x61,如图 7.8(a)所示。

② 字符变量 b 的值被分配到单片机内数据区地址为 0x09 开始的位置,该变量占用一个存储字节空间,其值用十六进制数表示为 0x48,如图 7.8(b)所示。

③ 字符变量 c 的值被分配到单片机内数据区地址为 0x0A 开始的位置,该变量占用一个存储字节空间,其值用十六进制数表示为 0xFA,如图 7.8(c)所示。

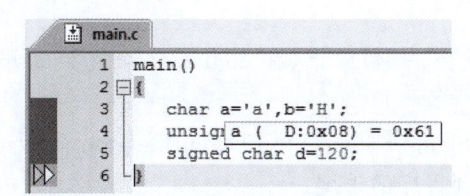

(a) 观察变量a的内容 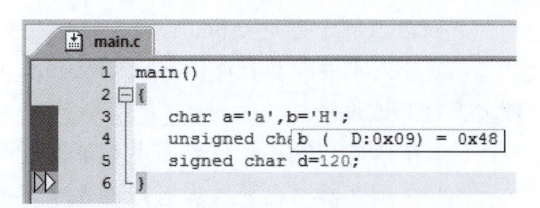　　　　　　　　　　　　(b) 观察变量b的内容

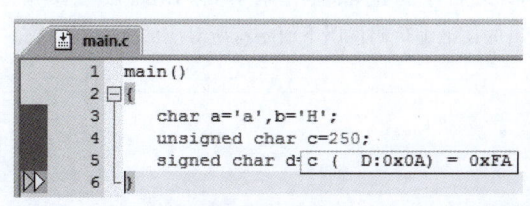

(c) 观察变量c的内容 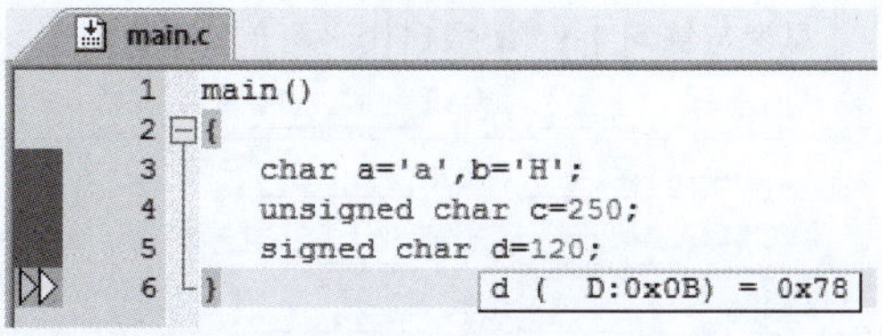　　　　　　　　　　　　(d) 观察变量d的内容

图 7.8　观察变量 a、b、c 和 d 的内容

④ 字符变量 d 的值被分配到单片机内数据区地址为 0x0B 开始的位置，该变量占用一个存储字节空间，其值用十六进制数表示为 0x78，如图 7.8(d)所示。

(5) 退出调试器界面，并关闭该设计。

2) 转义字符

转义字符是一种特殊的字符。转义字符以反斜线"\"开头，后跟一个或几个字符。转义字符具有特定的含义，不同于字符原有的意义，故称"转义"字符。例如，在前面各示例中 printf 函数的格式串中用到的"\n"就是一个转义字符，其意义是"回车换行"。转义字符主要用来表示那些用一般字符不便于表示的控制代码，如表 7.4 所示。

表 7.4　常用转义字符及功能

转义字符	转义字符的含义	ASCII 码
\n	回车换行	10
\t	横向跳到下一制表位置	9
\b	退格	8
\r	回车	13
\f	走纸换页	12
\\	反斜线符	92
\'	单引号符	39
\"	双引号符	34
\a	鸣铃	7
\ddd	1~3 位八进制数所代表的字符	
\xhh	1~2 位十六进制数所代表的字符	

【例 7-4】 转义字符型数据的例子。

代码清单 7-4　main.c 文件

```c
void main()
{
    char a = 'n', b = '\n';
    char c = 't', d = '\t';
    char e = '\r', f = '\\';
}
```

下面对该例子进行分析。

(1) 进入本书配套资源的 STC_example\例子 7-4 目录下，在 Keil μVision5 集成开发环境下打开该设计。

(2) 在集成开发环境主界面主菜单下选择 Debug→Start/Stop Debug Session 命令。

(3) 在调试器模式下单步运行该程序，一直到程序的末尾。

(4) 在 Disassembly 窗口下可以看到经过转义后字符的取值明显不同，如图 7.9 所示。

思考与练习 7-1：请根据代码清单 7-4 和图 7.9 给出的反汇编代码说明下面字符所对应的十六进制数。

(1) a=＿＿＿＿，表示＿＿＿＿。
(2) b=＿＿＿＿，表示＿＿＿＿。
(3) c=＿＿＿＿，表示＿＿＿＿。
(4) d=＿＿＿＿，表示＿＿＿＿。
(5) e=＿＿＿＿，表示＿＿＿＿。
(6) f=＿＿＿＿，表示＿＿＿＿。

3) 字符串

字符串是由一对双引号括起的字符序列。例如，"CHINA"、"C program"、"＄12.5"等都是合法的字符串。字符串和字符不同，它们之间主要有以下区别。

```
   3:         char a='n',b='\n';
C:0x0003    75086E    MOV    0x08,#0x6E
C:0x0006    75090A    MOV    0x09,#0x0A
   4:         char c='t',d='\t';
C:0x0009    750A74    MOV    0x0A,#0x74
C:0x000C    750B09    MOV    0x0B,#0x09
   5:         char e='\r',f='\\';
C:0x000F    750C0D    MOV    0x0C,#0x0D
C:0x0012    750D5C    MOV    0x0D,#0x5C
```

图 7.9 C 语言所对应的汇编语言代码

(1) 字符由单引号括起来，字符串由双引号括起来。

(2) 字符只能是单个字符，字符串则可以含一个或多个字符。

(3) 可以把一个字符型数据赋给一个字符变量，但不能把一个字符串赋给一个字符变量。

(4) 在 C 语言中没有相应的字符串变量，也就是说不存在这样的关键字，将一个变量声明为字符串。但是可以用一个字符数组来存放一个字符串，这将在数组一节中进行介绍。

(5) 字符占用 1 字节的存储空间，而字符串所占用的存储空间字节数等于字符串的字节数加 1。增加的 1 字节用于存放字符'\0'（ASCII 码为 0），它用于表示字符串结束。

7.2.2 单片机扩充的类型

除了支持标准的 C 所提供的数据类型外，Keil 的编译器还提供了对单片机特定数据类型的支持。

注意：在使用扩充数据类型时，必须添加头文件包含语句。

＃include＜reg51.h＞

1. bit 类型

该数据类型可用于定义一比特位，但是不能定义位指针，也不能定义位数组。

2. sfr 类型

该数据类型可以用于定义 8051 单片机中的所有内部 8 位特殊功能寄存器 SFR。sfr 类型数据占用存储空间 1 字节，取值范围为 0~255。定义的格式为：

sfr 标识符 = 地址；

下面给出头文件 reg51.h 中已经定义的部分 sfr 类型。

```
sfr P0 = 0x80;
sfr P1 = 0x90;
sfr P2 = 0xA0;
sfr P3 = 0xB0;
```

注意：在 C 文件中，可以直接使用已经预定义的 sfr 类型，而不须重新进行定义。

3. sfr16 类型

该数据类型可以用于定义 8051 单片机中的 16 位特殊功能寄存器。sfr16 数据类型占用存储空间两字节，取值范围为 0～65 535。

4. sbit 类型

该数据类型可以用于定义 8051 单片机内的 RAM 中可寻址位或者特殊功能寄存器中的可寻址位。定义的格式为：

sbit 标识符 = 地址；

下面给出头文件 reg51.h 中已经定义的部分 sbit 类型。

```
sbit CY  = 0xD7;
sbit AC  = 0xD6;
sbit F0  = 0xD5;
sbit RS1 = 0xD4;
sbit RS0 = 0xD3;
sbit OV  = 0xD2;
sbit P   = 0xD0;
```

注意：在 C 文件中，直接使用已经预定义的 sbit 类型，而无须重新进行定义。

【例 7-5】 单片机扩展数据类型使用例子。

读者可参考本书配套资源的 STC_example\例子 7-5。

定义和使用单片机扩展数据类型的步骤如下。

（1）打开 Keil μVision5 集成开发环境，建立一个新的设计工程。

（2）按照前面添加新文件的方法，选择.h 文件模板，将该文件命名为 self_define.h。在该文件中添加设计代码，如图 7.10 所示。保存 self_define.h 文件。

（3）按照前面添加新文件的方法，选择.c 文件模板，将该文件命名为 main.c。在该文件中添加设计代码，如图 7.11 所示。保存 main.c 文件。

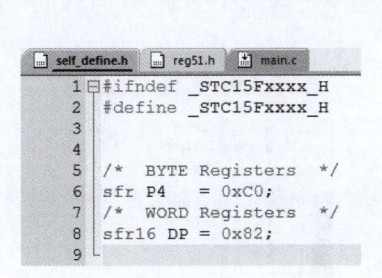

图 7.10　self_define.h 文件

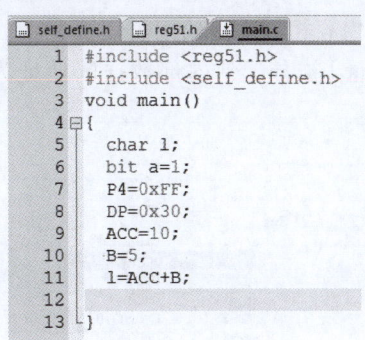

图 7.11　main.c 文件

（4）在集成开发环境主界面主菜单下选择 Debug→Start/Stop Debug Session 命令。

（5）在调试器模式下单步运行该程序，一直到第 7 行，如图 7.12 所示。将光标移到 a

上,弹出提示框。该提示信息说明比特类型变量 a 被分配到内部数据可位寻址区 0x20 的第 0 位(D:0x20.0)的位置,值为 1。

(6) 继续单步运行该程序,一直到第 8 行,该行指令用于给端口 P4 赋值 0xFF。在 Memory 1 窗口下输入 d:0xc0,如图 7.13 所示。

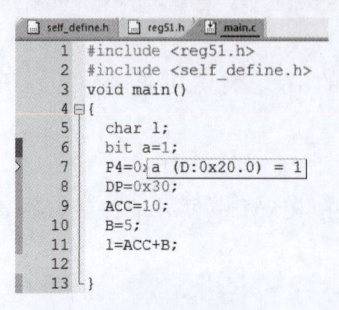

图 7.12 断点运行到第 7 行 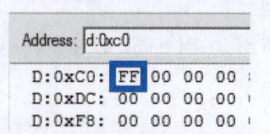　　　　图 7.13 P4 端口的内容

(7) 在调试器模式下单步运行该程序,一直到第 9 行,该行程序给 16 位的数据指针 DPTR 赋值 0x0030。在 Register 窗口内可以看到数据指针寄存器的内容变为 0x0030,如图 7.14 所示。

(8) 在调试器模式下单步运行该程序,一直到第 10 行,该行程序给累加器 ACC 赋值 0x0A(十进制数 10)。在 Register 窗口内可以看到累加器 ACC(显示为 a)的内容变为 0x0a,如图 7.15 所示。

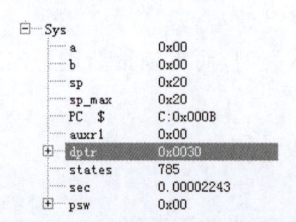

图 7.14 数据指针 DPTR 的内容 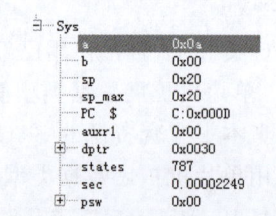　　　　图 7.15 累加器 ACC 的内容

(9) 在调试器模式下单步运行该程序,一直到第 11 行,该行程序给寄存器 B 赋值 0x05(十进制数 5)。在 Register 窗口内可以看到寄存器 B(显示为 b)的内容变为 0x05,如图 7.16 所示。

(10) 在调试器模式下单步运行该程序,一直到结束,该行程序将累加器 ACC 的内容和寄存器 B 的内容相加后送给字符型变量 l。将光标移到 l 上,弹出提示框。该提示信息说明字符类型变量 l 被分配到内部数据区地址为 0x08 的位置(D:0x08)的位置,值为 0x0F,如图 7.17 所示。

图 7.16 寄存器 B 的内容 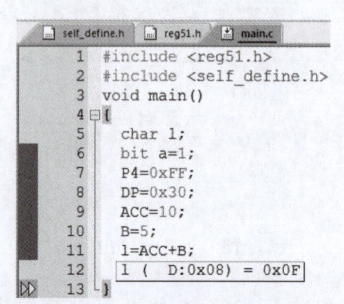　　　　图 7.17 变量 l 的位置和内容

(11) 退出调试器模式,并关闭该设计。

7.2.3 自定义数据类型

在 C 语言中,除了可以使用上面所给出的数据类型外,设计者还可以根据自己的需要对数据类型进行重新定义。重新定义数据类型时需要用到关键字 typedef,格式如下:

typedef 已有的数据类型 新的数据类型名

【例 7-6】 对上面的例 7-1 使用 typedef 重新定义数据类型并使用新定义的数据类型。修改例 7-1 的步骤如下。

(1) 在 STC_example 目录下,新建一个名字为例 7-6 的子目录。将 STC_example\例 7-1 目录下的所有文件复制到新建的子目录下。

(2) 按照前面的方法添加一个名字为 type_define.h 的头文件。

(3) 在该文件中添加代码,将 unsigned int 数据类型重新定义为 u16,并将 long int 数据类型重新定义为 l32,如图 7.18 所示。保存 type_define.h 头文件。

(4) 修改 main.c 文件。在该文件中新添加包含头文件声明,并使用新定义的头文件,如图 7.19 所示。保存 main.c 文件。

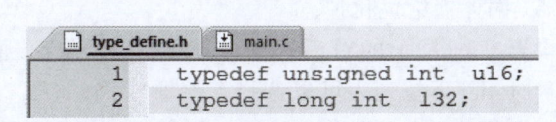

图 7.18 在 type_define.h 文件中添加代码

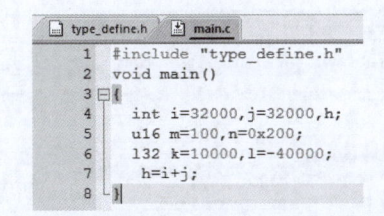

图 7.19 在 main.c 文件中添加和修改代码

(5) 验证新定义的数据类型和原来的数据类型等价。

(6) 关闭并退出设计。

7.2.4 变量及存储模式

变量的值可以在程序执行过程中不断变化。在使用变量之前,需要对变量进行定义,定义的内容包括变量标识符、数据类型和存储模式。在标准 C 语言中,编译器会根据数据类型和硬件系统自动地确定存储模式。为了更好地利用所提供的存储空间,在单片机中提供了增强功能的变量存储模式定义功能。定义格式为:

[存储种类] 数据类型 [存储器类型] 变量名列表;

其中,存储种类和存储器类型是可选项。变量的存储种类有四种,包括 auto(自动)、extern(外部)、static(静态)和 register(寄存器)。在没有明确说明变量的存储种类时,默认为 auto。

Keil 提供对 8051 系列单片机的硬件结构和不同存储器的支持。因此,可以在定义变量的时候,为每个定义的变量准确地指定其存储类型,如表 7.5 所示。这样,就可以准确定位变量所在的存储空间。

表 7.5　Keil 所支持的单片机存储类型

存储器类型	说　　明
DATA	直接寻址片内数据存储器(128B),访问速度最快
BDATA	可位寻址的片内数据存储器(16B),允许位和字节混合访问
IDATA	间接访问的片内数据存储器(256B),允许访问全部片内地址
PDATA	分页寻址的片外数据存储器(256B),用 MOV @Ri 指令进行访问
XDATA	外部数据存储器(64KB),用 MOVX @DPTR 指令进行访问
CODE	程序存储器(64KB),用 MOVC @A+DPTR 指令进行访问

注：STC 单片机不支持 PDATA 存储器类型。

注意：如果在定义变量时没有指定存储器类型,则按编译时使用的存储器模式 SMALL、COMPACT 或者 LARGE 来确定默认的存储器类型。

在 Keil C 中,可以通过使用_at_定位变量的绝对地址。格式为：

[存储器类型] 数据类型 标识符_at_地址常数

例如：

```
xdata int i1 _at_ 0x8000;
```

并且,在 XDATA 空间定义全局变量的绝对地址时,可以在变量前加一个关键字 volatile,这样对该变量的访问就不会被 Cx51 编译器给优化掉。

在设置 Target 1 的对话框的 Target 选项卡下,通过 Memory Model 下拉列表可以选择存储器模式,如图 7.20 所示。

从访问效率来看,SMALL 存储器模式访问效率最高,而 LARGE 访问效率最低。

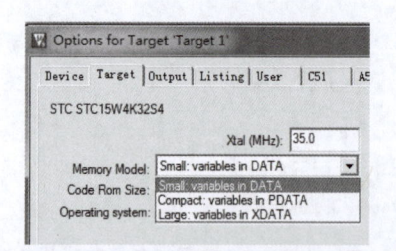

图 7.20　存储器模式设置对话框

【例 7-7】 带有存储器类型的变量定义例子。

代码清单 7-5　main.c 文件

```
void main()
{
    xdata long int x = -1000,y = 4000;
    xdata char m = 90,n = 70;
    bdata char l = 0;
}
```

下面对该例子进行分析。

(1) 进入本书配套资源的 STC_example\例子 7-7 目录下,在 Keil μVision5 集成开发环境下打开该设计。

(2) 在集成开发环境主界面主菜单下选择 Debug→Start/Stop Debug Session。

(3) 在调试器模式下单步运行该程序,一直到程序的末尾。

(4) 在 Memory 1 窗口下分别输入 &x、&y、&m、&n、&l,查看变量所在的存储器空间和所占用的字节数。

思考与练习 7-2：请根据 Memory 1 窗口给出的信息,填写下面的空格。

① x=＿＿＿＿,所在的存储器空间＿＿＿＿,起始地址＿＿＿＿,字节数＿＿＿＿。

② y=_____,所在的存储器空间_____,起始地址_____,字节数_____。
③ m=_____,所在的存储器空间_____,起始地址_____,字节数_____。
④ n=_____,所在的存储器空间_____,起始地址_____,字节数_____。
⑤ l=_____,所在的存储器空间_____,起始地址_____,字节数_____。

(5) 退出调试器模式,并关闭该设计。

7.3 运算符

在 C 语言中,提供了丰富的运算符用于对数据的处理。通过运算符和数据,就构成了表达式。在 C 语言中,每个表达式通过逗号进行分隔。

(1) 按照所实现的功能,C 语言中的运算符可以分为赋值运算符、算术运算符、递增和递减运算符、关系运算符、逻辑运算符、位运算符、复合赋值运算符、逗号运算符、条件运算符、强制类型转换运算符和 sizeof 运算符。

(2) 按照参与运算的数据个数,C 语言中的运算符可以分为单目运算符、双目运算符和三目运算符。对于单目运算符,只有一个操作数;对于双目操作符,有两个操作数;对于三目操作符,有三个操作数。

注意:地址和指针运算符将在后续内容中进行详细的介绍。

7.3.1 赋值运算符

在 C 语言中,赋值操作使用"="号实现,"="称为赋值运算符。赋值语句的格式为:

变量 = 表达式;

先计算由表达式所得到的值,然后再将该值分配给等号左边的变量。

注意:在进行赋值操作的时候,一定要注意变量和表达式值的数据类型。

【例 7-8】 赋值操作的例子。

代码清单 7-6　main.c 文件

```
void main()
{
    int a;
    char b;
    float c;
    a = 10000;
    b = 200;
    c = 0.5;
}
```

进入本书配套资源的 STC_example\例子 7-8 目录下,在 Keil μVision5 集成开发环境下打开该设计,并进入调试器模式,使用单步运行。

思考与练习 7-3:请说明在赋值操作过程中,变量 a、b 和 c 值的变化,并说明当定义变量没有进行赋值操作时,其默认的值。

(1) 赋值前 a=_____,赋值后 a=_____。
(2) 赋值前 b=_____,赋值后 b=_____。
(3) 赋值前 c=_____,赋值后 c=_____。

7.3.2 算术运算符

在 C 语言中,所提供的算术运算符包括＋(加法运算或者取正数运算)、－(减法运算或者取负数运算)、*(乘法运算)、/(除法运算)、％(取余运算)。

在这些算术运算中,除取正和取负运算是单目运算外,其他都是双目运算。

注意：两个整数"/"或者"％"运算得到的是整数,如 5/3＝1,5％3＝2。如果在"/"运算中出现了浮点数,则运算的结果就是浮点数。"％"运算要求两个操作数必须都是整数。

在求取表达式的值时,按照运算符的优先级进行。单目运算的优先级要高于双目运算。在双目运算中,优先级按照 *、/、％、＋、－从高到低排列。设计者可以通过使用"()"符号修改运算的优先级顺序。

【例 7-9】 算术运算操作的例子。

代码清单 7-7　main.c 文件

```c
#include "math.h"
void main()
{
    int a = 1000, b = 33, c, d, h, i;
    long int e, j;
    float f, g;
    c = a/b;
    d = a％b;
    e = a*b;
    f = (float)a/b;
    g = a + b - c;
    h = (a + b) * c;
    i = b - a * c;
    j = (long)a * b;
}
```

进入本书配套资源的 STC_example\例子 7-9 目录下,在 Keil μVision5 集成开发环境下打开该设计,并进入调试器模式,使用单步运行。打开 Watch 1 窗口观察运算得到的结果。

思考与练习 7-4：请说明在算术运算操作过程中变量 c、d、e、f、g、h、i 和 j 的值,并填入下面的空格。

(1) c 的值=_____。　　　　　　　　(5) g 的值=_____。
(2) d 的值=_____。　　　　　　　　(6) h 的值=_____。
(3) e 的值=_____。　　　　　　　　(7) i 的值=_____。
(4) f 的值=_____。　　　　　　　　(8) j 的值=_____。

思考与练习 7-5：可以看出 e 的值和理论计算的值不一样,解释其中的原因。可以看到 j 的值和理论计算的值一样,有强制转换符存在,解释其作用。

提示：表达式的值超过了 e 的范围。

思考与练习 7-6：在计算 c 和 f 除法运算的时候,解释其中的不同之处。

思考与练习 7-7：在 Disassembly 窗口中,可以找到乘法和除法所对应的汇编指令,发现都调用了子程序,也就是说,在单片机中的除法和乘法运算是通过软件实现的,请说明原因。

提示：因为在 8051 单片机中没有硬件的乘法器和除法器模块。

7.3.3 递增和递减运算符

在 C 语言中,还提供了递增运算符++和递减运算符--,它们的作用是对运算的数据进行加 1 和减 1 的操作,如++i,i++、--i,i--。

++i 和 i++是不一样的。++i 是先执行 i+1 操作,然后再使用 i 的值;而 i++是先使用 i 的值,然后再执行 i+1 的操作。

类似地,--i 和 i--是不一样的。--i 是先执行 i-1 操作,然后再使用 i 的值;而 i--是先使用 i 的值,然后再执行 i-1 的操作。

【例 7-10】 递增和递减运算符的例子。

代码清单 7-8　main.c 文件

```
void main()
{
    int a = 40,b,c,d,e,f,g;
    b = a--;
    c = a;
    d = --a;
    e = a++;
    f = a;
    g = ++a;
}
```

进入本书配套资源的 STC_example\例子 7-10 目录下,在 Keil μVision5 集成开发环境下打开该设计,并进入调试器模式,使用单步运行。打开 Watch 1 窗口观察运算得到的结果。

思考与练习 7-8:请说明在递增和递减运算操作过程中,变量 b、c、d、e、f 和 g 的值,并填入下面的空格。

(1) b 的值=_____,所进行的操作_____。
(2) c 的值=_____,所进行的操作_____。
(3) d 的值=_____,所进行的操作_____。
(4) e 的值=_____,所进行的操作_____。
(5) f 的值=_____,所进行的操作_____。
(6) g 的值=_____,所进行的操作_____。

7.3.4 关系运算符

在 C 语言中,提供了下面的关系运算符:>(大于)、<(小于)、>=(大于或等于)、<=(小于或等于)、==(等于)、!=(不等于)。

其中,前 4 个关系运算符的优先级相同,后 2 个关系运算符优先级相同。前一组关系运算符的优先级高于后一组关系运算符。

由这些运算符构成的关系表达式用于后面所介绍的条件判断语句中,用来确定判断的条件是否成立。关系表达式的格式为:

表达式 1　关系运算符　表达式 2

关系运算的结果只有 1 和 0 两个值,即当满足比较的条件时,关系运算的结果为 1;否则结果为 0。

【例 7-11】 关系运算符的例子。

代码清单 7-9　main.c 文件

```c
void main()
{
    int a = 40, b = 10;
    bit c,d,e,f,g,h;
    c = a < b;
    d = a <= b;
    e = a > b;
    f = a >= b;
    g = a != b;
    h = a == b;
}
```

进入本书配套资源的 STC_example\例子 7-11 目录下，在 Keil μVision5 集成开发环境下打开该设计，并进入调试器模式，使用单步运行。打开 Watch 1 窗口观察运算得到的结果。

思考与练习 7-9：请说明在关系运算操作过程中，变量 c、d、e、f、g 和 h 的值，并填入下面的空格。

(1) c 的值=_____，所进行的操作_____。

(2) d 的值=_____，所进行的操作_____。

(3) e 的值=_____，所进行的操作_____。

(4) f 的值=_____，所进行的操作_____。

(5) g 的值=_____，所进行的操作_____。

(6) h 的值=_____，所进行的操作_____。

7.3.5　逻辑运算符

在 C 语言中，提供了逻辑运算符，包括 &&（逻辑与）、||（逻辑或）、!（逻辑非）。逻辑运算符用在多个关系表达式的条件判断语句中，有以下三种格式。

1) 格式 1

条件表达式 1 && 条件表达式 2 && …

用于确定这些条件表达式条件是否同时成立。如果都成立，则返回 1，否则返回 0。

2) 格式 2

条件表达式 1 || 条件表达式 2 || …

用于确定这些条件表达式中是否存在有条件表达式成立的情况。如果有一个条件表达式条件成立，则返回 1，否则返回 0。

3) 格式 3

!条件表达式

用于对条件表达式的返回值进行取反操作。如果条件表达式的值为 1，则!操作将对条件表达式的值取反，变成 0；如果条件表达式的值为 0，则!操作将对条件表达式的值取反，变成 1。

逻辑关系符的优先级按照!、&&、|| 顺序依次降低。

【例 7-12】 逻辑运算符的例子。

代码清单 7-10　main.c 文件

```c
void main()
{
    int a = 40, b = 10;
    bit c,d,e,f,g,h,i;
    c = a < b && a > b;
    d = a <= b || a > b;
    e = !a > b;
    f = a != b && a == b;
    g = a != b || a == b;
    h = !(a == b);
    i = !a == b;
}
```

进入本书配套资源的 STC_example\例子 7-12 目录下，在 Keil μVision5 集成开发环境下打开该设计，并进入调试器模式，使用单步运行。打开 Watch 1 窗口观察运算得到的结果。

思考与练习 7-10：请说明在逻辑运算操作过程中，变量 c、d、e、f、g、h 和 i 的值，并填入下面的空格。

(1) c 的值=_____，所进行的操作_____。
(2) d 的值=_____，所进行的操作_____。
(3) e 的值=_____，所进行的操作_____。
(4) f 的值=_____，所进行的操作_____。
(5) g 的值=_____，所进行的操作_____。
(6) h 的值=_____，所进行的操作_____。
(7) i 的值=_____，所进行的操作_____。

思考与练习 7-11：比较求取 h 和 i 值的不同，说明原因。

提示：优先级不同。

7.3.6　位运算符

在 C 语言中，提供了对数据进行按位运算的位运算符，包括～(按位取反)、<<(左移)、>>(右移)、&(按位与)、|(按位或)、^(按位异或)。

(1) 对于按位取反、按位与、按位或和按位异或运算来说，格式为：

变量1　位运算符　变量2;

这些运算规则遵守逻辑代数运算规律，如表 7.6 所示。

表 7.6　逻辑运算规则

逻辑变量 x	逻辑变量 y	~x	~y	x&y	x|y	x^y
0	0	1	1	0	0	0
0	1	1	0	0	1	1
1	0	0	1	0	1	1
1	1	0	0	1	1	0

注意：按位逻辑运算的变量数据类型不能是浮点数。

(2) 对于左移和右移运算来说，格式为：

变量　移位运算符　移位个数

对于左移操作来说,在最右端(最低位)补 0。对于右移操作来说,如果是无符号的数,则总是在最左端(最高位)补 0;如果是有符号的数,如果符号位为 1,则在最左端(最高位)补 1;否则,在最左端(最高位)补 0。

【例 7-13】 位运算符的例子。

代码清单 7-11　main.c 文件

```
void main()
{
    char a = 30, b = 55;
    char c,d,e,f,g;
    int i = -50, j = 60;
    int k,h,l,m;
    c = ~a;
    d = a & b;
    e = a | b;
    f = a ^ b;
    g = ~(a ^ b);
    h = ~(a & b);
    k = i << 3;
    h = i >> 3;
    l = j << 4;
    m = j >> 4;
}
```

进入本书配套资源的 STC_example\例子 7-13 目录下,在 Keil μVision5 集成开发环境下打开该设计,并进入调试器模式,使用单步运行。打开 Watch 1 窗口观察运算得到的结果。

思考与练习 7-12:请说明在按位逻辑运算操作过程中,变量 c、d、e、f、g 和 h 的值,并填入下面的空格。

(1) c 的值=_____,所进行的操作_____。

(2) d 的值=_____,所进行的操作_____。

(3) e 的值=_____,所进行的操作_____。

(4) f 的值=_____,所进行的操作_____。

(5) g 的值=_____,所进行的操作_____。

(6) h 的值=_____,所进行的操作_____。

思考与练习 7-13:请用公式详细说明变量 c、d、e、f、g 和 h 值的计算过程。

思考与练习 7-14:请说明在按位移位运算操作过程中,变量 k、h、l 和 m 的值,并填入下面的空格。

(1) k 的值=_____,所进行的操作_____。

(2) h 的值=_____,所进行的操作_____。

(3) l 的值=_____,所进行的操作_____。

(4) m 的值=_____,所进行的操作_____。

思考与练习 7-15:请用公式详细地给出变量 k、h、l 和 m 值的计算过程。

7.3.7　复合赋值运算符

在 C 语言中,提供了复合赋值运算符。复合赋值运算符是算术运算符、位运算符以及赋值运算符的组合。复合赋值运算符包括+=(加法赋值)、-=(减法赋值)、*=(乘法赋值)、/=(除法赋值)、%=(取余赋值)、<<=(左移赋值)、>>=(右移赋值)、&=(逻辑与赋值)、|=(逻辑或赋值)、^=(逻辑异或赋值)、~=(逻辑非赋值)。

复合赋值运算的格式如下：

变量　复合赋值运算符　表达式

在复合赋值表达式中，先进行表达式的运算操作，然后再执行赋值操作的过程。

注意：在进行完复合赋值运算后，变量的值将发生变化。

【例7-14】 复合赋值运算符的例子。

代码清单7-12　main.c文件

```
void main()
{
    int a = 100,b = 45;
    int c = 900,d = 140,e = 790,f = 9900,g = -90,h = 890;
    int i = 560,j = 711;
    a += b;
    c -= b;
    d * = b;
    e/ = b;
    f % = b;
    g << = 2;
    h >> = 3;
    i& = b;
    j| = b;
}
```

进入本书配套资源的STC_example\例子7-14目录下，在Keil μVision5集成开发环境下打开该设计，并进入调试器模式，使用单步运行。打开Watch 1窗口观察运算得到的结果。

思考与练习7-16：请说明在复合赋值运算操作过程中，变量a、c、d、e、f、g、h和i的值，并填入下面的空格。

(1) a的值=_____，所进行的操作_____。

(2) c的值=_____，所进行的操作_____。

(3) d的值=_____，所进行的操作_____。

(4) e的值=_____，所进行的操作_____。

(5) f的值=_____，所进行的操作_____。

(6) g的值=_____，所进行的操作_____。

(7) h的值=_____，所进行的操作_____。

(8) i的值=_____，所进行的操作_____。

思考与练习7-17：请用公式详细说明变量a、c、d、e、f、g、h和i值的计算过程。

7.3.8　逗号运算符

在C语言中，提供了","运算符，将两个表达式连接在一起，称为逗号表达式。逗号表达式的格式为：

表达式1,表达式2,表达式3,…,表达式n

程序运行时，对于表达式的处理是从左到右依次计算出各个表达式的值，而逗号表达式最终的值是最右侧的表达式(即表达式n)的值。

【例7-15】 逗号运算符的例子。

代码清单 7-13 main.c 文件

```c
void main()
{
    int a,b,c,d,e,f;
    d = (a = 10,b = 100,c = 1000);
    e = (a = 100,a++,b = a,c = a*b);
    f = (a = 10,b = a*30,c = a+b);
    return 0;
}
```

进入本书配套资源的 STC_example\例子 7-15 目录下,在 Keil μVision5 集成开发环境下打开该设计,并进入调试器模式,使用单步运行。打开 Watch 1 窗口观察运算得到的结果。

思考与练习 7-18:请说明逗号运算操作过程中,变量 d、e 和 f 的值,并填入下面的空格。

(1) d 的值=_____,所进行的操作_____。

(2) e 的值=_____,所进行的操作_____。

(3) f 的值=_____,所进行的操作_____。

思考与练习 7-19:请用公式详细说明变量 d、e 和 f 值的计算过程。

7.3.9 条件运算符

在 C 语言中,提供了条件运算符"?:",该运算符是 C 语言中唯一的三目运算符,即该运算符要求有三个运算的对象,用于将三个表达式连接在一起构成一个表达式。条件表达式的格式如下:

逻辑表达式 ? 表达式1 : 表达式2

首先计算逻辑表达式的值,当逻辑表达式的值为 1 时,将表达式 1 的值作为整个条件表达式的值;当逻辑表达式的值为 0 时,将表达式 2 的值作为整个条件表达式的值。

【例 7-16】 条件运算符的例子。

代码清单 7-14 main.c 文件

```c
void main()
{
    int a = 10,b = 20,d,e;
    d = (a == b) ? a:b;
    e = (a!= b) ? a:b;
}
```

进入本书配套资源的 STC_example\例子 7-16 目录下,在 Keil μVision5 集成开发环境下打开该设计,并进入调试器模式,使用单步运行。打开 Watch 1 窗口观察运算得到的结果。

思考与练习 7-20:请说明条件运算操作过程中,变量 d 和 e 的值,并填入下面的空格。

(1) d 的值=_____,所进行的操作_____。

(2) e 的值=_____,所进行的操作_____。

7.3.10 强制类型转换符

在 C 语言中,提供了强制类型转换符,用于将一个数据类型转换成另一个数据类型。

其格式为：

(数据类型关键字)　表达式/变量

【例 7-17】 强制类型转换符的例子。

代码清单 7-15　main.c 文件

```
void main()
{
    int a = 1000,b = 2000;
    long int c,e;
    float d;
    c = (long)a;
    d = (float)b;
    e = d/100;
}
```

进入本书配套资源的 STC_example\例子 7-17 目录下，在 Keil μVision5 集成开发环境下打开该设计，并进入调试器模式，使用单步运行。打开 Watch 1 窗口观察运算得到的结果。

思考与练习 7-21：请说明强制类型运算操作过程中变量 c、d 和 e 的值，并填入下面的空格。

(1) c 的值=_____，其类型转换符的作用_____。

(2) d 的值=_____，其类型转换符的作用_____。

(3) e 的值=_____，所执行的操作_____。

7.3.11　sizeof 运算符

在 C 语言中，提供了求取数据类型、变量以及表达式字节个数的 sizeof 运算符。其格式为：

sizeof(表达式)　或　sizeof(数据类型)

注意：sizeof 是一种特殊的运算符，不是函数。在编译程序的时候，就通过 sizeof 计算出字节数。

【例 7-18】 sizeof 运算符的例子。

代码清单 7-16　main.c 文件

```
void main()
{
    int a = 10;
    float b = 10.0;
    int c,d,e,f,g,h;
    c = sizeof(int);
    d = sizeof(char);
    e = sizeof(unsigned int);
    f = sizeof(long int);
    g = sizeof(float);
    h = sizeof(a + b);
}
```

进入本书配套资源的 STC_example\例子 7-18 目录下，在 Keil μVision5 集成开发环境下打开该设计，并进入调试器模式，使用单步运行。打开 Watch 1 窗口观察运算得到的结果。

思考与练习 7-22：请说明 sizeof 运算操作过程中变量 c、d、e、f、g 和 h 的值，并填入下面的空格。

(1) c 的值＝_____，占用存储空间的_____字节数。
(2) d 的值＝_____，占用存储空间的_____字节数。
(3) e 的值＝_____，占用存储空间的_____字节数。
(4) f 的值＝_____，占用存储空间的_____字节数。
(5) g 的值＝_____，占用存储空间的_____字节数。
(6) h 的值＝_____，占用存储空间的_____字节数。

7.4 描述语句

本节将介绍描述语句，内容包括输入/输出语句、表达式语句、条件语句、开关语句、循环语句和返回语句。

7.4.1 输入/输出语句

在完整的计算机系统中，包含输入/输出设备。典型地，在以 PC 为代表的计算机系统中，键盘是标准的输入设备，显示器是标准的输出设备。通过输入/输出设备，进行人机交互。这里的"人"指的是计算机的使用者，而"机"指的是计算机。

注意：在单片机系统中，标准的输入和输出设备均是串行接口。所以，在单片机系统中，进行输入操作时，必须先对串口进行初始化操作。而在 PC 上则不需要执行此操作过程。

在 C 语言中，输入和输出操作是通过函数实现的，而不是通过 C 语言本身实现。典型地，在 C 语言中，提供了输入函数 scanf 和输出函数 printf 用于实现输入和输出的人机交互。

注意：(1) 虽然在本节中声明和使用了这两个函数，但是在单片机中不建议使用，因为这两个函数所占用的存储资源比较多，建议设计者采用其他方式实现输入/输出功能。
(2) 在 C 语言中，调用输入和输出函数时，必须包含头文件 stdio.h。并且在初始化单片机串口时，必须包含头文件 reg51.h。

1. putchar 函数

当用在 PC 系统时，该函数向显示终端输出一个字符；而当用在单片机系统时，该函数向串口终端输出一个字符。其格式为：

putchar(字母)

【例 7-19】 putchar 语句 C 语言描述的例子。

代码清单 7-17　main.c 文件

```c
#include "stdio.h"
#include "reg51.h"
void main()
{
    char a = 'S',b = 'T',c = 'C';
    char d = '\n';
    char e = 'H',f = 'e',g = 'l',h = 'l',i = 'o';
    //下面初始化串口相关//
    SCON = 0x52;
    TMOD = 0x20;
    TCON = 0x69;
```

```
    TH1 = 0xF3;
    //上面初始化串口相关//
    putchar(a);
    putchar(b);
    putchar(c);
    putchar(d);
    putchar(e);
    putchar(f);
    putchar(g);
    putchar(h);
    putchar(i);
}
```

进入本书配套资源的 STC_example\例子 7-19 目录下，在 Keil μVision5 集成开发环境下打开该设计，并进入调试器模式，按 F5 键运行程序。打开 UART ♯1 窗口观察运行程序得到的结果，如图 7.21 所示。

2. getchar 函数

当用在 PC 系统时，该函数从输入设备（通常是键盘）得到一个字符；而当用在单片机系统时，该函数从输入设备（通常是串口终端）得到一个字符。其格式为：

字符型变量 = getchar()

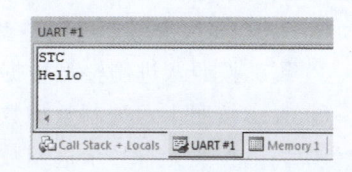

图 7.21　UART ♯1 窗口界面显示结果

【例 7-20】 getchar 语句 C 语言描述的例子。

代码清单 7-18　main.c 文件

```
#include "stdio.h"
#include "reg51.h"
void main()
{
    char a,b,c;
    SCON = 0x52;
    TMOD = 0x20;
    TCON = 0x69;
    TH1 = 0xF3;
    a = getchar();
    b = getchar();
    c = getchar();
    putchar('\n');
    putchar(a);
    putchar(b);
    putchar(c);
    putchar('\n');
}
```

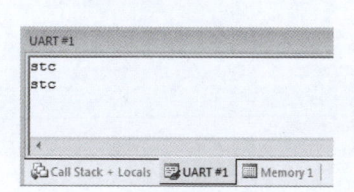

图 7.22　UART ♯1 窗口界面输入字符和显示结果

进入本书配套资源的 STC_example\例子 7-20 目录下，在 Keil μVision5 集成开发环境下打开该设计，并进入调试器模式，按 F5 键运行程序。打开 UART ♯1 窗口，在窗口中输入三个字符，然后输出刚才所输入的三个字符，如图 7.22 所示。

3. printf 函数

在 PC 系统上，该函数向显示器终端输出指定个数任意

类型的数据;而在单片机系统中,该函数向串口终端输出指定个数任意类型的数据。其格式为:

```
printf(格式控制,输出列表)
```

例如:

```
printf("%d,%c\n",i,c);
```

下面介绍其中的格式控制和输出列表。

1) 格式控制

格式控制是双撇号括起来的一个字符串,称为转换控制字符串,简称格式字符串,包含格式声明和普通字符。

(1) 格式声明由"%"和格式字符组成,如%d、%f 等。它的作用是将输出的数据转换为指定的格式输出。格式声明总是由"%"字符开始。

① %d(%i),按照十进制整型数据输出。

② %o,按照八进制整型数据输出。

③ %x,按照十六进制整型数据输出。

④ %u,按照无符号十进制数据输出。

⑤ %c,输出一个字符。

⑥ %s,输出一个字符串。

⑦ %f,以系统默认的格式输出实数。此外,%m.nf,用于控制输出 m 位整数和 n 位小数的浮点数。

⑧ %e,以指数形式输出实数。

注意:可以在格式字符 d、o、x 和 u 前面添加 l 字符,用于表示长整型数。

(2) 普通字符是需要原样输出的字符,如上面 printf 函数中双撇号内的逗号、空格和换行符。

2) 输出列表

输出列表是需要输出的一些数据,可以是常量、变量或者表达式。

注意:由于 printf 语句消耗单片机资源很多,所以不建议大量使用。

【**例 7-21**】 printf 语句 C 语言描述的例子。

代码清单 7-19　main.c 文件

```c
#include "stdio.h"
#include "reg51.h"

void main()
{
    int a = 10;
    float b = 133452.1243;
    char s1[20] = {"STC Hello"};
    char c1 = 'a';
    SCON = 0x52;
    TMOD = 0x20;
    TCON = 0x69;
    TH1 = 0xF3;
    printf("%d\n",a);
```

```
printf("%f\n",b);
printf("%7.2f\n",b);
printf("%e\n",b);
printf("%s\n",s1);
printf("%c\n",c1);
printf("%d,%f\n",a,b);
printf("a=%d, b=%d\n",a,b);
}
```

进入本书配套资源的 STC_example\例子 7-21 目录下，在 Keil μVision5 集成开发环境下打开该设计，并进入调试器模式，按 F5 键运行程序。打开 UART ♯1 窗口，可以看到显示的信息，如图 7.23 所示。

思考与练习 7-23：请分析上面的输出格式，以及每一行输出语句的作用。

图 7.23 UART ♯1 窗口界面显示的结果

4. scanf 函数

在 PC 系统上，该函数通过输入设备（如键盘），获取指定个数的任意类型数据；而在单片机系统中，该函数通过串口终端获取指定个数任意类型的数据。其格式为：

scanf(格式控制,地址列表)

例如：

scanf("%d,%d",&a,&b);

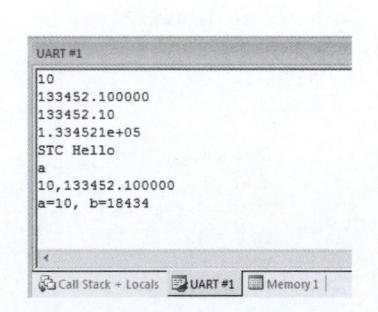

下面介绍其中的格式控制和地址列表。

1) 格式控制

格式控制是双撇号括起来的一个字符串，称为"转换控制字符串"，简称格式字符串，包含格式声明和普通字符。

(1) 格式声明由"%"和格式字符组成，如%d、%f 等。它的作用是将输入的信息转换为指定格式的数字。格式声明总是由"%"字符开始。

① %d(%i)，按照十进制整型数据输入。

② %o，按照八进制整型数据输入。

③ %x，按照十六进制整型数据输入。

④ %u，按照无符号十进制数据输入。

⑤ %c，输入一个字符。

⑥ %s，输入一个字符串。

⑦ %f，用来以系统默认的格式输入实数。

⑧ %e，以指数形式输入实数。

(2) 普通字符是需要原样输入的字符，如上面 scanf 函数中双撇号内的逗号、空格和换行符。

2) 地址列表

由若干地址组成的列表，可以是变量的地址或者字符串的首地址。

注意：(1) 这里特别强调的是地址，而不是变量本身。上面的 scanf 语句绝不可以写成：

scanf("%d,%d",a,b);

(2) 如果在格式控制字符串中，除了格式声明以外还有其他字符，则在输入数据时应在对应位置输入与这些字符相同的字符。前面的 scanf 语句中，两个 %d 之间用","隔开，因此，在输入数据的时候就需要用逗号隔开。

【例 7-22】 scanf 语句 C 语言描述的例子。

代码清单 7-20 main.c 文件

```c
#include "stdio.h"
#include "reg51.h"
main()
{
    int i,j,l;
    float k;
    char c1;
    SCON = 0x52;
    TMOD = 0x20;
    TCON = 0x69;
    TH1 = 0xF3;
    scanf("%d,%d,%c",&i,&j,&c1);
    scanf("%f",&k);
    getchar();
    scanf("%c",&c1);
    printf("\ni=%d,j=%d\n",i,j);
    printf("k=%f\n",k);
    printf("c=%c\n",c1);
    return 1;
}
```

进入本书配套资源的 STC_example\例子 7-22 目录下，在 Keil μVision5 集成开发环境下打开该设计，并进入调试器模式，按 F5 键运行程序，并打开 UART ♯1 窗口。按下面的格式输入数据。

(1) 输入两个整数，两个整数之间必须用逗号分隔。

(2) 按 Enter 键。

(3) 输入一个浮点数。

(4) 按 Enter 键。

(5) 输入一个字符。

(6) 按 Enter 键。

可以看到在 UART ♯1 窗口内显示刚才输入数据的信息，如图 7.24 所示。

思考与练习 7-24：注意到程序中有一行代码 getchar()，解释其作用。如果将该句代码去掉，会出现什么情况？

思考与练习 7-25：请解释代码中 scanf 语句格式符的作用，并尝试修改设计代码。

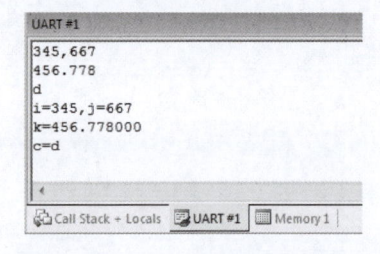

图 7.24 UART ♯1 窗口界面显示的结果

7.4.2 表达式语句

在 C 语言中，表达式语句是最基本的语句。在 C 语言中，不同的表达式语句之间用";"分隔。此外，在表达式语句前面可以存在标号，标号后必须有":"符号，用于标识每一行代码。其格式为：

标号： 表达式;

这种表示方法可以用在 goto 等跳转语句中。

多条表达式语句可以通过{}符号构成复合语句,例如,在一个判断条件中,可能存在多个表达式,这些表达式对应于一个判断条件。因此,就需要使用{}符号,将多个表达式关联到一个判断条件中。换句话说,{}符号可以理解成作用边界的分隔符,用于确认条件作用的范围。

典型地,main 函数通过{}符号将大量的表达式关联到一个函数中,当然{}符号也用于标识 main 函数的作用范围。

7.4.3 条件语句

在 C 语言中,提供了条件判断语句,又称为分支语句。通过 if 关键字来标识条件语句。下面介绍三种可能的条件语句格式。

1) 格式 1

if(条件表达式)
　　语句;

如果条件表达式成立,则执行语句;否则不执行该语句。

2) 格式 2

if(条件表达式)
　　语句 1;
else
　　语句 2;

如果条件表达式成立,则执行语句 1;否则,执行语句 2。

3) 格式 3

if(条件表达式 1)
　　语句 1;
else if(条件表达式 2)
　　语句 2;
else if(条件表达式 3)
　　语句 3;
　　…
else
　　语句 N;

此外,根据判断条件的复杂度,条件语句可以嵌套。

【例 7-23】 if-else 语句的例子。

在该例子中,根据三个输入变量 a、b、c 的值,判断是不是直角三角形。其判断逻辑是,先判断输入的三个变量 a、b 和 c 的值是否构成一个三角形;然后,才能判断这个三角形是不是直角三角形。

(1) 根据数学知识,构成三角形的条件是同时满足

$$a+b>c, a+c>b 且 a+c>b$$

的条件。

(2) 根据数学知识,构成直角三角形的条件满足
$$a^2+b^2=c^2$$

代码清单 7-21　main.c 文件

```c
#include "stdio.h"
#include "reg51.h"
void main()
{
    int a, b, c;
    SCON = 0x52;
    TMOD = 0x20;
    TCON = 0x69;
    TH1 = 0xF3;
    scanf("%d,%d,%d",&a,&b,&c);
    if(a+b>c && b+c>a && a+c>b)
        if((a*a+b*b) == c*c)
            printf("a=%d,b=%d,c=%d is a right angle triangle\n",a,b,c);
        else
            printf("a=%d,b=%d,c=%d is not a right angle triangle\n",a,b,c);
    else
        printf("a=%d,b=%d,c=%d is not a triangle\n",a,b,c);
}
```

进入本书配套资源的 STC_example\例子 7-23 目录下,在 Keil μVision5 集成开发环境下打开该设计,并进入调试器模式,按 F5 键运行程序,并打开 UART ♯1 窗口。

思考与练习 7-26:分析程序代码,画出程序流程图。

思考与练习 7-27:输入不同的数据,观察输出结果。

7.4.4　开关语句

在 C 语言中,提供了开关语句 switch,该语句也是判断语句的一种,用来实现不同的条件分支。与条件语句相比,开关语句更简洁,程序结构更加清晰,使用便捷。开关语句的格式为:

```
switch(表达式)
{
    case 常数表达式 1: 语句 1; break;
    case 常数表达式 2: 语句 2; break;
        …
    case 常数表达式 n: 语句 N;
}
```

注意:当一个常数表达式对应于多个语句时,用{}括起来。break 为跳出开关语句,也可以用于跳出循环语句。

【例 7-24】 switch 语句的例子。

该例子输入月份的值 1~12 的一个数,然后打印出所对应的月份的英文单词。

代码清单 7-22　main.c 文件

```c
#include "stdio.h"
#include "reg51.h"
void main()
{
```

```
    int a;
    SCON = 0x52;
    TMOD = 0x20;
    TCON = 0x69;
    TH1 = 0xF3;
    scanf(" % d",&a);
    switch(a)
    {
      case 1: puts("January\n");          break;
      case 2: puts("February\n");         break;
      case 3: puts("March\n");            break;
      case 4: puts("April\n");            break;
      case 5: puts("May\n");              break;
      case 6: puts("June\n");             break;
      case 7: puts("July\n");             break;
      case 8: puts("August\n");           break;
      case 9: puts("September\n");        break;
      case 10: puts("October\n");         break;
      case 11: puts("November\n");        break;
      case 12: puts("December\n");        break;
      default: puts("input number should be in 1～12\n");
    }
}
```

注意：代码中的 puts()函数是打印字符串函数。

进入本书配套资源的 STC_example\例子 7-24 目录下，在 Keil μVision5 集成开发环境下打开该设计，并进入调试器模式，按 F5 键运行程序，并打开 UART ♯1 窗口。

思考与练习 7-28：分析程序代码，画出程序流程图。

思考与练习 7-29：输入不同的数据，观察输出结果。

7.4.5 循环语句

在 C 语言中，提供了循环控制语句，用于反复地运行程序，包括 while 语句、do-while 语句、for 语句和 goto 语句。

1. while 语句

while 语句的格式为：

```
while(条件表达式)
      语句;
```

或者

```
while(条件表达式);
```

当条件表达式成立时，反复执行语句；如果条件表达式不成立，则不执行语句。

其中，在语句中必须有控制条件表达式的描述；对于第二种 while 语句，当满足表达式时，一直进行 while 的判断，执行空操作。该语句经常用于延迟或者轮询标志位的应用中。

注意：当 while 循环中有多条语句时，必须使用{}将多条语句括起来。

【例 7-25】 while 语句的例子。

该例子计算 1+2+…+100 的和，并打印计算结果。

代码清单 7-23   main.c 文件

```c
#include "stdio.h"
#include "reg51.h"
void main()
{
    int s = 0, i = 1;
    SCON = 0x52;
    TMOD = 0x20;
    TCON = 0x69;
    TH1 = 0xF3;

    while(i <= 100)
    {
        s += i;
        i++;
    }
    printf("1 + 2 + 3 + … + 100 = %d\n", s);
}
```

进入本书配套资源的 STC_example\例子 7-25 目录下,在 Keil μVision5 集成开发环境下打开该设计,并进入调试器模式,按 F5 键运行程序,并打开 UART #1 窗口。

思考与练习 7-30:分析程序代码,画出程序流程图。

思考与练习 7-31:使用单步运行,观察 while 循环的执行过程。

2. do-while 语句

do-while 语句的格式为:

do 语句
　　while(条件表达式);

注意:当 do-while 循环之间有多条语句时,必须使用{}将多条语句括起来。

【例 7-26】 do-while 语句的例子。

该例子计算 2 的 n 次幂,n 值由串口终端输入,并打印 2 的 n 次幂。

代码清单 7-24   main.c 文件

```c
#include "stdio.h"
#include "reg51.h"
void main()
{
    int i = 0, n;
    long int p = 1;
    SCON = 0x52;
    TMOD = 0x20;
    TCON = 0x69;
    TH1 = 0xF3;
    printf("the following will calculate 2 ** n\n");
    printf("please input n value(1～16)\n");
    do{
        i = 0;
        p = 1;
        scanf("%d", &n);
        do
        {
            p = 2 * p;
```

```
            i++;
        }
        while(i<n);
        printf("2 ** %d = %ld\n",n,p);
    }
    while(1);
}
```

进入本书配套资源的 STC_example\例子 7-26 目录下,在 Keil μVision5 集成开发环境下打开该设计,并进入调试器模式,按 F5 键运行程序,并打开 UART ♯1 窗口。

思考与练习 7-32:分析程序代码,画出程序流程图。

思考与练习 7-33:输入不同的数据,观察输出结果。

3. for 语句

for 语句的格式为:

for (表达式 1;表达式 2;表达式 3)语句

注意:当有多条语句存在时,必须用{}括起来。

该循环结构的执行过程如下。

(1) 计算机先求出表达式 1 的值。

(2) 求解表达式 2,如果表达式 2 成立,则执行语句;否则,退出循环。

(3) 求解表达式 3 的值。

(4) 返回第(2)步继续执行。

【**例 7-27**】 for 语句的例子。

计算 $1+2+2^2+2^3+\cdots+2^{63}$ 的和,并以十进制格式和指数格式打印计算的结果。

代码清单 7-25　main.c 文件

```c
#include "stdio.h"
#include "reg51.h"
void main()
{
    int i=0,n=1;
    float p=1;
    float t=1.0;
    SCON=0x52;
    TMOD=0x20;
    TCON=0x69;
    TH1=0xF3;
    for(i=1;i<64;i++)
    {
        p=p*2;
        t+=p;
    }
    printf("sum = %f\n",t);
    printf("sum = %e\n",t);
}
```

进入本书配套资源的 STC_example\例子 7-27 目录下,在 Keil μVision5 集成开发环境下打开该设计,并进入调试器模式,按 F5 键运行程序,并打开 UART ♯1 窗口。

思考与练习 7-34:分析程序代码,画出程序流程图。

思考与练习 7-35:进行单步调试,观察 for 循环执行的过程。

4. goto 语句

goto 语句是无条件跳转语句，其格式为：

标号：
…
goto 标号；

在 C 语言中，goto 语句只能从内层循环跳到外层循环，而不允许从外层循环调到内层循环。

注意：goto 语句会破坏层次化设计结构，尽量少用。

【例 7-28】 goto 语句的例子。

当按键输入不是 0 时，一直提示输入 0，直到按键输入为 0 时，提示退出程序。

代码清单 7-26　main.c 文件

```c
#include "stdio.h"
#include "reg51.h"
void main()
{
    int a;
    SCON = 0x52;
    TMOD = 0x20;
    TCON = 0x69;
    TH1 = 0xF3;

    loop:
        puts("please input 0 to end loop\n");
        scanf(" % d",&a);
        if(a!= 0)
            goto loop;
        else
            puts("end program\n");
}
```

进入本书配套资源的 STC_example\例子 7-28 目录下，在 Keil μVision5 集成开发环境下打开该设计，并进入调试器模式，按 F5 键运行程序，并打开 UART ＃1 窗口。

思考与练习 7-36：分析程序代码，画出程序流程图。

思考与练习 7-37：进行单步调试，观察循环执行的过程。

5. break 语句

前面在 switch 语句中使用了 break 语句。在循环语句中，break 用于终止循环的继续执行，即退出循环。

6. continue 语句

continue 语句和 break 语句一样，也可以打断循环。但是，与 break 语句不同的是，continue 语句仅仅不执行当前循环 continue 后面的语句，但是可以继续执行下一次的循环。

【例 7-29】 break 和 continue 语句的例子。

该例子执行从 1 到 100 的循环，每执行一次循环给出一个提示信息。在循环中设置了 break 语句和 continue 语句。

代码清单 7-27　main.c 文件

```c
#include "stdio.h"
#include "reg51.h"
```

```
void main()
{
    int i;
    SCON = 0x52;
    TMOD = 0x20;
    TCON = 0x69;
    TH1 = 0xF3;
    for(i = 0;i < 100;i++)
    {
        if(i == 50) continue;
        if(i == 80) break;
        printf("i = % d is performed\n",i);
    }
}
```

进入本书配套资源的 STC_example\例子 7-29 目录下,在 Keil μVision5 集成开发环境下打开该设计,并进入调试器模式,按 F5 键运行程序,并打开 UART ♯1 窗口。

思考与练习 7-38:在窗口中,可以看到 i=49 和 i=51 的显示语句,但没有看到 i=50 的显示语句,如图 7.25(a)所示,请解释原因,说明 continue 语句的作用。

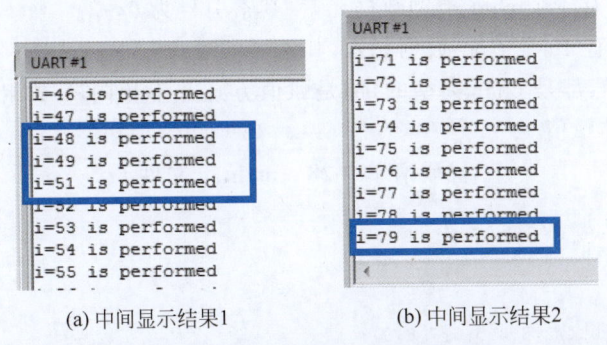

(a) 中间显示结果1   (b) 中间显示结果2

图 7.25　UART ♯1 窗口界面显示结果

思考与练习 7-39:在窗口中,可以看到 i=79 的显示语句,但没有看到后面的显示语句,如图 7.25(b)所示,请解释原因,说明 break 语句的作用。

7.4.6　返回语句

返回语句用于终止程序的执行,并控制程序返回到调用函数时的位置。返回语句的格式为:

return(表达式);　或者　return;

在本章函数调用部分,还会更详细地说明返回语句。

7.5　数组

前面在介绍 C 语言数据类型的时候,介绍了最基本的数据类型。在 C 语言中,可以将具有相同数据类型的一组数据组织在一起。这样,便于对这些相同数据类型的数据进行操作。因此,将组织起来的一组具有相同数据类型的数据称为数组。

7.5.1　一维数组的表示方法

数组用数据类型、标识符和数组所含数据的个数进行标识。对于一维数组,例如:

```
int A[10]
```

该数组用标识符 A 标识,该数组共有 10 个元素。每个元素的数据类型为 int 类型。该数组中的每个元素通过索引号标识。在 C 语言中,索引号以 0 开头。

对于 A[10] 这个数组,A[0] 表示该数组的第一个数据元素;A[1] 表示该数组的第二个数据元素;A[2] 表示该数组中的第三个数据元素,以此类推;A[9] 表示该数组中的第十个数据元素。不存在 A[10] 这个数据元素。因为索引号从 0 开始直到 9 为止。

对于数组中的每个数据元素来说,可以在声明数组的时候就给其赋值,也可以在后面动态地给其赋值。

注意:在后面动态赋值的时候,一条语句只能给一个数组元素赋值,一条语句不能给多个数组元素赋值。设计者可以通过类型前面的关键字 data、idata、xdata,合理地使用不同的存储空间,满足不同的存储数据元素个数的要求。

【例 7-30】 一维数组声明和赋值语句的例子。

在该例子中,声明了三个数组 a、b、c。

(1) 数组 a 中,有 10 个 int 数据元素,其索引号为 0～9。

(2) 数组 b 中,有 4 个 char 类型数据元素,其索引号为 0～3。

(3) 数组 c 中,有 40 个 char 数据元素,其索引号为 0～39。

数组 c 和 b 虽然都是 char 类型的,但是赋值方式并不相同,b 数组是每个元素分别赋值;而 c 数组是整体赋值。

代码清单 7-28　main.c 文件

```c
#include "stdio.h"
#include "reg51.h"
main()
{
    int a[10] = {0,1,2,3,4,5,6,7,8,9};
    char b[4] = {'a','b','c','d'};
    char c[40] = {"hebin hello"};
    return 1;
}
```

进入本书配套资源的 STC_example\例子 7-30 目录下,在 Keil μVision5 集成开发环境下打开该设计,并进入调试器模式,单步运行程序。使得单步运行到 return 1 的代码。

(1) 在当前调试主界面主菜单下,选择 Watch Windows→Watch 1 命令。

(2) 出现 Watch 1 窗口界面,如图 7.26 所示。在该界面中单击 Enter expression,然后输入 a;在下一行又出现 Enter expression,然后输入 b;按照类似的方法输入 c,如图 7.27 所示。

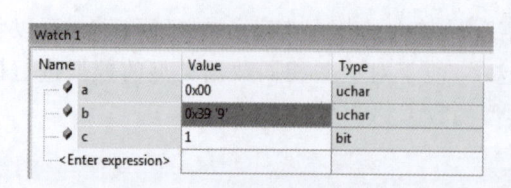

图 7.26　Watch 1 窗口界面

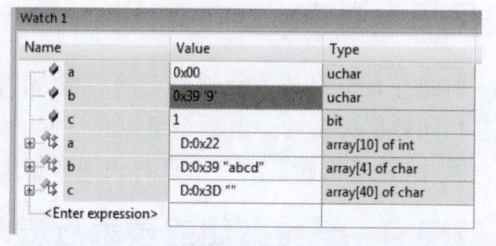

图 7.27　Watch 1 窗口界面添加数组变量

（3）在图 7.27 所示的界面中，分别单击 a、b 和 c 前面的＋号，展开数组。可以看到各个数组的数据元素的值，如图 7.28 所示。

此外，在该图中还可以看到下面的信息。

① a 右侧给出 D:0x22 信息，表示数组存放在单片机内部数据区起始地址为 0x22 的区域。

② b 右侧给出 D:0x39 信息，表示数组存放在单片机内部数据区起始地址为 0x39 的区域。

③ c 右侧给出 D:0x3D 信息，表示数组存放在单片机内部数据区起始地址为 0x3D 的区域。

（4）在 Memory 1 窗口内的 Address 文本框中输入 d:0x22，如图 7.29 所示。可以看到从 d:0x22 开始的区域，每两字节存放一个数据元素，即 00 00，00 01，00 02，00 03，00 04，00 05，00 06，00 07，00 08，00 09。地址从 d:0x22 开始，一直到 d:0x35 结束，一共 20 字节。

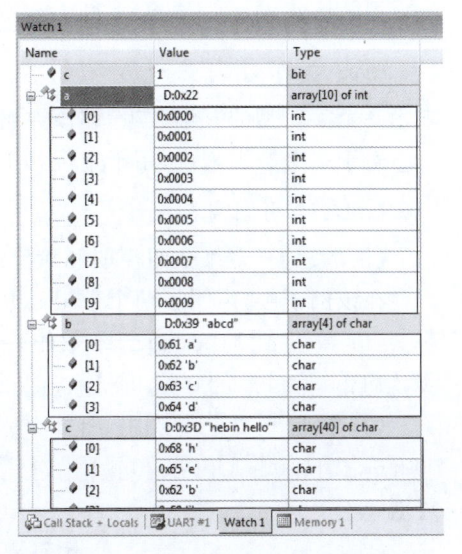

图 7.28 Watch 1 窗口界面数组变量内的元素值

（5）在 Memory 1 窗口内的 Address 文本框中输入 d:0x39，如图 7.30 所示。

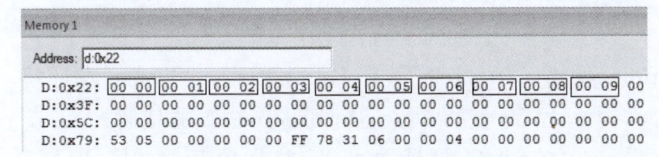

图 7.29 d:0x22 开始连续地址区

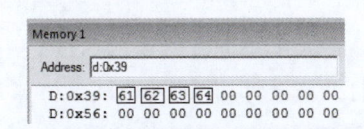

图 7.30 d:0x39 开始连续地址区

思考与练习 7-40：根据图 7.30，说明数组 b 的起始地址、该数组数据元素的个数、每个数据元素占用的字节数、数组 b 的结束地址，以及该数组一共占用的字节数。

（6）在 Memory 1 窗口内的 Address 文本框中输入 d:0x3d，如图 7.31 所示。

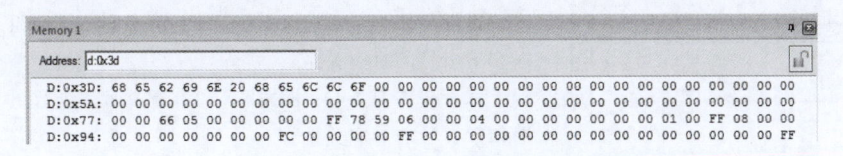

图 7.31 d:0x3d 开始连续地址区

思考与练习 7-41：根据图 7.31，说明数组 c 的起始地址、该数组数据元素的个数、每个数据元素占用的字节数、数组 c 的结束地址，以及该数组一共占用的字节数。

7.5.2 多维数组的表示方法

多维数组的格式为：

数据类型　数组名[维数 1][维数 2]…[维数 3]

例如：

```
char  B[5][5]
```

表示一个字符型的二维数组,即该数组一共有 25 个数据元素。

```
char  C[5][5][5]
```

表示一个字符型的三维数组,即该数组一共有 5×5×5=125 个数据元素。

对于多维数组来说,用于定位其中每个数据元素的格式为:

数组名[索引 i][索引 j]

【例 7-31】 多维数组声明和赋值语句的例子。

在该例子中,声明了两个数组 a、b。

(1) 数组 a[3][3]为二维数组,有 9 个 int 数据元素,按下面索引号顺序:[0][0]、[0][1]、[0][2]、[1][0]、[1][1]、[1][2]、[2][0]、[2][1]、[2][2]保存数据。

(2) 数组 b[2][2][2]中,有 8 个 char 类型数据元素,按下面索引号顺序:[0][0][0]、[0][0][1]、[0][1][0]、[0][1][1]、[1][0][0]、[1][0][1]、[1][1][0]、[1][1][1]保存数据。

代码清单 7-29 main.c 文件

```
main()
{
    int a[3][3] = {1,2,3,4,5,6,7,8,9};
    char b[2][2][2] = {11,12,13,14,15,16,17,18};
    return 1;
}
```

进入本书配套资源的 STC_example\例子 7-31 目录下,在 Keil μVision5 集成开发环境下打开该设计,并进入调试器模式,单步运行程序,使得单步运行到 return 1 的代码。

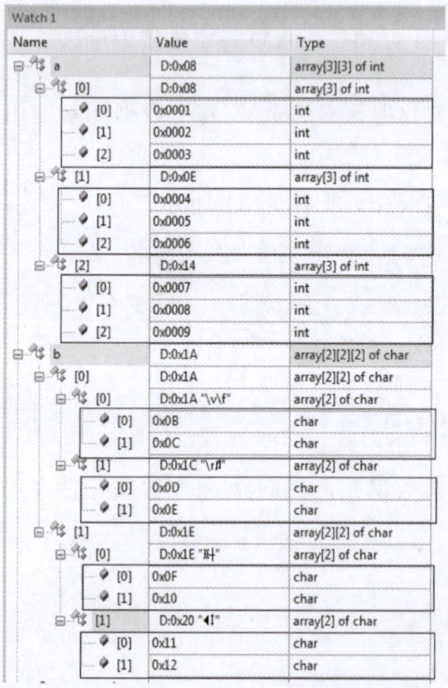

图 7.32 Watch 1 窗口的多维数组内容

(1) 在当前调试主界面主菜单下,选择 Watch Windows→Watch 1 命令。

(2) 出现 Watch 1 界面。在该界面中,单击 Enter expression,然后输入 a;在下一行又出现 Enter expression,然后输入 b,如图 7.32 所示。

思考与练习 7-42:根据图 7.32,请说明二维数组 a 中每个数据和索引号的对应关系。

思考与练习 7-43:根据图 7.32,请说明三维数组 b 中每个数据和索引号的对应关系。

(3) 在 Memory 1 界面内 Address 文本框中输入 d:0x08,如图 7.33 所示。可以看到二维数组 a 的数据实际上是按照一维的形式保存在单片机片内数据区地址为 0x08 的起始地址,并且是连续存放。所以,本质上,在物理存储器空间并不存在"多维"的概念,多维只是为了更清楚地划分数据而已。

(4) 在 Memory 1 界面内 Address 文本框中输入 d:0x1a,如图 7.34 所示。可以看到三维数组 b 的数据实际上是按照一维的形式保存在单片机片内数据区地址为 0x1a 的起始地址,并且是连续存放。

图 7.33　Memory 1 窗口的二维数组 a 的内容

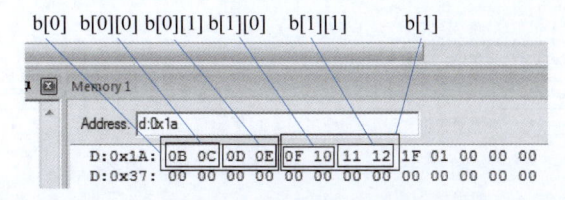

图 7.34　Memory 1 窗口的三维数组 b 的内容

思考与练习 7-44：根据图 7.33 和图 7.34，对于三维数组 b 来说，说明一维划分的表示方法、二维划分的表示方法和三维划分的表示方法。

7.5.3　索引数组元素的方法

下面通过一个例子说明上面数组中每个元素的索引方法。

【例 7-32】　一维和多维数组索引元素的例子。

代码清单 7-30　main.c 文件

```c
#include "stdio.h"
#include "reg51.h"
void main()
{
    int a[10] = {0,1,2,3,4,5,6,7,8,9};
    int b[3][3] = {{1,2,3},{4,5,6},{7,8,9}};
    char c[20] = {"STC Hello"};
    int i = 0, j = 0, k = 0;
    SCON = 0x52;
    TMOD = 0x20;
    TCON = 0x69;
    TH1 = 0xF3;
    for(i = 0; i < 10; i++)                     //循环打印一维 int 型数组 a
        printf("a[%d] = %d ", i, a[i]);         //索引数组 a 中的每个元素
        printf("\n");
    for(i = 0; i < 3; i++)                      //循环打印二维 int 型数组 b
    {
        for(j = 0; j < 3; j++)
            printf("b[%d][%d] = %d ", i, j, b[i][j]);  //索引数组 b 中的每个元素
        printf("\n");
    }
    for(i = 0; i < 20; i++)                     //循环打印一维 char 类型数组 c
    {
        if(c[i] == '\0') break;                 //判断字符是否结束,中断执行
        printf("c[%d] = %c ", i, c[i]);         //索引数组 c 中的每个元素
    }
    printf("\n");
```

```
    while(1);
}
```

进入本书配套资源的 STC_example\例子 7-32 目录下，在 Keil μVision5 集成开发环境下打开该设计，并进入调试器模式，按 F5 键运行程序。在 UART ＃1 窗口界面中，给出了数组 a、b 和 c 索引号和各个数据元素之间的关系，如图 7.35 所示。

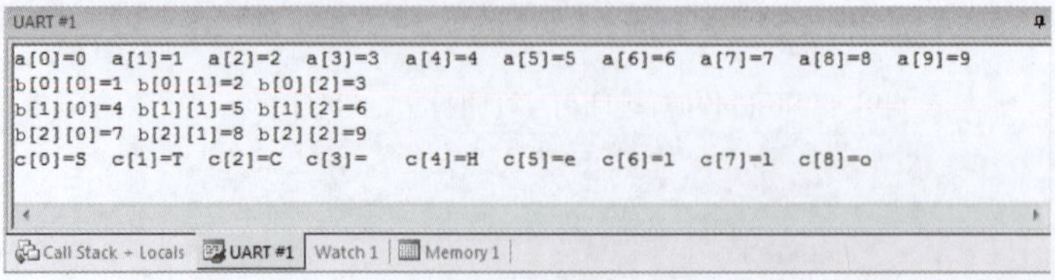
UART #1
a[0]=0 a[1]=1 a[2]=2 a[3]=3 a[4]=4 a[5]=5 a[6]=6 a[7]=7 a[8]=8 a[9]=9
b[0][0]=1 b[0][1]=2 b[0][2]=3
b[1][0]=4 b[1][1]=5 b[1][2]=6
b[2][0]=7 b[2][1]=8 b[2][2]=9
c[0]=S c[1]=T c[2]=C c[3]= c[4]=H c[5]=e c[6]=l c[7]=l c[8]=o
Call Stack + Locals
UART #1
Watch 1
Memory 1

图 7.35 UART ＃1 窗口打印的内容

下面对该段程序关键部分进行详细的说明。

(1) 在程序开始的地方，有一行代码

```
char c[20] = {"STC Hello"};
```

这行代码表示字符型数组 c 有 20 个元素，也就是单片机片内数据区存储空间为数组 c 分配 20 个 char 类型的数据元素。但是，在实际中，赋值了一个字符串“STC Hello”，这个字符串包含 9 个字符，分别是'S'、'T'、'C'、' '、'H'、'e'、'l'、'l'、'o'。当然，也可以采用下面的赋值方式分别进行赋值：

```
char c[20] = {'S','T','C',' ','H','e','l','l','o'};
```

很明显，用字符串整体赋值比单个字符分别赋值要简单很多。但是，单个字符分别赋值，其索引号对应关系比字符串要清晰很多。

可以分配 20 字节，但是只分配了 9 个字符，剩下没有赋值的字节空间如何处理？在 C 语言中，规定在最后一个赋值的字符后，插入'\0'，表示字符的结束。在下面的代码中：

```
for(i = 0;i < 20;i++)
    {
        if(c[i] == '\0') break;
          printf("c[ % i] = % c ",i,c[i]);
    }
        printf("\n");
```

为了不打印出没有分配的字符，因此在循环索引字符时，判断当前的字符 c[i]是不是结束符'\0'，如果是结束符，则通过 break 语句停止继续打印下面的字符。

注意：char 类型其实不是什么特殊的数据类型，只不过在存储空间中占用 1 字节。通用的 ASCII 码范围在 0～255，而 char 类型也在 0～255，所以将其称为字符型而已。

(2) 在程序开始处代码：

```
b[3][3] = {{1,2,3},{4,5,6},{7,8,9}};
```

其效果与

```
b[3][3] = {1,2,3,4,5,6,7,8,9};
```

一样。

在{}里再使用{}括号，只是为了更好地表示数据存储的顺序而已。

7.5.4　动态输入数组元素的方法

本节将通过一个例子说明动态输入数据为数组赋值的方法。

【例 7-33】　动态输入数组元素的例子。

代码清单 7-31　main.c 文件

```c
#include "stdio.h"
#include "reg51.h"
void main()
{
    int a[8];
    int b[3][3];
    xdata char str[40];                     //将字符数组 str 定义在单片机 xdata 区
    int i,j;
    SCON = 0x52;
    TMOD = 0x20;
    TCON = 0x69;
    TH1 = 0xF3;
    printf("please input data of a[8]\n");  //打印提示输入 a[8]数组数据元素
    for(i = 0;i < 8;i++)                    //循环语句
      scanf("%d,",&a[i]);                   //通过索引号和 scanf 语句得到每个数据
      putchar('\n');                        //换行

    printf("please input data of b[3][3]\n"); //打印提示输入 b[3][3]数组数据元素
    for(i = 0;i < 3;i++)                    //外循环语句
    {
        for(j = 0;j < 3;j++)                //内循环语句
          scanf("%d,",&b[i][j]);            //通过索引号和 scanf 语句得到每个数据
    }
    putchar('\n');                          //换行

    printf("please input string of str[40]\n"); //打印输入字符数组数据信息
    // scanf("%s,",str);                    //(可选的)使用该语句输入字符串
    // gets(str,40);                        //(可选的)使用该语句输入字符串
    for(i = 0;i < 40;i++)                   //循环语句
    {
        scanf("%c",&str[i]);                //根据索引号和 scanf 得到字符数据
        if(str[i] == '\n') break;           //如果输入字符为换行,则停止输入
    }
    putchar('\n');                          //换行
    for(i = 0;i < 8;i++)
        printf("a[%d] = %d,",i,a[i]);       //循环语句打印输入的 a 数组数据值
    printf("\n");                           //换行
    for(i = 0;i < 3;i++)
    {
        for(j = 0;j < 3;j++)
          printf("b[%d][%d] = %d,",i,j,b[i][j]); //循环语句打印输入的 b 数组数据值
        putchar('\n');                      //二维数组换行
    }
        puts(str);                          //输出字符串
    while(1);
}
```

进入本书配套资源的 STC_example\例子 7-33 目录下,在 Keil μVision5 集成开发环境下打开该设计,并进入调试器模式,按 F5 键运行程序。在 UART #1 窗口界面中给出数据

输入的格式和输出信息的格式,如图 7.36 所示。

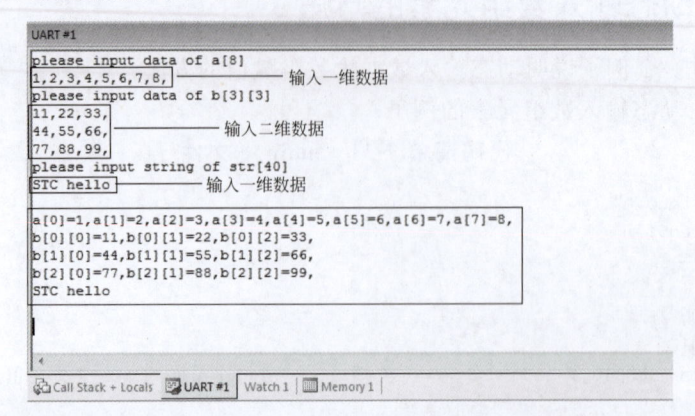

图 7.36　UART ♯1 窗口输入和打印信息的内容

（1）在提示信息 please input data of a[8]下面,输入 8 个数据。按照设计代码要求,这 8 个数据之间应该用","隔开。

（2）当输入最后一个数据和","后,自动出现提示信息 please input data of b[3][3],按照设计代码要求,输入二维数组数据,这些数据之间用","隔开。为了美观,在输入数据的时候,每输入三个数据(一行),按 Enter 键,再输入下一行数据。

（3）当输入第三行的最后一个数据","后,自动出现提示信息 please input string of str[40],按照设计要求,输入字符。如果不想继续输入字符,则按 Enter 键,停止输入字符串信息。

当输入完所要求的数据后,在下面显示所输入的数据以及与数组索引号的对应关系。

下面对该代码的关键部分进行说明。

（1）在代码开始部分,有下面一行代码

xdata char str[40];

该行代码用于声明将字符型数组 str 放在单片机的 xdata 区,这样可以避免因为内部数据区空间有限,而导致无法为 str 数组分配存储空间的情况。

（2）在代码中,可以看到在输入数据的时候,在数组标识符前面加"&"符号前缀,用于表示取出当前存储器数据元素的地址,其中每个存储器数据元素通过数组名和索引号进行标识。

对于字符型数组的数据输入,该代码给出了以下可选择的方法。

1）方法 1

```
for(i = 0;i < 40;i++)
    {
    scanf("%c",&str[i]);
    if(str[i] == '\n') break;
    }
```

这种方法就是分别输入字符串中的每个字符。如果不继续输入字符,则按 Enter 键,跳出该循环。

2）方法 2

scanf("%s,",str);

这种方法就是直接输入字符串。但是当使用这种方法时,不允许在字符之间存在空格,这是因为空格在此表示输入字符的结束。

3) 方法 3

gets(str,40);

和第二种方法类似,注意在调用该函数的时候,需要说明输入字符的最大个数。采用这种方法输入字符串时,允许在字符之间存在空格。

思考与练习7-45:修改代码,尝试使用第二种和第三种字符输入方式。

下面查看一下 Watch 1 窗口内容和 Memory 1 窗口内容。

(1) 在 Watch 1 窗口中,分别输入数组名字 b、a 和 str。可以看到数组保存的数据信息,如图 7.37 所示。

从图 7.37 中可以看到数组 b 的起始地址为 D:0x32,数组 a 的起始地址为 D:0x22,数组 str 的起始地址为 X:0x000000。

思考与练习7-46:根据设计代码,请说明代码如何控制字符数组 str 所在的存储空间。

(2) 在 Memory 1 窗口中,分别输入 d:0x22、d:0x32 和 x:0x000000,查看存储器的内容,如图 7.38 所示。

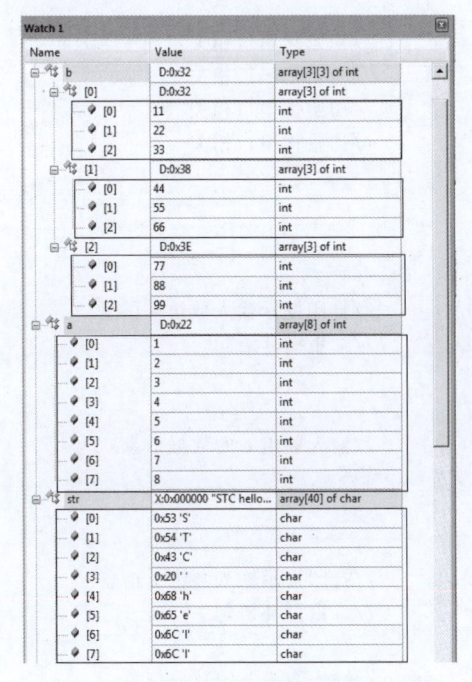

图 7.37 Watch 1 窗口数组元素的内容

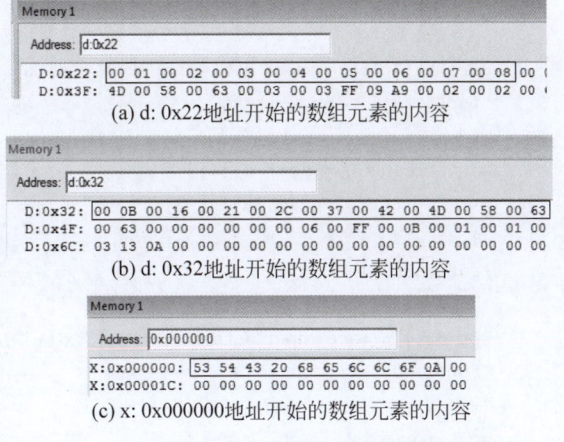

图 7.38 不同地址开始的数组元素的内容

(a) d:0x22 地址开始的数组元素的内容

(b) d:0x32 地址开始的数组元素的内容

(c) x:0x000000 地址开始的数组元素的内容

(3) 退出调试器模式,并关闭该设计。

7.5.5 数组运算算法

本节将通过例子说明数组在数学运算中的用法。

【例 7-34】 矩阵乘法的例子。

根据矩阵理论的知识,假设矩阵 A 表示为 $(a_{ij})_{m \times p}$,矩阵 B 表示为 $(b_{ij})_{p \times n}$,若矩阵

$C=A\times B$，则矩阵 C 表示为 $(c_{ij})_{m\times n}$。其中：

$$c_{ij}=\sum_{k=0}^{p}a_{ik}\cdot b_{kj}$$

该设计中，矩阵 A 和矩阵 B 的数据由串口终端输入，在串口终端上显示矩阵 C 的结果。

代码清单7-32   main.c 文件

```c
#include "stdio.h"
#include "reg51.h"
#define row_a 4                        //宏定义矩阵 A 的行个数
#define col_a 3                        //宏定义矩阵 A 的列个数
#define row_b 3                        //宏定义矩阵 B 的行个数
#define col_b 2                        //宏定义矩阵 B 的列个数
void main()
{
    int a[row_a][col_a];
    int b[row_b][col_b];
    int c[row_a][col_b];
    int i,j,k;
    int m,n,o,p;
    SCON = 0x52;                       //初始化串口相关
    TMOD = 0x20;                       //初始化串口相关
    TCON = 0x69;                       //初始化串口相关
    TH1 = 0xF3;                        //初始化串口相关
    m = row_a;
    n = col_a;
    o = row_b;
    p = col_b;
    printf("please input data of a[%d][%d]\n",m,n);  //打印提示输入数组 a 信息
    for(i = 0;i < row_a;i++)           //二重循环语句
    {
        for(j = 0;j < col_a;j++)
            scanf("%d,",&a[i][j]);     //输入数组 a 的数据信息
    }
    putchar('\n');

    printf("please input data of b[%d][%d]\n",o,p);  //打印提示输入数组 b 信息
    for(i = 0;i < row_b;i++)           //二重循环语句
    {
        for(j = 0;j < col_b;j++)
            scanf("%d,",&b[i][j]);     //输入数组 b 的数据信息
    }
    putchar('\n');
    for (i = 0;i < row_a;i++)          //三重循环
    {
        for (j = 0;j < col_b;j++)
        {
            c[i][j] = 0;               //数组 c 的每个元素初值为 0
            for (k = 0;k < col_a;k++)
```

```
            {
                c[i][j] += a[i][k] * b[k][j];              //矩阵相应元素的乘和累加运算
            }
        }
    }
        printf("\n array c[%d][%d] is following\n",m,p);    //输出数组 c 的信息
        for(i=0;i<row_a;i++)
        {
            for(j=0;j<col_b;j++)
                printf("%5d,",c[i][j]);                    //输出数组 c 中每个数据的元素
                putchar('\n');
        }
    while(1);
}
```

进入本书配套资源的 STC_example\例子 7-34 目录下,在 Keil μVision5 集成开发环境下打开该设计,并进入调试器模式,按 F5 键运行程序。在 UART ♯1 窗口界面中给出数据输入的格式和输出信息的格式,如图 7.39 所示。

按照下面的格式输入信息。

(1) 在提示信息 please input data of a[4][3]下面输入 12 个数据。按照设计代码要求输入的 12 个数据之间应该用","隔开。为了美观,在输入数据的时候,每输入 3 个数据(一行),按 Enter 键,再输入下一行数据。

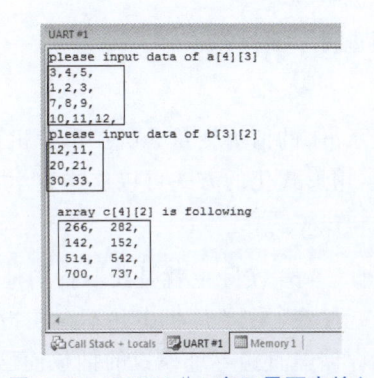

图 7.39 UART ♯1 窗口界面内输入数组和输出数组信息

(2) 当输入最后一个数据和","后自动出现提示信息 please input data of b[3][2],按照设计代码要求,输入 6 个数据,这 6 个数据之间用","隔开。为了美观,在输入数据的时候,每输入 2 个数据(一行),按 Enter 键,再输入下一行数据。

(3) 当输入第三行的最后一个数据","后,自动出现打印出数组 c 的维度信息以及数组 c 中每个数据元素的值。

7.6 指针

C 语言的一大特色就是提供了指针的功能,这就增加了 C 语言对单片机片内数据区和扩展数据区的管理。实质上,指针的目的就是增加对单片机内存储空间的管理能力。前面所定义的变量等,只能按照编译器给分配的空间地址进行存放,软件设计者没有任何能力可以对所分配空间的位置进行干预。

指针的作用就是指向程序设计者所需要存放数据的具体的存储空间位置,然后对该存储空间位置进行取数和存数的操作。更通俗地讲,就是指向一个具体的存储空间位置,然后对这个位置进行存取操作。

在前面介绍汇编语言指令时,提到存储器直接寻址和存储器的间接寻址模式。C 语言的指针就和这两种寻址模式有密切的关系。换句话说,C 语言中的指针实际上就是对存储

器直接寻址和间接寻址模式的抽象。

7.6.1 指针的基本概念

指针的声明格式：

数据类型　*指针名字

前面提到过：

& 变量/数组名字

表示获取变量所在单片机存储空间的地址，或者数组所在单片机存储空间的起始地址。例如如下声明：

```
int * p1;
int a;
```

当进行下面操作：

```
p1 = &a;
```

表示 p1 的值为变量 a 所在单片机存储空间的具体地址信息。该地址的内容就是变量 a 的值，用形式化的方式可以这样表示：

```
(p1) = a;
```

因此，*p1 实际上就是获取指向地址的内容。所以，*p1 的值就是变量 a 的值。

注意：在单片机中并不存在指针这样一个功能部件，正如上面所提到的，这只是 C 语言对存储器直接寻址模式的抽象而已。*和指针名字之间不能有空格。

【例 7-35】 指针基本概念的例子。

代码清单 7-33　main.c 文件

```c
#include "stdio.h"
#include "reg51.h"
void main()
{
    int a = 100;                        //定义整型变量
    int b[4] = {1,2,3,4};               //定义整型数组
    char c[10] = {"STC"};               //定义字符型的数组
    int * p1, * p2;                     //定义指向整型数的指针
    char * p3;                          //定义指向字符型的指针
    SCON = 0x52;
    TMOD = 0x20;
    TCON = 0x69;
    TH1 = 0xF3;

    p1 = &a;                            //p1 为变量 a 所在存储空间的地址
    p2 = &b;                            //p2 为数组 b 所在存储空间的首地址
    p3 = &c;                            //p3 为数组 c 所在存储空间的首地址
    printf("%d\n", * p1);               //打印 p1 单元内存储空间的内容
    printf("%d\n", * p2);               //打印 p2 单元内存储空间的内容
    printf("%d\n", * (++p2));           //打印(p2 + 1)单元内存储空间的内容
    printf("%d\n", * (++p2));           //打印(p2 + 2)单元内存储空间的内容
    printf("%d\n", * (++p2));           //打印(p2 + 3)单元内存储空间的内容
    printf("%c", * p3);                 //打印 p3 单元内存储空间的内容
    printf("%c", * (++p3));             //打印(p3 + 1)单元内存储空间的内容
    printf("%c\n", * (++p3));           //打印(p3 + 2)单元内存储空间的内容
```

```
    while(1);
}
```

注意：读者可以调用%p打印出指针的信息。

进入本书配套资源的 STC_example\例子 7-35 目录下，在 Keil μVision5 集成开发环境下打开该设计，并进入调试器模式，按 F5 键运行程序。在 UART♯1 窗口界面中，给出输出信息的格式，如图 7.40 所示。下面对该程序进行详细的分析：

图 7.40　UART♯1 窗口界面显示输出信息

（1）按前面的方法，打开 Watch 1 窗口界面。在该界面中，分别输入 a、b 和 c，出现变量 a 的值、数组 b 的数据元素的值以及数组 b 的首地址、数组 c 的数据元素的值以及数组 c 的首地址，如图 7.41 所示。

注意：在该界面没有给出变量 a 的地址信息。在 main.c 文件界面内，将光标置于变量 a 的名字上，显示出变量 a 的地址信息，如图 7.42 所示。

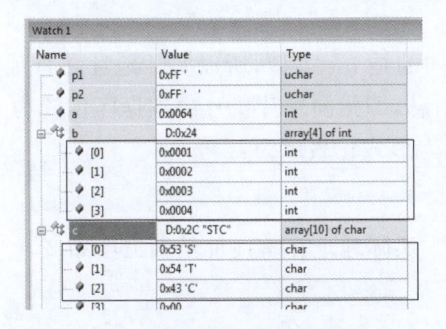

图 7.41　Watch 1 窗口界面显示信息（1）　　图 7.42　main.c 界面给出变量 a 的地址信息

思考与练习 7-47：根据图 7.41 和图 7.42，填写下面信息。

① 变量 a 的存储空间和地址_____，占用_____字节。
② 数组 b 的存储空间首地址_____，占用_____字节。
③ 数组 c 的存储空间首地址_____，占用_____字节。

（2）重新单步运行程序，程序执行完第 16 行代码，在 Watch 1 窗口界面内输入 p1、p2 和 p3 的值，可以看到给出的信息，如图 7.43 所示。

① 从图 7.43 中可以看出，p1 的内容为 I:0x22，为地址信息，即指向单片机片内数据区位置为 0x22 的地址，该地址内容为 0x0064。这是因为在程序代码中，将 p1 设置为变量 a 所在的地址。

图 7.43　Watch 1 窗口界面显示信息（2）

② 类似地，从图 7.43 中可以看出 p2 的内容为 I:0x24，为地址信息，即指向单片机片内数据区位置为 0x24 的地址，该地址内容为 0x0001。这是因为在程序代码中，将 p2 设置为指向数组 b 的首地址，并且数组 b 的第一个数据元素的值为 1。形式化表示为：

(p2) = 1 = b[0] = *p2

换句话说，p2 的内容就通过指针 *p2 表示。

注意：由于指针 *p2 为 int 类型，所以 p2 的内容为 int 型（2 字节的数据内容）；()表示

③ 类似地,从图 7.43 中可以看出 p3 的内容为 I:0x2C,为地址信息,即指向单片机片内数据区位置为 0x2C 的地址,该地址内容为 0x53。这是因为在程序代码中,将 p3 设置为指向数组 c 的首地址,并且数组 c 的第一个数据元素的值为字符"S"(该字符的 ASCII 值为 0x53)。形式化表示为:

(p3) = 0x53 = c[0] = *p3

换句话可以这样说,p3 的内容就通过指针 *p3 表示。

注意:由于指针 *p3 为 char 类型,所以 p3 的内容为 char 型(1 字节的数据内容);()表示地址单元的内容。

(3) 继续单步执行完第 18 行代码,相继打印出 *p1 和 *p2 的值,为 100 和 1。这个结果和前面分析的一致。

(4) 单步执行完第 19 行代码,即

printf("%d,",*(++p2));

该段代码让 p2 在首地址基础上递增,由于 p2 指向的是 int 类型,所以实际地址在首地址基础上增加 2。此时,p2 的内容为 I:0x26,为地址信息,即指向单片机片内数据区位置为 0x26 的地址,该地址的内容为 0x0002,如图 7.44 所示。形式化表示为:

(p2) = 0x0002 = b[1] = *p2

注意:此时的 p2 在前面 p2 的基础上递增 1。实际地址在首地址基础上增加 2。

p1	I:0x22	ptr3
[0]	0x0064	int
p2	I:0x26	ptr3
[0]	0x0002	int
p3	I:0x2C "STC"	ptr3
[0]	0x53 'S'	char

图 7.44 Watch 1 窗口界面显示信息(3)

(5) 单步执行完第 20 行代码,即

printf("%d,",*(++p2));

该段代码让 p2 在前一个 p2 的基础上递增,由于 p2 指向的是 int 类型,所以实际地址在前一个地址基础上增加 2。此时,p2 的内容为 I:0x28,为地址信息,即指向单片机片内数据区位置为 0x28 的地址,该地址的内容为 0x0003,如图 7.45 所示。形式化表示为:

(p2) = 0x0003 = b[2] = *p2

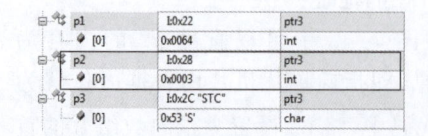

p1	I:0x22	ptr3
[0]	0x0064	int
p2	I:0x28	ptr3
[0]	0x0003	int
p3	I:0x2C "STC"	ptr3
[0]	0x53 'S'	char

图 7.45 Watch 1 窗口界面显示信息(4)

注意:此时的 p2 在前面 p2 的基础上递增 1。实际地址在首地址基础上增加 4。

(6) 单步执行完第 21 行代码,即

printf("%d,",*(++p2));

该段代码让 p2 在前一个 p2 的基础上递增,由于 p2 指向的是 int 类型,所以实际地址在前一个地址基础上增加 2。此时,p2 的内容为 I:0x2A,为地址信息,即指向单片机片内数据区位置为 0x2A 的地址,该地址的内容为 0x0004,如图 7.46

所示。形式化表示为：

(p2) = 0x0004 = b[3] = * p2

注意：此时的 p2 在前面 p2 的基础上递增 1。实际地址在首地址基础上增加 6。

为了帮助读者理解，这里给出了数组 b 在单片机片内数据区的存储信息，如图 7.47 所示。

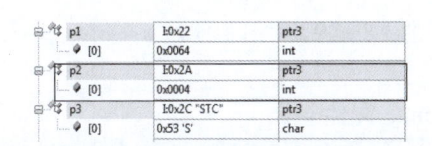

图 7.46　Watch 1 窗口界面显示信息(5) 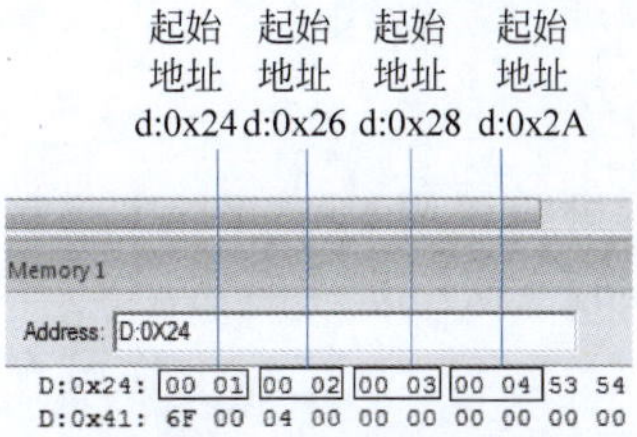　　图 7.47　数组 b 在单片机内部数据区的存储信息

(7) 单步执行完第 21 行代码，打印出 * p3 的值，为字符"S"。

(8) 单步执行完第 22 行代码，即

printf("%c,", * (+ + p3));

该段代码让 p3 在前一个 p3 基础上递增，由于 p3 指向的是 char 类型，所以实际地址在前一个地址基础上增加 1。此时，p3 的内容为 I:0x2D，为地址信息，即指向单片机片内数据区位置为 0x2D 的地址，该地址的内容为字符"T"(其 ASCII 码为 0x54)，如图 7.48 所示。形式化表示为：

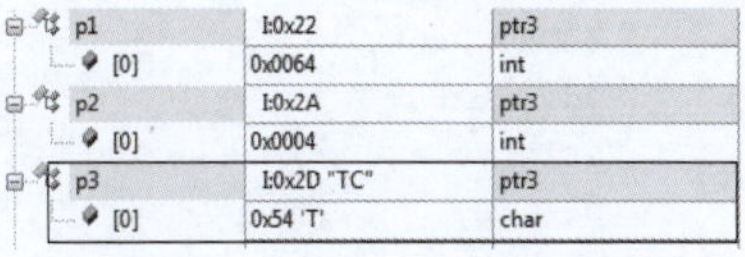

图 7.48　Watch 1 窗口界面显示信息(6)

(p3) = 0x54 = c[1] = * p3

注意：此时的 p3 在前面 p3 的基础上递增 1。实际地址在首地址基础上增加 1。

(9) 单步执行完第 23 行代码，即

printf("%c,", * (+ + p3));

该段代码让 p3 在前一个 p3 基础上递增，由于 p3 指向的是 char 类型，所以实际地址在前一个地址基础上增加 1。此时，p3 的内容为 I:0x2E，为地址信息，即指向单片机片内数据区位置为 0x2E 的地址，该地址的内容为字符"C"(其 ASCII 码为 0x43)，如图 7.49 所示。形式化表示为：

(p3) = 0x43 = c[2] = * p3

注意：此时的 p3 在前面 p3 的基础上递增 1。实际地址在首地址基础上增加 2。

为了帮助读者理解，这里给出了数组 c 在单片机片内数据区的存储信息，如图 7.50 所示。

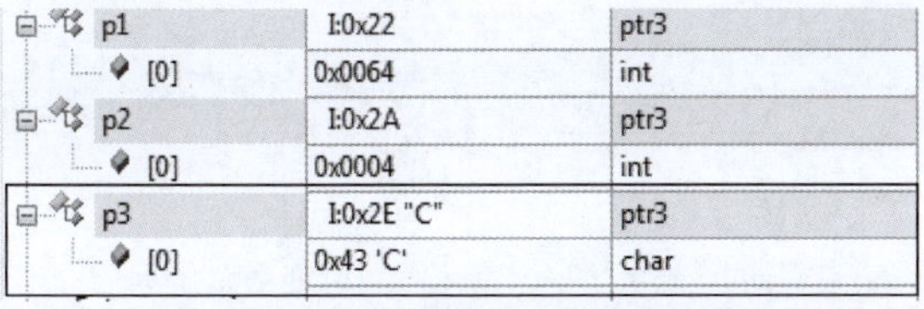

图 7.49　Watch 1 窗口界面显示信息(7) 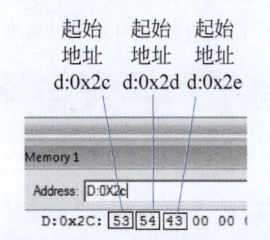　　图 7.50　数组 c 在单片机内部数据区的存储信息

思考与练习 7-48：将例子程序中的代码

```
p1 = &a;
p2 = &b;
p3 = &c;
```

改成

```
p1 = 0x22;
p2 = 0x24;
p3 = 0x2c;
```

再单步执行程序,观察 Watch 1 窗口,可以看到相同的结果,进一步地理解指针的概念。

【例 7-36】 使用指针的例子。

代码清单 7-34　main.c 文件

```c
#include "stdio.h"
#include "reg51.h"
void main()
{
    int a = 100, b = 10, t = 0;          //声明整型变量 a、b 和 t
    int * p1, * p2, * p3;                //声明整型指针 * p1、* p2 和 * p3
    SCON = 0x52;
    TMOD = 0x20;
    TCON = 0x69;
    TH1 = 0xF3;
    printf("a = %d, b = %d\n", a, b);    //打印 a 和 b 的初值
    p1 = &a;                             //p1 指向变量 a 的地址
    p2 = &b;                             //p2 指向变量 b 的地址
    p3 = p1;                             //p3 = p1,也就是 p3 指向变量 a 的地址
    p1 = p2;                             //p1 = p2,也就是 p1 指向变量 b 的地址
    p2 = p3;                             //p2 = p3,也就是 p2 指向变量 a 的地址
    printf("*p1 = %d, *p2 = %d\n", *p1, *p2);  //打印 *p1 和 *p2 的值
    printf("a = %d, b = %d\n", a, b);    //打印 a 和 b 的值
    p1 = &a;                             //p1 指向变量 a 的地址
    p2 = &b;                             //p2 指向变量 b 的地址
    t = *p1;                             //将 p1 指向变量的内容赋值给 t
    *p1 = *p2;                           //将 p1 指向变量的内容赋给 p1 指向的变量
    *p2 = t;                             //将变量 t 的值赋给 p2 指向的变量
    printf("*p1 = %d, *p2 = %d\n", *p1, *p2);  //打印 *p1 和 *p2 的值
    printf("a = %d, b = %d\n", a, b);    //打印 a 和 b 的值
    while(1);
}
```

进入本书配套资源的 STC_example\例子 7-36 目录下,在 Keil μVision5 集成开发环境下打开该设计,并进入调试器模式,按 F5 键运行程序。在 UART ♯1 窗口界面中,给出输出信息的格式,如图 7.51 所示。下面对该程序进行详细的分析。

(1) 重新单步运行程序,运行完第 11 行代码,变量 a 的地址为 D:0x22,如图 7.52(a)所示；变量 b 的地址为 D:0x24,如图 7.52(b)所示。

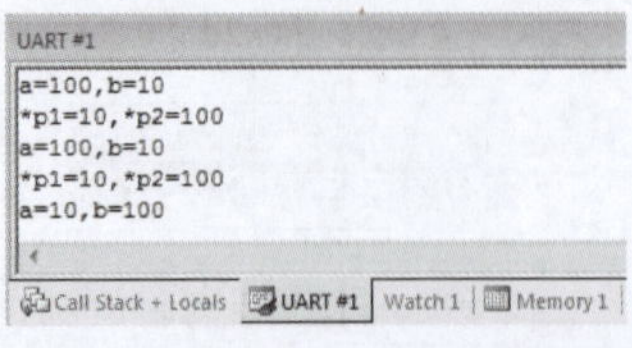

图 7.51　UART ♯1 窗口显示的数据信息

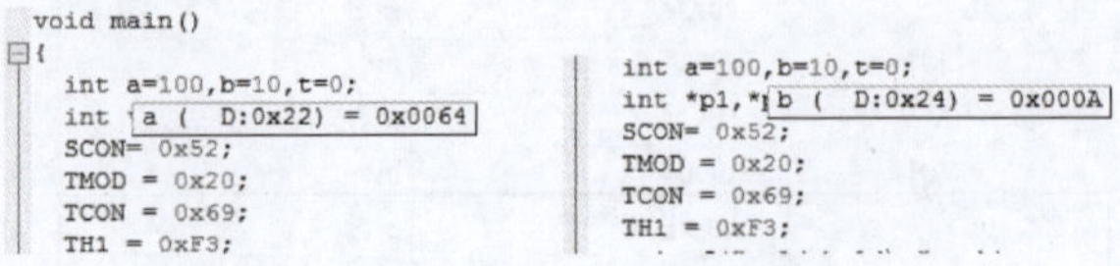

(a) 变量 a 的地址　　(b) 变量 b 的地址

图 7.52　变量 a 和变量 b 的地址

（2）单步运行完第 13 行代码，指针 p1 指向变量 a 的地址，指针 p2 指向变量 b 的地址，如图 7.53 所示。

（3）单步运行完第 16 行代码，指针 p1 指向变量 b 的地址，指针 p2 指向变量 a 的地址，如图 7.54 所示。

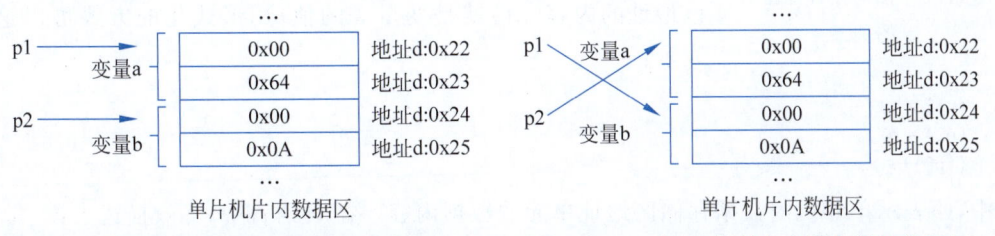

图 7.53　p1 和 p2 指针与存储空间的关系（1）　　图 7.54　p1 和 p2 指针与存储空间的关系（2）

思考与练习 7-49：
① p1 指向的地址为_____，该地址的内容为_____。
② p2 指向的地址为_____，该地址的内容为_____。
③ 原来地址单元保存的数据是否发生变化？_____

（4）单步运行完第 21 行代码，指针 p1 重新指向变量 a 的地址，指针 p2 重新指向变量 b 的地址。

（5）单步运行完第 26 行代码，指针 p1 指向变量 a 的地址，指针 p2 指向变量 b 的地址，如图 7.55 所示。

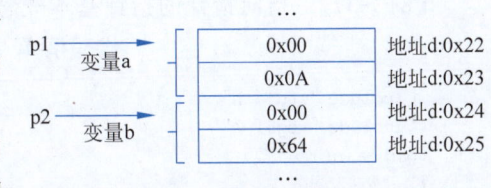

图 7.55　p1 和 p2 指针与存储空间的关系（3）

思考与练习 7-50：
（1）p1 指向的地址为_____，该地址的内容为_____。
（2）p2 指向的地址为_____，该地址的内容为_____。
（3）原来地址单元保存的数据是否发生变化？_____

思考与练习 7-51：请比较图 7.54 和图 7.55 交换原理的不同点。

提示：图 7.54 表示形式的交换，存储空间的内容不变；图 7.55 表示物理交换，存储空间的内容发生变化。

7.6.2　指向指针的指针

本节作为提高部分，不必要求必须掌握。在 C 语言中，还提供了指向指针的指针的功能。所谓的指向指针的指针，实际上对应于单片机中的存储器间接寻址的概念，只是 C 语言将存储器间接寻址的概念抽象成指向指针的指针的概念而已。声明格式为：

数据类型 ** 标识符

例如，如下声明：

```
int a;
int * p1;
int ** p2;
```

当进行下面操作：

```
p1 = &a;
p2 = &p1;
```

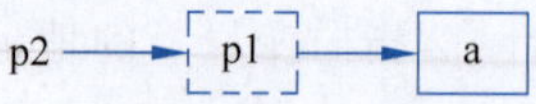

图 7.56 指向指针的指针的关系

可以表示为下面的关系,如图 7.56 所示。

表示 p1 的值为变量 a 所在单片机存储空间的具体地址信息。该地址的内容(p1)就是变量 a 的值,用形式化的方式可以这样表示:

```
(p1) = a;
(p2) = p1;
((p2)) = a;
```

其中,()表示单片机内数据存储区地址单元的数据内容。在 C 语言中,等效描述为:

```
* p1 = a;
* p2 = p1;
** p2 = a;
```

注意:在单片机中并不存在指向指针的指针这样一个功能部件,正如上面所提到的,这只是 C 语言对存储器间接寻址模式的抽象而已。** 和指针名字之间不能有空格。

【**例 7-37**】 指向指针的指针基本概念的例子。

代码清单 7-35 main.c 文件

```c
#include "stdio.h"
#include "reg51.h"
void main()
{
    char data a = 100;              //在单片机数据区内定义整型变量 a
    char data * p1;                 //定义指向 char 类型的指针
    char data ** p2;                //定义指向 char 类型的指针的指针
    SCON = 0x52;                    //初始化串口相关
    TMOD = 0x20;                    //初始化串口相关
    TCON = 0x69;                    //初始化串口相关
    TH1 = 0xF3;                     //初始化串口相关
    p1 = &a;                        //p1 指向变量 a 的地址
    p2 = &p1;                       //p2 指向 p1 的地址
    printf("%c\n", ** p2);          //打印指向指针的指针的内容
    while(1);
}
```

进入本书配套资源的 STC_example\例子 7-37 目录下,在 Keil μVision5 集成开发环境下打开该设计,并进入调试器模式,按 F5 键运行程序。

(1) 按前面的方法打开 Watch 1 窗口界面。在该界面中,分别输入 a、p1、p2、* p2 和 ** p2,如图 7.57 所示。此外,将光标放在 a 名字上,出现变量 a 的地址 D:0x22。

由代码设计可知,p1 指向 a 的地址,也就是 p1 的值为 D:0x22。很明显 * p1 就是 p1 地址存储空间的内容(p1)= * p1=0x64,就是 a 的值。p2 是 p1 的地址,也就是 p1 的地址在单片机内部数据区地址为 I:0x23 的位置。很明显(p2)=p1= * p2=0x22,也就是 p2 的内容就是 p1 的值 D:0x22。 ** p2 形式化表示为((p2)),即 p2 单元内容的内容,(p2)=d:0x22,((p2))=(d:0x22)=0x64。

(2) 为了便于读者理解,这里给出了 d:0x22 存储空间的内容,如图 7.58 所示。

(3) p2、p1 和 a 之间的访问关系如图 7.59 所示。可以看到,本来 p2 可以直接访问到

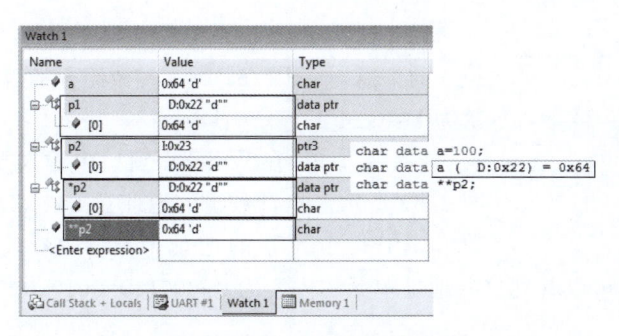

图 7.57　Watch 1 窗口的内容

a。但是，p2 并没有直接访问 a。而是借助了 p1。p2 的内容是单片机片内数据区的一个具体的存储地址，而不是数据。然后，通过这个存储器的地址单元找到了 a，这也就是说为什么指针是存储器直接寻址模式，而指针的指针是间接寻址模式的原因。也就是 p2 不像 p1 可以直接找到 a，它需要借助"第三者"，也就是其他存储单元才能找到 a。

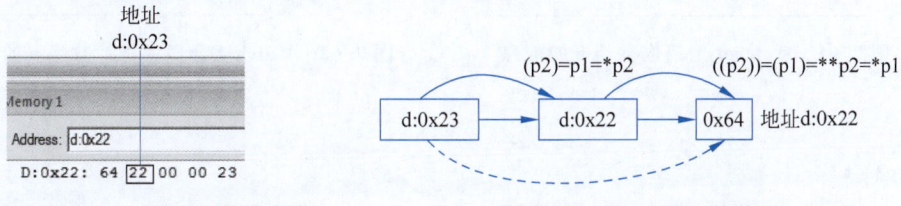

图 7.58　Memory 1 d:0x22 起始内容　　　　图 7.59　p2、p1 和 a 的关系

【例 7-38】 指向数组的指针基本概念的例子。

代码清单 7-36　main.c 文件

```c
#include "stdio.h"
#include "reg51.h"
void main()
{
    int a[4] = {0x01,0x10,0x100,0x1000};
    int * b[4] = {&a[0],&a[1],&a[2],&a[3]};
    int ** p2;
    int i;
    SCON = 0x52;
    TMOD = 0x20;
    TCON = 0x69;
    TH1 = 0xF3;
    p2 = b;
    for(i = 0;i < 4;i++)
    printf("a[ % d] = % d,",i,a[i]);
    putchar('\n');
    for(i = 0;i < 4;i++)
    printf("a[ % d] = % d,",i, ** (p2++));
    putchar('\n');
    while(1);
}
```

进入本书配套资源的 STC_example\例子 7-38 目录下，在 Keil μVision5 集成开发环境下打开该设计，并进入调试器模式，按 F5 键运行程序。在 UART ♯1 窗口界面中，给出输出信息的格式，如图 7.60 所示。

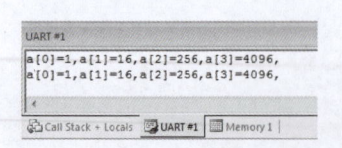

图7.60 UART＃1 窗口显示的数据信息

（1）打开 Watch 1 窗口界面，在该窗口中输入 a，给出数组 a 的信息，如图 7.61 所示。数组 a 的首地址是 D:0x22，依次为 D:0x24、D:0x26、D:0x28。

（2）类似地，在 Watch 1 窗口中输入 b，给出 b 的信息，如图 7.62 所示。指针数组的地址在 D:0x2A，该数组内保存着数组 a 中每个元素的地址信息 I:0x22、I:0x24、I:0x26 和 I:0x28。在下一层，可以看到这些地址单元的内容为 0x0001、0x0010、0x0100 和 0x1000。

图 7.61 Watch 1 窗口内数组 a 的信息

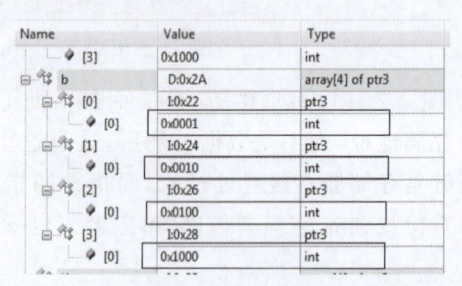

图 7.62 Watch 1 窗口内指针数组 b 的信息

其中：

```
p2 = b;
```

表示将指针数组 *b 的地址给 p2。因此，*p2＝(p2)，就是指针数组第一个元素 b[0]的值为 I:0x22。进一步，**p2＝((p2))，就是 p2 内容的内容，p2 的内容是 I:0x22。而 I:0x22 的内容是 0x0001。

思考与练习 7-52：请分析下面代码的功能，并调试说明。

```
for(i = 0;i<4;i++)
    printf("a[%d] = %d,",i, **(p2++));
```

7.6.3 指针变量输入

本节将使用指针为整数变量、字符数组、指针数组、整数数组赋值。下面通过一个例子说明通过指针为变量和数组赋值的方法。

【**例 7-39**】 指针变量输入的例子。

代码清单 7-37　main.c 文件

```
#include "stdio.h"
#include "reg51.h"
void main()
{
    int a = 10, * p1;                           //声明整型变量 a 和整型指针 *p1
    int i;                                      //声明整型变量 i
    char b[40], * s;                            //声明字符数组 b 和字符型指针 *s
    xdata char c[50], * s1 = "STC hello";       //在 xdata 定义数组 c 和字符指针 *s1
    xdata int d[4] = {1,2,3,4}, * p2;           //在 xdata 定义数组 d 和整型指针 *p2
    SCON = 0x52;                                //串口初始化相关
    TMOD = 0x20;                                //串口初始化相关
    TCON = 0x69;                                //串口初始化相关
    TH1 = 0xF3;                                 //串口初始化相关
```

```
        p1 = &a;                                          //p1 指向变量 a 的地址
        s = &b;                                           //s 指向字符数组 b 的首地址
        s1 = &c;                                          //s1 指向字符数组 c 的首地址
        p2 = &d;                                          //p2 指向整型数组 d 的首地址
        printf("please input int value of pointer p1\n"); //提示输入 * p1 的值
        scanf(" % d",p1);                                 //输入 * p1 的值
        printf("please input string value of pointer s\n"); //提示输入指针 s 指向的字符串
        scanf(" % s",s);                                  //输入 s 指向的字符串
        printf("please input string value of pointer s1\n"); //提示输入指针 s1 指向的字符串
        scanf(" % s",s1);                                 //输入 s1 指向的字符串
        printf("please input int value of pointer p2\n"); //提示输入指针 p2 指向的整数值
        for(i = 0;i < 4;i++)                              //循环语句
        {
            scanf(" % d",p2);                             //输入 p2 指向的整数
                p2++;                                     //指针递增指向下一个地址
        }
        printf("the address of p1 =  % p\n",p1);          //打印指针 * p1 的地址
        printf("the value of p1(p1) = % d\n", * p1);      //打印指针 * p1 的内容
        printf("the value of a = % d\n",a);               //打印变量 a 的值
        printf("the address of s = % p\n",s);             //打印指针 * s 的首地址
        printf("the value of s1 = \" % s\"\n",s);         //打印指针 * s 指向的字符串
        printf("the value of b[40] = \" % s\"\n",b);      //打印字符数组 b 的字符串
        printf("the address of s1 = % p\n",s1);           //打印指针 * s1 的地址
        printf("the value of s1 = \" % s\"\n",s1);        //打印指针 * s1 指向的字符串的内容
        printf("the value of c[50] = \" % s\"\n",c);      //打印字符数组 c 的字符串
        p2 = &d;                                          //指针 * p2 指向数组 d 的首地址
        for(i = 0;i < 4;i++)                              //循环语句
        {
            printf("p2[ % d] = % d,",i, * p2);            //打印当前 * p2 的内容
                p2++;                                     //p2 递增,指向下一个地址
        }
        putchar('\n');                                    //换行
        for(i = 0;i < 4;i++)                              //循环语句
        {
            printf("d[ % d] = % d,",i,d[i]);              //打印数组 d 当前索引号所对应的值
        }
        while(1);                                         //无限循环
}
```

进入本书配套资源的 STC_example\例子 7-38 目录下,在 Keil μVision5 集成开发环境下打开该设计,并进入调试器模式,按 F5 键运行程序。在 UART ♯1 窗口界面中给出输出信息的格式,如图 7.63 所示。

注意：printf 语句中的%p 用于输出指针的信息。

思考与练习 7-53：请根据代码和图 7.63,填写下面的空格。

(1) 变量 a 的地址 = _____,值 = _____。

(2) 指针 * p1 的地址 = _____, * p1 的值 = _____。

(3) 指针 * s 的首地址 = _____,指向字符串 = _____。

图 7.63 UART ♯1 窗口内输出信息的内容

(4) 数组 b 的首地址=_____,内容=_____。
(5) 指针 * s1 的首地址=_____,指向字符串=_____。
(6) 数组 c 的首地址=_____,原始内容=_____,修改后的内容=_____。
(7) 指针 * p2 的首地址=_____, * p2 的值=_____。
(8) 数组 d 的首地址=_____,原始内容=_____,修改后的内容=_____。

7.7 函数

在 C 语言中,函数是构成 C 文件的最基本的功能。前面已经说明了 main()主程序的功能。本节将重点介绍子函数的声明和函数调用方法。

7.7.1 函数声明

在 C 语言中,声明函数的格式如下:

```
函数类型 函数名字(数据类型 形参1,数据类型 形参2,…,数据类型 形参N)
    {
        局部变量定义;
        表达式语句;
    }
```

注意:(1) 在函数参数声明列表中,参数之间用","分隔。
(2) 在单片机中,使用 ANSI C 形参列表描述方法。

【**例 7-40**】 返回值的函数声明例子。

```
int max(int x,int y)
{
    if(x>y) return x;
    else return y;
}
```

在该例子中,x 和 y 是函数 max 的两个形式化参数,其类型是 int。该函数通过 return 返回值,其类型为函数 max 的函数类型 int。

【**例 7-41**】 不返回值的函数声明例子。

```
void max(int x,int y)
{
    if(x>y)
        printf("%d > %d\n",x,y);
    else
        printf("%d < %d\n",x,y);
}
```

在该例子中,x 和 y 是函数 max 的两个形式化参数,其类型是 int。该函数只打印信息,并不返回值。

7.7.2 函数调用

在 C 语言中,函数调用的格式如下:

[变量][=]被调用的函数名字(实际参数 1,实际参数 2,…,实际参数 N)

注意:(1)在被调用函数实际参数声明列表中,参数之间用","分隔。

(2)实际参数的类型必须和形式参数的类型一一对应,位置也需要一一对应。

【例 7-42】 返回值的函数调用例子。

```
d = max(a,b);
```

【例 7-43】 不返回值的函数调用例子。

```
max(a,b);
```

7.7.3 函数变量的存储方式

在 C 语言中,提供了多种变量的存储方式。按照变量的作用范围分为局部变量和全局变量。按照变量的存储方式,可以分为自动变量(auto)、外部变量(extern)、静态变量(static)和寄存器变量(register)。

1. 自动变量

在声明变量时,如果没有指定其存储类型,则默认为 auto。在 C 语言中,这是一类使用最广泛的变量。

自动变量的作用范围在定义它的函数体或者复合语句的内部,只有在定义它的函数被调用,或者定义它的复合语句被执行时,编译器才为其在单片机内分配存储空间。当函数调用结束或者执行完复合语句后,将释放为变量所分配的存储空间,变量的值因此也就不再存在。当再次调用函数或者执行复合语句时,会为变量重新分配单片机内的存储空间,但不会保留上次运行时的值,而且必须重新赋值。因此,自动变量可以称为是局部变量。

2. 外部变量

使用存储类型说明符 extern 定义的变量称为外部变量。默认地,凡是在所有函数之前,在函数外部定义的变量都是外部变量,定义时可以不写 extern 说明符。但是,如果在一个函数体内说明一个已经在函数体外或者别的程序模块文件中定义过的外部变量,则必须使用 extern 说明符。一旦定义了外部变量,则就为该变量固定分配单片机内的存储空间。在程序运行的整个过程中,外部变量均有效,其值均被保存。

函数可以互相调用,因此函数都具有外部存储种类的属性。定义函数时如果用关键字 extern,则将该函数明确定义为一个外部函数。如果定义函数时,省略了关键字 extern,则隐含为外部函数。如果要调用当前程序模块文件以外的其他模块文件所定义的函数,则必须用关键字 extern 说明被调用的函数是一个外部函数。

3. 静态变量

使用存储类型说明符 static 定义的变量称为静态变量。静态变量不像自动变量那样只有在函数调用它的时候才存在,退出函数之后它就消失,局部静态变量始终存在,但是只能在定义它的函数内部进行访问,退出函数值之后,静态变量以前的值仍然被保留,但是不能访问它。

还有一种全局静态变量,它是在函数外部进行定义,作用范围从它的定义点开始,一直到程序结束。当一个 C 语言文件由若干模块文件构成时,全局静态变量始终存在,但它只能在被定义的文件中访问,其数据值可以为该文件内的所有函数共享,退出该文件后,虽然变量值仍然保留,但是不能被其他模块文件访问。

局部静态变量是一种在两次函数调用之间仍能保留其值的局部变量。有些程序需要在多次调用之后仍然保持变量的值,使用自动变量无法实现这一点,使用全局变量又会带来意外的副作用,这时就可以使用局部静态变量。

4. 寄存器变量

为了提高程序执行的效率,在 C 语言中将一些使用频率很高的变量定义为能够直接使用硬件寄存器的所谓寄存器变量。在定义变量时,在前面用 register 说明符,表示该变量是寄存器类型的。寄存器变量是自动变量的一种,它的有效范围同自动变量一样。

【例 7-44】 变量存储模式的例子。

本例说明不同存储变量的实现结果。

代码清单 7-38   main.c 文件

```
int i = 0;
int cal(int x)
{
    static int y = 0;
      y = x - y - i;
    return y;
}

void main()
{
    int j = 1000;
    i = cal(j);
    i = cal(j);
    i = cal(j);
}
```

在该程序中,i 是全局变量,y 是局部静态变量,j 是本地自动变量。

进入本书配套资源的 STC_example\例子 7-44 目录下,在 Keil μVision5 集成开发环境下打开该设计,并进入调试器模式,单步运行程序,如图 7.64 所示。

(1) 当执行第 14 行代码时,j=1000,调用子函数 y=0,i=0,x=j,因此,y=x-y-i=1000。由于 y 是静态变量,此时 y 的值变成 1000。在执行完该子函数,返回值赋值给 i 后,由于 i 是全局变量,所以 i 的值变成 1000。

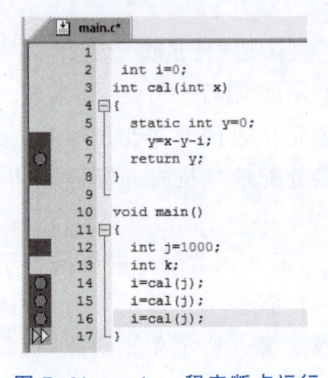

图 7.64   main.c 程序断点运行

(2) 当执行第 15 行代码时,j=1000,调用子函数 y=1000,i=1000,x=j,因此,y=x-y-i=-1000。由于 y 是静态变量,此时 y 的值变成 -1000。在执行完该子函数,返回值赋值给 i 后,由于 i 是全局变量,所以 i 的值变成 -1000。

(3) 当执行第 16 行代码时,j=1000,调用子函数 y=-1000,i=-1000,x=j,因此,y=x-y-i=3000。由于 y 是静态变量,此时 y 的值变成 3000。在执行完该子函数,返回值赋值给 i 后,由于 i 是全局变量,所以 i 的值变成 3000。

思考与练习 7-54:在断点运行程序时,读者可以在 Watch 1 窗口内输入变量 i、y、j 和 x,观察这些变量值的变化过程是否与前面的分析结果一致。

7.7.4 函数参数和局部变量的存储器模式

在 Keil C51 编译器中,允许采用三种存储模式:small、compact 和 large。一个函数的存储器模式确定了函数参数和局部变量在内存中的地址空间。

(1) 在 small 模式下,函数参数和局部变量位于单片机片内数据 RAM 中。

(2) 在 compact 和 large 模式下,函数参数和局部变量位于单片机的扩展数据 RAM 中。

定义函数参数和局部变量的存储器模式格式为:

函数类型　函数名(形参列表) [存储器模式]

其中,存储器模式的声明符为 small、compact 或 large。

7.7.5 基本数据类型传递参数

本节将通过递归函数和递归调用说明基本数据类型传递参数的方法。所谓的递归调用是指在调用递归函数的过程中间接或者直接地调用函数本身。

典型的计算阶乘函数:

$$f(n)=n!$$

可以先计算 $f(n-1)$,$f(n)=n\times f(n-1)$。而 $f(n-1)$ 又可以通过计算 $f(n-2)$ 得到,即 $f(n-1)=(n-1)\times f(n-2)$,以此类推直到得到 $f(1)$。这样通过 $f(1)$,就可以得到 $f(2)$,…,一直到 $f(n)$。

在单片机/计算机中,递归是通过入栈的过程和出栈的过程实现,这个过程将通过下面的例子进行说明。

在 Keil Cx51 编译器中,对于递归函数使用关键字 reentrant 标识,该关键字意思为"重入",即表示在调用该函数的时候,可以自己调用自己。说明格式为:

函数类型　函数名(形参列表) [reentrant]

【例 7-45】 递归函数计算阶乘 $n!$ 的例子。

代码清单 7-39　main.c 文件

```
#include "stdio.h"
#include "reg51.h"

int fac(int n) reentrant                          //reentrant 声明为递归函数
{
    long int f;
    if(n < 0)                                     //如果小于 0,则打印错误信息
        printf("data must be larger than 0\n");
    else if(n < 1)                                //如果 n = 0,则返回值为 1
        f = 1;
    else                                          //如果 n > 1,则递归调用自己
        f = fac(n-1) * n;
    return f;
}

void main()
{
```

```
           int n;
           long int y;
           SCON = 0x52;
           TMOD = 0x20;
           TCON = 0x69;
           TH1 = 0xF3;
           printf("please input an integer number\n");
           scanf("%d",&n);                      //输入 n 值
           y = fac(n);                          //main 函数调用 fac 函数
           printf("%d!= %ld\n",n,y);            //打印结果
           while(1);
        }
```

注意：如果子程序写在了主程序的后面，则必须在主程序中声明所调用的函数和类型。

进入本书配套资源的 STC_example\例子 7-45 目录下，在 Keil μVision5 集成开发环境下打开该设计，并进入调试器模式。按下面步骤运行和分析递归函数的调用过程。

（1）在代码的第 12 行、第 13 行和第 26 行分别设置断点。

（2）打开 UART #1 窗口界面。按 F5 键，在 UART #1 窗口内出现提示信息"please input an integer number"，然后输入 4，表示该程序将计算 4！。

（3）按 F5 键，跳到断点第 26 行代码。在当前调试模式主界面右下侧的 Call Stack + Locals 窗口下，可以看到主程序的信息，如图 7.65 所示。

该窗口说明，当前断点在 MAIN 主程序内，断点所调用程序的代码保存在单片机片内存储区的 0x085B 的位置。

（4）按 F5 键，跳到断点第 12 行代码。在当前调试模式主界面右下侧的 Call Stack + Locals 窗口下，可以看到调用函数 FAC 的信息，如图 7.66 所示。在反汇编窗口可以看到 FAC 函数的程序入口点在 C:0x0805 的位置。

Call Stack + Locals		
Name	Location/Value	Type
⊟ ♦ MAIN	C:0x085B	
♦ n	0x0004	int
♦ y	0x00000001	long

图 7.65　堆栈调用窗口信息（1）

Name	Location/Value	Type
⊟ ♦ FAC	C:0x0805	
♦ n	0x0004	int
♦ f	0x00000078	long
⊟ ♦ MAIN	C:0x085B	
♦ n	0x0004	int
♦ y	0x00000001	long

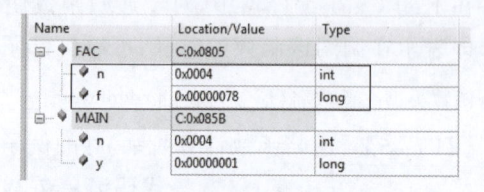

图 7.66　堆栈调用窗口信息（2）

从图中可以看到，当前断点程序代码的入口在单片机片内程序 Flash 空间的 0x0805。断点落在这个位置，表示继续调用 FAC 函数，也就是 FAC 调用自己。此时，$n=4$。由于 FAC 要调用自己，所以 FAC 函数当前运行的状态保存在堆栈中。

（5）按 F5 键，再次跳到断点第 12 行代码。在当前调试模式主界面右下侧的 Call Stack + Locals 窗口下，可以看到第二次被调用函数 FAC 的信息，如图 7.67 所示。

从图中可以看到，当前断点程序代码的入口在单片机片内程序 Flash 空间的 0x0805。断点落在这个位置，表示继续调用 FAC 函数，也就是 FAC 调用自己。此时，$n=3$。由于 FAC 要调用自己，所以 FAC 函数当前运行的状态保存在堆栈中。很明显上一次调用函数的程序入口点在单片机片内程序 Flash 区的 0x07BF。

（6）按 F5 键，再次跳到断点第 12 行代码。在当前调试模式主界面右下侧的 Call Stack + Locals 窗口下，可以看到第三次被调用函数 FAC 的信息，如图 7.68 所示。

图 7.67 堆栈调用窗口信息(3)

图 7.68 堆栈调用窗口信息(4)

从图中可以看到,当前断点程序代码的入口在单片机片内程序 Flash 空间的 0x0805。断点落在这个位置,表示继续调用 FAC 函数,也就是 FAC 调用自己。此时,$n=2$。由于 FAC 要调用自己,所以 FAC 函数当前运行的状态保存在堆栈中。很明显上一次调用函数的程序入口点在单片机片内程序 Flash 区的 0x07BF。

(7) 按 F5 键,再次跳到断点第 12 行代码。在当前调试模式主界面右下侧的 Call Stack + Locals 窗口下,可以看到第四次被调用函数 FAC 的信息,如图 7.69 所示。

从图中可以看到,当前断点程序代码的入口在单片机片内程序 Flash 空间的 0x0805。断点落在这个位置,表示继续调用 FAC 函数,也就是 FAC 调用自己。此时,$n=1$。由于 FAC 要调用自己,所以 FAC 函数当前运行的状态保存在堆栈中。很明显上一次调用函数的程序入口点在单片机片内程序 Flash 区的 0x07BF。

(8) 按 F5 键,跳到断点第 13 行代码。在当前调试模式主界面右下侧的 Call Stack + Locals 窗口下,可以看到被调用函数 FAC 的信息,如图 7.70 所示。

图 7.69 堆栈调用窗口信息(5)

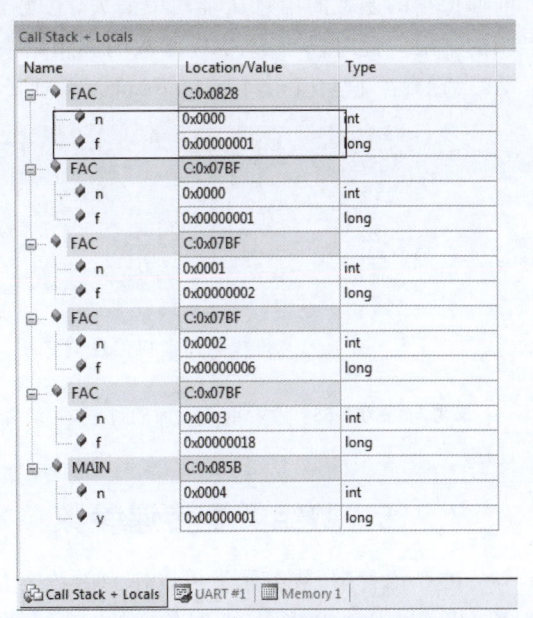

图 7.70 堆栈调用窗口信息(6)

从图中可以看到,当前断点程序代码的入口在单片机片内程序 Flash 空间的 0x0828。断点落在这个位置,表示继续调用 FAC 函数,也就是 FAC 调用自己。此时,$n=0$。由于 FAC 要调用自己,所以 FAC 函数当前运行的状态保存在堆栈中,很明显上一次调用函数的程序入口点在单片机片内程序 Flash 区的 0x07BF。

(9) 按 F5 键,跳到断点第 13 行代码。在当前调试模式主界面右下侧的 Call Stack + Locals 窗口下,可以看到被调用函数 FAC 的信息。

从图中可以看到,当前断点程序代码的入口在单片机片内程序 Flash 空间的 0x0828。前面保存的函数的信息从堆栈中消失,也就是出栈,表示递归的过程结束,将要陆续返回递归的结果。此时,$n=1$。

(10) 按 F5 键,跳到断点第 13 行代码。在当前调试模式主界面右下侧的 Call Stack + Locals 窗口下,可以看到被调用函数 FAC 的信息。

从图中可以看到,当前断点程序代码的入口在单片机片内程序 Flash 空间的 0x0828。前面保存的函数的信息从堆栈中消失,也就是出栈,表示递归的过程结束,将要陆续返回递归的结果。此时,$n=2$。

(11) 按 F5 键,跳到断点第 13 行代码。在当前调试模式主界面右下侧的 Call Stack + Locals 窗口下,可以看到被调用函数 FAC 的信息。

从图中可以看到,当前断点程序代码的入口在单片机片内程序 Flash 空间的 0x0828。前面保存的函数的信息从堆栈中消失,也就是出栈,表示递归的过程结束,将要陆续返回递归的结果。此时,$n=3$。

(12) 按 F5 键,跳到断点第 13 行代码。在当前调试模式主界面右下侧的 Call Stack + Locals 窗口下,可以看到被调用函数 FAC 的信息。

从图中可以看到,当前断点程序代码的入口在单片机片内程序 Flash 空间的 0x0828。前面保存的函数的信息从堆栈中消失,也就是出栈,表示递归的过程结束,将要陆续返回递归的结果。此时,$n=4$,FAC 函数的调用结束,如图 7.71 所示。

(13) 在 UART #1 窗口下,可以看到最后打印的结果,如图 7.72 所示。

图 7.71 堆栈调用窗口信息(7)　　图 7.72 UART #1 窗口打印信息

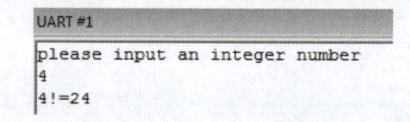

思考与练习 7-55:读者重复上面的过程,并结合反汇编程序,深入理解单片机处理递归函数的原理和过程。

7.7.6 数组类型传递参数

在 C 语言中,数组元素可以作为函数实参传递参数,其用法和变量相同。此外,数组名也可以作为实参和形参,此时传递的是元素的首地址。

【例 7-46】 数组名字传递参数的例子。

在该程序中,调用子函数实现对数组元素的升序排列。

注意: 在设计前,请查阅资料,理解升序排列的原理和实现方法。

代码清单 7-40　main.c 文件

```c
#include "stdio.h"
#include "reg51.h"

void sort(int array[],int n)                    //声明排序子函数,不返回值
{
    int i,j,k,t;
    for(i = 0;i < n - 1;i++)                    //二重循环排序
    {
        k = i;
        for(j = k + 1;j < n;j++)
            if(array[j]< array[k])
                k = j;
        t = array[k];
        array[k] = array[i];
        array[i] = t;
    }
}

void main()
{
    int a[10],i;
    SCON = 0x52;
    TMOD = 0x20;
    TCON = 0x69;
    TH1  = 0xF3;
    printf("please enter the value of a[10]\n");
    for(i = 0;i < 10;i++)
        scanf("%d,",&a[i]);                     //输入数组元素
    printf("\n sorted array is\n");
    sort(a,10);                                 //调用排序函数,数组名传递
    for(i = 0;i < 10;i++)
        printf("a[%d] = %d,",i,a[i]);           //打印排序后的结果
    while(1);
}
```

进入本书配套资源的 STC_example\例子 7-46 目录下,在 Keil μVision5 集成开发环境下打开该设计,并进入调试器模式。按下面的步骤运行和分析数组类型传递参数的过程。

(1) 在代码的第 4 行、第 7 行、第 17 行和第 30 行分别设置断点。

(2) 按 F5 键,运行程序。

(3) 打开 UART ♯1 窗口。在该窗口界面内,出现提示信息"please enter the value of a[10]",然后,在该窗口内输入 10 个数据,每个数据之间用","隔开,如图 7.73 所示。

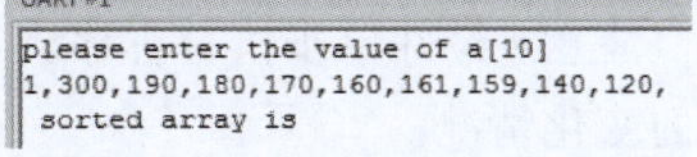

图 7.73　UART ♯1 窗口打印和输入信息

(4) 打开 Watch 1 窗口,输入 a,如图 7.74 所示。从该图可以看到数组 a 存放在单片机内部数据区起始地址为 0x22 的位置。在 Memory 1 窗口中输入 d:0x22,可以看到数组 a 的数据元素信息,如图 7.75 所示。

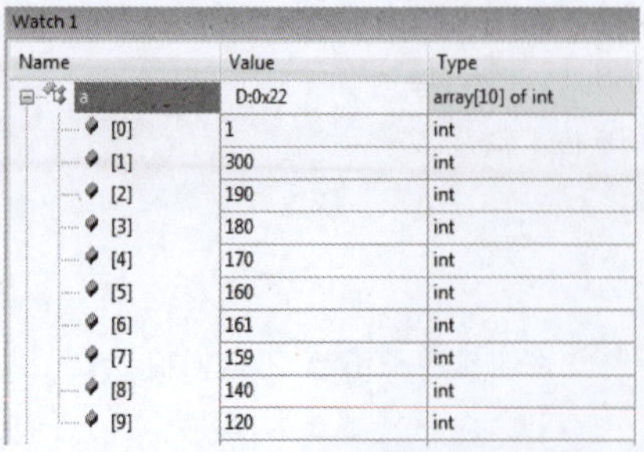

图 7.74　Watch 1 窗口显示数组 a 的信息 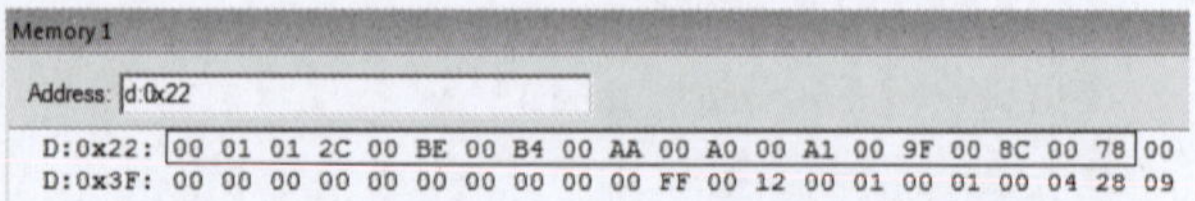　　　图 7.75　Memory 1 窗口 d:0x22 起始地址存储内容

（5）按 F5 键，继续运行程序，程序停到了第 4 行代码的位置，如图 7.76 所示。可以看到，sort 子函数的入口在单片机程序 Flash 存储空间的 0x07ED 的位置。

（6）按 F5 键，继续运行程序，程序停到了第 7 行代码的位置。在 Watch 1 窗口中输入 array，如图 7.77 所示。可以看到，形参数组 array 在单片机片内数据区 0x22 的起始地址。

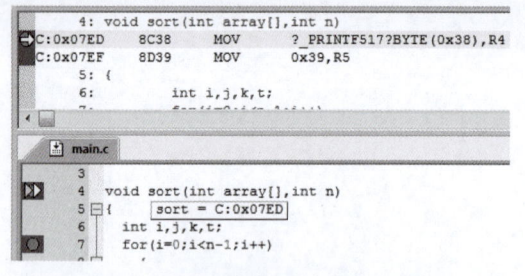

图 7.76　程序停到了第 4 行代码的位置 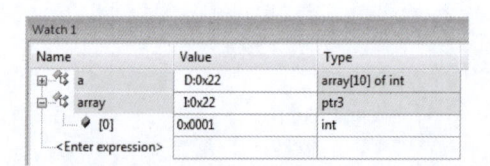　　　图 7.77　Watch 1 窗口的 array 信息

注意：并不是实参的值传递给了形参。而真正是形参 array 指向了实参数组 a 的首地址。否则，为什么在 array 看不到完整的数据信息呢？更进一步地说，在 Memory 1 窗口界面内，输入 array，如图 7.78 所示。所以说，在数组作为形参的函数调用中，不是所谓的实参的值传递给形参，只不过是实参和形参同时指向了相同的数据区。

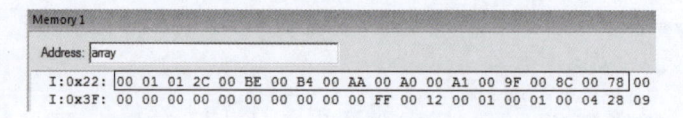

图 7.78　Memory 1 窗口的 array 信息（1）

（7）按 F5 键，运行程序到第 17 行代码。此时，再观察 Memory 1 窗口内的内容，如图 7.79 所示。读者会发现这个地址空间的内容发生了变化。

注意：最好单步执行程序到第 17 行代码，这样就可以清楚地看到 0x22 起始数据区内容的变化情况。

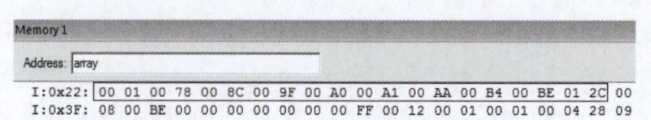

图 7.79　Memory 1 窗口的 array 信息（2）

（8）按 F5 键，运行程序。由于数组 a 一直指向单片机片内地址为 0x22 的起始位置，并

且由于子函数操作修改了单片机片内地址为 0x22 开始连续 20 字节的内容。因此,打印出来的数据就是修改后 0x22 地址开始的存储空间的内容,如图 7.80 所示。

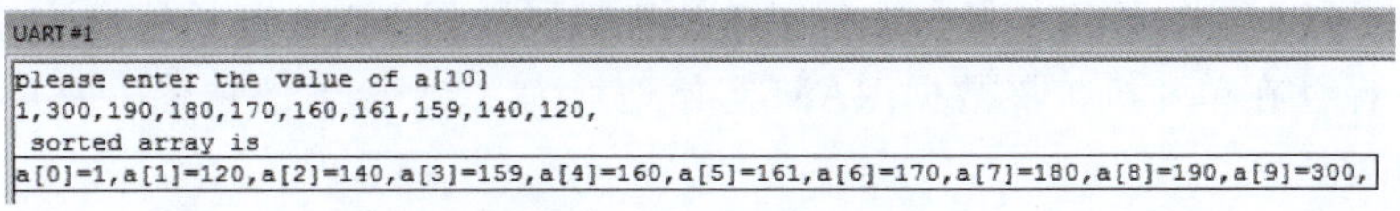

```
UART #1
please enter the value of a[10]
1,300,190,180,170,160,161,159,140,120,
 sorted array is
a[0]=1,a[1]=120,a[2]=140,a[3]=159,a[4]=160,a[5]=161,a[6]=170,a[7]=180,a[8]=190,a[9]=300,
```

图 7.80　UART ♯1 窗口打印数组 a 的信息

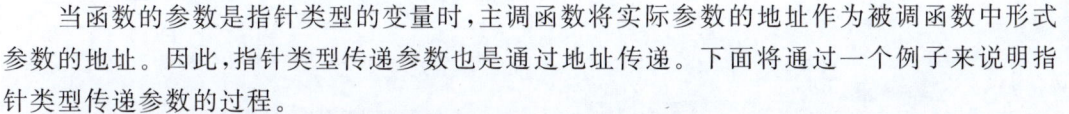

7.7.7　指针类型传递参数

当函数的参数是指针类型的变量时,主调函数将实际参数的地址作为被调函数中形式参数的地址。因此,指针类型传递参数也是通过地址传递。下面将通过一个例子来说明指针类型传递参数的过程。

【例 7-47】　两个字符数组首尾连接的例子。

例如,字符串 a="STC",字符串 b="Hello",将两个字符串连接后的字符串 c="STC Hello"。

代码清单 7-41　main.c 文件

```c
#include "stdio.h"
#include "reg51.h"

void con_string(char * s1, char * s2)    //声明子函数,有两个字符指针参数
{
    while( * s1!= '\0')                  //如果指针 * s1 指向的字符不是结束,则继续
        s1++;                            //指针递增
    while( * s2!= '\0')                  //如果指针 * s2 指向的字符不是结束,则继续
        * s1++ = * s2++;                 //将指针 * s2 指向的内容赋值到 * s1 的末尾,并递增指针
    * s1 = '\0';                         //在 * s1 当前指向的内容后添加结束标志
}

void main()
{
    xdata char a[40],b[40];              //在单片机 xdata 区域内声明字符数组 a 和 b
    SCON = 0x52;
    TMOD = 0x20;
    TCON = 0x69;
    TH1 = 0xF3;
    printf("please enter the string of a[40]\n"); //提示输入字符串 a
    gets(a,40);                          //输入字符串 a,可以有空格,回车键结束
    printf("please enter the string of b[40]\n"); //提示输入字符串 b
    gets(b,40);                          //输入字符串 b,可以有空格,回车键结束
    printf("\n connected the string is\n"); //提示连接后的字符串信息
    con_string(a,b);                     //调用连接字符串函数
    puts(a);                             //打印连接后的字符串 a
    while(1);
}
```

进入本书配套资源的 STC_example\例子 7-47 目录下,在 Keil μVision5 集成开发环境下打开该设计,并进入调试器模式。按下面步骤运行和分析指针传递参数的调用过程。

(1) 在代码的第 4 行、第 10 行、第 21 行和第 26 行分别设置断点。

(2) 按 F5 键,运行程序。

(3) 运行到第 21 行代码。在 Watch 1 窗口界面内输入 a 和 b,看到相关信息,如图 7.81 所示。从图中可以看出,数组 a 保存在位于单片机扩展数据 RAM 起始地址为 0x000000 的位置,数组 b 保存在单片机扩展数据 RAM 起始地址为 0x000028 的位置。展开后其内部用二进制数 0 填充。

(4) 打开 UART #1 窗口。在该窗口界面内,出现提示信息"please enter the string of a[40]",然后,在下面一行输入一串字符"STC",按 Enter 键。之后又出现提示信息"please enter the string of b[40]",在下面一行输入字符串"Hello",按 Enter 键,如图 7.82 所示。

图 7.81　Watch 1 窗口数组 a 和数组 b 信息　　　图 7.82　UART #1 输入和输出信息界面

(5) 按 F5 键,运行程序。程序运行到第 26 行。从反汇编程序窗口可以看到该行代码在单片机片内程序 Flash 存储空间地址为 0x0551 的位置。在该行 C 语言代码反汇编结束的时候有一行 LCALL con_string(C:056E)指令,可以看到被调用函数的入口地址在单片机片内程序 Flash 存储空间地址为 0x56E 的位置,如图 7.83 所示。

(6) 按 F5 键,运行程序。断点停在第 4 行代码,从 Disassembly 窗口中可以看到 con_string 子函数的起始地址位于单片机片内程序 Flash 存储空间起始地址为 0x56E 的位置。

(7) 单步运行一条代码。在 Watch 1 窗口界面内输入 s1 和 s2,显示相关信息,如图 7.84 所示。s1 地址为 X:0x000000,s2 地址为 X:0x000028。也就是 s1 指向数组 a,s2 指向数组 b。

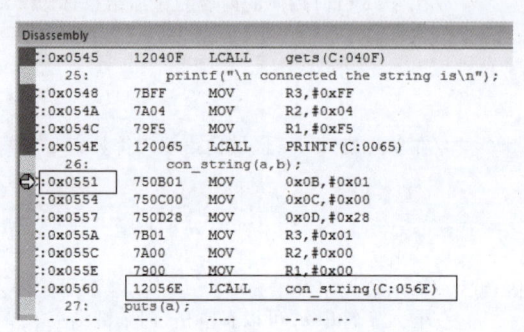

图 7.83　Disassembly 窗口界面　　　图 7.84　Disassembly 窗口界面

注意:在指针作为形参的函数调用中,并不存在实参和形参传递与另外开辟存储空间的事情,只不过是形参指针的地址分别指向实参数组 a 和数组 b 而已。

(8) 单步运行程序代码到第 10 行。注意观察地址为 X:0x000000 起始位置的内容变化,原来的内容如图 7.85(a)所示,修改后的内容如图 7.85(b)所示。

(9) 按 F5 键,运行程序。在 UART #1 窗口内打印出拼接后的字符串"STC Hello"信息,如图 7.86 所示。

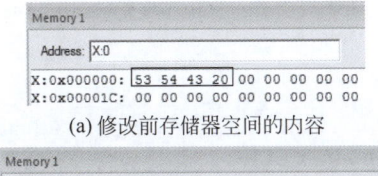

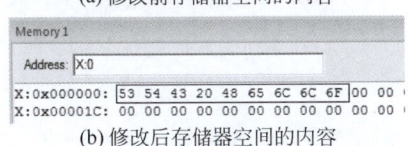

图 7.85　修改前后存储器空间的内容　　　图 7.86　UART＃1 窗口内打印的信息

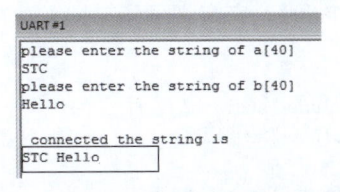

7.8　预编译指令

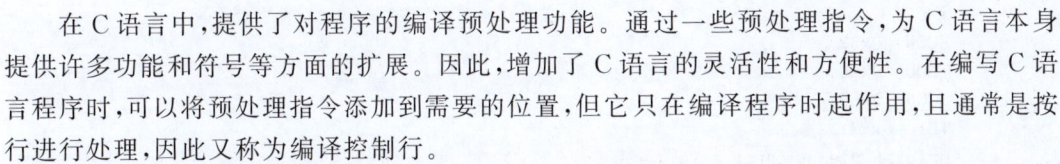

在 C 语言中,提供了对程序的编译预处理功能。通过一些预处理指令,为 C 语言本身提供许多功能和符号等方面的扩展。因此,增加了 C 语言的灵活性和方便性。在编写 C 语言程序时,可以将预处理指令添加到需要的位置,但它只在编译程序时起作用,且通常是按行进行处理,因此又称为编译控制行。

C 语言中的预编译指令就类似汇编语言助记符中的指令。在对整个程序进行编译之前,编译器先对程序中的编译控制行进行预处理,然后再将预处理的结果与整个 C 语言源程序一起进行编译,以生成目标代码。

Keil Cx51 编译器的预处理支持标准 C 的预处理指令,包括宏定义、文件包含和条件编译。在 C 语言中,凡是预编译指令都以"♯"符号开头。

7.8.1　宏定义

宏定义的指令为♯define,它的作用是用一个字符串进行替换,这个字符串既可以是常数,也可以是其他任何字符串,甚至还可以是带参数的宏。宏定义的简单形式是符号常量定义,复杂形式是带参数的宏定义。

1. 不带参数的宏定义

不带参数的宏定义格式为:

♯define 标识符 常量表达式

【例 7-48】　符号常量宏定义的例子。

♯define PI 3.1415926
♯define R 3.0
♯define L 2 * PI * R
♯define S PI * R * R

2. 带参数的宏定义

带参数的宏定义与符号常量定义的不同之处在于,对于源程序中出现的宏符号名不仅进行字符串替换,而且还能进行参数替换。带参数的宏定义格式为:

♯define 宏符号名(参数表) 表达式

其中,参数表中的参数是形参,在程序中用实际参数进行替换。

【例 7-49】　带参数的宏定义例子。

```
#define MAX(x,y)   (((x)>(y)) ? (x) : (y))
#define SQ(x) (x * x)
#define S(r) PI * r * r
```

【例 7-50】 宏定义例子。

代码清单 7-42 main.c 文件

```
#include "stdio.h"
#include "reg51.h"

#define PI 3.14115926
#define CIRCLE(R,L,S) L = 2 * PI * R; S = PI * (R) * (R)
#define MAX(x,y) (((x)>(y)) ? (x) : (y))
void main()
{
    float r,l,s;
    int a,b;
    SCON = 0x52;
    TMOD = 0x20;
    TCON = 0x69;
    TH1 = 0xF3;
    printf("please input r:\n");
    scanf("%f",&r);
    printf("please input value of a and b\n");
    scanf("%d,%d",&a,&b);
    CIRCLE(r,l,s);
    printf("\nr = %f\ncirc = %f\narea = %f\n",r,l,s);
    printf("a = %d, b = %d, max value is %d\n",a,b,MAX(a,b));
    while(1);
}
```

进入本书配套资源的 STC_example\例子 7-50 目录下，在 Keil μVision5 集成开发环境下打开该设计，并进入调试器模式，按 F5 键。打开 UART ♯1 窗口界面，输入并显示信息，如图 7.87 所示。

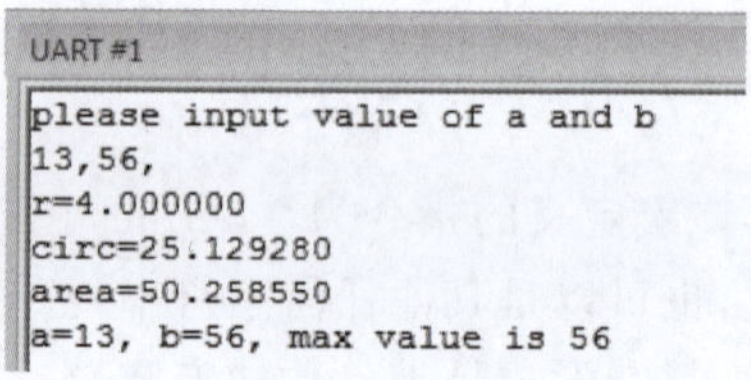

图 7.87 UART ♯1 窗口内打印的信息

7.8.2 文件包含

文件包含是指一个程序文件将另一个指定的文件的全部内容包含进来。在前面已经多次使用了 ♯include "stdio.h" 和 ♯include "reg51.h" 包含头文件指令。文件包含指令的格式为：

♯include 文件名

【例 7-51】 文件包含的例子。

在该例子中，定义了 max.c 文件和 max.h 文件，通过文件包含将这两个文件整合到设计中。

(1) 在当前工程下，建立一个名字为 top.uvproj 的工程。
(2) 新建一个名字为 max.c 的文件，并在该文件中添加如下设计代码。

代码清单 7-43(1) max.c 文件

```
int max(int x,int y)            //两个数中,求取最大值
{
```

```
    if (x > y) return x;
    else return y;
}

int min(int x,int y)            //两个数中,求取最小值
{
    if (x < y) return x;
    else return y;
}

float avg(int x,int y)          //求取两个数的平均值
{
    return((x + y)/2.0);
}
```

(3) 保存该文件。

(4) 新建一个名字为 max.h 的文件,并在该文件中添加如下设计代码。

代码清单 7-43(2)　max.h 文件

```
int i = 11,j = 100;             //定义两个全局整型变量
int max(int x,int y);           //声明 max 函数类型
int min(int x,int y);           //声明 min 函数类型
float avg(int x,int y);         //声明 avg 函数类型
```

(5) 保存该文件。

(6) 新建一个名字为 main.c 的文件,并在该文件中添加如下设计代码。

代码清单 7-43(3)　main.c 文件

```
#include "stdio.h"
#include "reg51.h"
#include "max.h"                         //包含自定义头文件

void main()
{
    int k,l;
    float m;
     SCON = 0x52;
     TMOD = 0x20;
     TCON = 0x69;
     TH1 = 0xF3;
     k = max(i,j);                       //调用 max 函数
     l = min(i,j);                       //调用 min 函数
     m = avg(i,j);                       //调用 avg 函数
     printf("max value = %d\n",k);       //打印值 k
     printf("min value = %d\n",l);       //打印值 l
     printf("avg value = %f\n",m);       //打印值 m
}
```

(7) 保存该文件。

进入本书配套资源的 STC_example\例子 7-51 目录下,在 Keil μVision5 集成开发环境下打开该设计,并进入调试器模式,按 F5 键。打开 UART ♯1 窗口界面,显示信息如图 7.88 所示。

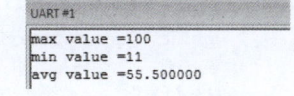

图 7.88　UART ♯1 窗口内打印的信息

7.8.3 条件编译

一般情况下,希望对所有的程序行进行编译。但是有时希望只对其中的一部分内容在满足一定的条件时才进行编译,这就是条件编译。Keil Cx51 编译器的预处理器提供了三种条件编译格式。

1. 条件编译指令格式 1

```
#ifdef 标识符
    程序段 1
#else
    程序段 2
#endif
```

2. 条件编译指令格式 2

```
#ifndef 标识符
    程序段 1
#else
    程序段 2
#endif
```

3. 条件编译指令格式 3

```
#if 常量表达式 1
    程序段 1
#elif 常量表达式 2
    程序段 2
…
#else
    程序段 n
#endif
```

【例 7-52】 条件编译的例子。

代码清单 7-44　main.c 文件

```c
#include "stdio.h"
#include "reg51.h"

void main()
{
    SCON = 0x52;
    TMOD = 0x20;
    TCON = 0x69;
    TH1 = 0xF3;

    #ifdef SYMBOL
    printf("define SYMBOL in file\n");
    #else
      printf("not define SYMBOL in file\n");
    #endif
    while(1);
}
```

进入本书配套资源的 STC_example\例子 7-52 目录下,在 Keil μVision5 集成开发环境下打开该设计,并进入调试器模式,按 F5 键。打开 UART #1 窗口界面,显示信息"not define SYMBOL in file"。

下面给出定义 SYMBOL 的两种方法。

(1) 在 main.c 文件中,添加下面一行代码,保存并编译文件。然后,进入调试器模式,按 F5 键。打开 UART ♯1 窗口界面,显示信息"define SYMBOL in file",如图 7.89 所示。

♯define SYMBOL

(2) 在当前工程主界面左侧的 Project 窗口内,选择 Target 1,右击出现快捷菜单,选择 Options for Target'Target 1'指令,出现 Options for Target 'Target 1 '对话框,如图 7.90 所示。打开 C51 选项卡,找到 Preprocessor Symbols(预处理器符号)标题栏。在该标题栏下的 Define 文本框中输入 SYMBOL。然后,单击 OK 按钮。

图 7.89　UART ♯1 窗口内打印的信息　　图 7.90　在编译器设置中定义 SYMBOL

(3) 重新编译设计,再进入调试器模式,按 F5 键。打开 UART ♯1 窗口界面,显示信息"define SYMBOL in file"。

7.8.4　其他预处理指令

Keil Cx51 编译器还支持♯error、♯pragma 和♯line 预处理指令。本节介绍♯error 和 ♯pragma 指令。

1. ♯error

该指令通常用于条件编译中,以便捕获一些不可预知的编译条件。正常情况下该条件的值为假,如果条件为真,则输出一条由♯error 指令后面字符串给出的错误信息并停止编译。例如,在前面的代码中插入:

```
♯else
  printf("not define SYMBOL in file\n");
  ♯error stop!!!
♯endif
```

表示当没有定义符号时,报错并停止编译。

2. ♯pragma

该指令由于在源程序中向编译器传送各种编译控制指令,所以其格式为:

♯pragma 编译指令序列

该指令可以控制编译器对程序处理的方法。

7.9　复杂数据结构

在 C 语言中,除了提供基本数据类型、数组和指针外,还提供了复杂的数据结构,用于将不同类型的数据放在一起。复杂数据结构包括结构、联合和枚举。

7.9.1 结构

结构是将不同数据类型有序组合在一起而构成的一种数据的集合体。结构中的每个数据类型分别占用所声明类型的存储空间。

1. 结构类型的定义

格式为：

```
struct 结构名
{
    结构元素列表
}
```

其中，结构元素列表为不同数据类型的列表。

【例 7-53】 结构体的声明例子。

```
struct student{
        char name[30];
        char gender;
        char age;
        long int num;
    };
```

2. 结构变量的定义

1) 在声明的时候定义

【例 7-54】 结构体的声明例子 1。

```
struct student{
        char name[30];
        char gender;
        char age;
        long int;
    }stu1,stu2;
```

2) 在声明后单独定义

格式为：

struct 结构名 结构变量1,结构变量2,…,结构变量 N

在实际使用的时候，如果变量很多，可以将这些变量整合到一个数组内，这样更加方便操作。

【例 7-55】 结构体的声明例子 2。

struct student stu1,stu2;

注意：只能对结构变量内的元素进行操作，不能对结构的元素进行操作，即对 stu1、stu2 内的元素操作是合法的，对 student 操作是非法的。

3. 结构变量内元素的引用

当定义完结构变量后，就可以引用结构变量内的元素。格式为：

结构变量名.结构元素

【例 7-56】 结构体使用的例子。

代码清单 7-45　main.c 文件

```c
#include "stdio.h"
#include "reg51.h"
struct student{                             //定义结构体
            char name[30];                  //字符类型数组
            char gender;                    //字符类型数据
            int age;                        //整型数据
            long int num;                   //长整型数据
        };
xdata struct student stu[2];                //xdata 区定义结构数组变量
void main()
{
    int i;
    SCON = 0x52;
    TMOD = 0x20;
    TCON = 0x69;
    TH1 = 0xF3;
    for(i = 0;i < 2;i++)                    //循环输入结构数组变量元素
      {
          printf("please input stu[%d].name\n",i);
          scanf("%s",stu[i].name);          //输入结构中的 name 元素
          getchar();
          printf("please input stu[%d].gender\n",i);
          scanf("%c",&stu[i].gender);       //输入结构中的 gender 元素
          putchar('\n');
          printf("please input stu[%d].age\n",i);
          scanf("%d",&stu[i].age);          //输入结构中的 age 元素
          printf("please input stu[%d].num\n",i);
          scanf("%ld",&stu[i].num);         //输入结构中的 num 元素
      }
    putchar('\n');
    for(i = 0;i < 2;i++)
    {
        printf("the following students information is:\n");
        printf("stu[%d].name = %s, ",i,stu[i].name);        //输出结构中的 name 元素
        printf("stu[%d].gender = %c, ",i,stu[i].gender);    //输出结构中的 gender 元素
        printf("std[%d].age = %d, ",i,stu[i].age);          //输出结构中的 age 元素
        printf("std[%d].num = %ld, ",i,stu[i].num);         //输出结构中的 num 元素
        putchar('\n');
    }
    while(1);
}
```

进入本书配套资源的 STC_example\例子 7-56 目录下,在 Keil μVision5 集成开发环境下打开该设计,并进入调试器模式,按 F5 键。打开 UART ♯1 窗口界面,在该界面下按照提示信息输入结构元素的值,最后打印输入的信息,如图 7.91 所示。

为了使读者更进一步地理解结构体的概念,这里给出 Watch 1 窗口内的信息,如图 7.92 所示。

从图 7.92 中可以看出,没有为 student 结构本身分配存储空间,但是为结构变量 stu[0] 和 stu[1] 分配了空间。其中,将结构变量 stu[0] 分配到单片机扩展数据区起始地址为 0x000000 的地方;将结构变量 stu[1] 分配到了单片机扩展数据区起始地址为 0x000025 的地方。

```
UART #1
please input stu[0].name
hebin
please input stu[0].gender
m
please input stu[0].age
39
please input stu[0].num
20145
please input stu[1].name
libaolong
please input stu[1].gender
m
please input stu[1].age
24
please input stu[1].num
20147
the following students information is:
stu[0].name=hebin, stu[0].gender=m, std[0].age=39, std[0].num=20145,
the following students information is:
stu[1].name=libaolong, stu[1].gender=m, std[1].age=24, std[1].num=20147,
```

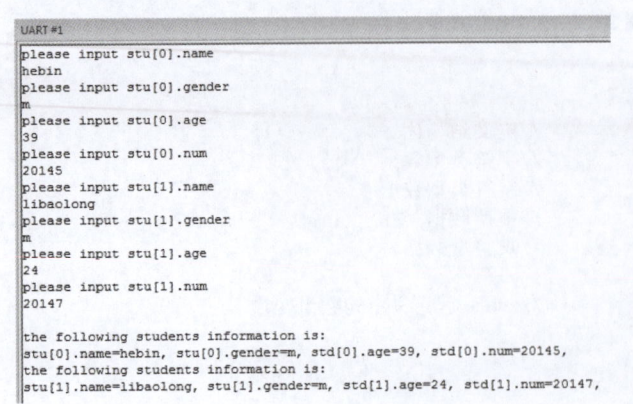

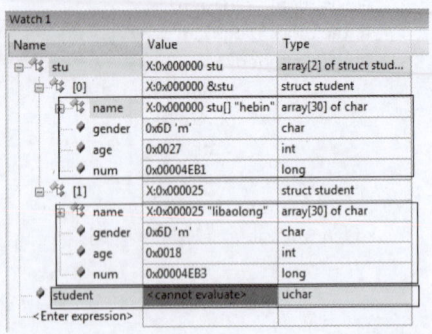

图 7.91　UART ♯1 窗口输入和输出信息窗口

Watch 1		
Name	Value	Type
⊟ stu	X:0x000000 stu	array[2] of struct stud...
⊟ [0]	X:0x000000 &stu	struct student
name	X:0x000000 stu[] "hebin"	array[30] of char
gender	0x6D 'm'	char
age	0x0027	int
num	0x00004EB1	long
⊟ [1]	X:0x000025	struct student
name	X:0x000025 "libaolong"	array[30] of char
gender	0x6D 'm'	char
age	0x0018	int
num	0x00004EB3	long
student	<cannot evaluate>	uchar
<Enter expression>		

图 7.92　Watch 1 窗口中结构变量

通过 stu[0] 和 stu[1] 在单片机扩展数据区的内容可以更好地理解该数据类型，如图 7.93(a) 和图 7.93(b) 所示。

```
Memory 1
Address: x:0
X:0x000000:  68 65 62 69 6E 00 00 00 00 00 00 00 00 00 00 00 00 00 00 00 00 00 00 00 00 00 00 00
X:0x00001C:  00 00 6D 00 27 00 00 4E B1 6C 69 62 61 6F 6C 6F 6E 67 00 00 00 00 00 00 00 00 00 00
X:0x000038:  00 00 00 00 00 00 00 00 00 00 6D 00 18 00 00 4E B3 00 00 00 00 00 00 00 00 00 00 00
```

(a) Memory 1 窗口中结构变量 stu[0] 的内容

```
Memory 1
Address: x:0x25
X:0x000025:  6C 69 62 61 6F 6C 6F 6E 67 00 00 00 00 00 00 00 00 00 00 00 00 00 00 00 00 00 00 00
X:0x000041:  00 00 6D 00 18 00 00 4E B3 00 00 00 00 00 00 00 00 00 00 00 00 00 00 00 00 00 00 00
X:0x00005D:  00 00 00 00 00 00 00 00 00 00 00 00 00 00 00 00 00 00 00 00 00 00 00 00 00 00 00 00
```

(b) Memory 1 窗口中结构变量 stu[1] 的内容

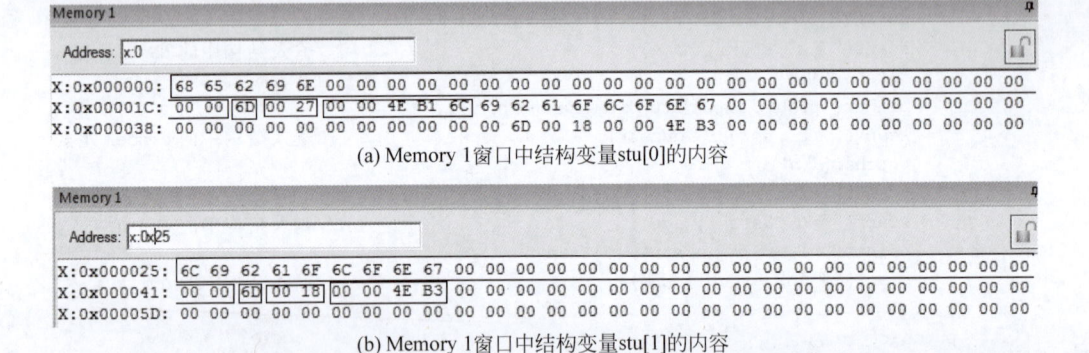

图 7.93　Memory 1 窗口中结构变量 stu[0] 和 stu[1] 的内容

4. 指向结构的指针

在 C 语言中，一个指向结构类型变量的指针称为结构型指针，该指针变量的值是它所指向的结构变量的起始地址。结构型指针也可以用来指向结构数组，或者指向结构数组中的元素。定义结构型指针的一般格式为：

struct　结构类型标识符　*结构指针标识符

通过结构型指针引用结构元素的格式为：

结构指针标识符→结构中的元素

【例 7-57】 指向结构指针的例子。

代码清单 7-46　main.c 文件

```c
#include "stdio.h"
#include "reg51.h"
struct student{                              //声明结构体
        char name[30];
        char gender;
        int age;
        long int num;
    };
```

```c
xdata struct student stu[2], * p;                    //声明结构数组和指针
void main()
{
    int i;
    SCON = 0x52;
    TMOD = 0x20;
    TCON = 0x69;
    TH1 = 0xF3;
    for(i = 0;i < 2;i++)
        {
            p = &stu[i];                              //结构指针指向当前数组首地址
            printf("please input stu[ % d].name\n",i);
            scanf(" % s",&p->name);                   //输入 p->name 指向字符串的信息
            getchar();
            printf("please input stu[ % d].gender\n",i);
            scanf(" % c",&p->gender);                 //输入 p->gender 指向字符的信息
            putchar('\n');
            printf("please input stu[ % d].age\n",i);
            scanf(" % d",&p->age);                    //输入 p->age 指向整数的信息
            printf("please input stu[ % d].num\n",i);
            scanf(" % ld",&p->num);                   //输入 p->num 指向长整数的信息
        }
    putchar('\n');
    for(i = 0;i < 2;i++)
        {
            p = &stu[i];                              //结构指针指向当前数组首地址
            printf("the following students information is:\n");
            printf("stu[ % d].name = % s, ",i,p->name);      //打印 p->name 指向字符串的信息
            printf("stu[ % d].gender = % c, ",i,p->gender);  //打印 p->gender 指向字符的信息
            printf("std[ % d].age = % d, ",i,p->age);        //打印 p->age 指向整数的信息
            printf("std[ % d].num = % ld, ",i,p->num);       //打印 p->num 指向长整数的信息
            putchar('\n');
        }
    while(1);
}
```

进入本书配套资源的 STC_example\例子 7-57 目录下，在 Keil μVision5 集成开发环境下打开该设计，并进入调试器模式，按 F5 键。打开 UART ♯1 窗口界面，在该界面下按照提示信息输入结构元素的值，最后打印输入的信息。

思考与练习 7-56：打开 Watch 1 窗口，观察指针随程序变化的情况。

7.9.2 联合

在 C 语言中，提供了联合类型的数据结构。在一个联合的数据结构中，可以包含多个数据类型。但是，不像结构类型那样，所有的数据单独分配存储空间，而联合数据类型是共用存储空间。这种方法可以分时使用同一个存储空间，因此提高了单片机片内数据存储空间的使用效率。联合类型变量的定义格式为：

union 联合变量的名字
　　{
　　　成员列表
　　}变量列表

【例 7-58】 联合数据结构的例子。

代码清单 7-47　main.c 文件

```c
#include "stdio.h"
#include "reg51.h"
union {                                     //定义联合体
        char data_str[8];                   //定义字符数组
        struct {                            //定义结构体
                int a;
                int b;
                long int c;
            }data_var;
        }shared_information;                //联合体的名字
void main()
{
    int i;
    SCON = 0x52;
    TMOD = 0x20;
    TCON = 0x69;
    TH1 = 0xF3;
    shared_information.data_var.a = 100;        //结构体整型数 a 赋值
    shared_information.data_var.b = 1000;       //结构体整型数 b 赋值
    shared_information.data_var.c = 100000000;  //结构体长整型 c 赋值
    for(i = 0;i < 8;i++)                        //打印联合体内的 data_str
    {
        printf("data[%d] = %c,\n",i,shared_information.data_str[i]);
    }
    while(1);
}
```

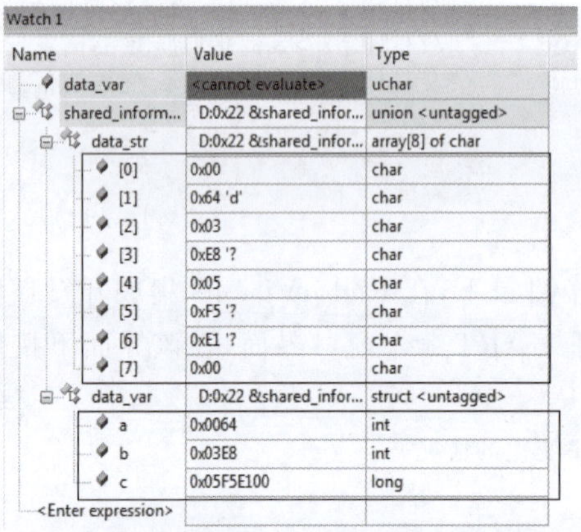

进入本书配套资源的 STC_example\例子 7-58 目录下，在 Keil μVision5 集成开发环境下打开该设计，并进入调试器模式，按 F5 键。打开 Watch 1 窗口界面，在该界面下输入 data_str 和 data_var，如图 7.94 所示。从图中可以看出来，data_str 和 data_var 都位于单片机片内数据区起始地址为 0x22 的位置，共享 8 字节的片内数据区。

data_var.a＝0x0064，存在下面的关系：

（1）data_var.a 高 8 位＝＞data_str[0]。

（2）data_var.a 低 8 位＝＞data_str[1]。

data_var.b＝0x03E8，存在下面的关系：

（1）data_var.b 高 8 位＝＞data_str[2]。

图 7.94　Watch 1 窗口中 data_str 和 data_var 的内容

（2）data_var.b 低 8 位＝＞data_str[3]。

data_var.c＝0x05F5E100，存在下面的关系：

（1）data_var.c 第 31 位～第 24 位＝＞data_str[4]。

（2）data_var.c 第 23 位～第 16 位＝＞data_str[5]。

（3）data_var.c 第 15 位～第 8 位＝＞data_str[6]。

（4）data_var.c 第 7 位～第 0 位＝＞data_str[7]。

注意：＝＞表示对应关系。

7.9.3 枚举

在 C 语言中，提供了枚举数据类型。如果一个变量只有有限个取值，则可以将变量定义为枚举类型。例如，对于星期来说，只有星期一至星期日这 7 个可能的取值情况；对于颜色，只有红色、蓝色和绿色三个基本颜色。所以，星期和颜色都可以定义为枚举类型。枚举类型的格式为：

enum 枚举名字{枚举值列表} 变量列表；

在枚举值列表中，每一项代表一个整数值。默认，第一项为 0，第二项为 1，第三项为 2，以此类推。此外，也可以通过初始化指定某些项的符号值。

【例 7-59】 枚举数据结构的例子。

该例子将若干红、绿、蓝三种颜色的小球全排列组合，输出每种组合的三种颜色。

代码清单 7-48 main.c 文件

```c
#include "stdio.h"
#include "reg51.h"
enum color{red,green,blue};
enum color i,j,k,st;
void main()
{
    int n = 0,m;
    SCON = 0x52;
    TMOD = 0x20;
    TCON = 0x69;
    TH1 = 0xF3;
    for(i = red;i <= blue;i++)
        for(j = red;j <= blue;j++)
            for(k = red;k <= blue;k++)
            {
             n = n + 1;
                printf(" % - 4d",n);
                 for(m = 1;m <= 3;m++)
                    {
                        switch(m)
                        {
                            case 1 : st = i;break;
                            case 2: st = j;break;
                            case 3: st = k;break;
                            default: break;
                        }
                        switch(st)
                        {
                            case red : printf(" % - 10s","red");break;
                            case green: printf(" % - 10s","green");break;
                            case blue : printf(" % - 10s","blue");break;
                            default: break;
                        }
                    }
                printf("\n");
            }
    printf("\n total:% 5d\n",n);
```

```
        while(1);
}
```

进入本书配套资源的 STC_example\例子 7-59 目录下，在 Keil μVision5 集成开发环境下打开该设计，并进入调试器模式，按 F5 键。打开 UART ♯1 窗口界面，可看到输出数据的信息，如图 7.95 所示。

```
UART #1
1   red     red     red
2   red     red     green
3   red     red     blue
4   red     green   red
5   red     green   green
6   red     green   blue
7   red     blue    red
8   red     blue    green
9   red     blue    blue
10  green   red     red
11  green   red     green
12  green   red     blue
13  green   green   red
14  green   green   green
15  green   green   blue
16  green   blue    red
17  green   blue    green
18  green   blue    blue
19  blue    red     red
20  blue    red     green
21  blue    red     blue
22  blue    green   red
23  blue    green   green
24  blue    green   blue
25  blue    blue    red
26  blue    blue    green
27  blue    blue    blue

    total:  27
```

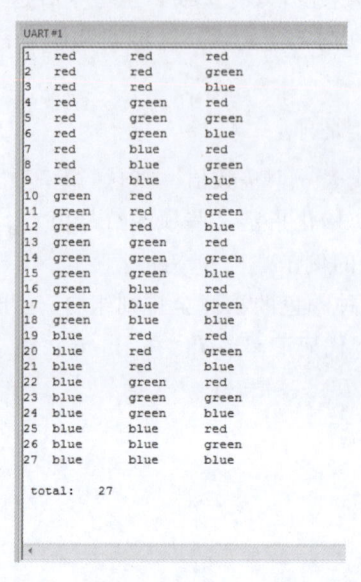

图 7.95 UART ♯1 窗口内打印的信息

思考与练习 7-57：请读者分析该设计代码，并画出程序流程图。

7.10 C 程序中使用汇编语言

有时需要在使用 C 语言编写程序代码的过程中使用汇编语言。有些汇编程序在整个软件设计工程中是必需的，如启动引导代码。而其他地方使用汇编语言是为了提高整个软件设计工程的运行效率。在 C 语言中使用汇编语言的方法包括两种。

(1) 在 C 语言程序代码中内嵌汇编语言。

(2) C 语言代码程序中调用外部汇编语言编写的程序。

7.10.1 内嵌汇编语言

在 C 源文件中，将汇编代码写在指令：

```
#pragma asm
    ...
#pragma endasm
```

中间。

【例 7-60】 在 C 语言中内嵌汇编语言的实现。

在 C 程序中内嵌汇编语言的步骤如下。

注意：进入本书配套资源的 STC_example\例子 7-60 目录下，在 Keil μVision5 集成开发环境下打开并参考该设计。

(1) 建立新的设计工程。

(2) 新建并添加一个名字为 main.c 的源文件。按下面输入代码,并保存该文件。

代码清单 7-49　main.c 文件

```c
#include "stdio.h"
#include "reg51.h"
    idata unsigned char C1 _at_ 0x22;   //_at_声明 char 类型变量 C1 在 idata 区的 0x22 位置
    idata unsigned char B1 _at_ 0x24;   //_at_声明 char 类型变量 B1 在 idata 区的 0x24 位置
    idata unsigned char D1 _at_ 0x26;   //_at_声明 char 类型变量 D1 在 idata 区的 0x26 位置
    idata unsigned int  e  _at_ 0x28;   //_at_声明 int 类型变量 e 在 idata 区的 0x28 位置
void main()
{
    C1 = 100;                //变量 C1 赋值为 100
    B1 = 90;                 //变量 B1 赋值为 90
    SCON = 0x52;
    TMOD = 0x20;
    TCON = 0x69;
    TH1 = 0xF3;
    #pragma asm             //内嵌汇编指令,表示开始
    MOV A,0x22              //单片机片内数据区 0x22 单元内容送给累加器 ACC
    MOV B,0x24              //单片机片内数据区 0x24 单元内容送给寄存器 B
    ADD A,B                 //累加器 ACC 和寄存器 B 的内容相加,结果保存在 ACC
    MOV 0x26,A              //累加器 ACC 内容送到单片机片内数据区 0x26 单元
    #pragma endasm          //内嵌汇编指令,表示结束
    e = D1;                 //将 D1 的值送给 e
    printf("%d\n",e);       //打印 e 的值
    while(1);
}
```

该程序代码的设计思路如图 7.96 所示。

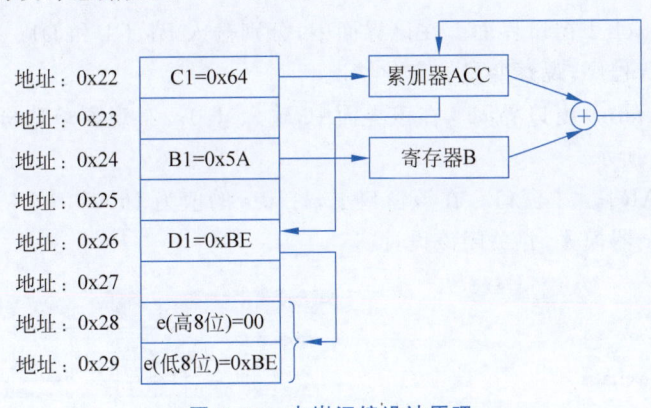

图 7.96　内嵌汇编设计原理

(3) 在当前工程主界面左侧的 Project 窗口中,找到并选择 main.c,右击出现快捷菜单,选择 Options for File 'main.c'命令,出现 Options for File 'main.c'对话框,如图 7.97 所示,选中 Generate Assembler SRC File 和 Assemble SRC File 复选框。

注意:该设置使得编译器识别 C 语言内嵌的汇编语言代码。

(4) 单击 OK 按钮。

(5) 在当前工程主界面左侧,选择 Source Group 1,右击出现快捷菜单,选择 Add Existing Files to Group 'Source Group 1'命令。

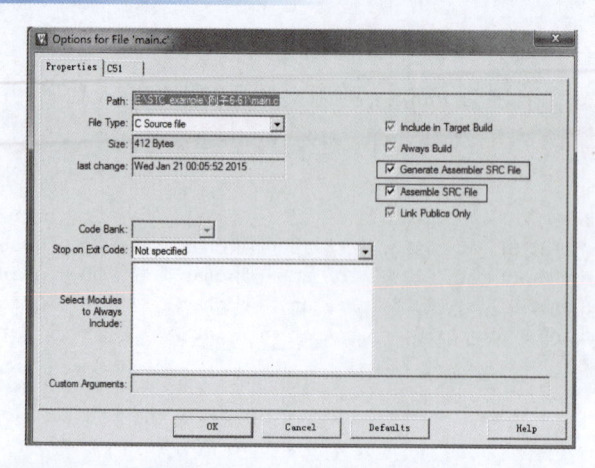

图 7.97 main.c 文件设置界面

(6) 出现 Add Existing Files to Group 'Source Group 1'对话框。在该对话框中：
① 将文件类型改成 Library file(*.lib)。
② 将文件路径定位到 Keil 集成开发环境安装路径下：

c:\keil_v5\C51\LIB

③ 在该路径下,选中 C51S.LIB 库文件。
④ 单击 Add 按钮。
(7) 在当前工程主界面左侧的 Project 窗口中,看到新添加的库文件,如图 7.98 所示。
注意：该库文件用于 small 存储编译模式,对于其他模式,读者可以选择其他库文件。
(8) 编译设计。
(9) 进入调试器模式。
(10) 打开 Watch 1 窗口界面。在该界面中,分别输入 B1、C1 和 D1。
(11) 单步运行程序,观察变量的变化情况。
(12) 打开 Memory 窗口界面。在该界面中,输入 d:0x22,观察单片机片内数据区的存储内容,如图 7.99 所示。
(13) 打开 UART #1 窗口。在该窗口下,打印 e 的值为 190。
(14) 退出调试器模式,并关闭该设计。

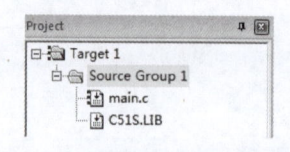

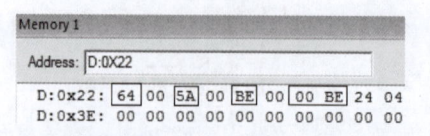

图 7.98 新添加 C51S.LIB 文件　　图 7.99 观察起始地址为 0x22 的存储内容

7.10.2　调用汇编程序

本节将在外部调用汇编语言程序对端口进行控制,并通过 STC 提供的学习板对设计进行硬件仿真和调试。

在主程序中,编写调用汇编语言编写的子函数代码。在汇编语言中,对累加器 ACC 进行递增操作,并且通过 STC 学习板上的四个 LED 灯,显示 ACC 中的第 3 位~第 0 位值。

显示的范围为 0～16。

1. 硬件设计原理

在该设计中,使用了 STC 提供的学习板。在该学习板上提供了四个 LED 灯,名字分别用 LED7、LED8、LED9 和 LED10 表示,如图 7.100 所示。这四个 LED 灯的阳极共同接到了 VCC 电源(＋5V 供电),另一端通过限流电阻 R52、R53、R54、R55 与 STC 的 IAP15W4K58S4 单片机 P1.7、P1.6、P4.7 和 P4.6 引脚连接。

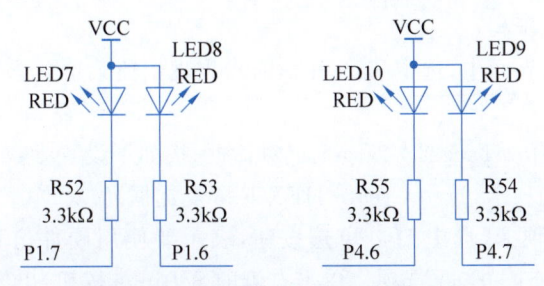

图 7.100　STC 学习板 LED 设计原理

(1) 当单片机对应的引脚位置低时,所连接的 LED 亮。
(2) 当单片机对应的引脚位置高时,所连接的 LED 灭。

2. 软件设计原理

软件设计流程图如图 7.101 所示。

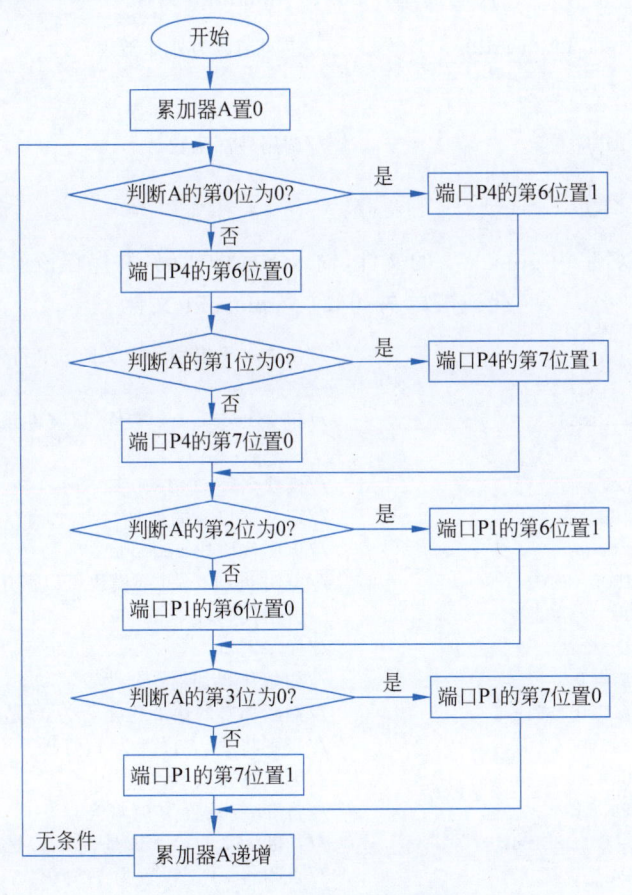

图 7.101　软件设计流程图

3. 设计实现过程

【例 7-61】 在 C 语言中调用汇编语言的方法。

通过 C 语言,调用汇编语言的步骤如下。

注意:进入本书配套资源的 STC_example\例子 7-61 目录下,在 Keil μVision5 集成开发环境下打开并参考该设计。按照第 4 章讲的方法,将学习资料内 STC 提供的 USB-UART 串口驱动安装到计算机上。

(1) 建立新的设计工程。

(2) 在当前工程主界面中,选中 Target 1,右击出现快捷菜单。选择 Options for Target 'Target 1'命令。

(3) 出现 Options for Target 'Target 1'对话框,按如下设置参数。

① 选择 Output 选项卡,选中 Create HEX File 复选框。

② 选择 Debug 选项卡,选中 Use 单选按钮,表示要使用硬件仿真。在右侧的下拉框中,选择 STC Monitor-51 Driver 选项。单击右侧的 Settings 按钮,出现 Target Setup 选项。选择 COM Port,单击 OK 按钮,返回到设置界面。

注意:读者 PC 使用的端口以安装 STC 的 USB-JATG 后所识别的 COM 端口号为准。

(4) 单击 OK 按钮,退出 Options for Target 'Target 1'对话框。

(5) 建立新的名字为 main.c 的 C 语言源文件,输入下面的代码,并保存该设计文件。

代码清单 7-50(1)　main.c 文件

```
extern void CONTROL_GPIO(void);      //声明函数为外部函数
void main()
{
    CONTROL_GPIO();                  //调用外部函数
}
```

(6) 建立新的名字为 gpio.a51 的文件,输入下面的代码,并保存该设计文件。

代码清单 7-50(2)　gpio.a51 文件

```
$ NOMOD51                            //使 A51 不识别预定义的 SFR 符号

$ INCLUDE (reg51.inc)                //包含 reg51.inc 文件,该文件预定义了符号

NAME CONTROL_GPIO                    //模块名字 CONTROL_GPIO
P4        DATA 0C0H                  //定义端口 4 的地址
segcode segment code                 //声明代码段 segcode
    public CONTROL_GPIO              //声明 public,外部模块可以调用
    rseg segcode                     //引用代码段 segcode
CONTROL_GPIO:                        //程序入口
        MOV   A,#0                   //初始化累加器 ACC 为 0
Loop2:  JB    ACC.0, SETP41          //判断 ACC 的第 0 位是否为 1,是则跳转
        SETB  P4.6                   //否则将 P4.6 设置为 1(灯灭)
        JMP   CON                    //无条件跳转到 CON
SETP41: CLR   P4.6                   //将 P4.6 设置为 0(灯亮)
CON:    JB    ACC.1,SETP42           //判断 ACC 的第 1 位是否为 1,是则跳转
        SETB  P4.7                   //否则将 P4.7 设置为 1(灯灭)
```

```
            JMP     CON1                //无条件跳转到 CON1
SETP42:     CLR     P4.7                //将 P4.7 设置为 0(灯亮)
CON1:       JB      ACC.2, SETP43       //判断 ACC 的第 2 位是否为 1,是则跳转
            SETB    P1.6                //否则将 P1.6 设置为 1(灯灭)
            JMP     CON2                //无条件跳转到 CON2
SETP43:     CLR     P1.6                //否则将 P1.6 设置为 0(灯亮)
CON2:       JB      ACC.3, SETP44       //判断 ACC 的第 3 位是否为 1,是则跳转
            SETB    P1.7                //否则将 P1.7 设置为 1(灯灭)
            JMP     CON3                //无条件跳转到 CON3
SETP44:     CLR     P1.7                //否则将 P1.7 设置为 0(灯亮)
CON3:       INC     A                   //累加器 A 递增
            JMP     Loop2               //无条件跳转到 Loop2
            RET
END
```

(7) 在 gpio.a51 的第 28 行设置断点。

(8) 将 STC 提供的学习板通过 USB 电缆和主机进行连接。

(9) 打开 STC 提供的 STC-ISP(v6.82)软件。在该界面中按如下设置参数。

① 在该界面串口号右侧下拉框中,选择所识别出来的 STC USB-UART 的窗口号。

② 在该界面中,找到"单击打开程序"按钮,定位到当前设计工程目录下,找到并打开 top.HEX 文件。

③ 在 STC-ISP 软件主界面右侧窗口内,选择"Keil 仿真设置"选项卡,单击"将 IAP15W4K58S4 设置为仿真芯片(宽压系统,支持 USB 下载)"按钮。

(10) 按一下 STC 学习板上的 SW19 键。

(11) 开始下载程序。当程序下载成功后,在 STC-ISP 软件的右下角窗口中出现提示信息。

(12) 在 Keil μVision5 主界面主菜单下,选择 Debug→Start/Stop Debug Session 命令。

(13) 进入调试器模式,连续按 F5 键,断点运行程序。

思考与练习 7-58:观察当每次运行程序时,LED 的变化规律是不是从 0000 到 1111,即全灭到全亮变化。

思考与练习 7-59:观察反汇编代码,填写下面的空格。

① main 主程序的入口点地址_____。

② 调用 CONTROL_GPIO()代码的地址_____。

③ CONTROL_GPIO 子函数的入口点地址_____。

思考与练习 7-60:在程序运行的过程中,观察单片机内寄存器的变化情况,如累加器 ACC、程序计数器 PC 等。

(14) 退出调试器模式,并关闭该设计。

7.11 设计实例一:端口控制的 C 语言程序设计

本节将全部使用 C 语言实现上面的例子。

【例 7-62】 C 语言控制端口的实现。

实现 C 语言控制端口的步骤如下。

注意:进入本书配套资源的 STC_example\例子 7-62 目录下,在 Keil μVision5 集成开

发环境下打开并参考该设计。

(1) 建立新的设计工程。

(2) 在当前工程主界面中选中 Target 1,右击出现快捷菜单,选择 Options for Target 'Target 1'命令。

(3) 出现 Options for Target 'Target 1'对话框,选择 Output 选项卡,选中 Create HEX File 复选框。

(4) 单击 OK 按钮,退出 Options for Target 'Target 1'对话框。

(5) 建立新的名字为 main.c 的 C 语言源文件,输入下面的代码,并保存该设计文件。

代码清单 7-51(1)　main.c 文件

```c
#include "reg51.h"
void main()
{

}
```

(6) 保存设计代码。

(7) 对设计进行编译。成功编译后,在主界面左侧的 Project 窗口中出现 reg51.h 文件。双击打开 reg51.h 文件,下面对该文件进行修改:

① 在该文件第 16 行添加一行代码,该行代码声明 P4 端口的地址,如图 7.102 所示。

② 从该文件第 92 行开始添加代码,该行代码声明 P4 端口每一位的地址,如图 7.103 所示。

```
12  sfr P0   = 0x80;
13  sfr P1   = 0x90;
14  sfr P2   = 0xA0;
15  sfr P3   = 0xB0;
16  sfr P4   = 0xC0;
17  sfr PSW  = 0xD0;
```

图 7.102　在第 16 行添加代码

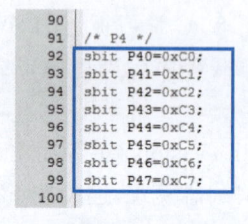

```
90
91  /* P4 */
92  sbit P40=0xC0;
93  sbit P41=0xC1;
94  sbit P42=0xC2;
95  sbit P43=0xC3;
96  sbit P44=0xC4;
97  sbit P45=0xC5;
98  sbit P46=0xC6;
99  sbit P47=0xC7;
100
```

图 7.103　从第 92 行开始添加代码

③ 保存该文件。

(8) 打开 main.c 文件,添加剩余的代码,并保存文件。下面给出完整的代码。

代码清单 7-51(2)　main.c 文件

```c
#include "reg51.h"            //包含修改后的 reg51.h 头文件
void main()
{
int i = 0;
long int j = 0;
while(1)                      //无限循环
    {
    for(i = 0;i < 4;i++)      //for 循环从 0 到 3
        {
        switch(i)
        {
            case 0:           //当计数值为 0
            {
            P46 = 1;          //P4.6 置位为 1(灯灭)
```

```
            P47 = 1;              //P4.7 置位为 1(灯灭)
           }
              break;
           case 1:                //当计数值为 1
           {
             P46 = 0;             //P4.6 置位为 0(灯亮)
             P47 = 1;             //P4.7 置位为 1(灯灭)
           }
              break;
           case 2:                //当计数值为 2
           {
             P46 = 1;             //P4.6 置位为 1(灯灭)
             P47 = 0;             //P4.7 置位为 0(灯亮)
           }
              break;
           case 3:                //当计数值为 3
           {
             P46 = 0;             //P4.6 置位为 0(灯亮)
             P47 = 0;             //P4.7 置位为 0(灯亮)
           }
              break;
           default : ;
         }
       for(j = 0;j < 222222;j++){;}    //软件延迟代码
        }
    }
}
```

(9) 对该文件进行编译,生成 HEX 文件。

(10) 打开 STC-ISP 软件,按照前面选择正确的器件型号、设置串口参数。

(11) 在该软件中,单击"打开程序文件"按钮。定位到当前工程路径,并打开 top.HEX 文件。

(12) 在 STC-ISP 软件中单击"下载/编程"按钮。

(13) 在 STC 提供学习板上找到并按一下 SW19 键,开始编程 STC 单片机。

思考与练习 7-61:查看下载后的结果和设计要求是否一致。

(14) 关闭该设计。

7.12 设计实例二:中断的 C 语言程序设计

在第 4 章中,已经通过汇编语言对单片机中断的实现方法进行了详细的介绍。本节将通过 C 语言设计并实现中断程序。

7.12.1 C 语言中断程序实现原理

Keil Cx51 编译器支持在 C 语言源程序中直接编写 8051 单片机的中断服务程序,从而降低了采用汇编语言编写中断服务程序的复杂度。在 Keil Cx51 编译器中,对函数定义进行了扩展,增加了关键字 interrupt。定义中断服务程序的格式为:

函数类型 函数名(形参列表) [interrupt n][using n]

其中,interrupt 后面的 n 为中断号,范围为 0~31,在编译器中,在程序 Flash 存储器地址为

8n+3 的地方保存每个中断的中断向量；using 后面的 n 用于选择使用的工作寄存器组。

7.12.2　外部中断电路原理

在该设计中,将设计一个在 0~3 计数(四进制)的计数器。通过 STC 学习板上的 P4.6 和 P4.7 端口上的 LED,显示计数的值。与前面例子不一样的是,计数是通过外部中断 INT0 触发的,即每次当 INT0 引脚下拉到地时,触发一次中断,计数器递增一次。该设计的硬件电路的触发由开关控制,如图 7.104 所示。

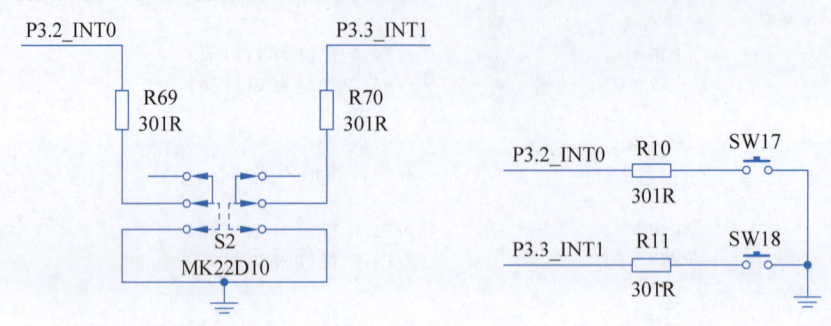

图 7.104　STC 学习板外部中断电路结构

为了正确地下载程序和方便读者后续的实验,STC 学习板上没有焊接开关。但是,提供了 SW17 和 SW18 两个按键。

(1) 当按下 SW17 时,P3.2 引脚接地,产生一个 INT0 下降沿低脉冲信号。

(2) 当按下 SW18 时,P3.3 引脚接地,产生一个 INT1 下降沿低脉冲信号。

注意:在本节设计的例子中,只使用了 INT0 外部中断信号。

7.12.3　C 语言中断具体实现过程

【例 7-63】　通过外部中断触发中断事件,并进行相应处理的实现。实现 C 语言中断程序的步骤如下。

注意:进入本书配套资源的 STC_example\例子 7-63 目录下,在 Keil μVision5 集成开发环境下打开并参考该设计。

(1) 建立新的设计工程。

(2) 在当前工程主界面中选中 Target 1,右击出现快捷菜单,选择 Options for Target 'Target 1'命令。

(3) 出现 Options for Target 'Target 1'对话框,选择 Output 选项卡,选中 Create HEX File 复选框。

(4) 单击 OK 按钮,退出 Options for Target 'Target 1'对话框。

(5) 建立新的名字为 main.c 的 C 语言源文件,输入下面的代码,并保存该设计文件。

代码清单 7-52　main.c 文件

```
#include "reg51.h"
int i = 0;                                  //声明全局变量 i,初值为 0
service_int0() interrupt 0                  //声明该函数是中断函数,对应于中断号 0
{
    if(i == 4) i = 0;                       //如果 i 计数到 4,则复位到 0
```

```
        if(i == 0)                    //当计数值为 0 时
        {
            P46 = 1;                  //设置 P4.6 为 1(灯灭)
            P47 = 1;                  //设置 P4.7 为 1(灯灭)
        }
        else if(i == 1)               //当计数值为 1 时
        {
            P46 = 0;                  //设置 P4.6 为 0(灯亮)
            P47 = 1;                  //设置 P4.7 为 1(灯灭)
        }
        else if(i == 2)               //当计数值为 2 时
        {
            P46 = 1;                  //设置 P4.6 为 1(灯灭)
            P47 = 0;                  //设置 P4.7 为 0(灯亮)
        }
        else if(i == 3)               //当计数值为 3 时
        {
            P46 = 0;                  //设置 P4.6 为 0(灯亮)
            P47 = 0;                  //设置 P4.7 为 0(灯亮)
        }
        i = i + 1;                    //i 递增
    }

    void main()
    {
        IT0 = 1;                      //只允许 INT0 下降沿触发
        EX0 = 1;                      //允许外部中断 0 产生中断事件
        EA = 1;                       //CPU 允许响应中断
        while(1);                     //无限循环
    }
```

(6) 按照前面的方法,编译并下载设计到 STC 单片机中。

思考与练习 7-62:在 STC 提供的学习板上,找到并按下 SW17 键多次,查看 LED9 和 LED10 上的显示结果和设计要求是否一致。

思考与练习 7-63:进入硬件仿真模式,在主程序和中断程序中设置断点,查看当外部按键按下触发中断时程序运行的原理,以及寄存器和堆栈的变化情况。

第 8 章 时钟、复位和电源模式原理及应用

CHAPTER 8

本章介绍 STC 单片机时钟、复位和电源模式原理及实现方法,内容包括时钟子系统、复位子系统和电源模式。

本章所介绍的内容体现了 STC 单片机在时钟、复位以及功耗控制方面的特点。STC 单片机所提供的多个复位能力将极大地改善单片机的抗干扰能力,提高单片机在复杂工作环境下的自我纠错能力。此外,STC 单片机所提供的多种电源工作模式在满足系统性能要求的同时,也极大地降低了其系统功耗。

8.1 时钟子系统

在 4.1.3 节介绍特殊功能寄存器的时候,已经对 STC 单片机系统时钟的分频方法进行了详细的介绍。本节通过例子说明通过 SFR 对时钟分频控制的实现方法。

注意:对于 STC15 系列 5V 单片机来说,I/O 口对外输出时钟的频率不要超过 13.5MHz;对于 STC15 系列 3.3V 单片机来说,I/O 口对外输出时钟的频率不要超过 8MHz。如果频率过高,则需要进行分频才能输出。

【例 8-1】 控制 STC 单片机输出时钟频率 C 语言描述的例子。

代码清单 8-1 main.c 文件

```c
#include "reg51.h"
sfr CLK_DIV = 0x97;                //声明 CLK_DIV 寄存器的地址
void main()
{
    CLK_DIV = 0xc5;                //给 CLK_DIV 寄存器赋值 0xc5
    while(1);                      //无限循环
}
```

注意:读者参考本书配套资源的 STC_example\例子 8-1。

该例子中,$0xc5=(1100,0101)_2$,通过查看 CLK_DIV 寄存器的内容,最高两位 11 对应于 B7 和 B6,用于控制主时钟对外分频输出控制位。该设置表示主时钟为对外输出时钟,但时钟被 4 分频,输出时钟频率=SYSclk/4。CLK_DIV 寄存器的 B2~B0="101",表示对单片机内的主时钟进行 32 分频,该 32 分频后的时钟作为单片机的系统主时钟 SYSclk。

所以,输出时钟的频率为

$$f_{输出} = f_{主时钟}/(32 \times 4)$$

主时钟频率由 STC-ISP 软件在烧写程序代码时确定,如图 8.1 所示。在 STC-ISP 软件的"硬件选项"选项卡"输入用户程序运行时的 IRC 频率"右侧,通过下拉框设置 STC 单片机

内部主时钟频率,也可以手动输入任意频率。

思考与练习 8-1:将上面的例子下载到 STC 单片机学习板中,将 IRC 频率设置为 27MHz。打开示波器,将探头接入到 STC 单片机学习板 J8 插座上的 GND 和 P54 插孔上,特别要注意共地。测量 P5.4 引脚输出时钟频率=_____kHz。

思考与练习 8-2:如果将 CLK_DIV 赋值为 0x87,STC 单片机主时钟频率设置为 20.000MHz,计算 P5.4 引脚理论输出时钟频率=_____kHz,实际测量的输出时钟频率=_____kHz。

思考与练习 8-3:根据误差理论计算公式,计算相对误差和绝对误差,看是否和 STC 公司给出的技术参数吻合。

思考与练习 8-4:编写汇编语言程序实现对时钟的分频输出功能。

图 8.1 主时钟频率设置界面

8.2 复位子系统

STC15 系列单片机提供了 7 种复位方式,包括外部 RST 引脚复位、软件复位、掉电/上电复位、MAX810 专用复位电路复位、内部低压检测复位、看门狗复位和程序地址非法复位。

对于掉电/上电复位来说,可选择增加额外的复位延迟 180ms,也叫作 MAX810 复位电路,实质就是在上电复位后增加 180ms 的额外复位延时。

8.2.1 外部 RST 引脚复位

在 STC15 系列单片机中,复位引脚设置在 P5.4 引脚上(STC15F100W 系列单片机复位引脚在 P3.4 上)。

当外部给该引脚施加一定宽度的脉冲后,就可以对单片机进行复位。STC 其余单片机可以在 ISP 烧录程序时进行设置,将其设置为复位引脚。如图 8.2 所示,当选中"复位脚用作 I/O 口"复选框时,引脚是普通 I/O,不能用于 RST 引脚,否则 P5.4 引脚为 RST 引脚。

注意:IAP15W4K58S4 单片机 P5.4 引脚不可设置为 RST 引脚,也就是不提供用户在 ISP 软件中进行相关设置的权限,这样做是为了防止误操作。

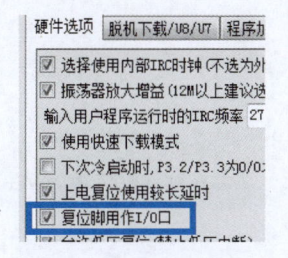

图 8.2 复位引脚设置界面

如果将 P5.4 引脚设置为复位输入引脚,当外部复位时,需要将 RST 复位引脚拉高并至少维持 24 个时钟外加 20μs 后,单片机就会稳定进入复位状态。当把 RST 复位引脚拉低后,结束复位状态,并将特殊功能寄存器 IAP_CONTR 中的 SWBS 位置 1,同时从系统 ISP 监控区启动。外部 RST 引脚复位是热启动复位中的硬复位。

8.2.2 软件复位

当 STC 单片机正在运行用户程序时,有时需要对单片机系统进行软件复位。在传统单片机上并没有提供此功能,用户必须用软件模拟实现。在 STC 新推出的单片机中提供了软件复位的功能,通过设置 IAP_CONTR 寄存器中 SWBS 位和 SWRST 位实现该功能,如

表8.1所示。

表 8.1 IAP_CONTR 控制寄存器各位的含义

比特	B7	B6	B5	B4	B3	B2	B1	B0
名字	IAPEN	SWBS	SWRST	CMD_FAIL	—	WT2	WT1	WT0

(1) SWBS：在复位后，软件选择从用户应用程序区启动还是从系统 ISP 监控程序区启动。当该位为 1 时，选择从系统 ISP 监控程序区启动；当该位为 0 时，选择从用户应用程序区启动。

(2) SWRST：软件复位控制位。当该位为 0 时，表示没有复位操作；当该位为 1 时，软件控制产生复位，单片机自动复位。

【例 8-2】 控制 STC 单片机产生软件复位 C 语言描述的例子。

代码清单 8-2　main.c 文件

```
#include "reg51.h"
sfr IAP_CONTR = 0xc7;                    //声明 IAP_CONTR 寄存器地址为 0xc7

void main()
{
    long unsigned int j;
    P46 = 0;                             //P4.6 置低,灯亮
    P47 = 0;                             //P4.7 置低,灯亮
    for(j=0;j<999999;j++);               //软件延迟
    P46 = 1;                             //P4.6 置高,灯灭
    P47 = 1;                             //P4.7 置高,灯灭
    for(j=0;j<999999;j++);               //软件延迟
    P46 = 0;                             //P4.6 置低,灯亮
    P47 = 0;                             //P4.7 置低,灯亮
    for(j=0;j<999999;j++);               //软件延迟
    IAP_CONTR = 0x60;                    //软件复位指令
}
```

注意：读者可以参考本书配套资源的 STC_example\例子 8-2。

思考与练习 8-5：将该设计下载到 STC 提供的学习板中，观察灯的变化。注意在软件复位指令产生作用后，重新执行程序代码的过程。

8.2.3　掉电/上电复位

当电源电压 VCC 低于掉电/上电复位检测门限电压时，将单片机内的所有电路复位。该复位属于冷启动复位的一种。当内部 VCC 电压高于掉电/上电复位检测门限电压后，延迟 32 768 个时钟后结束掉电/上电复位过程。当该过程结束后，单片机将特殊功能寄存器 IAP_CONTR 中的 SWBS 位置 1，同时从系统 ISP 监控区启动程序。

对于 5V 供电的单片机来说，它的掉电/上电复位检测门限电压为 3.2V；对于 3.3V 供电的单片机来说，它的掉电/上电复位检测门限电压为 1.8V。

8.2.4　MAX810 专用复位电路复位

STC15 系列单片机内部集成了 MAX810 专用复位电路。若在 STC-ISP 软件中允许 MAX810 专用复位电路，则设置如图 8.3 所示。当选中"上电复位使用较长延时"复选框

时，允许使用 STC 单片机内 MAX810 专用复位电路。否则，不使用该专用复位电路。当使能使用该专用复位电路时，在掉电/上电复位后产生约 180ms 的复位延时，然后才结束复位过程。当该过程结束后，单片机将特殊功能寄存器 IAP_CONTR 中的 SWBS 位置 1，同时从系统 ISP 监控区启动程序。

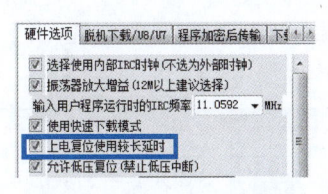

图 8.3 复位延迟设置界面

8.2.5 内部低压检测复位

除了上面提供的上电复位检测门限电压外，STC15 系列单片机还额外提供了一组更可靠的内部低电压检测门限电压。该复位方式属于热启动复位中的一种硬件复位方式。当电源电压 VCC 低于内部低电压检测（LVD）门限电压时，可产生复位信号。这需要在 STC-ISP 软件中进行设置，如图 8.4 所示。在该界面中，选中"允许低压复位（禁止低压中断）"复选框，使能低压检测。否则，将使能低电压检测中断。

使能低电压检测中断时，当电源电压 VCC 低于内部低电压检测 LVD 门限电压时，硬件将中断请求标志位 LVDF 置位。如果 ELVD（低压检测中断允许位）设置为 1，就将向 8051 单片机的 CPU 发出低电压检测中断信号。

（1）当单片机处于正常工作和空闲工作状态时，如果内部工作电压 VCC 低于低电压检测门限，将中断请求标志位 LVDF 自动置位为 1，与低压检测中断是否被允许无关。特

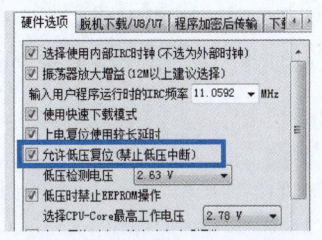

图 8.4 复位检测设置界面

别需要注意的是，该位必须用软件清零。在清零后，如果内部工作电压 VCC 继续低于检测门限电压，则将该位再次自动设置为 1。

（2）当单片机进入掉电工作状态前，如果低压检测电路未被允许产生中断，则在进入掉电模式后，该低压检测电路不工作以降低功耗。如果允许产生低压检测中断，则在进入掉电模式后，该低压检测电路将继续工作，在内部工作电压 VCC 低于低电压检测门限电压时，产生低压检测中断，可以将 MCU 从掉电状态唤醒。

在低压检测复位结束后，不影响特殊功能寄存器 IAP_CONTR 中的 SWBS 位的值，单片机根据复位前 SWBS 的值选择从用户应用程序区启动，还是从系统监控区启动。

对于 5V 和 3V 供电的单片机，提供了内置 8 级可选的内部低电压检测门限电压。对于宽电压供电的 STC 单片机来说，内置了 16 级可选的内部低电压检测门限电压值。用户可以根据工作频率和供电电压，选择合理的门限电压。典型的：

（1）对于 5V 供电的单片机来说，当常温下工作频率大于 20MHz 时，可以选择 4.32V 作为复位门限电压；常温下工作频率低于 12MHz 时，可以选择 3.82V 电压作为复位门槛电压。

（2）对于 3.3V 供电的单片机来说，当常温下工作频率大于 20MHz 时，可以选择 2.82V 作为复位门限电压；常温下工作频率低于 12MHz 时，可以选择 2.42V 电压作为复位门槛电压。

注意：STC-ISP 软件中推荐选择"低压时禁止 EEPROM 操作"复选框，如图 8.4 所示。与低压检测有关的电源控制寄存器 PCON，如表 8.2 所示。该寄存器在特殊功能寄存

器地址为 0x87H 的位置,当上电复位后该寄存器的值为 00110000B。

表 8.2 电源控制寄存器 PCON

比特位	B7	B6	B5	B4	B3	B2	B1	B0
名字	SMOD1	SMOD0	LVDF	POF	GF1	GF0	PD	IDL

(1) LVDF:低电压检测标志位,同时也是低压检测中断请求标志位。

(2) POF:上电复位标志位。当单片机停电后,上电复位标志位为 1,可由软件清零。

(3) PD:将该位置位为 1 时,进入掉电模式,可以由外部中断上升沿或者下降沿触发唤醒。当单片机进入掉电模式时,内部时钟停止振荡,由于时钟不工作,因此 CPU、定时器等功能部件停止工作,只有外部中断持续工作。在 STC 单片机中,可以将 CPU 从掉电模式进行唤醒的外部引脚有 INT0/P3.2、INT1/P3.3、INT2/P3.6、INT3/P3.7、INT4/P3.0、CCP0/CCP1/CCP2、RxD1/RxD2/RxD3/RxD4、T0/T1/T2/T3/T4。其中,有些单片机还有内部低功耗掉电唤醒专用定时器。掉电模式也称为停机模式,此时电流小于 $0.1\mu A$。

(4) IDL:将其置位为 1,进入 IDLE 模式(空闲),除系统不给 CPU 提供时钟,即 CPU 不执行指令外,其余功能部件仍然继续工作,可以由外部中断、定时器中断、低压检测中断及 ADC 转换中断的任何一个中断唤醒。

(5) GF1 和 GF0:两个通用工作标志位,用户可以任意使用。

(6) SMOD0 和 SMOD1:与电源控制无关,与串口有关,后面详细介绍。

8.2.6 看门狗复位

在一些对可靠性要求比较苛刻的场合,如工业控制、汽车电子、航空航天等,为了防止系统在异常情况下受到干扰,即经常所说的程序跑飞,引入了看门狗(watchdog)机制。所谓的看门狗机制是指,如果 MCU/CPU 不在规定的时间间隔内访问看门狗,则认为 MCU/CPU 处于异常工作状态,看门狗就会强迫 MCU/CPU 进行复位,使系统重新从头开始执行用户程序。

看门狗复位是热启动复位中的软件复位的一种方式。STC15 系列单片机引入了看门狗机制,使单片机的系统可靠性设计变得更加简单。当结束看门狗复位状态后,不影响特殊功能寄存器 IAP_CONTR 中 SWBS 位的值。至于结束看门狗复位状态后,从 ISP 监控区启动还是从用户应用程序区启动,可以参考 STC 数据手册以获取相关信息。

STC 单片机内提供了看门狗控制寄存器 WDT_CONTR,用于看门狗复位功能,如表 8.3 所示。该寄存器在特殊功能寄存器地址为 0xC1 的位置,当复位后,该寄存器的值为 0x000000B。

表 8.3 看门狗控制寄存器 WDT_CONTR

比特位	B7	B6	B5	B4	B3	B2	B1	B0
名字	WDT_FLAG	—	EN_WDT	CLR_WDT	IDLE_WDT	PS2	PS1	PS0

(1) WDT_FLAG:看门狗溢出标志位。当溢出时,该位由硬件置 1。该位可由软件清除。

(2) EN_WDT:看门狗允许位。当该位设置为 1 时,启动看门狗定时器。

(3) CLR_WDT：看门狗清零。当该位设置为1时，看门狗将重新计数。硬件将自动清除该位。

(4) IDLE_WDT：看门狗IDLE模式位。当该位设置为1时，看门狗定时器在"空闲模式"计数。当该位清零时，看门狗定时器在"空闲模式"时不计数。

(5) PS2～PS0：看门狗定时器预分频值。看门狗溢出时间由下面公式确定：

$$溢出时间 = (12 \times 预分频值 \times 32\,768)/振荡器频率$$

在不同振荡器频率下的看门狗溢出时间如表8.4所示。

表8.4 看门狗定时器预分频值

PS2	PS1	PS0	预分频值	看门狗溢出时间（20MHz）	看门狗溢出时间（12MHz）	看门狗溢出时间（11.0592MHz）
0	0	0	2	39.3ms	65.5ms	71.1ms
0	0	1	4	78.6ms	131.0ms	142.2ms
0	1	0	8	157.3ms	262.1ms	284.4ms
0	1	1	16	314.6ms	524.2ms	568.8ms
1	0	0	32	629.1ms	1.0485s	1.1377ms
1	0	1	64	1.25s	2.0971s	2.2755s
1	1	0	128	2.5s	4.1943s	4.5511s
1	1	1	256	5s	8.3886s	9.1022s

此外，在STC-ISP软件中，也提供了开启看门狗定时器和设置看门狗定时器分频系数的功能，如图8.5所示。在该界面中，如果选中"上电复位时由硬件自动启动看门狗"复选框，将在上电时自动打开看门狗定时器。通过该界面，读者可以在看门狗定时器分频器系数右侧的下拉框中为看门狗定时器选择预分频值。

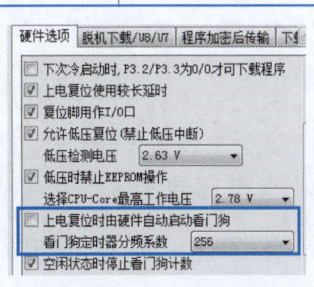

图8.5 看门狗设置界面

【例8-3】 控制STC单片机看门狗定时器复位C语言描述的例子。

代码清单8-3 main.c文件

```
#include "reg51.h"
sfr WDT_CONTR = 0xc1;                //声明看门狗定时器控制寄存器地址0xc1

void main()
{
    long unsigned int j;             //声明无符号长整型变量j
    char c = 0x10;                   //声明并初始化8位变量c
    P46 = 0;                         //置P4.6为低,灯亮
    P47 = 0;                         //置P4.7为低,灯亮
    for(j = 0;j < 99999;j++);        //循环延迟
    P46 = 1;                         //置P4.6为高,灯灭
    P47 = 1;                         //置P4.7为高,灯灭
    while(1)                         //无条件循环
    WDT_CONTR |= c;                  //按位逻辑或运算,将该寄存器CLR_WDT位置1
}
```

注意：读者可参考本书配套资源的STC_example\例子8-3。

思考与练习 8-6：将该代码下载到 STC 提供的学习板。在 STC-ISP 软件中，使能上电时由硬件自动启动看门狗，并设置分频系数为 256。观察实验现象，回答下面的问题：LED 的变化规律_____，看门狗定时器是否满足复位条件_____，判断方法_____。

思考与练习 8-7：将该代码中的下面两行代码去掉：

```
while(1)
WDT_CONTR| = c;
```

然后下载设计到 STC 提供的学习板。在 STC-ISP 软件中，使能上电时由硬件自动启动看门狗，并设置分频系数为 256。观察实验现象，回答下面的问题：LED 的变化规律_____，看门狗定时器是否满足复位条件_____，判断方法_____。在此基础上，在 STC-ISP 软件中，不使能上电时由硬件自动启动看门狗设置。观察实现现象，回答下面的问题：LED 的变化规律_____，看门狗定时器是否启动_____，判断方法_____。

思考与练习 8-8：编写汇编语言程序实现看门狗定时器功能。

8.2.7 程序地址非法复位

如果程序指针指向 PC 的地址空间超过了有效的程序地址空间的大小，就会引起程序地址非法复位。该复位方式是热启动复位中的软件复位的一种方式。当结束程序地址非法复位状态后，不影响特殊功能寄存器 IAP_CONTR 中 SWBS 位的值。单片机将根据该位的值，确定从用户应用程序区启动，还是从系统 ISP 监控区启动。

8.3 电源模式

STC15 系列单片机提供了三种运行模式，以降低系统功耗，即低速模式、空闲模式和掉电模式。典型地，对于 STC15 系列单片机来说，在正常工作模式下，电流为 2.7～7mA；在掉电模式下，电流为 0.1μA；在空闲模式下，电流为 1.8mA。

8.3.1 低速模式

低速模式由时钟分频器 CLK_DIV 中的分频因子控制，通过分频从而降低系统工作时钟频率，降低功耗和 EMI；而进入空闲模式和掉电模式由电源控制寄存器 PCON 相应的位控制。

8.3.2 空闲模式

将 IDL/PCON.0 位置 1，单片机将进入 IDLE（空闲）模式。在空闲模式下，仅 CPU 无时钟，但是外部中断、内部低压检测电路、定时器、ADC 转换器等仍正常工作。通过寄存器和 STC-ISP 软件，可以设置在空闲期间看门狗定时器是否继续计数。在空闲模式下，数据 RAM、堆栈指针 SP、程序计数器 PC、程序状态字 PSW、累加器 A 等寄存器都保持原有的数据。I/O 口保持空闲模式被激活前的逻辑状态。在空闲模式下，除了 8051 CPU 外，单片机的所有外设都能正常工作。当产生任何一个中断时，它们均可以唤醒单片机。当唤醒单片机后，CPU 继续执行进入空闲模式语句的下一条指令。

【例 8-4】控制 STC 单片机进入和退出空闲模式 C 语言描述的例子。

代码清单 8-4　main.c 文件

```c
#include "reg51.h"
void wakeup() interrupt 0           //声明外部中断 0 的中断服务程序
{
}
void main()
{
  long int j;
    IT0 = 1;                        //只允许下降沿触发
    EX0 = 1;                        //允许外部中断 0
    EA = 1;                         //CPU 允许响应中断
    while(1)                        //无限循环
    {
    P46 = 0;                        //置 P4.6 为 0,灯亮
    P47 = 0;                        //置 P4.7 为 0,灯亮
    for(j = 0;j < 222222;j++);      //循环延迟
    PCON| = 0x01;                   //设置 PCON.IDL 为 1,进入空闲模式
    P46 = 1;                        //置 P4.6 为 1,灯灭
    P47 = 1;                        //置 P4.7 为 1,灯灭
    for(j = 0;j < 222222;j++);      //循环延迟
    }
}
```

注意：读者可参考本书配套资源的 STC_example\例子 8-4。

思考与练习 8-9：将该代码下载到 STC 提供的学习板。在 STC-ISP 软件中,观察实验现象,回答下面的问题。

(1) CPU 进入空闲状态的条件_____,脱离空闲状态的方法_____。

(2) 进入空闲状态前,LED 的变化规律_____;脱离空闲状态后,LED 的变化规律_____。

提示：按下 STC 学习板上的 SW17 键,触发外部中断 0,就可以脱离空闲状态。

8.3.3　掉电模式

将 PCON 寄存器的 PD 位置 1,则 STC 单片机进入掉电模式,也称为停机模式。进入掉电模式后,单片机所使用的时钟停止振荡,包括内部系统时钟、外部晶体振荡器和外部时钟,由于没有时钟振荡,CPU、看门狗、定时器、串行口、ADC 等模块停止工作,外部中断,包括 INT0/INT1/INT2/INT3/INT4 和 CCP 继续工作。如果允许低压检测电路产生中断,则低压检测电路可以继续工作;否则,将停止工作。进入掉电模式后,STC 单片机的所有端口、特殊功能寄存器保持进入掉电模式前一时刻的状态。如果在掉电前,打开掉电唤醒定时器,则进入掉电模式后,掉电唤醒专用定时器将开始工作。

进入掉电模式后,STC15W4K32S4 系列单片机可将掉电模式唤醒的引脚资源有 $\overline{INT0}$/P3.2、$\overline{INT1}$/P3.3($\overline{INT0}$/$\overline{INT1}$ 上升沿和下降沿均可产生中断)、$\overline{INT2}$/P3.6、$\overline{INT3}$/P3.7、$\overline{INT4}$/P3.0(仅可以下降沿产生中断)、引脚 CCP0/CCP1/CCP2、引脚 RxD1/RxD2/RxD3/RxD4、引脚 T0/T1/T2/T3/T4(下降沿即外部引脚 T0/T1/T2/T3/T4 由高到低的变化,前提是在进入掉电模式前已经允许相应的定时器中断)、低压检测中断[前提是允许低压检测中断,且在 STC-ISP 软件中,不选择"允许低压复位(禁止低压中断)"复选框]、内部低功耗掉电唤醒专用定时器。

1. 掉电唤醒专用寄存器

STC 系列单片机的内部低功耗掉电唤醒专用定时器由特殊功能寄存器地址为 0xAA

的 WKTCL 寄存器，以及地址为 0xAB 的 WKTCH 寄存器进行管理和控制，如表 8.5 和表 8.6 所示。在上电复位后，WKTCL 的值为 11111111B，WKTCH 的值为 01111111B。

表 8.5　WKTCL 寄存器各位的含义

名字	B7	B6	B5	B4	B3	B2	B1	B0
比特位	低 8 位计数值							

表 8.6　WKTCH 寄存器各位的含义

名字	B7	B6	B5	B4	B3	B2	B1	B0
比特位	WKTEN	高 7 位计数值						

内部掉电唤醒定时器是一个 15 位的定时器，由 WKTCH 的{6:0}和 WKTCL 的{7:0}构成长度为 15 位的计数值（0～32 767）。其中，WKTEN 为内部停机唤醒定时器的使能控制位。当该位为 1 时，允许内部停机唤醒定时器；否则，禁止内部停机唤醒定时器。

STC 单片机除了提供内部掉电唤醒定时器 WKTCL 和 WKTCH 外，还设计有两个隐藏的特殊功能寄存器 WKTCL_CNT 和 WKTCH_CNT，用来控制内部掉电唤醒专用定时器。WKTCL_CNT 和 WKTCL 共用一个地址，WKTCH_CNT 和 WKTCH 共用一个地址。WKTCL_CNT 和 WKTCH_CNT 是隐藏的，读者看不到。WKTCL_CNT 和 WKTCH_CNT 用作计数器，而 WKTCL 和 WKTCH 用作比较器。当写计数器的值时，写到 WKTCL 和 WKTCH 寄存器中，而不是 WKTCL_CNT 和 WKTCH_CNT；当读计数器的值时，从 WKTCL_CNT 和 WKTCH_CNT 寄存器读取值，而不是 WKTCL 和 WKTCH 寄存器。

2. 掉电唤醒专用寄存器工作原理

如果使能掉电唤醒专用定时器，则当 MCU 进入掉电模式后，掉电唤醒专用定时器开始工作。内部掉电唤醒专用定时器{WKTCH_CNT，WKTCL_CNT}就从 7FFFH 开始计数，直到与{WKTCH，WKTCL}寄存器所设置的值相等后，唤醒系统振荡器。当使用内部振荡器后，MCU 将在 64 个时钟周期后，开始稳定工作；如果使用外部晶体振荡器或者时钟，则在等待 1024 个周期后，开始稳定工作。当 CPU 获得时钟后，程序从上次设置掉电模式语句的下一条语句开始往下执行。当掉电唤醒后，WKTCH_CNT 寄存器和 WKTCL_CNT 寄存器的内容保持不变。

注意：在设置寄存器{WKTCH，WKTCL}的计数值时，按照需要的计数次数，在计数次数的基础上减去 1 所得到的值才是{WKTCH，WKTCL}的计数值。

内部掉电唤醒定时器有自己专用的内部时钟，频率约为 32 768Hz（误差较大）。对于 16 个引脚以上封装的单片机，可以通过读取 RAM 区域 F8 和 F9 单元的内容来获取内部掉电唤醒专用定时器常温下的时钟频率。对于 8 个引脚封装的单片机，可以通过读取 RAM 区域 78 和 79 单元的内容来获取内部掉电唤醒专用定时器常温下的时钟频率。

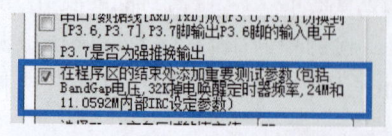

图 8.6　查看唤醒定时器设置界面选项

注意：需要在 STC-ISP 软件"硬件选项"选项区域，选中"在程序区的结束处添加重要测试参数"复选框，如图 8.6 所示。而且，不能在仿真模式下读取掉电唤醒定时器频率参数；只能在编程下载模式下读取掉电唤醒定时器频率参数，如通过串口显示。

内部掉电唤醒专用定时器计数时间由下面的公式确定：

$$(10^6 \mu s/掉电唤醒专用定时器时钟频率) \times 16 \times 计数次数$$

例如，如果定时器时钟频率为 32 768Hz，则内部掉电唤醒专用定时器最短计数（计数一次）的时间为

$$(10^6 \mu s/32\ 768) \times 16 \times 1 = 488.28 \mu s$$

因此，内部掉电唤醒专用定时器最长计数时间为 $488.28 \mu s \times 32\ 768 = 16s$。

注意：为了降低功耗，没有为掉电唤醒定时器设计抗误差和抗温漂电路，因此，掉电唤醒定时器的制造误差较大，温漂也比较大。在进入掉电模式前，CPU 会执行进入掉电模式语句的下一条语句。

【**例 8-5**】 控制 STC 单片机进入和退出掉电模式 C 语言描述的例子。

注意：在该例子中，使用掉电唤醒专用寄存器实现掉电模式的唤醒。

代码清单 8-5　main.c 文件

```c
#include "reg51.h"
#include "intrins.h"
sfr WKTCL = 0xAA;                //声明 WKTCL 寄存器的地址 0xAA
sfr WKTCH = 0xAB;                //声明 WKTCH 寄存器的地址 0xAB

void main()
{
    WKTCL = 255;                 //设置唤醒周期为 448μs×(255+1) = 114.688ms
    WKTCH = 0x80;                //设置使能掉电唤醒定时器
    P46 = 0;                     //P4.6 置 0,灯亮
    P47 = 0;                     //P4.7 置 0,灯亮
    while(1)                     //无限循环
    {
        P46 = !P46;              //P4.6 取反
        P47 = !P47;              //P4.7 取反
        PCON |= 0x02;            //进入掉电模式
        _nop_();                 //空操作,必须包含 intrins.h 头文件
        _nop_();                 //空操作
                                 //114.688ms 后唤醒 CPU 继续循环
    }
}
```

注意：读者可参考本书配套资源的 STC_example\例子 8-5。

思考与练习 8-10：将该代码下载到 STC 提供的学习板。在 STC-ISP 软件中，观察实验现象，回答下面的问题：

(1) LED 的变化规律_____。

(2) 在程序中，通过_____方式进入掉电模式。

(3) 如果将 WKTCH 的值改为 0x90，根据前面的计算公式得到唤醒周期为_____s。

第 9 章 比较器原理及应用

CHAPTER 9

STC15W 系列单片机的一个特点就是将模拟比较器集成在单片机中,进一步增加了单片机的功能,扩展了单片机应用的灵活性。本节介绍 STC 单片机比较器原理及实现方法,内容包括比较器结构、比较器寄存器组、比较器应用。

通过本章内容的学习,读者理解 STC 单片机内比较器的原理,并掌握其使用方法。

9.1 比较器结构

STC15W 系列单片机内置了模拟比较器。STC15W201S、STC15W404S 和 STC15W1K16S 系列单片机的比较器内部结构如图 9.1 所示。

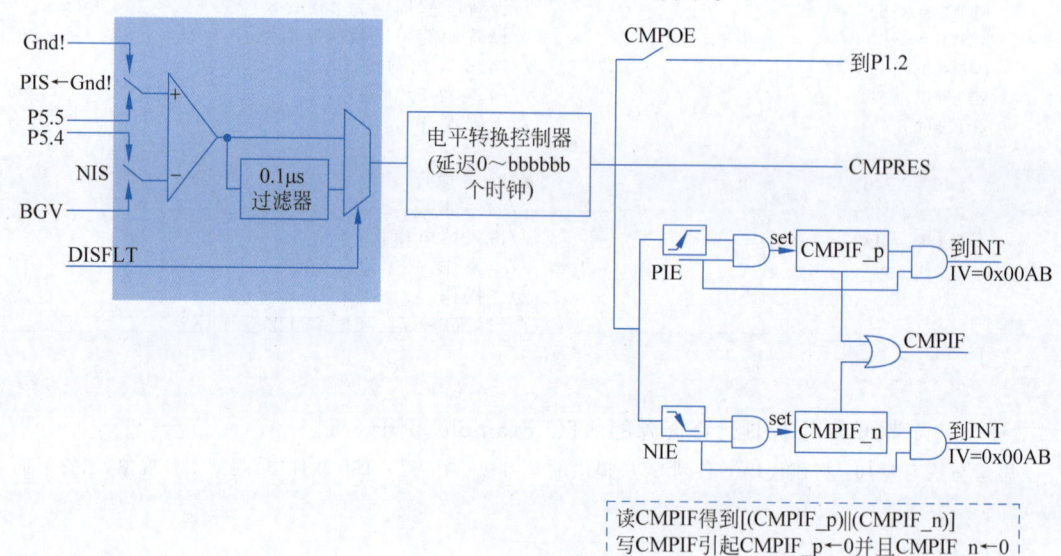

图 9.1 比较器内部结构 1

从图 9.1 中可以看出,比较器正端输入 CMP+ 的输入电压来自单片机的 P5.5 引脚,而比较器的负端输入 CMP− 的输入电压来自单片机的 P5.4 引脚或者内部的 BandGap 参考电压(1.27V)。

(1) 当 $V_{\text{CMP}+} > V_{\text{CMP}-}$ 时,比较器输出逻辑高(1)。

(2) 当 $V_{\text{CMP}+} < V_{\text{CMP}-}$ 时,比较器输出逻辑低(0)。

对于内部集成 ADC 的 STC15W401AS 和 STC15W4K32S4 系列单片机,其比较器内部结构如图 9.2 所示。

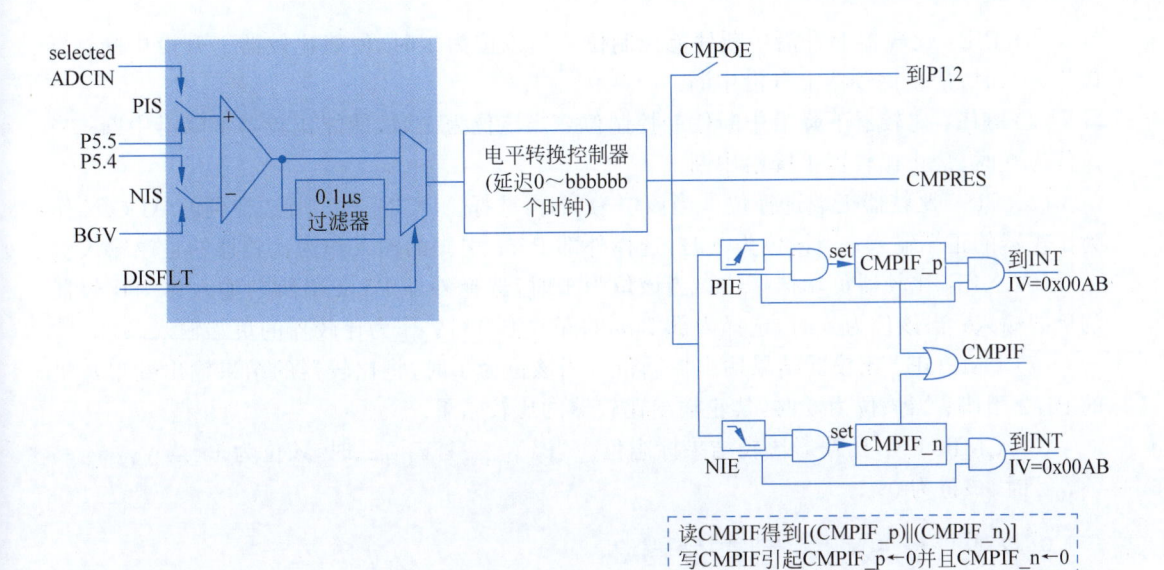

图 9.2 比较器内部结构 2

从图 9.2 中可以看出，比较器正端输入 CMP＋的输入电压来自单片机的 P5.5 引脚或者 ADCIN 的输入，而比较器的负端输入 CMP－的输入电压来自单片机的 P5.4 引脚或者内部的 BandGap 参考电压(1.27V)。

(1) 当 $V_{CMP+} > V_{CMP-}$ 时，比较器输出逻辑高(1)。

(2) 当 $V_{CMP+} < V_{CMP-}$ 时，比较器输出逻辑低(0)。

9.2 比较器寄存器组

本节介绍比较器寄存器组，包括比较器控制寄存器 1 和比较器控制寄存器 2。

9.2.1 比较器控制寄存器 1

比较器控制寄存器 CMPCR1 如表 9.1 所示，该寄存器位于特殊功能寄存器地址为 0xE6 的位置。当复位后，该寄存器的值为 00000000B。

表 9.1 比较器控制寄存器 CMPCR1 各位含义

比特位	B7	B6	B5	B4	B3	B2	B1	B0
名字	CMPEN	CMPIF	PIE	NIE	PIS	NIS	CMPOE	CMPRES

(1) CMPEN：比较器模块使能位。当该位为 1 时，使能比较器模块；当该位为 0 时，禁止比较器模块，即关闭比较器的电源。

(2) CMPIF：比较器中断标志位。

① 当比较器的输出由逻辑低变成逻辑高时，如果 PIE 设置为 1，则将单片机中内建的一个称为 CMPIF_P 的寄存器置 1。

② 当比较器的输出由逻辑高变成逻辑低时，如果 NIE 设置为 1，则将单片机中内建的一个称为 CMPIF_N 的寄存器置 1。

当 CPU 读取 CMPIF 时，会同时读 CMPIF_P 和 CMPIF_N。它们只要有一个为 1，则 CMPIF 就置为 1。当软件对该位写 0 时，将 CMPIF_P 和 CMPIF_N 标志清零。

(3) PIE：比较器上升沿中断使能控制位。当该位为 1 时，使能比较器上升沿中断；当该位为 0 时，禁止比较器上升沿中断。

(4) NIE：比较器下降沿中断使能控制位。当该位为 1 时，使能比较器下降沿中断；当该位为 0 时，禁止比较器下降沿中断。

(5) PIS：比较器正端选择位。当该位为 1 时，选择 ADCIS[2:0] 所选择到的 ADCIN 作为比较器的正端输入；当该位为 0 时，选择外部 P5.5 引脚的输入作为比较器的正端输入。

(6) NIS：比较器负端选择位。当该位为 1 时，选择外部 P5.4 引脚的输入作为比较器的负端输入；当该位为 0 时，选择内部 BandGap 电压 BGV 作为比较器的负端输入。

(7) CMPOE：比较器结果输出控制位。当该位为 1 时，将比较器的结果输出到单片机的 P1.2 引脚；当该位为 0 时，禁止输出比较器的比较结果。

(8) CMPRES：比较器比较结果标志位。当 $V_{CMP+} > V_{CMP-}$ 时，该位为 1；当 $V_{CMP+} < V_{CMP-}$ 时，该位为 0。

9.2.2　比较器控制寄存器 2

本节介绍比较器控制寄存器 CMPCR2，如表 9.2 所示，该寄存器位于特殊功能寄存器地址为 0xE7 的位置。当复位后，该寄存器的值为 00001001B。

表 9.2　比较器控制寄存器 CMPCR2 各位含义

比特位	B7	B6	B5	B4	B3	B2	B1	B0
名字	INVCMPO	DISFLT	\multicolumn{6}{c}{LCDTY[5:0]}

(1) INVCMPO：比较器输出取反控制位。当该位为 1 时，将比较器的输出结果取反后再输出到单片机的 P1.2 引脚；当该位为 0 时，比较器正常输出。

注意：比较器输出，采用经过 ENLCCTL 控制后的结果，而不是模拟比较器直接输出的结果。

(2) DISFLT：使能比较器输出的 0.1μs 过滤器控制位。当该位为 1 时，比较器输出不经过 0.1μs 过滤器；当该位为 0 时，比较器的输出经过 0.1μs 过滤器。

(3) LCDTY[5:0]：比较器输出端用于控制电平变化过滤器长度的设置位。当比较器输出结果变化的脉宽时间小于 LCDTY[5:0] 所设置的时钟周期值时，不会输出该脉冲的变化，也就是该脉冲被过滤掉，如图 9.3 所示。

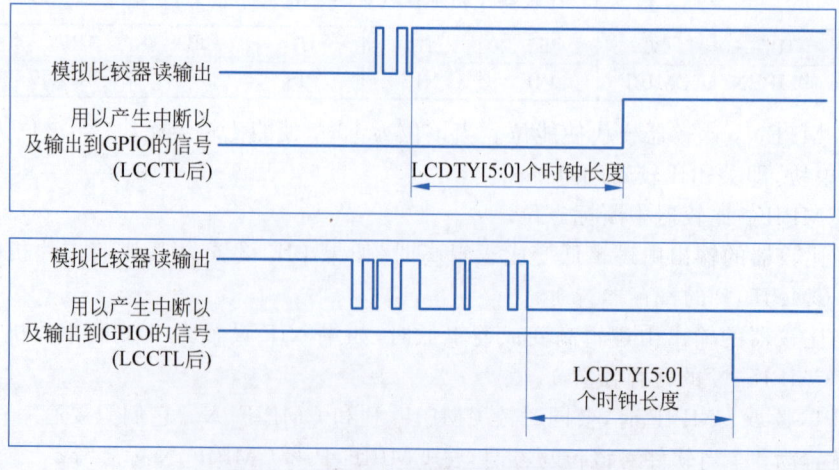

图 9.3　比较输出经过过滤器后的效果

9.3 设计实例：比较器应用

在 STC 学习板上提供了标记为 W1 的可变电位器，用于将单片机供电电压分压后，通过单片机的 P5.5 引脚送到比较器的正端 CMP+，如图 9.4 所示。在该设计中，将 CMP+ 的电压和 STC15 系列单片机内的 BandGap 电压(大约为+1.27V)进行比较。

图 9.4　1.27V 掉电检测电路

不断调整 STC 学习板上的可变电位器 W1，将可变电位器的输出电压送到 P5.5 引脚。当 $V_{P5.5} < V_{BandGap}$ 时，STC 学习板上标记为 LED9 的 LED 灯会闪烁，用于提示电压过低。在调整电位器 W1 的过程中，每当电压 $V_{P5.5} > V_{BandGap}$ 时，标记为 LED10 的灯会闪烁一下，表示 $V_{P5.5}$ 当前电压高于 $V_{BandGap}$。

【例 9-1】 低电压比较检测 C 语言描述的例子。

代码清单 9-1　main.c 文件

```c
#include "reg51.h"

sfr CMPCR1 = 0xE6;              //声明 CMPCR1 寄存器的地址 0xE6
sfr CMPCR2 = 0xE7;              //声明 CMPCR2 寄存器的地址 0xE7

#define CMPEN     0x80          //定义 CMPEN 的值为 0x80,使能位
#define CMPIF     0x40          //定义 CMPIF 的值为 0x40,中断标志位
#define PIE       0x20          //定义 PIE 的值为 0x20,上升沿中断使能位
#define NIE       0x10          //定义 NIE 的值为 0x10,下降沿中断使能位
#define PIS       0x08          //定义 PIS 的值为 0x08,比较器正端选择位
#define NIS       0x04          //定义 NIS 的值为 0x04,比较器负端选择位
#define CMPOE     0x02          //定义 CMPOE 的值为 0x02,比较器结果输出控制位
#define CMPRES    0x01          //定义 CMPRES 的值为 0x01,比较器比较结果标志位

#define INVCMPO   0x80          //定义 INVCMPO 的值为 0x80,比较结果反向输出控制位
#define DISFLT    0x40          //定义 DISFLT 的值为 0x40,比较器输出端滤波使能控制位
#define LCDTY     0x3F          //定义 LCDTY 的值为 0x3F,比较器输出去抖时间控制

void cmp_int() interrupt 21    //定义比较器中断服务程序 cmp_int
{
    P46 = !P46;                //单片机引脚 P4.6 取反
    CMPCR1 &= ~CMPIF;          //清除比较器中断标志位
}

void main()
{
    unsigned int j = 0;        //声明无符号整型变量 i 和 j
    P46 = 0;                   //引脚 P4.6 初值为 0
    CMPCR1 = 0;                //CMPCR1 寄存器清零
    CMPCR2 = 0;                //CMPCR2 寄存器清零
    CMPCR1 &= ~PIS;            //选择外部引脚 P5.5 作为比较器的正端输入
    CMPCR1 &= ~NIS;            //选择单片机内的 BandGap 电压作为比较器的负端输入
    CMPCR1 &= ~CMPOE;          //禁止输出比较器的比较结果
```

```c
    CMPCR2& = ~INVCMP0;              //比较器的比较结果正常输出到单片机引脚 P1.2
    CMPCR2& = ~DISFLT;               //使能比较器输出端的 0.1μs 滤波电路
    CMPCR2& = ~LCDTY;                //比较器结果不去抖动直接输出
    CMPCR2| = (DISFLT & 0x10);       //比较器结果在经过 16 个时钟周期后输出
    CMPCR1| = PIE;                   //使能比较器的上升沿中断
    CMPCR1| = CMPEN;                 //使能比较器
    EA = 1;                          //CPU 允许响应中断请求
    while(1)
    {
        if((CMPCR1 & 0x01) == 0)     //如果比较结果为低
        {
            for(j = 0;j < 30000;j++);//延迟一段时间
            P47 = !P47;              //P4.7 引脚取反
        }
        else
            P46 = 1;                 //否则当比较结果为高时,将 P4.6 引脚拉高
    }
}
```

注意：读者可参考本书配套资源的 STC_example\例子 9-1。

下载和分析设计的步骤如下。

（1）打开 STC-ISP 软件,在该界面左侧窗口内,选择硬件选项卡。在该选项卡界面中,将"输入用户程序运行时的 IRC 频率"设置为 12.0000MHz。

（2）单击"下载/编程"按钮,将设计下载到 STC 单片机。

（3）用小螺丝刀旋转 STC 学习板上标记为 W1 的电位器旋钮。

思考与练习 9-1：在不断旋转电位器的过程中,观察 STC 开发板上标记为 LED9 和 LED10 的灯的变化情况。

思考与练习 9-2：STC 单片机有掉电唤醒功能,修改设计代码,验证 STC 单片机的掉电唤醒功能。

第 10 章 定时器/计数器原理及应用

CHAPTER 10

本章介绍 STC 单片机内的 5 个 16 位定时器/计数器工作原理,内容包括定时器/计数器模块简介、定时器/计数器寄存器组、定时器/计数器工作模式原理和实现。

定时器/计数器模块是单片机中最重要的一个模块,许多应用都需要定时器模块的支持。通过本章内容的学习,读者可理解并掌握 STC 单片机中定时器/计数器的工作原理和具体的实现方法。

10.1 定时器/计数器模块简介

STC15W4K32S4 系列单片机内部提供了 5 个 16 位定时器/计数器,即 T0、T1、T2、T3 以及 T4。这 5 个 16 位定时器/计数器可以配置为计数工作模式或者定时工作模式。

(1) 对于定时器/计数器 T0 和 T1 来说,通过特殊功能寄存器 TMOD 相对应的控制位 C/$\overline{\text{T}}$,选择 T0/T1 工作在定时器还是计数器模式。

(2) 对于定时器/计数器 T2 来说,通过特殊功能寄存器 AUXR 中相对应的控制位 T2_C/$\overline{\text{T}}$,选择 T2 工作在定时器还是计数器模式。

(3) 对于定时器/计数器 T3 来说,通过特殊功能寄存器 T4T3M 中相对应的控制位 T3_C/$\overline{\text{T}}$,选择 T3 工作在定时器还是计数器模式。

(4) 对于定时器/计数器 T4 来说,通过特殊功能寄存器 T4T3M 中相对应的控制位 T4_C/$\overline{\text{T}}$,选择 T4 工作在定时器还是计数器模式。

对于定时器和计数器来说,其核心部件就是一个做加法运算的计数器,其本质就是对脉冲进行计数。它们的区别在于计数脉冲来源不同。

(1) 如果计数脉冲来自系统时钟,则为定时方式,此时定时器/计数器每 12 个时钟或者 1 个时钟就得到一个计数脉冲,计数值加 1。

(2) 如果计数脉冲来自单片机外部引脚,对于 T0 来说,计数脉冲来自 P3.4 引脚;对于 T1 来说,计数脉冲来自 P3.5 引脚;对于 T2 来说,计数脉冲来自 P3.1 引脚;对于 T3 来说,计数脉冲来自 P0.7 引脚;对于 T4 来说,计数脉冲来自 P0.5 引脚。当计数脉冲来自单片机外部引脚时,为计数方式,每来一个脉冲,则计数值加 1。

当定时器/计数器 T0、T1 及 T2 工作在定时模式时,特殊功能寄存器 AUXR 中的 T0x12、T1x12 和 T2x12 位分别决定计数过程使用的是系统时钟还是系统时钟进行 12 分频以后的时钟。当定时器/计数器 T3 和 T4 工作在定时器模式时,特殊功能寄存器 T4T3M 中的 T3x12 和 T4x12 位分别决定计数过程使用的是系统时钟还是系统时钟 12 分频以后的时钟。当定时器/计数器工作在计数模式时,对外部脉冲计数不分频。

(1) 定时器/计数器 0 有 4 种工作模式:模式 0(16 位自动重加载模式)、模式 1(16 位不可重加载模式)、模式 2(8 位自动重加载模式)、模式 3(不可屏蔽中断的 16 位自动重加载模式)。

(2) 定时器/计数器 1 没有模式 3,其他模式和定时器/计数器 0 的相同。

(3) 定时器/计数器 2 的工作模式固定为 16 位自动重加载模式。它可以用作定时器,也可以用作串口波特率发生器和可编程时钟输出。

(4) 定时器/计数器 3 和 4 与定时器/计数器 2 的工作模式相同。

注意:可以从不同角度区分工作模式。按照定时器/计数器的用途,分为计数模式或者定时模式;按具体实现方式,可分为自动重加载或者非自动重加载模式等。

10.2 定时器/计数器寄存器组

本节将介绍与定时器/计数器 T0~T4 有关的寄存器。这些寄存器包括定时器/计数器 0/1 控制寄存器 TCON、定时器/计数器工作模式寄存器 TMOD、辅助寄存器 AUXR、T0~T2 时钟输出寄存器和外部中断允许 INT_CLKO(AUXR2)、定时器 T0 和 T1 中断控制寄存器(IE 和 IP)、定时器 T4 和定时器 T3 控制寄存器 T4T3M 与定时器 T2、T3 和 T4 有关的中断控制寄存器 IE2。

1. 定时器/计数器 0/1 控制寄存器 TCON

TCON 除了用于控制定时器/计数器 T0 和 T1 外,同时也可以锁存 T0 和 T1 溢出中断源和外部请求中断源等,如表 10.1 所示。该寄存器位于特殊功能寄存器地址为 0x88 的位置。当复位后,该寄存器的值为 00000000B。

表 10.1 TCON 寄存器各位的含义

比特位	B7	B6	B5	B4	B3	B2	B1	B0
名字	TF1	TR1	TF0	TR0	IE1	IT1	IE0	IT0

(1) TF1:定时器/计数器 1 的溢出中断标志。当允许定时器/计数器 1 计数后,它从初值开始执行加 1 计数操作。当产生溢出时,硬件将该位置 1。此时,向 CPU 发出中断请求。如果 CPU 响应该中断请求,则由硬件自动清零。该位也可通过软件轮询清零。

(2) TR1:定时器/计数器 1 运行控制位。该位由软件置位和清零。当工作模式寄存器 TMOD 的 GATE 位(第 7 位)为 0,且 TR1 位为 1 时,允许其开始计数;当该位为 0 时,禁止计数;当工作模式寄存器 TMOD 的 GATE(第 7 位)为 1,TR1 位为 1,且 INT1 输入为高电平时,才允许其开始计数。

(3) TF0:定时器/计数器 0 的溢出中断标志。当允许定时器/计数器 0 计数后,它从初值开始执行加 1 计数操作。当产生溢出时,硬件将该位置 1。此时,它向 CPU 发出中断请求。如果 CPU 响应该中断请求,则由硬件自动清零。该位也可通过软件轮询清零。

(4) TR0:定时器/计数器 0 运行控制位。该位由软件置位和清零。当工作模式寄存器 TMOD 的 GATE 位(第 3 位)为 0,且 TR0 位为 1 时,允许其开始计数;当 TR0 位为 0 时,禁止计数;当工作模式寄存器 TMOD 的 GATE 位(第 3 位)为 1,TR0 位为 1,且 INT0 输入为高电平时,才允许其开始计数。

(5) IE1：外部中断请求源(INT1/P3.3)标志。当 IE1 位为 1 时，外部中断 INT1 向 CPU 发出中断请求。当 CPU 响应该中断后，由硬件自动清除该位。

(6) IT1：外部中断源触发控制位。当 IT1 位为 0 时，上升沿或者下降沿均可触发外部中断 1；当 IT1 位为 1 时，只有下降沿可以触发外部中断 1。

(7) IE0：外部中断请求源(INT0/P3.2)标志。当 IE0 位为 1 时，外部中断 INT0 向 CPU 发出中断请求。当 CPU 响应该中断后，由硬件自动清除该位。

(8) IT0：外部中断源触发控制位。当 IT0 位为 0 时，上升沿或者下降沿均可触发外部中断 0；当 IT0 位为 1 时，只有下降沿可以触发外部中断 0。

2. 定时器/计数器工作模式寄存器 TMOD

由 TMOD 寄存器的控制位 C/$\overline{T}$ 选择定时器/计数器 0 和定时器/计数器 1 的定时/计数功能，如表 10.2 所示。

表 10.2　TMOD 寄存器各位的含义

比特位	B7	B6	B5	B4	B3	B2	B1	B0
名字	GATE	C/$\overline{T}$	M1	M0	GATE	C/$\overline{T}$	M1	M0
作用域	与定时器 1 有关				与定时器 0 有关			

(1) GATE(TMOD.7)：该位用于控制定时器/计数器 1。当该位为 1 时，只有在 INT1 引脚为高，并且 TCON 寄存器的 TR1 位置 1 时，才能打开定时器/计数器 1。

(2) C/$\overline{T}$(TMOD.6)：该位用于控制定时器/计数器 1 的工作模式。当该位为 1 时，定时器/计数器 1 工作在计数器模式下，即对引脚 T1/P3.5 外部脉冲计数；当该位为 0 时，定时器/计数器 1 工作在定时器模式，即对内部时钟进行计数。

(3) M1 和 M0(TMOD.5 和 TMOD.4)：定时器/计数器 1 模式选择，如表 10.3 所示。

表 10.3　定时器/计数器 1 模式选择

M1	M0	工 作 模 式
0	0	16 位自动重新加载模式。当溢出时，将 RL_TH1 和 RL_TL1 的值自动重新加载到 TH1 和 TL1 中
0	1	16 位不可自动重新加载模式，即需要重新写 TH1 和 TL1 寄存器
1	0	8 位自动重新加载模式。当溢出时，将 TH1 的值自动重新加载到 TL1 中
1	1	无效。停止计数

对于定时器/计数器 1 来说，存在 TH1 和 TL1，它们用于保存计数的初值。TH1 保存计数初值的高 8 位，TL1 保存计数初值的低 8 位，如表 10.4 和表 10.5 所示。TH1 和 TL1 分别位于特殊功能寄存器地址为 0x8D 和 0x8B 的位置，当复位后，它们值均为 00000000B。

表 10.4　TH1 寄存器

比特位	B7	B6	B5	B4	B3	B2	B1	B0
名字	定时器/计数器 1 计数初值高 8 位							

表 10.5　TL1 寄存器

比特位	B7	B6	B5	B4	B3	B2	B1	B0
名字	定时器/计数器 1 计数初值低 8 位							

(4) GATE(TMOD.3)：该位用于控制定时器/计数器 0。当该位为 1 时，只有在 INT0 引脚为高，并且 TCON 寄存器的 TR0 位置 1 时，才能打开定时器/计数器 0。

(5) C/$\overline{\text{T}}$(TMOD.2)：该位用于控制定时器/计数器 0 的工作模式。当该位为 1 时，定时器/计数器 0 工作在计数器模式下，即对引脚 T0/P3.4 外部脉冲计数；当该位为 0 时，定时器/计数器 0 工作在定时器模式，即对内部时钟进行计数。

(6) M1 和 M0(TMOD.1 和 TMOD.0)：定时器/计数器 0 模式选择，如表 10.6 所示。

表 10.6　定时器/计数器 0 模式选择

M1	M0	工 作 模 式
0	0	16 位自动重新加载模式。当溢出时，将 RL_TH0 和 RL_TL0 的值自动重新加载到 TH0 和 TL0 中
0	1	16 位不可自动重新加载模式，即需要重新写 TH0 和 TL0 寄存器
1	0	8 位自动重新加载模式。当溢出时，将 TH0 的值自动重新加载到 TL0 中
1	1	不可屏蔽中断的 16 位自动重装定时器

对于定时器/计数器 0 来说，存在 TH0 和 TL0，它们用于保存计数的初值。TH0 保存计数初值的高 8 位，TL0 保存计数初值的低 8 位，如表 10.7 和表 10.8 所示。TH0 和 TL0 分别位于特殊功能寄存器地址为 0x8C 和 0x8A 的位置，当复位后，它们值均为 00000000B。

表 10.7　TH0 寄存器

比特位	B7	B6	B5	B4	B3	B2	B1	B0
名字	定时器/计数器 0 计数初值高 8 位							

表 10.8　TL0 寄存器

比特位	B7	B6	B5	B4	B3	B2	B1	B0
名字	定时器/计数器 0 计数初值低 8 位							

3. 辅助寄存器 AUXR

STC15 系列单片机是 1T 的 8051 单片机，为了与传统的 8051 单片机兼容，在复位后，定时器 0、定时器 1 和定时器 2 与传统 8051 一样，都是 12 分频。但是，读者可以通过设置新增加的 AUXR 寄存器来禁止分频，而直接使用 SYSclk 时钟驱动定时器，如表 10.9 所示。该寄存器位于特殊功能寄存器地址为 0x8E 的位置。当复位后，该寄存器的值为 00000001B。

表 10.9　辅助寄存器 AUXR

比特位	B7	B6	B5	B4	B3	B2	B1	B0
名字	T0x12	T1x12	UART_M0x6	T2R	T2_C/$\overline{\text{T}}$	T2x12	EXTRAM	S1ST2

(1) T0x12：定时器 0 速度控制位。当该位为 0 时，定时器 0 是传统 8051 单片机的速度，即 12 分频；当该位为 1 时，定时器 0 的速度是传统 8051 单片机速度的 12 倍，即不分频。

(2) T1x12：定时器 1 速度控制位。当该位为 0 时，定时器 1 是传统 8051 单片机的速度，即 12 分频；当该位为 1 时，定时器 1 的速度是传统 8051 单片机速度的 12 倍，即不分频。

注意：如果 UART1/串口 1 用 T1 作为波特率发生器，则由 T1x12 决定 UART1/串口 1 是否分频。

(3) UART_M0x6：串口 1 模式 0 的通信速率设置位。当该位为 0 时，串口 1 模式 0 的速度是传统 8051 单片机的速度，即 12 分频；当该位为 1 时，串口 1 模式 0 的速度是传统 8051 单片机速度的 6 倍，即 2 分频。

(4) T2R：定时器 2 允许控制位。当该位为 0 时，不允许运行定时器 2；当该位为 1 时，允许运行定时器 2。

(5) T2_C/$\overline{\text{T}}$：控制定时器/计数器 2 的工作模式。当该位为 0 时，用作定时器，即对内部系统时钟进行计数；当该位为 1 时，用作计数器（对引脚 T2/P3.1 的外部脉冲进行计数）。

对于定时器 2 来说，只有 16 位自动重加载模式，其计数初值保存在 TH2 和 TL2 寄存器中，如表 10.10 和表 10.11 所示。它们分别位于特殊功能寄存器地址为 0xD6 和 0xD7 的位置。当复位后，它们的值为 00000000B。

表 10.10　TH2 寄存器

比特位	B7	B6	B5	B4	B3	B2	B1	B0
名字	定时器/计数器 2 计数初值高 8 位							

表 10.11　TL2 寄存器

比特位	B7	B6	B5	B4	B3	B2	B1	B0
名字	定时器/计数器 2 计数初值低 8 位							

(6) T2x12：定时器 2 速度控制位。当该位为 0 时，定时器 2 是传统 8051 单片机的速度，即 12 分频；当该位为 1 时，定时器 2 的速度是传统 8051 单片机速度的 12 倍，即不分频。

(7) EXTRAM：内部/外部 RAM 存取控制位。当该位为 0 时，允许使用逻辑上在片外、物理上在片内的扩展数据 RAM 区；当该位为 1 时，禁止使用逻辑上在片外、物理上在片内的扩展数据 RAM 区。

(8) S1ST2：串口 1(UART1)选择定时器 2 作为波特率发生器的控制位。当该位为 0 时，选择定时器 1 作为串口 1(UART1)的波特率发生器；当该位为 1 时，选择定时器 2 作为串口 1(UART1)的波特率发生器，此时释放定时器 1，它可以作为独立的定时器使用。

4. T0～T2 时钟输出寄存器和外部中断允许 INT_CLKO(AUXR2)

通过 INT_CLKO 寄存器的 T0CLKO、T1CLKO 和 T2CLKO 位，控制 T0CLKO/P3.5、T1CLKO/P3.4 和 T2CLKO/P3.0 的时钟输出。T0CLKO 的输出时钟频率由定时器 0 控制，T1CLKO 的输出时钟频率由定时器 1 控制，T2CLKO 的输出时钟频率由定时器 2 控制。很明显，此时它们需要工作在定时器的模式 0(16 位自动重装载模式)或者模式 2(8 位自动重装载模式，定时器 2 不支持)，不要允许相应的定时器中断，否则 CPU 将频繁地进入退出中断，显著降低了程序运行效率。INT_CLKO 各位的含义如表 10.12 所示。该寄存器在特殊功能寄存器地址为 0x8F 的位置。当复位后，该寄存器的值为 x000x000B。

表 10.12　INT_CLKO(AUXR2)寄存器各位含义

比特位	B7	B6	B5	B4	B3	B2	B1	B0
名字	—	EX4	EX3	EX2	—	T2CLKO	T1CLKO	T0CLKO

(1) EX4：外部中断 4($\overline{\text{INT4}}$)允许位。当该位为 1 时，允许外部中断 4；当该位为 0 时，禁止外部中断 4。

注意：外部中断 4 只能下降沿触发。

(2) EX3：外部中断 3($\overline{INT3}$)允许位。当该位为 1 时,允许外部中断 3；当该位为 0 时,禁止外部中断 3。

注意：外部中断 3 只能下降沿触发。

(3) EX2：外部中断 2($\overline{INT2}$)允许位。当该位为 1 时,允许外部中断 2；当该位为 0 时,禁止外部中断 2。

注意：外部中断 2 只能下降沿触发。

(4) T0CLKO：将 P3.5/T1 引脚配置为定时器 0 的时钟输出 T0CLKO 允许控制位。该位为 0 时,不允许将 P3.5/T1 引脚配置为定时器 0 的时钟输出。

该位为 1 时,将 P3.5/T1 引脚设置为定时器 0 的时钟输出 T0CLKO,输出时钟频率=T0 溢出率/2。如果运行在模式 0(16 位自动重加载模式)时,则：

① 如果工作在定时器模式下,定时器/计数器 T0 是对内部系统时钟计数,则：

当 T0 工作在 1T(AUXR.7/T0x12=1)模式时,输出频率为

$$\{SYSclk/(65\,536-[RL\_TH0,RL\_TL0])\}/2$$

当 T0 工作在 12T(AUXR.7/T0x12=0)模式时,输出频率为

$$\{(SYSclk/12)/(65\,536-[RL\_TH0,RL\_TL0])\}/2$$

② 如果工作在计数器模式下,定时器/计数器 T0 是对外部脉冲输入(P3.4/T0)计数,输出时钟频率为

$$\{T0\text{引脚输入时钟频率}/(65\,536-[RL\_TH0,RL\_TL0])\}/2$$

如果运行在模式 2(8 位自动重加载模式)时,则：

① 如果工作在定时器模式下,定时器/计数器 T0 是对内部系统时钟计数,则：

当 T0 工作在 1T(AUXR.7/T0x12=1)模式时,输出频率为

$$[SYSclk/(256-TH0)]/2$$

当 T0 工作在 12T(AUXR.7/T0x12=0)模式时,输出频率为

$$[(SYSclk/12)/(256-TH0)]/2$$

② 如果工作在计数器模式下,定时器/计数器 T0 是对外部脉冲输入(P3.4/T0)计数,输出时钟频率为

$$[T0\text{引脚输入时钟频率}/(256-TH0)]/2$$

(5) T1CLKO：将 P3.4/T0 引脚配置为定时器 1 的时钟输出 T1CLKO 允许控制位。该位为 0 时,不允许将 P3.4/T0 引脚配置为定时器 1 的时钟输出。

当该位为 1 时,将 P3.4/T0 引脚设置为定时器 1 的时钟输出 T1CLKO,输出时钟频率=T1 溢出率/2。如果运行在模式 0(16 位自动重加载模式)时,则：

① 如果工作在定时器模式下,定时器/计数器 T1 是对内部系统时钟计数,则：

当 T1 工作在 1T(AUXR.6/T1x12=1)模式时,输出频率为

$$\{SYSclk/(65\,536-[RL\_TH1,RL\_TL1])\}/2$$

当 T1 工作在 12T(AUXR.6/T1x12=0)模式时,输出频率为

$$\{(SYSclk/12)/(65\,536-[RL\_TH1,RL\_TL1])\}/2$$

② 如果工作在计数器模式下,定时器/计数器 T1 是对外部脉冲输入(P3.5/T1)计数,输出时钟频率为

$$\{T1\text{引脚输入时钟频率}/(65\,536-[RL\_TH1,RL\_TL1])\}/2$$

如果运行在模式 2(8 位自动重加载模式)时,则:

① 如果工作在定时器模式下,定时器/计数器 T1 是对内部系统时钟计数,则:

当 T1 工作在 1T(AUXR.6/T1x12＝1)模式时,输出频率为

$$[SYSclk/(256-TH1)]/2$$

当 T1 工作在 12T(AUXR.6/T1x12＝0)模式时,输出频率为

$$[(SYSclk/12)/(256-TH1)]/2$$

② 如果工作在计数器模式下,定时器/计数器 T1 是对外部脉冲输入(P3.5/T1)计数,输出时钟频率为

$$[T1\text{引脚输入时钟频率}/(256-TH1)]/2$$

(6) T2CLKO:将 P3.0/T1 引脚配置为定时器 2 的时钟输出 T2CLKO 允许控制位。该位为 0 时,不允许将 P3.0 引脚配置为定时器 2 的时钟输出。

当该位为 1 时,将 P3.0 引脚设置为定时器 2 的时钟输出 T2CLKO,输出时钟频率＝T2 溢出率/2。该定时器只能运行在模式 0(16 位自动重加载模式),则:

① 如果工作在定时器模式下,定时器/计数器 T2 是对内部系统时钟计数,则:

当 T2 工作在 1T(AUXR.2/T2x12＝1)模式时,输出频率为

$$\{SYSclk/(65\,536-[RL\_TH2,RL\_TL2])\}/2$$

当 T2 工作在 12T(AUXR.2/T2x12＝0)模式时,输出频率为

$$\{(SYSclk/12)/(65\,536-[RL\_TH2,RL\_TL2])\}/2$$

② 如果工作在计数器模式下,定时器/计数器 T2 是对外部脉冲输入(P3.1/T2)计数,输出时钟频率为

$$\{T2\text{引脚输入时钟频率}/(65\,536-[RL\_TH2,RL\_TL2])\}/2$$

5. 定时器 T0 和 T1 中断允许控制寄存器 IE

在前面已经介绍过该寄存器,本节只对与定时器 T0 和 T1 有关的中断控制位进行说明,如表 10.13 所示。该寄存器位于特殊功能寄存器地址为 0xA8 的位置。当复位后,该寄存器的值为 00000000B。

表 10.13 中断控制寄存器 IE 各位含义

比特位	B7	B6	B5	B4	B3	B2	B1	B0
名字	EA	ELVD	EADC	ES	ET1	EX1	ET0	EX0

(1) ET1:定时器/计数器 T1 溢出中断允许位。当该位为 1 时,允许 T1 溢出中断;当该位为 0 时,禁止 T1 溢出中断。

(2) ET0:定时器/计数器 T0 溢出中断允许位。当该位为 1 时,允许 T0 溢出中断;当该位为 0 时,禁止 T0 溢出中断。

6. 定时器 T0 和 T1 中断优先级控制寄存器 IP

在前面已经介绍过该寄存器,本节只对与定时器 T0 和 T1 有关的控制位进行说明,如表 10.14 所示。该寄存器位于特殊功能寄存器地址为 0xB8 的位置。当复位后,该寄存器的值为 00000000B。

表 10.14　中断优先级控制寄存器 IP 各位含义

比特位	B7	B6	B5	B4	B3	B2	B1	B0
名字	PPCA	PLVD	PADC	PS	PT1	PX1	PT0	PX0

（1）PT1：定时器 1 中断优先级控制位。当该位为 0 时，定时器 1 中断为最低优先级中断(优先级为 0)；当该位为 1 时，定时器 1 中断为最高优先级中断(优先级为 1)。

（2）PT0：定时器 0 中断优先级控制位。当该位为 0 时，定时器 0 中断为最低优先级中断(优先级为 0)；当该位为 1 时，定时器 0 中断为最高优先级中断(优先级为 1)。

注意：(1) 当定时器/计数器 0 工作在模式 3(不可屏蔽中断的 16 位自动重加载模式)时，不需要允许 EA/IE.7(总中断使能)，只需要允许 ET0/IE.1(定时器/计数器 0 中断允许位)就能打开定时器/计数器 0 的中断，此模式下的定时器/计数器 0 中断与总的使能中断无关。

(2) 一旦打开该模式下的定时器/计数器 0 的中断，该定时器/计数器 0 中断优先级就是最高的，它不能被其他任何中断打断，而且该中断打开后既不受 EA/IE.7 控制，也不再受 ET0 控制，清零 EA 或者 ET0 均不能关闭该中断。

7. 定时器 T4 和定时器 T3 控制寄存器 T4T3M

该寄存器用于控制定时器/计数器 3 和 4 的工作模式，如表 10.15 所示，该寄存器位于特殊功能寄存器地址为 0xD1 的位置。当复位后，该寄存器的值为 00000000B。

表 10.15　定时器 T4 和 T3 控制寄存器 T4T3M 各位含义

比特位	B7	B6	B5	B4	B3	B2	B1	B0
名字	T4R	T4_C/$\overline{\text{T}}$	T4x12	T4CLKO	T3R	T3_C/$\overline{\text{T}}$	T3x12	T3CLKO

（1）T4R：定时器 4 允许控制位。当该位为 0 时，不允许定时器 4 运行；当该位为 1 时，允许定时器 4 运行。

（2）T4_C/$\overline{\text{T}}$：控制定时器/计数器 4 的工作模式。当该位为 0 时，用作定时器，即对内部系统时钟进行计数；当该位为 1 时，用作计数器(对引脚 T4/P0.7 的外部脉冲进行计数)。

（3）T4x12：定时器 4 速度控制位。当该位为 0 时，定时器 4 是传统 8051 单片机的速度，即 12 分频；当该位为 1 时，定时器 4 的速度是传统 8051 单片机速度的 12 倍，即不分频。

（4）T4CLKO：将 P0.6 引脚配置为定时器 4 的时钟输出 T4CLKO 允许控制位。

该位为 0 时，不允许将 P0.6 引脚配置为定时器 4 的时钟输出。

当该位为 1 时，将 P0.6 引脚设置为定时器 4 的时钟输出 T4CLKO，输出时钟频率＝T4 溢出率/2。该定时器只能运行在模式 0(16 位自动重加载模式)，则：

① 如果工作在定时器模式下，定时器/计数器 T4 是对内部系统时钟计数，则：

当 T4 工作在 1T(T4T3M.5/T4x12＝1)模式时，输出频率为

$$\{SYSclk/(65\,536-[RL\_TH4,RL\_TL4])\}/2$$

当 T4 工作在 12T(T4T3M.5/T4x12＝0)模式时，输出频率为

$$\{(SYSclk/12)/(65\,536-[RL\_TH4,RL\_TL4])\}/2$$

② 如果工作在计数器模式下，定时器/计数器 T4 是对外部脉冲输入(P0.7/T4)计数，输出时钟频率为

$$\{T4\text{引脚输入时钟频率}/(65\,536-[RL\_TH4,RL\_TL4])\}/2$$

对于定时器 4 来说,只有 16 位自动重加载模式,其计数初值保存在 TH4 和 TL4 寄存器中,如表 10.16 和表 10.17 所示。它们分别位于特殊功能寄存器地址为 0xD2 和 0xD3 的位置。当复位后,它们的值为 00000000B。

表 10.16 TH4 寄存器

比特位	B7	B6	B5	B4	B3	B2	B1	B0
名字	定时器/计数器 4 计数初值高 8 位							

表 10.17 TL4 寄存器

比特位	B7	B6	B5	B4	B3	B2	B1	B0
名字	定时器/计数器 4 计数初值低 8 位							

(5) T3R:定时器 3 允许控制位。当该位为 0 时,不允许定时器 3 运行;当该位为 1 时,允许定时器 3 运行。

(6) T3_C/$\overline{T}$:控制定时器/计数器 3 的工作模式。当该位为 0 时,用作定时器,即对内部系统时钟进行计数;当该位为 1 时,用作计数器(对引脚 T3/P0.5 的外部脉冲进行计数)。

(7) T3x12:定时器 3 速度控制位。当该位为 0 时,定时器 3 是传统 8051 单片机的速度,即 12 分频;当该位为 1 时,定时器 3 的速度是传统 8051 单片机速度的 12 倍,即不分频。

(8) T3CLKO:将 P0.4 引脚配置为定时器 3 的时钟输出 T3CLKO 允许控制位。

该位为 0 时,不允许将 P0.4 引脚配置为定时器 3 的时钟输出。

当该位为 1 时,将 P0.4 引脚设置为定时器 3 的时钟输出 T3CLKO,输出时钟频率=T3 溢出率/2。该定时器只能运行在模式 0(16 位自动重加载模式),则:

① 如果工作在定时器模式下,定时器/计数器 T3 是对内部系统时钟计数,则:

当 T3 工作在 1T(T4T3M.1/T3x12=1)模式时,输出频率为

$$\{SYSclk/(65\,536-[RL\_TH3,RL\_TL3])\}/2$$

当 T3 工作在 12T(T4T3M.1/T3x12=0)模式时,输出频率为

$$\{(SYSclk/12)/(65\,536-[RL\_TH3,RL\_TL3])\}/2$$

② 如果工作在计数器模式下,定时器/计数器 T3 是对外部脉冲输入(P0.5/T3)计数,输出时钟频率为

$$\{T3\text{ 引脚输入时钟频率}/(65\,536-[RL\_TH3,RL\_TL3])\}/2$$

对于定时器 3 来说,只有 16 位自动重加载模式,其计数初值保存在 TH3 和 TL3 寄存器中,如表 10.18 和表 10.19 所示。它们分别位于特殊功能寄存器地址为 0xD4 和 0xD5 的位置。当复位后,它们的值为 00000000B。

表 10.18 TH3 寄存器

比特位	B7	B6	B5	B4	B3	B2	B1	B0
名字	定时器/计数器 3 计数初值高 8 位							

表 10.19 TL3 寄存器

比特位	B7	B6	B5	B4	B3	B2	B1	B0
名字	定时器/计数器 3 计数初值低 8 位							

8. 定时器 T2、T3 和 T4 的中断控制寄存器 IE2

该寄存器的某些位可以用于控制定时器 T2～T4 的中断,如表 10.20 所示。该寄存器位于特殊功能寄存器地址为 0xAF 的位置。当复位后,该寄存器的值为 x0000000B。

表 10.20　定时器 T3～T4 中断控制寄存器 IE2 各位含义

比特位	B7	B6	B5	B4	B3	B2	B1	B0
名字	—	ET4	ET3	ES4	ES3	ET2	ESPI	ES2

(1) ET4/ET3/ET2:定时器 4/3/2 中断允许位。当该位为 1 时,允许定时器 4/3/2 产生中断;当该位为 0 时,禁止定时器 4/3/2 产生中断。

(2) ES4/ES3/ES2:串口 4/3/2 中断允许位。当该位为 1 时,允许串口 4/3/2 产生中断;当该位为 0 时,禁止串口 4/3/2 产生中断。

(3) ESPI:SPI 中断允许位。当该位为 1 时,允许 SPI 产生中断;当该位为 0 时,禁止 SPI 产生中断。

10.3　定时器/计数器工作模式原理和实现

本节将介绍 STC 单片机内各个定时器/计数器的工作原理和实现方式。

10.3.1　定时器/计数器 0 工作模式

定时器/计数器 0 共有 4 种工作模式,分别为模式 0(16 位自动重加载模式)、模式 1(16 位不可自动重加载模式)、模式 2(8 位自动重加载模式)、模式 3(不可屏蔽中断 16 位自动重加载,实时操作系统用节拍定时器)。

1. 模式 0(16 位自动重加载模式)

定时器/计数器 0 工作模式 0 内部结构如图 10.1 所示。下面对该模式进行分析,帮助读者更好地理解和掌握模式 0 的工作原理。

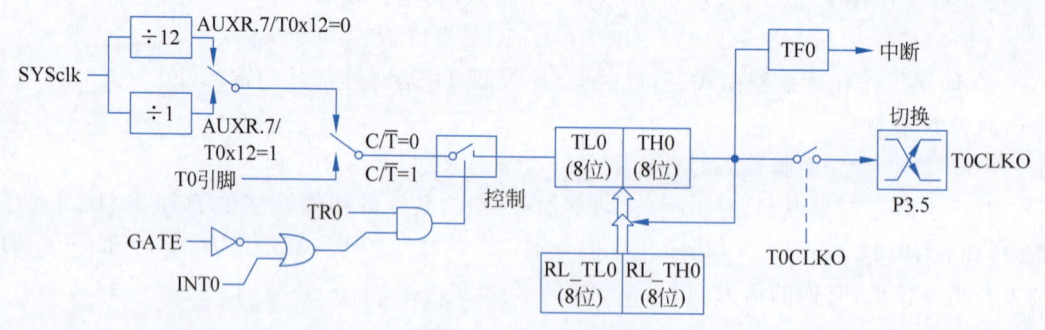

图 10.1　定时器/计数器 0 工作模式 0 内部结构

1) GATE、INT0 和 TR0 之间的关系

GATE、INT0 和 TR0 之间的关系决定定时器/计数器是否能正常工作,如表 10.21 所示。从图 10.1 中可以看出,它们三个信号通过逻辑或门和逻辑与门产生控制信号,用于控制内部 SYSclk 信号或者外部脉冲通过 T0 引脚是否能接入该定时器/计数器。

表 10.21　GATE、INT0 和 TR0 之间的关系

GATE	INT0	TR0	功　能
0	0	0	不启动定时器/计数器 0
0	0	1	启动定时器/计数器 0
0	1	0	不启动定时器/计数器 0
0	1	1	启动定时器/计数器 0
1	0	0	不启动定时器/计数器 0
1	0	1	不启动定时器/计数器 0
1	1	0	不启动定时器/计数器 0
1	1	1	启动定时器/计数器 0

从表 10.21 中可以看出,当 TR0 为 0 时,定时器/计数器 0 一定不工作;当 TR0 为 1 时,定时器/计数器 0 是否工作还取决于 GATE 和 INT0 信号。这个关系在前面介绍 TMOD 寄存器的设置时就清楚地说明了这一点。

2) AUXR.7/T0x12 比特位

从图 10.1 中可以看出,当该位为 0 时,通过开关将 SYSclk/12 后得到的时钟接入到定时器/计数器 0 中;当该位为 1 时,通过开关将 SYSclk 直接接入到定时器/计数器 0 中。

3) $C/\overline{T}$ 比特位

当该位为 0 时,将内部的时钟引入定时器/计数器 0 中;当该位为 1 时,将 T0 引脚上的外部脉冲信号引入定时器/计数器 0。

4) TF0 比特位

当 TF0 位为 1 时,该模块产生中断。

5) T0CLKO 比特位

当该位为 1 时,将定时器/计数器 0 产生的时钟送给 P3.5 引脚;当该位为 0 时,将 P3.5 引脚断开。此时,P3.5 引脚作为普通 I/O 使用。

通过分析可以清楚地知道,控制寄存器的各个位实际上对应于定时器/计数器 0 的各个控制开关,进而改变其工作模式。换句话说,当清楚定时器模块内部结构时,就知道该如何设置控制指令了。

【例 10-1】　定时器/计数器 0 自动加载模式 C 语言描述的例子 1。

该例子将通过定时器生成一个频率为 1Hz 的时钟,并通过单片机 P3.5 端口输出。

代码清单 10-1　main.c 文件

```
#include "reg51.h"
#define TIMS 3036              //定时器/计数器 0 的计数初值
sfr AUXR = 0x8E;               //声明 AUXR 寄存器的地址为 0x8E
sfr AUXR2 = 0x8F;              //声明 AUXR2 寄存器的地址为 0x8F
sfr CLK_DIV = 0x97;            //声明 CLK_DIV 寄存器的地址为 0x97
void timer_0() interrupt 1     //声明定时器/计数器 0 中断服务程序
{
  P46 = !P46;                  //P4.6 端口取反
  P47 = !P47;                  //P4.7 端口取反
}
Void main()
{
  CLK_DIV = 0x03;              //CLV_DIV = 3,将主时钟 8 分频后作为 SYSclk
```

```c
    TL0 = TIMS;              //TIMS 低 8 位给定时器计数初值寄存器 TL0
    TH0 = TIMS >> 8;         //TIMS 高 8 位给定时器计数初值寄存器 TH0
    AUXR&= 0x7F;             //AUXR 最高位置 0,SYSclk/12 作定时器时钟
    AUXR2 |= 0x01;           //AUXR2 最低位置 1,P3.5 端口输出 T0CLKO
    TMOD = 0x00;             //定时器 0 工作模式为 16 位自动重加载模式
    P46 = 0;                 //设置 P4.6 初值为 0,灯亮
    P47 = 0;                 //设置 P4.7 初值为 0,灯亮
    TR0 = 1;                 //启动定时器/计数器 0
    ET0 = 1;                 //使能定时器/计数器 0 中断
    EA = 1;                  //允许 CPU 响应中断请求
    while(1);                //无限循环
}
```

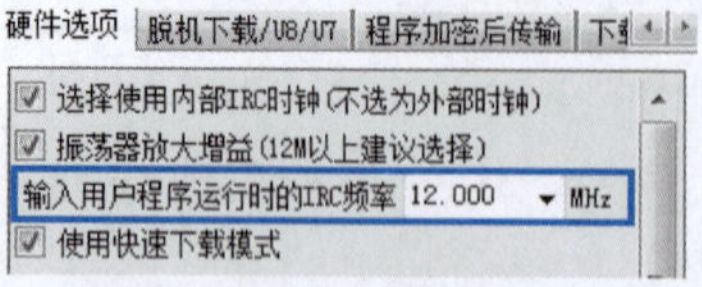

注意：读者可参考本书配套资源的 STC_example\例子 10-1。

下面对该设计进行验证和分析。

（1）打开 STC-ISP 软件，将 IRC 频率设置为 12.000MHz，如图 10.2 所示。

图 10.2　系统主时钟设置界面

（2）下载设计到 STC 所提供学习板上的单片机中。

（3）打开示波器，将探头连接到学习板的 P3.5 端口上（**注意**：探头一定要和板子共地）。

思考与练习 10-1：回答下面的问题，并填空。

（1）T0CLKO 输出的频率（理论）=_____Hz,实际观测频率=_____Hz。理论计算和观测结果是否一致？

（2）LED 灯的变化规律_____。

提示：理论计算公式：

$$\{[(12MHz/8)/12]/(65\,536-TIMS)\}/2=1Hz$$

得到 TIMS 的值为 3036。

【例 10-2】　定时器/计数器 0 自动加载模式 C 语言描述的例子 2。

该例子将通过外部中断 0 控制定时器 1 的工作过程。

代码清单 10-2　main.c 文件

```c
#include "reg51.h"
#define TIMS 3036
sfr AUXR = 0x8E;             //声明 AUXR 地址为 0x8E
void timer_0() interrupt 1   //声明定时器 0 中断服务程序
{
    P46 = !P46;              //端口 P4.6 取反
    P47 = !P47;              //端口 P4.7 取反
}
void main()
{
    TL0 = TIMS;              //将 TIMS 的低 8 位赋值给 TL0
    TH0 = TIMS >> 8;         //将 TIMS 的高 8 位赋值给 TH0
    AUXR&= 0x7F;             // AUXR 最高位置 0,SYSclk/12 作定时器时钟
    TMOD = 0x08;             //设置 GATE 为 1,定时器 0 与 INT0 引脚有关
    P46 = 0;                 //设置 P4.6 初值为 0,灯亮
    P47 = 0;                 //设置 P4.7 初值为 0,灯亮
    TR0 = 1;                 //启动定时器/计数器 0
    ET0 = 1;                 //允许定时器/计数器 0 中断
```

```
    EA = 1;                        //允许 CPU 响应中断请求
    while(1);
}
```

注意：读者可参考本书配套资源的 STC_example\例子 10-2。

下面对该设计进行验证和分析。

(1) 打开 STC-ISP 软件,将 IRC 频率设置为 12.000MHz。

(2) 下载设计到 STC 所提供学习板上的单片机中。

(3) 按下 STC 学习板上的 SW17 按键,也就是触发 INT0,观察实验现象。

思考与练习 10-2：根据程序代码,说明 INT0 对定时器/计数器 0 的运行有什么影响。

【例 10-3】 定时器/计数器 0 自动加载模式 C 语言描述的例子 3。

该例子将实现对外部脉冲进行计数。

代码清单 10-3　main.c 文件

```
#include "reg51.h"
#define TIMS 3036              //定义 TIMS 的值为 3036
void timer_0() interrupt 1      //声明定时器/计数器 0 中断
{
    P46 = !P46;                 //P4.6 端口取反
    P47 = !P47;                 //P4.7 端口取反
}
main()
{
    TL0 = TIMS;                 //TIMS 低 8 位赋值给 TL0 寄存器
    TH0 = TIMS >> 8;            //TIMS 高 8 位赋值给 TH0 寄存器
    TMOD = 0x04;                //配置成计数器 16 位重加载模式
    P46 = 0;                    //P4.6 端口置 0,灯亮
    P47 = 0;                    //P4.7 端口置 0,灯亮
    TR0 = 1;                    //启动计数器 0
    ET0 = 1;                    //使能计数器 0 中断
    EA = 1;                     //允许 CPU 响应中断请求
    while(1);                   //无限循环
}
```

注意：读者可参考本书配套资源的 STC_example\例子 10-3。

下面对该设计进行验证和分析。

(1) 打开 STC-ISP 软件,将 IRC 频率设置为 12.000MHz。

(2) 下载设计到 STC 所提供学习板上的单片机中。

(3) 打开信号源,信号源输出为 TTL/CMOS。将信号源的输出连接到 STC 学习板的 P34 端口上(注意：信号源和 STC 学习板共地)。

思考与练习 10-3：调整信号源的输出频率,观察灯的变化规律。

思考与练习 10-4：根据图 10.1 和设计代码,说明计数器 0 的工作过程与哪些设置有关。

提示：信号源输出频率越高,灯闪烁的频率越快；否则,灯闪烁的频率越慢。

2. 模式 1(16 位不可自动重加载模式)

除了不能自动重加载 16 位计数初值和没有 T0CLKO 输出外,定时器/计数器 0 模式 1 和模式 0 结构基本相同,如图 10.3 所示。

思考与练习 10-5：根据前面的分析方法,请读者自行分析定时器/计数器 0 的模式 1。

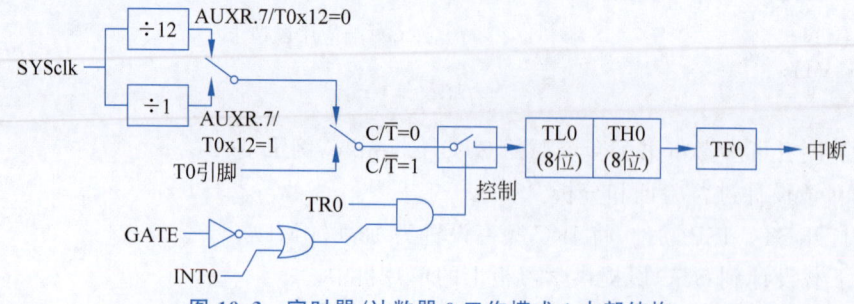

图 10.3　定时器/计数器 0 工作模式 1 内部结构

3. 模式 2(8 位自动重加载模式)

除了自动重加载 8 位计数初值外,定时器/计数器 0 模式 2 和模式 0 结构基本相同,如图 10.4 所示。

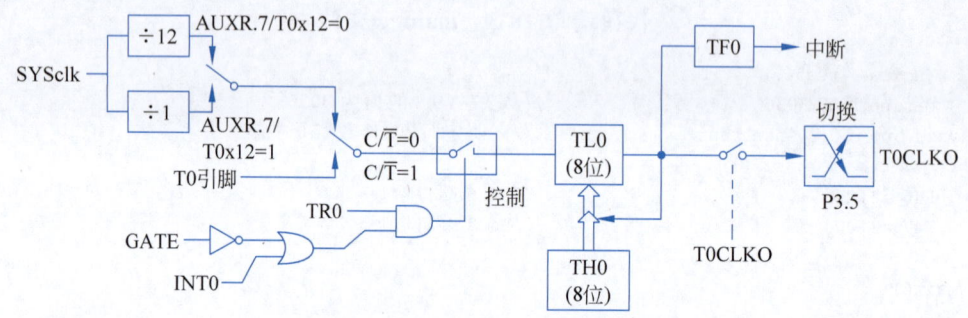

图 10.4　定时器/计数器 0 工作模式 2 内部结构

思考与练习 10-6：根据前面的分析方法,读者自行分析定时器/计数器 0 的模式 2。

4. 模式 3(不可屏蔽中断 16 位自动重加载,实时操作系统用节拍定时器)

定时器/计数器 0 模式 3 和模式 0 结构基本相同,如图 10.5 所示。不同点在于：当工作在模式 3 时,只需允许 ET0/IE.1(定时器/计数器 0 中断允许位),而不需要允许 EA/IE.7(总中断使能位)就能打开定时器/计数器 0 的中断。因此,该模式下的定时器/计数器 0 中断与总中断使能位 EA 无关。并且,一旦在该模式下打开定时器/计数器 0 中断(ET0＝1),那么中断是不可屏蔽的,该中断的优先级也是最高的,即该中断不能被任何其他中断所打断。

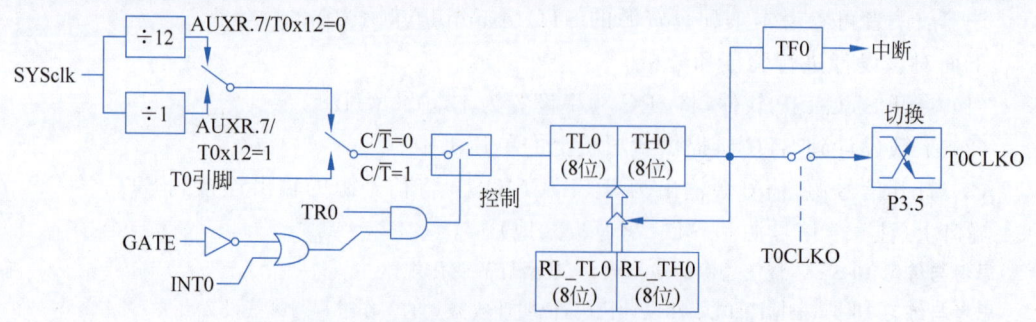

图 10.5　定时器/计数器 0 工作模式 3 内部结构

思考与练习 10-7：根据前面的分析方法,请读者自行分析定时器/计数器 0 的模式 3。

10.3.2　定时器/计数器 1 工作模式

定时器/计数器 1 共有 3 种工作模式,分别为模式 0(16 位自动重加载模式)、模式 1(16

位不可自动重加载模式)、模式 2(8 位自动重加载模式)。

1. 模式 0(16 位自动重加载模式)

定时器/计数器 1 工作模式 0 内部结构如图 10.6 所示。

思考与练习 10-8：根据前面的分析方法，读者自行分析定时器/计数器 1 的模式 0。

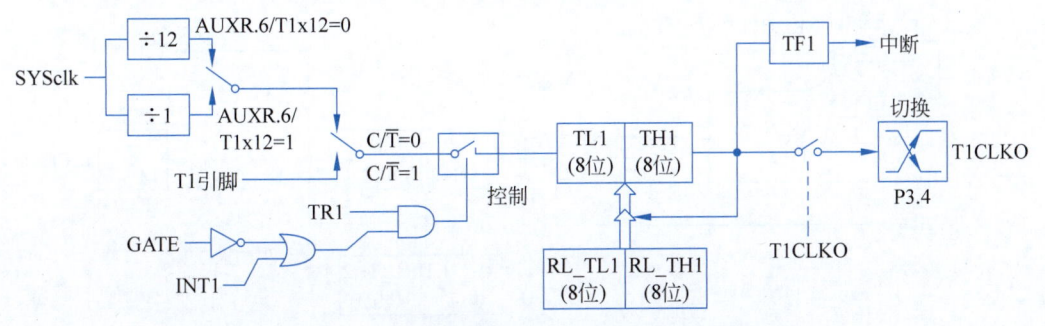

图 10.6　定时器/计数器 1 工作模式 0 内部结构

2. 模式 1(16 位不可自动重加载模式)

除了不能自动重加载 16 位计数初值和没有 T1CLKO 输出外，定时器/计数器 1 模式 1 和模式 0 结构基本相同，如图 10.7 所示。

思考与练习 10-9：根据前面的分析方法，读者自行分析定时器/计数器 1 的模式 1。

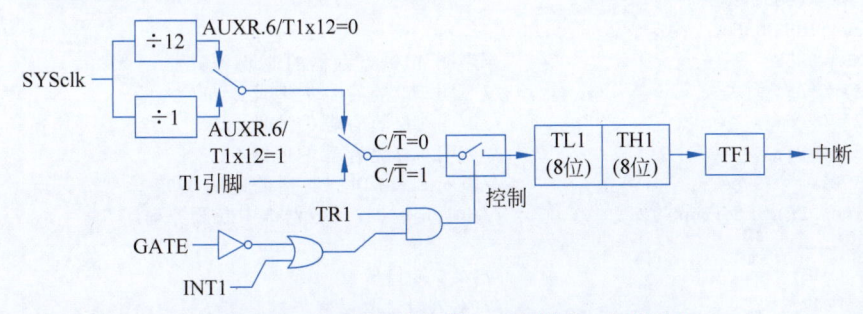

图 10.7　定时器/计数器 1 工作模式 1 内部结构

3. 模式 2(8 位自动重加载模式)

除了自动重加载 8 位计数初值外，定时器/计数器 1 模式 2 和模式 0 结构基本相同，如图 10.8 所示。

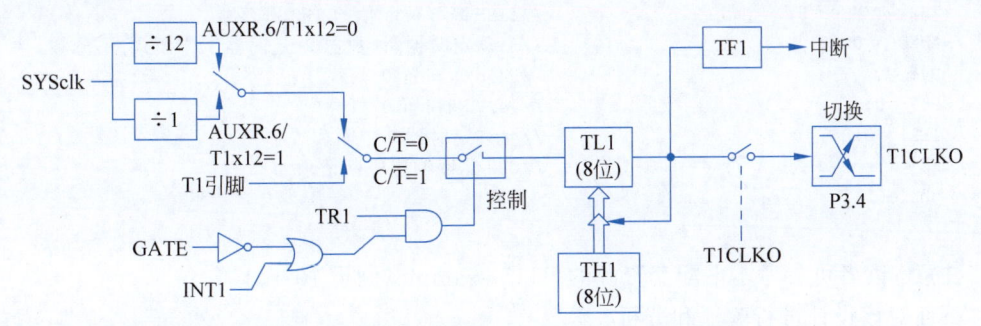

图 10.8　定时器/计数器 1 工作模式 2 内部结构

思考与练习 10-10：根据前面的分析方法，请读者自行分析定时器/计数器 1 的模式 2。

10.3.3 定时器/计数器 2 工作模式

定时器/计数器 2 只有 16 位自动重加载模式,其内部结构如图 10.9 所示。下面通过一个例子说明其工作模式的设置方法。

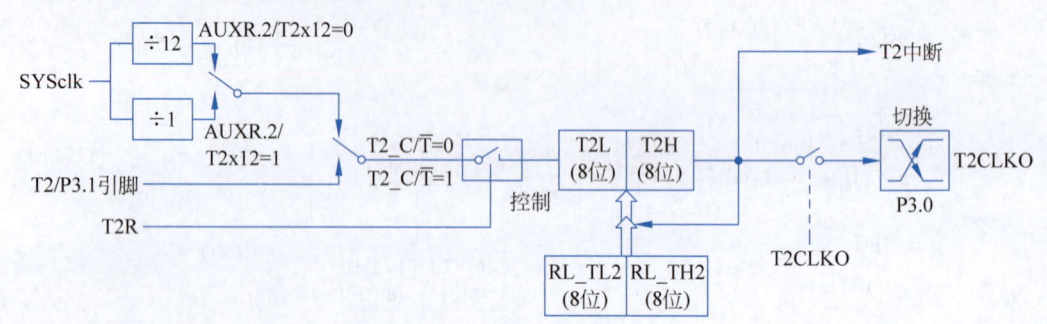

图 10.9 定时器/计数器 2 工作模式内部结构

思考与练习 10-11:根据前面的分析方法,读者自行分析定时器/计数器 2 的工作模式。

【例 10-4】 定时器/计数器 2 自动加载模式 C 语言描述的例子。

代码清单 10-4 main.c 文件

```c
#include "reg51.h"
#define TIMS 3036
sfr AUXR = 0x8E;            //声明 AUXR 寄存器的地址 0x8E
sfr IE2 = 0xAF;             //声明 IE2 寄存器的地址 0xAF
sfr TH2 = 0xD6;             //声明 TH2 寄存器的地址 0xD6
sfr TL2 = 0xD7;             //声明 TL2 寄存器的地址 0xD7
sfr CLK_DIV = 0x97;         //声明 CLK_DIV 寄存器的地址 0x97
void timer_2() interrupt 12 //声明定时器/计数器 2 中断服务程序
{
    P46 = !P46;             //P4.6 端口取反
    P47 = !P47;             //P4.7 端口取反
}
main()
{
    CLK_DIV = 0x03;         //主时钟 8 分频
    TL2 = TIMS;             //TIMS 低 8 位赋值给 TL2 寄存器
    TH2 = TIMS >> 8;        //TIMS 高 8 位赋值给 TH2 寄存器
    AUXR |= 0x10;           //启动定时器/计数器 2,定时器工作模式,不分频
    P46 = 0;                //P4.6 端口置 0,灯亮
    P47 = 0;                //P4.7 端口置 0,灯亮
    IE2 |= 0x04;            //允许定时器 2 中断
    EA = 1;                 //CPU 允许响应中断请求
    while(1);
}
```

注意:读者可参考本书配套资源的 STC_example\例子 10-4。

下面对该设计进行验证和分析。

(1) 打开 STC-ISP 软件,将 IRC 频率设置为 12.000MHz。

(2) 下载设计到 STC 所提供学习板上的单片机中。

(3) 观察实验现象。

思考与练习 10-12：根据设计代码，分析定时器/计数器 2 的工作原理。

10.3.4 定时器/计数器 3 工作模式

定时器/计数器 3 只有 16 位自动重加载模式，其内部结构如图 10.10 所示。下面通过一个例子说明其工作模式的设置方法。

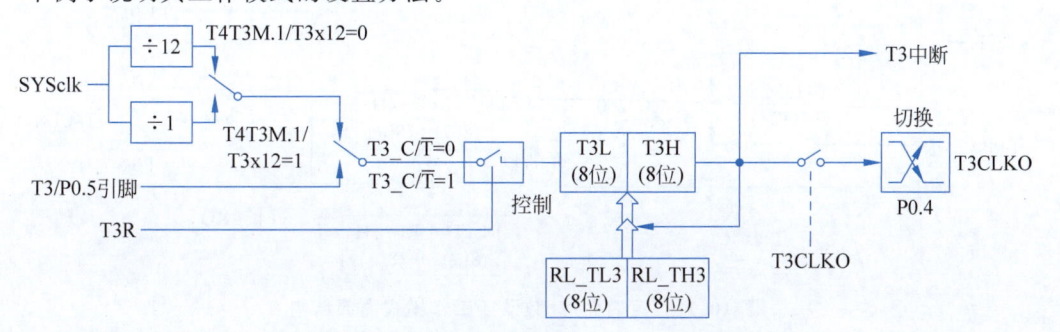

图 10.10 定时器/计数器 3 工作模式内部结构

【例 10-5】 定时器/计数器 3 自动加载模式 C 语言描述的例子。

代码清单 10-5　main.c 文件

```c
#include "reg51.h"
#define TIMS 3036                  //定义 TIMS 的值
sfr CLK_DIV = 0x97;                //声明 CLK_DIV 寄存器的地址
sfr IE2 = 0xAF;                    //声明 IE2 寄存器的地址
sfr TH3 = 0xD4;                    //声明 TH3 寄存器的地址
sfr TL3 = 0xD5;                    //声明 TL3 寄存器的地址
sfr T4T3M = 0xD1;                  //声明 T4T3M 寄存器的地址
void timer_3() interrupt 19        //声明定时器/计数器 3 的中断服务程序
{
    P46 = !P46;                    //P4.6 端口取反
    P47 = !P47;                    //P4.7 端口取反
}
main()
{
    CLK_DIV = 0x03;                //主时钟 8 分频，作为系统时钟
    TL3 = TIMS;                    //TIMS 的低 8 位赋值给 TL3 寄存器
    TH3 = TIMS >> 8;               //TIMS 的高 8 位赋值给 TH3 寄存器
    T4T3M = 0x08;                  //启动定时器/计数器 3，工作模式定时器
    P46 = 0;                       //P4.6 置 0，灯亮
    P47 = 0;                       //P4.7 置 0，灯亮
    IE2 |= 0x20;                   //允许定时器/计数器 3 中断请求
    EA = 1;                        //CPU 允许响应中断请求
    while(1);
}
```

注意：读者可参考本书配套资源的 STC_example\例子 10-5。

下面对该设计进行验证和分析。

(1) 打开 STC-ISP 软件，将 IRC 频率设置为 12.000MHz。

(2) 下载设计到 STC 所提供学习板上的单片机中。

(3) 观察实验现象。

思考与练习 10-13：根据设计代码，分析定时器/计数器 3 的工作原理。

10.3.5 定时器/计数器 4 工作模式

定时器/计数器 4 只有 16 位自动重加载模式,其内部结构如图 10.11 所示。

思考与练习 10-14:根据前面的分析方法,分析定时器/计数器 4 的工作原理。

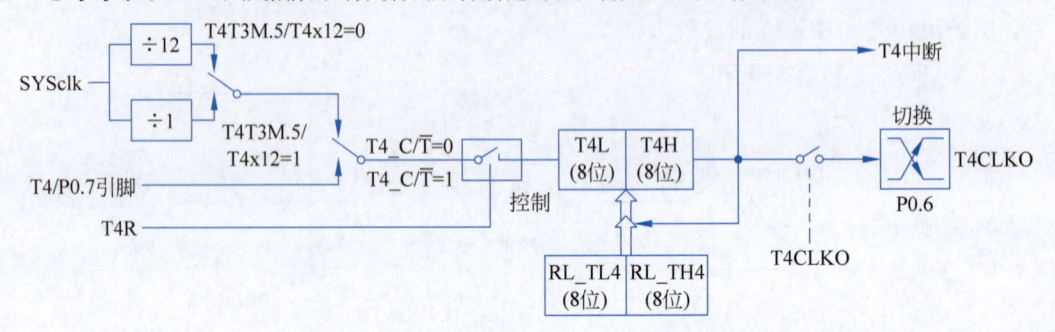

图 10.11 定时器/计数器 4 工作模式内部结构

第 11 章 通用异步串行收发器原理及应用

CHAPTER 11

基于通用串行异步收发器的异步串行通信(简称 RS-232)是计算机通信中最经典的一个通信方式。虽然大量高性能的通信方式不断出现,如 USB 等,但是作为一种低成本的通信方式,RS-232 在很多领域仍然被大量使用。

本章介绍 STC 单片机内嵌串行异步收发器的原理及实现方式,内容包括 RS-232 标准简介、STC 单片机串口模块简介、串口模块结构和引脚、串口 1 寄存器及工作模式、串口 2 寄存器及工作模式、串口 3 寄存器及工作模式、串口 4 寄存器及工作模式,人机交互控制的实现、按键扫描及串口显示,以及红外通信的原理及实现。

通过本章内容的学习,读者掌握 RS-232 通信协议以及实现异步串行通信的方法。

11.1 RS-232 标准简介

RS-232 是美国电子工业联盟(Electronic Industries Association,EIA)制定的串行数据通信的接口标准,原始编号全称是 EIA-RS-232(简称 232,RS-232)。它被广泛用于计算机串行接口外设连接。

在 RS-232C 标准中,232 是标识号,C 代表 RS-232 的第三次修改(1969 年),在这之前,还有 RS-232B、RS-232A。

目前的最新版本是由 EIA 所发布的 TIA-232-F,它同时也是美国国家标准 ANSI/TIA-232-F-1997 (R2002),此标准于 2002 年确认。在 1997 年由 TIA/EIA 发布当时的编号则是 TIA/EIA-232-F 与 ANSI/TIA/EIA-232-F-1997。在此之前的版本是 TIA/EIA-232-E。

RS-232 标准规定了传输数据所使用的连接电缆和机械、电气特性、信号功能及传送过程。基于这个标准,派生出其他电气标准,包括 EIA-RS-422A、EIA-RS-423A、EIA-RS-485。

目前,在 PC/笔记本电脑上的 COM1 和 COM2 接口就是用于 RS-232C 的异步串行通信接口。

注意:在最新的计算机和笔记本电脑中,均不再提供这种接口,用户必须通过 USB 转串口芯片,才能在计算机和笔记本电脑上虚拟出一个 RS-232 串行接口。

由于 RS-232C 的重大影响,即使自 IBM PC/AT 开始改用 9 针连接器起,目前几乎不再使用 RS-232 中规定的 25 针连接器,但大多数人仍然普遍使用 RS-232C 来代表此接口。

11.1.1 RS-232 传输特点

在 RS-232 标准中有下面显著的特点:

(1) 字符是按串行比特位的方式，使用一根信号线进行传输。这就是通常所说的串行数据传输方式，这种传输方式的优点是使用的传输信号域线少，连线简单，以及传送距离较远。

(2) 对于信源（发送方）来说，需要将并行的原始数据进行封装，然后转换成一位一位的串行比特流数据进行发送；对于信宿（目的方）来说，当接收到串行比特流数据后，对接收到的数据进行解析，从接收到的串行数据中找到原始数据的比特流，并将其转换成并行数据，如图11.1所示。

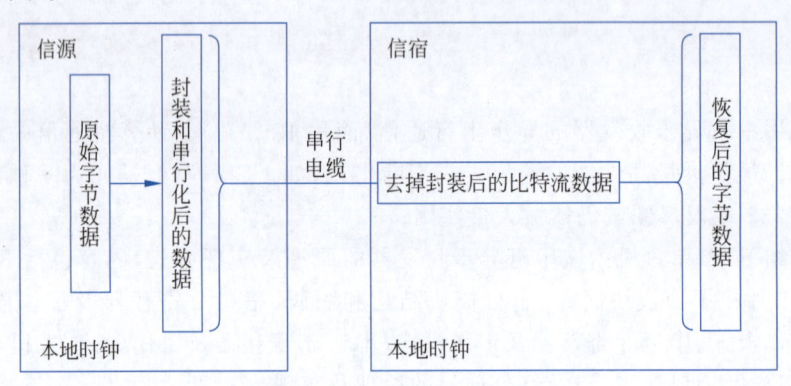

图 11.1　异步串行通信原理

(3) 在从信源（发送方）发送数据给信宿（目的方）的时候，并不需要传输时钟信号。当信宿接收到串行数据时，会使用信宿本地的时钟对接收到的串行数据进行采样和解码，然后将数据恢复出来。

(4) 此外，通过RS-232在传送数据时，并不需要使用一个额外的信号来传送同步信息。但是，通过在数据头部和尾部加上识别标志，就能将数据正确地传送到对方。综上所述，这就是将RS-232称为异步传输的原因。

在计算机中，将实现RS-232通信功能的专用芯片，典型的8251芯片，称为通用异步接收发送器(Universal Asynchronous Receiver Transmitter，UART)。

11.1.2　RS-232 数据传输格式

在RS-232中，使用的编码格式是异步起停数据格式，如图11.2所示。在该数据格式中：

(1) 首先有一个逻辑0标识的起始位，该位标识新的一帧数据的开始。

(2) 在起始位后面紧跟7/8bit数据，数据比特的开始位对应于原始字节数据的最低位，数据比特的结束位对应于原始字节数据的最高位。

(3) 数据比特后面跟随可选的奇偶校验比特，可以在发送数据的时候通过软件进行设置。

(4) 最后是以逻辑1标识的1~2个停止比特位。

从该协议中可以看出，在一个异步起停数据格式中，发送一个8位的字符数据至少需要10bit。这样做的好处是使发送信号的速率以10进行划分，如图11.2所示。

在协议中，每一个比特位持续的时间和发送时钟有关，即一个时钟周期发送一个比特位。将这个发送时钟称为波特率时钟，用波特率表示，即每秒钟发送比特位的个数。

注意：采用RS-232通信协议的信源和信宿必须采用相同的数据格式和波特率时钟。

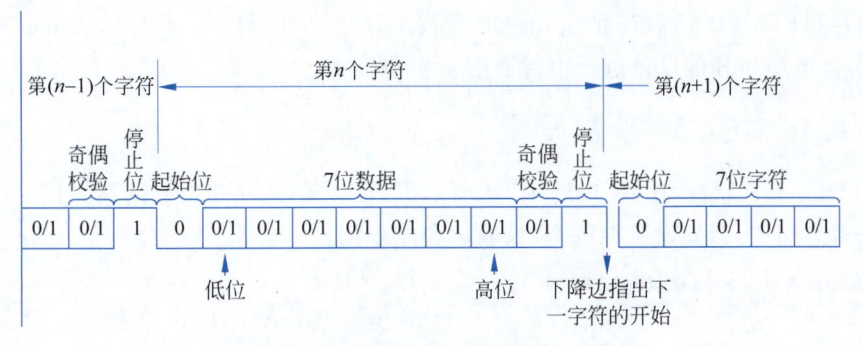

图 11.2 RS-232 数据格式

11.1.3 RS-232 电气标准

在 RS-232 标准中，分别定义了逻辑 1 和逻辑 0 的电压范围。

（1）逻辑 1 的电压范围为 $-15\sim -3\text{V}$。

（2）逻辑 0 的电压范围为 $+3\sim +15\text{V}$。

在 RS-232 中，接近零的电平是无效的。

这与传统数字逻辑中，对逻辑 1 和逻辑 0 的定义是不同的。因此，就需要进行电气标准的转换，包括将 TTL/CMOS 电平转换为 RS-232 电平，以及将 RS-232 电平转换为 TTL/CMOS 电平。美信公司的 MAX232 芯片可以实现 TTL/CMOS 电平与 RS-232 电平之间的相互转换，如图 11.3 所示。

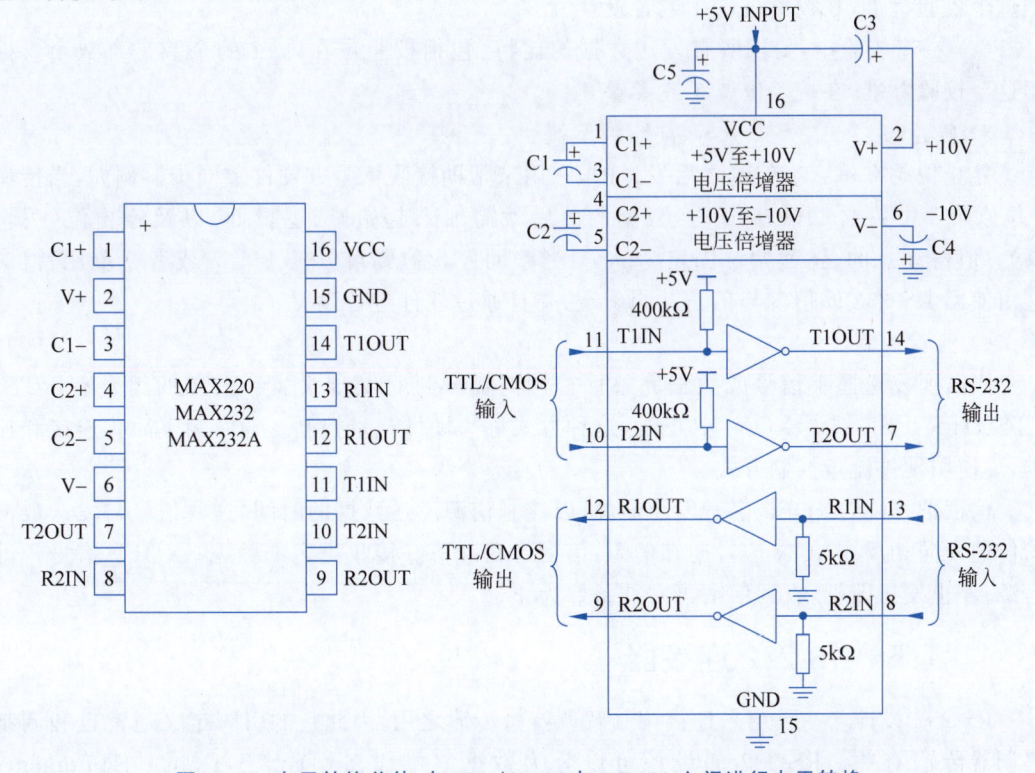

图 11.3 电平转换芯片-在 TTL/CMOS 与 RS-232 之间进行电平转换

当单片机的 TTL/CMOS 的引脚连接到 MAX232 芯片对应的引脚时，就可以实现通过 RS-232 串口电缆与其他设备进行串行通信。

11.1.4　RS-232 参数设置

打开 STC-ISP 软件，在"串口助手"选项卡下，可以看到串口参数设置界面，如图 11.4 所示。在该界面中，需要设置波特率、校验位和停止位。

1) 波特率

这里的波特率是指将数据从一设备发送到另一设备的速率，即每秒钟发送比特位的个数，单位为波特率(bits per second,bps)。典型地，可选择的波特率有 300、1200、2400、9600、19 200、115 200 等。

注意：一般通信两端设备都要设为相同的波特率，有些设备也可以设置为自动检测波特率。

2) 奇偶校验

奇偶校验用于验证接收数据的正确性。一般不使用奇偶校验，如果使用，那么可以选择设置为奇校验或偶校验。

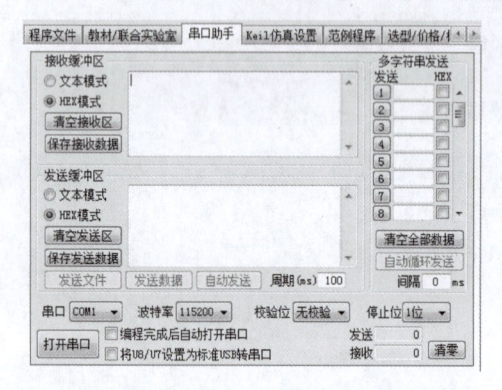

图 11.4　RS-232 串口设置界面

(1) 在偶校验中，要求所有发送数据的比特(包括校验位在内)1 的个数是偶数个。根据这个校验标准，在校验位置 1 或者置 0。

(2) 在奇校验中，要求所有发送数据的比特(包括校验位在内)1 的个数是奇数个。根据这个校验标准，在校验位置 1 或者置 0。

3) 停止位

停止位是在每字节传输之后发送的，它用来帮助接收信号方硬件重同步。例如，当传输 8 位原始 8 位数据 11001010 时，数据的前后就需加入起始位(逻辑低)以及停止位(逻辑高)。值得注意的是，起始位固定为一个比特，而停止位则可以是 1、1.5 或者 2 个比特位。这由使用 RS-232 的信源与信宿共同确定，并且通过软件进行设置。

4) 流量控制

当需要发送握手信号或数据完整性检测时需要进行其他设置。公用的组合有 RTS/CTS、DTR/DSR 或者 XON/XOFF。这种方式称为硬件流量控制。通常为了简化连接和控制，不使用硬件流量控制方式。

信宿把 XON/XOFF 信号发给信源，以控制信源发送数据的时间，这些信号与发送数据的传输方向相反。XON 信号通知信源，信宿已经准备好接收更多的数据；XOFF 信号告诉信源，停止发送数据，直到信宿再次准备好为止。

11.1.5　RS-232 连接器

RS-232 设计之初是用来连接调制解调器做传输之用，因此它的引脚定义通常也和调制解调器传输有关。RS-232 的设备可以分为数据终端设备(Data Terminal Equipment，DTE，如 PC)和数据通信设备(Data Communication Equipment，DCE)两类，这种分类定义了不同的线路用来发送和接收信号。一般来说,计算机和终端设备包含 DTE 连接器,调制解调器和打印机包含 DCE 连接器。

RS-232 指定了 20 个不同的连接信号,由 25 个 D-sub(微型 D 类)引脚构成 DB-25 连接器。很多设备只是用了其中的一小部分引脚,出于节省资金和空间的考虑不少机器采用较小的连接器,特别是 9 引脚的 D-sub 或者 DB-9 型连接器。它们广泛应用在绝大多数自 IBM 的 AT 机之后的 PC 和其他许多设备上,如图 11.5 所示。DB-25 和 DB-9 型的连接器在大部分设备上是母头(插孔),但并不一定都是这样,有些设备上就是公头(插针)。

DB-9 连接器公头和母头连接器的信号定义顺序,如图 11.6 所示。每个信号的定义如表 11.1 所示。

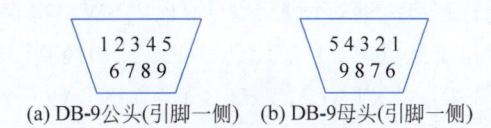

(a) DB-9公头(引脚一侧)　(b) DB-9母头(引脚一侧)

图 11.5　RS-232 串口连接器——母头　图 11.6　RS-232 串口连接器——母头和公头引脚顺序

表 11.1　DB-9 连接器信号定义

引脚名字	序号	功　　能
公共接地	5	地线
发送数据(TD/TXD)	3	发送数据
接收数据(RD/RXD)	2	接收数据
数据终端准备(Data Terminal Ready,DTR)	4	终端设备通知调制解调器可以进行数据传输
数据准备好(Data Set Ready,DSR)	6	调制解调器通知终端设备准备就绪
请求发送(Request To Send,RTS)	7	终端设备要求调制解调器将数据提交
清除发送(Clear To Send,CTS)	8	调制解调器通知终端设备可以传数据过来
数据载波检测(Carrier Detect,CD)	1	调制解调器通知终端设备侦听到载波信号
振铃指示(Ring Indicator,RI)	9	调制解调器通知终端设备有电话进来

11.2　串口模块结构和引脚

STC15W4K32S4 系列单片机内部集成了四个采用通用异步收发器(Universal Asynchronous Receiver/Transmitter,UART)工作方式的全双工串行通信模块。

11.2.1　串口模块结构

每个串口包含下面的单元。

(1) 两个数据缓冲区。每个串行接口的数据缓冲区由两个独立的接收缓冲区和发送缓冲区构成。这两个缓冲区可以同时收发数据。用户向发送缓冲区写入数据;从接收缓冲区读取数据。两个缓冲区共用一个地址。串口 1 的两个缓冲区 SBUF 地址为 0x99;串口 2 的两个缓冲区 S2BUF 地址为 0x9B;串口 3 的两个缓冲区 S3BUF 地址为 0xAD;串口 4 的两个缓冲区 S4BUF 地址为 0x85。

(2) 一个移位寄存器。
(3) 一个串行控制寄存器。
(4) 一个波特率发生器。

对于串口 1 来说有四种工作方式,其中两种工作方式的波特率可变,另外两种是固定的;串口 2/串口 3/串口 4 都只有两种工作模式,这两种方式的波特率都是可变的。

11.2.2 串口引脚

本节介绍串口引脚,包括串口 1 可用的引脚、串口 2 可用的引脚、串口 3 可用的引脚和串口 4 可用的引脚。

1. 串口 1 可用的引脚

STC15W4K32S4 系列单片机串口 1 对应的引脚是 TxD 和 RxD。串口 1 可以在 3 组引脚之间进行切换。通过设置 AUXR1(P_SW1)寄存器中的 S1_S1 比特位和 S1_S0 比特位,可以将串口 1 从[RxD/P3.0,TxD/P3.1]切换到[RxD_2/P3.6,TxD_2/P3.7],还可以切换到[RxD_3/P1.6/XTAL2,TxD_3/P1.7/XTAL1]。

注意:当串口 1 的 RxD 和 TxD 设置在 P1.6/RxD_3 和 P1.7/TxD_3 引脚时,系统要使用内部的时钟。建议串口 1 的 RxD 和 TxD 设置在 P3.6/RxD_2 和 P3.7/TxD_2 引脚,或者 P1.6/RxD_3 和 P1.7/TxD_3 引脚。

2. 串口 2 可用的引脚

STC15W4K32S4 系列单片机串口 2 对应的引脚是 TxD2 和 RxD2。串口 2 可以在 2 组引脚之间进行切换。通过设置 P_SW2 寄存器中的 S2_S 比特位,可以将串口 2 从[RxD2/P1.0,TxD2/P1.1]切换到[RxD2_2/P4.6,TxD2_2/P4.7]。

3. 串口 3 可用的引脚

STC15W4K32S4 系列单片机串口 3 对应的引脚是 TxD3 和 RxD3。串口 3 可以在 2 组引脚之间进行切换。通过设置 P_SW2 寄存器中的 S3_S 比特位,可以将串口 3 从[RxD3/P0.0,TxD3/P0.1]切换到[RxD3_2/P5.0,TxD3_2/P5.1]。

4. 串口 4 可用的引脚

STC15W4K32S4 系列单片机串口 4 对应的引脚是 TxD4 和 RxD4。串口 4 可以在两组引脚之间进行切换。通过设置 P_SW2 寄存器中的 S4_S 比特位,可以将串口 4 从[RxD4/P0.2,TxD4/P0.3]切换到[RxD4_2/P5.2,TxD4_2/P5.3]。

11.3 串口 1 寄存器及工作模式

本节介绍串口 1 寄存器及工作模式,内容包括串口 1 寄存器组、串口 1 工作模式、人机交互控制的实现和按键扫描与串口显示。

11.3.1 串口 1 寄存器组

本节介绍与串口 1 工作模式有关的寄存器,包括串口 1 控制寄存器、电源控制寄存器、串口 1 缓冲寄存器、辅助寄存器、从机地址寄存器、中断寄存器和串口引脚切换寄存器。

注意:对于前面已经介绍过的寄存器,此处不再进行说明。

1. 串口 1 控制寄存器

串口 1 控制寄存器 SCON(可位寻址),如表 11.2 所示。该寄存器位于 STC 单片机特殊功能寄存器地址为 0x98 的位置。当复位后,该寄存器的值为 00000000B。

表 11.2 串口 1 控制寄存器 SCON 各位的含义

比特位	B7	B6	B5	B4	B3	B2	B1	B0
名字	SM0/FE	SM1	SM2	REN	TB8	RB8	TI	RI

(1) SM0/FE:当 PCON 寄存器中 SMOD0 比特位为 1 时,该位用于检测帧错误;当检测到一个无效的停止位时,通过 UART 接收器将该位置 1。该位由软件清零。当 PCON 寄存器中 SMOD0 比特位为 0 时,该位和 SM1 位一起指定串口 1 的通信方式。

(2) SM1:该位和 SM0 位一起确定串口 1 的通信方式,如表 11.3 所示。

表 11.3 SM0 和 SM1 各位的含义

SM0	SM1	工作模式	功能说明	波 特 率
0	0	模式 0	同步移位串行方式:移位寄存器	当 UART_M0x6 为 0 时,波特率为 SYSclk/12 当 UART_M0x6 为 1 时,波特率为 SYSclk/2
0	1	模式 1	8 位 UART,波特率可变	串口 1 用定时器 1 作为其波特率发生器且定时器工作于模式 0(16 位自动重加载模式)或串行口用定时器 2 作为其波特率发生器时,波特率=(定时器 1 的溢出率或者定时器 T2 的溢出率)/4 注意:此时波特率与 SMOD 无关 当串口 1 用定时器 1 作为其波特率发生器且定时器 1 工作于模式 2(8 位自动重加载模式)时,波特率=(2^{SMOD}/32)×(定时器 1 的溢出率)
1	0	模式 2	9 位 UART	波特率=(2^{SMOD}/64)×SYSclk 系统工作时钟频率
1	1	模式 3	9 位 UART,波特率可变	当串口 1 用定时器 1 作为其波特率发生器且定时器工作于模式 0(16 位自动重加载模式)或串行口用定时器 2 作为其波特率发生器时,波特率=(定时器 1 的溢出率或者定时器 T2 的溢出率)/4 注意:此时波特率与 SMOD 无关 当串口 1 用定时器 1 作为其波特率发生器且定时器 1 工作于模式 2(8 位自动重加载模式)时,波特率=(2^{SMOD}/32)×(定时器 1 的溢出率)

注意:溢出率的计算参见本书第 10 章。

(3) SM2:允许方式 2 或者方式 3 多机通信控制位。在方式 2 或者方式 3 时,如果 SM2 位为 1,则接收机处于地址帧选状态。此时可以利用接收到的第 9 位(即 RB8)来筛选地址帧。

① 当 RB8 为 1 时,说明该帧为地址帧,地址信息可以进入 SBUF,并使得 RI 置 1,进而在中断服务程序中再比较地址号。

② 当 RB8 为 0 时,说明该帧不是地址帧,应丢掉该帧并保持 RI 为 0。

在方式 2 或者方式 3 中,如果 SM2 位为 0 且 REN 位为 1,接收机处于禁止筛选地址帧状态。不论收到的 RB8 是否为 1,均可使接收到的信息进入 SBUF,并使得 RI 为 1,此时 RB8 通常为校验位。

注意:方式 0 和方式 1 为非多机通信方式。当处于这两种工作模式时,将 SM2 设置为 0。

(4) REN:允许/禁止串行接收控制位。当 REN 位为 1 时,允许串行接收状态,可以启动串行接收器 RxD,开始接收信息;当 REN 位为 0 时,禁止串行接收状态,禁止串行接收器 RxD 接收数据。

(5) TB8:当选择方式 2 或者方式 3 时,该位为要发送的第 9 位数据,按需要由软件置 1 或者清零。可用作数据的校验位或者多机通信中表示地址帧/数据帧的标志位。

注意:在方式 0 和方式 1 时,不用该位。

(6) RB8:当选择方式 2 或者方式 3 时,该位为接收到的第 9 位数据,作为奇偶校验位或者地址帧/数据帧的标志位。

注意:在方式 0 和方式 1 时,不用该位。

(7) TI:发送中断请求标志位。在方式 0 时,当串行发送数据第 8 位结束时,由硬件自动将该位置 1,向 CPU 发出中断请求。当 CPU 响应中断后,必须由软件将该位清零。在其他方式中,则在停止位开始发送时由硬件置 1,向 CPU 发出中断请求。同样地,当 CPU 响应中断后,必须由软件将该位清零。

(8) RI:接收中断请求标志位。在方式 0 时,当串行接收数据第 8 位结束时,由硬件自动将该位置 1,向 CPU 发出中断请求。当 CPU 响应中断后,必须由软件将该位清零。在其他方式中,则在接收到停止位的中间时刻由内部硬件置 1,向 CPU 发出中断请求。同样地,当 CPU 响应中断后,必须由软件将该位清零。

注意:当发送完一帧数据后,向 CPU 发出中断请求;类似地,当接收到一帧数据后,也会向 CPU 发出中断请求。由于 TI 和 RI 以逻辑或关系向 CPU 发出中断请求,所以主机响应中断时,不知道是发送还是接收发出的中断请求。因此,必须在中断服务程序中通过查询 TI 和 RI 确定中断源。RI 和 TI 必须由软件清零。

2. 电源控制寄存器

前面已经介绍过电源控制寄存器 PCON,本节说明该寄存器中与串口 1 有关比特位的含义,如表 11.4 所示。该寄存器位于 STC 单片机特殊功能寄存器地址为 0x87 的位置。当复位后,该寄存器的值为 00110000B。

表 11.4 电源控制寄存器 PCON 各位的含义

比特位	B7	B6	B5	B4	B3	B2	B1	B0
名字	SMOD	SMOD0	LVDF	POF	GF1	GF0	PD	IDL

(1) SMOD:波特率选择位。当该位为 1 时,使串行通信方式 1、2 和 3 的波特率加倍;当该位为 0 时,不使各工作方式的波特率加倍。

(2) SMOD0:帧错误检测有效控制位。当该位为 1 时,SCON 寄存器中的 SM0/FE 比特位用于 FE(帧错误检测)功能;当该位为 0 时,SCON 寄存器中的 SM0/FE 比特用于 SM0 功能,该位和 SM1 比特位一起用来确定串口的工作方式。

3. 串口 1 缓冲寄存器

STC15 系列单片机的串口 1 缓冲寄存器 SBUF 地址为 0x99,在该地址实际是两个缓冲寄存器。一个缓冲寄存器用于保存要发送的数据；而另一个缓冲寄存器用于读取已经接收到的数据。

在串口的串行通道内设置数据寄存器。在该串口所有工作模式中，在写入信号 SBUF 的控制下，把数据加载到相同的 9 位移位寄存器中，前面 8 位为数据字节，最低位为移位寄存器的输出位。根据所设置的工作模式，自动将 1 或者 TB8 的值加载到移位寄存器的第 9 位，并进行发送。

在串口的接收寄存器是一个输入移位寄存器。当设置为方式 0 时，它的字长为 8 位；当设置为其他工作模式时，它的字长为 9 位。当接收完一帧数据后，将移位寄存器中的串行字节数据加载到数据缓冲寄存器 SBUF 中，将其第 9 位加载到 SCON 寄存器的 RB8 位。如果由于 SM2 使得已经接收到的数据无效时，RB8 和 SBUF 中的内容不变。

由于在串行通道内设置了输入移位寄存器和 SBUF 缓冲寄存器，从而在接收完一帧串行数据将其从移位寄存器加载到并行 SBUF 缓冲寄存器后，可以立即开始接收下一帧数据。因此，信宿（目的方）主机需要在接收到新的一帧数据之前从 SBUF 中将数据取出，否则将覆盖前面接收到的数据。

4. 辅助寄存器

前面已经介绍过辅助寄存器 AUXR，本节说明该寄存器中与串口 1 有关比特位的含义，如表 11.5 所示。该寄存器位于 STC 单片机特殊功能寄存器地址为 0x8E 的位置。当复位后，该寄存器的值为 00000001B。

表 11.5 辅助寄存器 AUXR 各位的含义

比特位	B7	B6	B5	B4	B3	B2	B1	B0
名字	T0x12	T1x12	UART_M0x6	T2R	T2_C/$\overline{T}$	T2x12	EXTRAM	S1ST2

（1）T1x12：定时器 1 速度控制位。当该位为 0 时，定时器 1 是传统 8051 的速度，即 12 分频；当该位为 1 时，定时器 1 的速度是传统 8051 的 12 倍，即不分频。

注意：如果串口 1 使用定时器 1 作为波特率发生器，则该位用于确定串口 1 的速度。

（2）UART_M0x6：串口模式 0 的通信速率设置位。当该位为 0 时，串口 1 模式 0 的速度是传统 8051 单片机串口的速度，即 12 分频；当该位为 1 时，串口 1 模式 0 的速度是传统 8051 单片机速度的 6 倍，即 2 分频。

（3）S1ST2：串口 1 选择定时器 2 作波特率发生器的控制位。当该位为 0 时，选择定时器 1 作为串口 1 的波特率发生器；当该位为 1 时，选择定时器 2 作为串口 1 的波特率发生器。

5. 从机地址控制寄存器

在 STC 单片机中，设置了从机地址寄存器 SADEN 和 SADDR。SADEN 寄存器为从机地址掩膜寄存器，该寄存器位于特殊功能寄存器地址为 0xB9 的位置。当复位后，该寄存器的值为 00000000B。SADDR 寄存器为从机地址寄存器，该寄存器位于特殊功能寄存器地址为 0xA9 的位置。当复位后，该寄存器的值为 00000000B。

6. 中断允许寄存器

前面已经介绍过中断允许寄存器 IE，本节说明该寄存器中与串口 1 有关比特位的含义，如表 11.6 所示。该寄存器位于 STC 单片机特殊功能寄存器地址为 0xA8 的位置。当复位后,该寄存器的值为 00000000B。

表 11.6　中断允许寄存器 IE 各位的含义

比特位	B7	B6	B5	B4	B3	B2	B1	B0
名字	EA	ELVD	EADC	ES	ET1	EX1	ET0	EX0

其中,ES 为串口 1 中断允许位。当该位为 1 时,允许串口 1 中断;当该位为 0 时,禁止串口 1 中断。

7. 中断优先级控制寄存器

前面已经介绍过中断优先级控制寄存器 IP,本节说明该寄存器中与串口 1 有关比特位的含义,如表 11.7 所示。该寄存器位于 STC 单片机特殊功能寄存器地址为 0xB8 的位置。当复位后,该寄存器的值为 00000000B。

表 11.7　中断优先级控制寄存器 IP 各位的含义

比特位	B7	B6	B5	B4	B3	B2	B1	B0
名字	PPCA	PLVD	PADC	PS	PT1	PX1	PT0	PX0

其中,PS 为串口 1 中断优先级控制位。当该位为 0 时,串口 1 中断为最低优先级中断(优先级为 0);当该位为 1 时,串口 1 中断为最高优先级中断(优先级为 1)。

8. 串口 1 引脚切换寄存器

该寄存器在前一章进行了详细的说明,读者可以参看该寄存器的内容介绍。

9. 串口 1 中继广播方式设置

串口 1 中继广播方式设置是在 CLK_DIV 寄存器中实现。前面已经介绍过该寄存器,本节说明该寄存器中与串口 1 有关比特位的含义,如表 11.8 所示。该寄存器位于 STC 单片机特殊功能寄存器地址为 0x97 的位置。当复位后,该寄存器的值为 00000000B。

表 11.8　CLK_DIV 寄存器各位的含义

比特位	B7	B6	B5	B4	B3	B2	B1	B0
名字	MCKO_S1	MCKO_S0	ADRJ	Tx_Rx	MCLKO_2	CLKS2	CLKS1	CLKS0

其中,Tx_Rx 为串口 1 中继广播方式设置位。当该位为 0 时,串口 1 为正常工作模式;当该位为 1 时,串口 1 为中继广播方式,即将 RxD 端口输入的电平状态实时输出到 TxD 外部引脚上,TxD 引脚可以对 RxD 引脚的输入信号进行实时整形放大输出,TxD 引脚对外输出实时反映 RxD 端口输入的电平状态。

11.3.2　串口 1 工作模式

前面已经提到串口 1 有四种工作模式,可以通过设置 SCON 寄存器的 SM0 和 SM1 进行选择。其中,模式 1、模式 2 和模式 3 为异步通信方式,每个发送和接收的字符都带有 1 个起始位、1 个停止位;在模式 0 中,串口 1 作为一个简单的移位寄存器使用。

在本节中,只对最常用的模式 1 进行详细介绍。对于其余工作模式,读者可以参考 STC 数据手册相关部分的介绍。

串口 1 工作模式 1 为 8 位波特率可变的 UART 方式,如图 11.7 所示。下面对该模式的内部结构进行详细的分析。

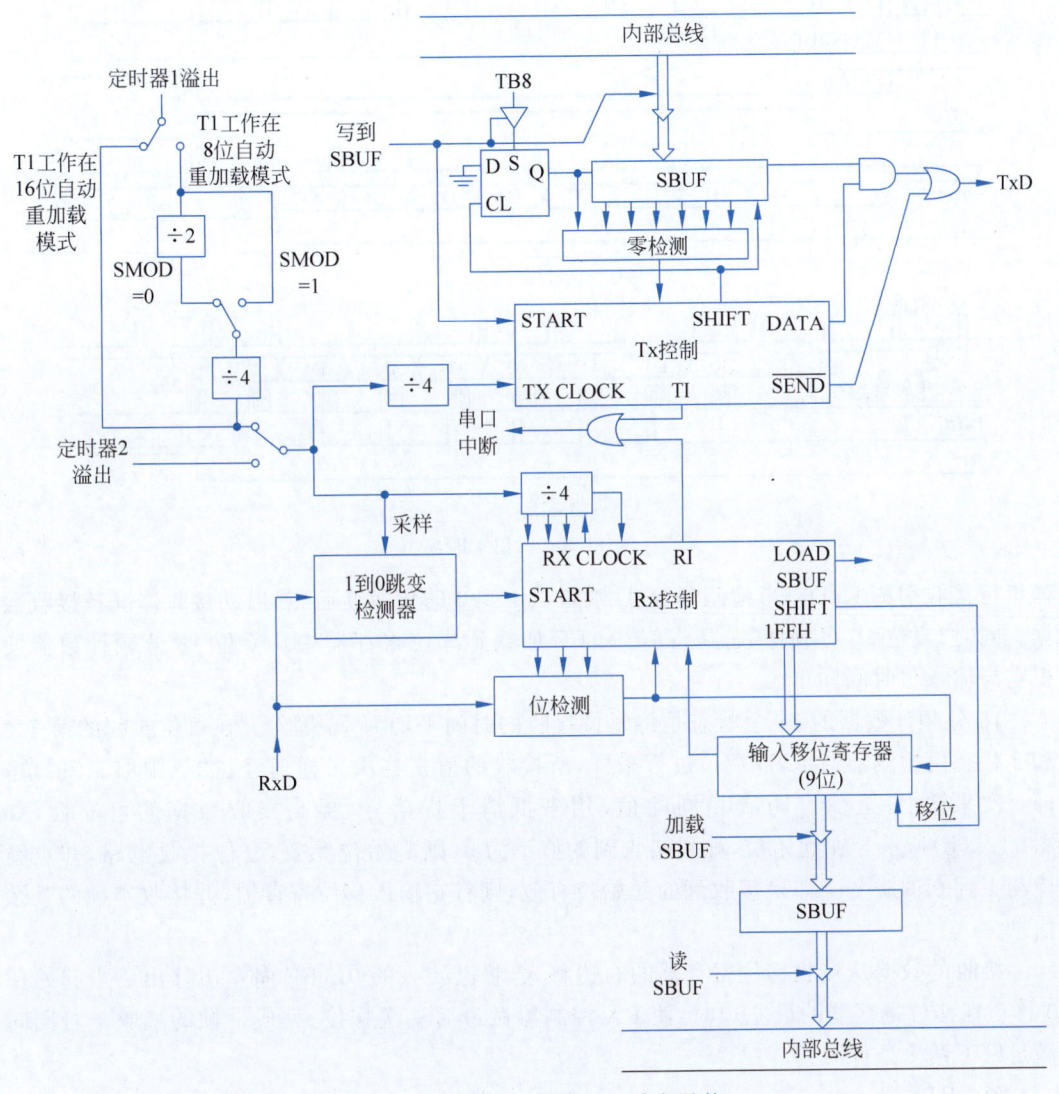

图 11.7 串口 1 工作模式 1 内部结构

1. 串口 1 的发送过程

当串口 1 发送数据时,数据从单片机的串行发送引脚 TxD 发送出去。当主机执行一条写 SBUF 的指令时,就启动串口 1 的数据发送过程,写 SBUF 信号将 1 加载到发送移位寄存器的第 9 位,并通知 Tx 控制单元开始发送。通过 16 分频计数器,同步发送串行比特流,如图 11.8(a)所示。

移位寄存器将数据不断地右移,送到 TxD 引脚。同时,在左边不断地用 0 进行填充。当数据的最高位移动到移位寄存器的输出位置,紧跟其后的是第 9 位 1,在它的左侧各位全部都是 0,这个条件状态使得 TX 控制单元进行最后一次移位输出,然后使得发送允许信号 SEND 失效,结束一帧数据的发送过程,并将中断请求位 TI 置 1,向 CPU 发出中断请求信号。

2. 串口 1 的接收过程

当软件将接收允许标志位 REN 置 1 后,接收器就用选定的波特率的 16 分频的速率采

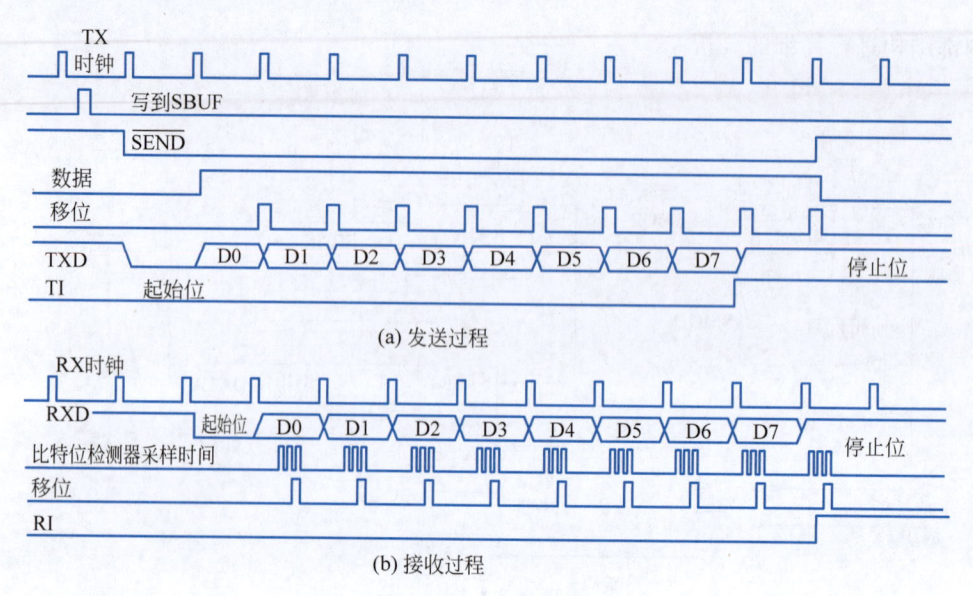

图 11.8　串口 1 时序

样串行接收引脚 RxD。当检测到 RxD 端口从 1 到 0 的负跳变后，就启动接收器准备接收数据。同时，复位 16 分频计数器，将值 0x1FF 加载到移位寄存器中。复位 16 分频计数器使得它与输入位时间同步。

16 分频计数器的 16 个状态是将每位接收的时间平均为 16 等份。在每位时间的第 7、8 和 9 状态由检测器对 RxD 端口进行采样，所接收的值是这次采样值经过"三中取二"的值，即三次采样中，至少有两次相同的值，用来抵消干扰信号，提高接收数据的可靠性，如图 11.8(b) 所示。在起始位，如果接收到的值不为 0，则起始位无效，复位接收电路，并重新检测 1 到 0 的跳变。如果接收到的起始位有效，则将它输入移位寄存器，并接收本帧的其余信息。

接收的数据从接收移位寄存器的右边移入，将已装入的 0x1FF 向左边移出。当起始位 0 移动到移位寄存器的最左边时，使 RX 控制器做最后一次移位，完成一帧的接收。若同时满足以下两个条件时：

(1) RI＝0；

(2) SM2＝0 或接收到的停止位为 1。

则接收到的数据有效，实现加载到 SBUF，停止位进入 RB8，置位 RI，向 CPU 发出中断请求信号。如果这两个条件不能同时满足，则将接收到的数据丢弃，无论是否满足条件，接收机又重新检测 RxD 端口上的 1 到 0 的跳变，继续接收下一帧数据。如果接收有效，则在响应中断后，必须由软件将标志 RI 清零。

11.4　设计实例一：人机交互控制的实现

本节将通过设计实例详细说明串口通信的实现过程。在该设计中，使用 STC 所提供的学习板上的串口 1，以及设置定时器 1 的模式 0 来实现 STC 学习板和计算机之间的串口通信。STC 通过串口 1 向主机发送菜单界面，如图 11.9 所示。

在 PC/笔记本电脑上，按 1 键，用于控制 STC 学习板上的标记为 LED10 的 LED 灯；按

2键,用于控制STC学习板上标记为LED9的LED灯;按其他键显示退出程序的信息。

在该设计中,使用STC学习板上的串口1,如图11.10所示。其中,CH340G芯片用于将IAP15W4K58S4单片机的串口信号TxD和RxD转换成USB信号,方便与计算机USB接口的连接。串口发送信号TxD信号连接到STC单片机的P3.1引脚,通过该引脚将STC单片机发送的串行数据传输给PC/笔记本电脑;串口接收信号RxD连接到STC单片机的P3.0引脚,该引脚将接收来自主机发送的串行数据。

```
------main menu------
input 1:  Control LED10
input 2:  Control LED9
other  :  exit program
------end menu------
```

图11.9 菜单界面

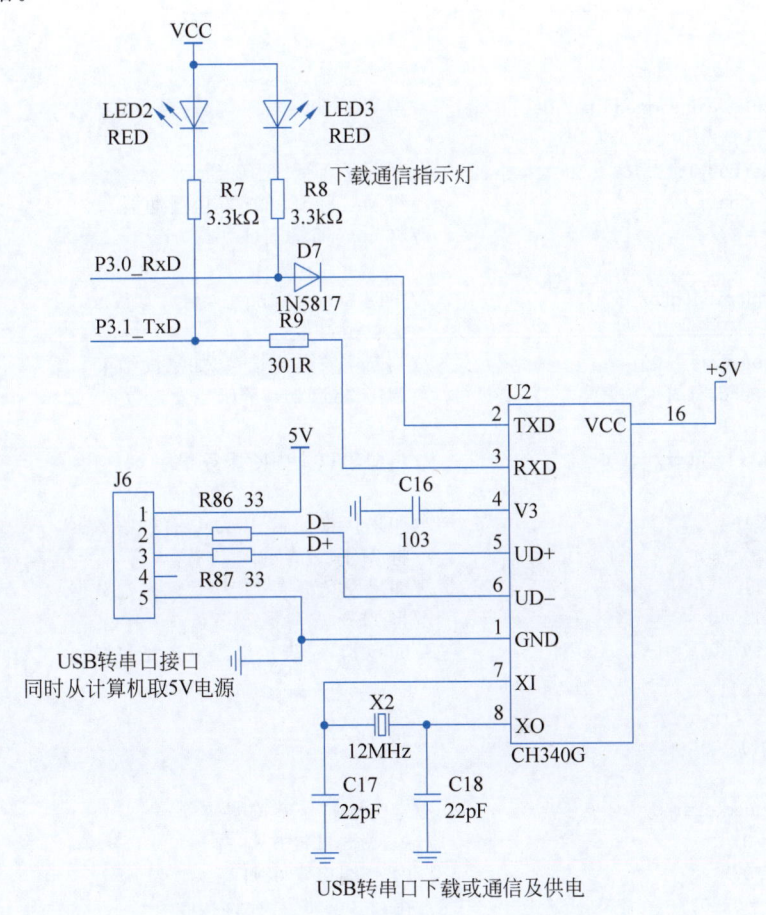

图11.10 STC学习板上串口1电路结构

在该电路设计中,LED2和LED3上拉,并且连接到RxD和TxD信号线,用于指示STC单片机串口和主机之间发送和接收数据的情况。此外,在P3.0引脚上加入IN5817二极管,以及在P3.1引脚串入电阻是为了防止USB器件给芯片供电。

注意:CH340芯片和单片机引脚采用交叉连接方式,即单片机的TxD信号连接到CH340G芯片的RxD引脚;单片机的RxD信号连接到CH340G芯片的TxD引脚。

【例11-1】 主机通过串口控制STC板上LED灯C语言描述的例子。

代码清单11-1 main.c文件

```c
#include "reg51.h"
```

```c
#define FOSC 18432000L            //声明当前单片机主时钟频率
#define BAUD 115200               //声明波特率常数 115200
sfr AUXR = 0x8E;                  //声明 AUXR 寄存器的地址 0x8E
sfr TH2 = 0xD6;                   //声明 TH2 寄存器的地址 0xD6
sfr TL2 = 0xD7;                   //声明 TL2 寄存器的地址 0xD7
bit busy = 0;                     //声明比特位 busy
xdata char menu[] = {"\r\n------ main menu ----------------"     //声明字符型数组 menu
                     "\r\n    input 1: Control LED10 "
                     "\r\n    input 2: Control LED9 "
                     "\r\n    other : Exit Program"
                     "\r\n------ end menu -----------------"
                    };
void SendData(unsigned char dat)  //声明 SendData 子函数,参数 dat
{
    while(busy);                  //判断是否忙,忙等待
    SBUF = dat;                   //将 dat 写入 SBUF 发送缓冲器
    busy = 1;                     //将 busy 标志置 1
}
void SendString(char * s)         //声明 SendString 子函数,参数 s
{
    while(* s!= '\0')             //判断字符是否结束,如果没结束
        SendData(* s++);          //调用 SendData 子函数发送数据
}
void uart1() interrupt 4          //声明串口 1 中断服务程序 uart1
{
    if(RI)                        //如果接收标志 RI 为 1,有接收数据
        RI = 0;                   //将 RI 标志清零
    if(TI)                        //如果发送标志 TI 为 1,已发送数据
        TI = 0;                   //将 TI 标志清零
    busy = 0;                     //busy 清零,表示已经发送完数据
}

void main()
{
    unsigned char c;              //定义无符号字符型变量 c
    P46 = 0;                      //P4.6 端口置 0,灯亮
    P47 = 0;                      //P4.7 端口置 0,灯亮
    SCON = 0x50;                  //串口 1 方式 1,允许接收
    AUXR = 0x14;                  //允许定时器 2,不分频
    AUXR | = 0x01;                //选择定时器 2 作为波特率发生器
    TL2 = (65536 - ((FOSC/4)/BAUD));       //初值低 8 位赋值给 TL2 寄存器
    TH2 = (65536 - ((FOSC/4)/BAUD)) >> 8;  //初值高 8 位赋值给 TH2 寄存器
    ES = 1;                       //允许串口中断
    EA = 1;                       //CPU 允许响应中断请求
    SendString(&menu);            //在串口终端上打印 menu 的内容
    while(1){                     //无限循环
        if(RI == 1)               //如果接收到上位机发送的数据
        {
            c = SBUF;             //从 SBUF 缓冲区读数据到变量 c
            if(c == 0x31)         //判断如果接收的数据是字符 1
```

```
            P46 = !P46;          //P4.6 取反
        else if(c == 0x32)       //判断如果接收的数据是字符 2
            P47 = !P47;          //P4.7 取反
        else                     //对于其他任何输入
        {
            SendString("\r\n Exit Program");    //串口上打印 Exit Program 信息
        }
    }
}
```

注意：读者可参考本书配套资源的 STC_example\例子 11-1。

下面说明该代码的设计原理和验证方法。

(1) 使用 T2 定时器，根据前面给出的 IRC 的时钟频率为 18.432MHz，波特率为 115 200，由于 T2 的溢出率和波特率存在下面的关系，即

$$串口 1 的波特率 = SYSclk/(65\,536 - [RL\_TH2, RL\_TL2])/4$$

因此，$[RL\_TH2, RL\_TL2] = 65\,536 - SYSclk/(串口 1 的波特率 \times 4)$。

注意：RL_TH2 是 T2H 的自动重加载寄存器，RL_TL2 是 T2L 的自动重加载寄存器。

(2) 打开 STC-ISP 软件，在该界面左侧窗口内，选择硬件选项卡。在该选项卡界面中，将"输入用户程序运行时的 IRC 频率"设置为 18.432MHz。

(3) 单击"下载/编程"按钮，将设计下载到 STC 单片机。

(4) 在 STC-ISP 软件右侧窗口中，选择"串口助手"选项卡，如图 11.11 所示设置参数。

① 串口：COM3（根据自己计算机识别出来的 COM 端口号进行设置）。

② 波特率：115200。

③ 校验位：无校验。

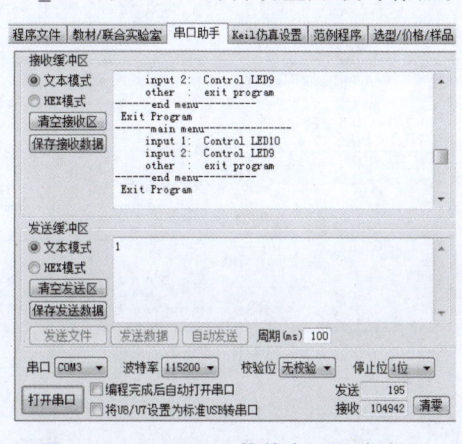

图 11.11 STC-ISP 软件串口调试助手

④ 停止位：1 位。

(5) 单击"打开串口"按钮。

(6) 在 STC 学习板上，找到并按一下 SW19 按键，重新运行程序，可以看到在如图 11.11 所示的接收窗口中显示出菜单信息。

(7) 在发送窗口中输入 1。单击"发送数据"按钮，观察 STC 学习板上 LED10 的变化。

(8) 在发送串口中输入 2。单击"发送数据"按钮，观察 STC 学习板上 LED9 的变化。

(9) 在发送串口中输入其他字符。单击"发送数据"按钮，看到在如图 11.11 所示的接收窗口中显示 Exit Program 提示信息。

思考与练习 11-1：连续发送字符 2，观察 LED9 的变化规律_____；连续发送字符 1，观察 LED10 的变化规律_____。

思考与练习 11-2：当单片机的主时钟频率改成 20.000MHz，波特率改为 9600 时，根据上面的公式重新计算 TH2=_____，TL2=_____。下载并验证参数是否正确。

注意：在 STC-ISP 软件中，需要将波特率设置改为 9600。

11.5 设计实例二：按键扫描与串口显示

本节将检测 STC 学习板上按键开关的状态，并通过串口将按键当前的状态显示到主机串口调试助手界面上。下面详细介绍设计原理和设计实现。

1. 矩阵按键结构及检测原理

在 STC 学习板上提供了 16 个按键，这 16 个按键按 4×4 形式排列，即 4 行和 4 列形式，如图 11.12 所示。要清楚的是判断按键状态，首先是要确定有无按键被按下，其次要确定是按下了哪个键。STC 学习板上给每个按键进行标号，按照行的顺序用 0～3、4～7、8～11、12～15 表示。

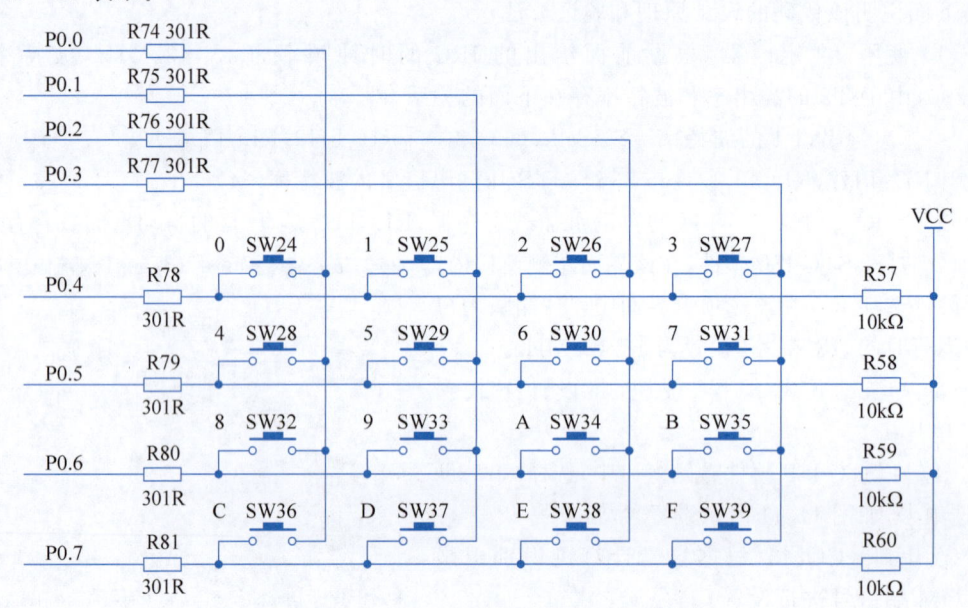

图 11.12　STC 学习板上按键矩阵排列结构

在第 5 章介绍 I/O 口的时候，提到在上电复位后，I/O 口默认为准双向模式，也就是既可以输出，又可以输入。并且，说明如果要读取某个引脚所连接外部设备的状态，需要先给该引脚置逻辑高，然后才能回读该引脚所连接外设的状态。

从图 11.12 中可以知道，STC 单片机的 P0.4、P0.5、P0.6 和 P0.7 引脚通过上拉电阻连接到 VCC 上，由此可知，当没有按键按下时，将这些引脚所连接外设拉高到逻辑 1。同时，还注意到，当没有按下按键时，STC 单片机的 P0.0、P0.1、P0.2 和 P0.3 引脚处于悬空状态，既没有拉高也没有拉低，即没有上拉到 VCC 和下拉到 GND。从这两方面综合分析可知，P0.0～P0.3 引脚需要有确定的逻辑状态，也就是在实际中 P0.0～P0.3 应该为输出，为逻辑高电平或者逻辑低电平；而 P0.7～P0.4 为输入，也就是读取 P0.7～P0.4 引脚的状态。

首先，判断有按键被按下的方法是将 P0.0～P0.3 引脚拉低，也就是驱动 P0.0～P0.3 为低。

（1）如果 16 个按键中没有按下按键，则引脚 P0.4、P0.5、P0.6 和 P0.7 仍然处于上拉状态，即逻辑高（逻辑 1）。此时，如果读取这四个端口，读取的值应该是 1111，分别对应于引脚 P0.7、P0.6、P0.5、P0.4。

（2）只要有一个按键按下，P0.4、P0.5、P0.6 或者 P0.7 就有引脚被拉低，也就是读取 P0.4、P0.5、P0.6、P0.7 引脚，它们组合的值一定不等于 1111。

因此，就可以判断是否有按键被按下。

下面判断具体按的是哪个按键。

（1）驱动 P0.3 引脚为低（逻辑 0），驱动 P0.2、P0.1 和 P0.0 引脚为高（逻辑 1），即它们值的组合为 0111，十六进制数 7。

① 则当按下标号为 0、1、2、4、5、6、8、9、A、C、D、E 的按键时，P0.4～P0.7 引脚的状态不会发生任何的变化。

② 如果按下 3 号按键，则 P0.4 引脚被拉低，即变化到逻辑 0。而其他引脚状态仍然为逻辑高。此时如果读取这四个端口，读取的值应该是 1110，十六进制数 E 分别对应于 P0.7、P0.6、P0.5、P0.4 引脚。

③ 如果按下 7 号按键，则 P0.5 引脚被拉低，即变化到逻辑状态 0。而其他引脚状态仍然为逻辑高。此时如果读取这四个端口，读取的值应该是 1101，十六进制数 D 分别对应于 P0.7、P0.6、P0.5、P0.4 引脚。

④ 如果按下 11（B）号按键，则 P0.6 引脚被拉低，即变化到逻辑状态 0。而其他引脚状态仍然为逻辑高。此时如果读取这四个端口，读取的值应该是 1011，十六进制数 B 分别对应于 P0.7、P0.6、P0.5、P0.4 引脚。

⑤ 如果按下 15（F）号按键，则 P0.7 引脚被拉低，即变化到逻辑状态 0。而其他引脚状态仍然为逻辑高。此时如果读取这四个端口，读取的值应该是 0111，十六进制数 7 分别对应于 P0.7、P0.6、P0.5、P0.4 引脚。

（2）驱动 P0.2 引脚为低（逻辑 0），驱动 P0.3、P0.1 和 P0.0 引脚为高（逻辑 1），即它们值的组合为 1011，十六进制数 B。

① 则当按下标号为 0、1、3、4、5、7、8、9、B、C、D、F 的按键时，P0.4～P0.7 引脚的状态不会发生任何的变化。

② 如果按下 2 号按键，则 P0.4 引脚被拉低，即变化到逻辑状态 0。而其他引脚状态仍然为逻辑高。此时如果读取这四个端口，读取的值应该是 1110，十六进制数 E 分别对应于 P0.7、P0.6、P0.5、P0.4 引脚。

③ 如果按下 6 号按键，则 P0.5 引脚被拉低，即变化到逻辑状态 0。而其他引脚状态仍然为逻辑高。此时如果读取这四个端口，读取的值应该是 1101，十六进制数 D 分别对应于 P0.7、P0.6、P0.5、P0.4 引脚。

④ 如果按下 10（A）号按键，则 P0.6 引脚被拉低，即变化到逻辑状态 0。而其他引脚状态仍然为逻辑高。此时如果读取这四个端口，读取的值应该是 1011，十六进制数 B 分别对应于 P0.7、P0.6、P0.5、P0.4 引脚。

⑤ 如果按下 14（E）号按键，则 P0.7 引脚被拉低，即变化到逻辑状态 0。而其他引脚状态仍然为逻辑高。此时如果读取这四个端口，读取的值应该是 0111，十六进制数 7 分别对应于 P0.7、P0.6、P0.5、P0.4 引脚。

（3）驱动 P0.1 引脚为低（逻辑 0），驱动 P0.3、P0.2 和 P0.0 引脚为高（逻辑 1），即它们值的组合为 1101，十六进制数 D。

① 则当按下标号为 0、2、3、4、6、7、8、A、B、C、E、F 的按键时，P0.4～P0.7 引脚的状态

不会发生任何的变化。

② 如果按下 1 号按键，则 P0.4 引脚被拉低，即变化到逻辑状态 0。而其他引脚状态仍然为逻辑高。此时如果读取这四个端口，读取的值应该是 1110，十六进制数 E 分别对应于 P0.7、P0.6、P0.5、P0.4 引脚。

③ 如果按下 5 号按键，则 P0.5 引脚被拉低，即变化到逻辑状态 0。而其他引脚状态仍然为逻辑高。此时如果读取这四个端口，读取的值应该是 1101，十六进制数 D 分别对应于 P0.7、P0.6、P0.5、P0.4 引脚。

④ 如果按下 9 号按键，则 P0.6 引脚被拉低，即变化到逻辑状态 0。而其他引脚状态仍然为逻辑高。此时如果读取这四个端口，读取的值应该是 1011，十六进制数 B 分别对应于 P0.7、P0.6、P0.5、P0.4 引脚。

⑤ 如果按下 13(D)号按键，则 P0.7 引脚被拉低，即变化到逻辑状态 0。而其他引脚状态仍然为逻辑高。此时如果读取这四个端口，读取的值应该是 0111，十六进制数 7 分别对应于 P0.7、P0.6、P0.5、P0.4 引脚。

(4) 驱动 P0.0 引脚为低（逻辑 0），驱动 P0.3、P0.2 和 P0.1 引脚为高（逻辑 1），即它们值的组合为 1110，十六进制数 E。

① 则当按下标号为 1、2、3、5、6、7、9、A、B、D、E、F 的按键时，P0.4～P0.7 引脚的状态不会发生任何的变化。

② 如果按下 0 号按键，则 P0.4 引脚被拉低，即变化到逻辑状态 0。而其他引脚状态仍然为逻辑高。此时如果读取这四个端口，读取的值应该是 1110，十六进制数 E 分别对应于 P0.7、P0.6、P0.5、P0.4 引脚。

③ 如果按下 4 号按键，则 P0.5 引脚被拉低，即变化到逻辑状态 0。而其他引脚状态仍然为逻辑高。此时如果读取这四个端口，读取的值应该是 1101，十六进制数 D 分别对应于 P0.7、P0.6、P0.5、P0.4 引脚。

④ 如果按下 8 号按键，则 P0.6 引脚被拉低，即变化到逻辑状态 0。而其他引脚状态仍然为逻辑高。此时如果读取这四个端口，读取的值应该是 1011，十六进制数 B 分别对应于 P0.7、P0.6、P0.5、P0.4 引脚。

⑤ 如果按下 12(C)号按键，则 P0.7 引脚被拉低，即变化到逻辑状态 0。而其他引脚状态仍然为逻辑高。此时如果读取这四个端口，读取的值应该是 0111，十六进制数 7 分别对应于 P0.7、P0.6、P0.5、P0.4 引脚。

这就是矩阵按键键盘的检测原理。所谓的扫描就是让 P0.0、P0.1、P0.2 和 P0.3 的驱动值快速地在 0111、1011、1101 和 1110 之间进行变化，这样就能在按下按键的时候，知道按下哪个按键，如图 11.13 所示。

2. 串口 1 参数设置

在该设计中，串口 1 工作在模式 1 下，使用定时器 1 模式 0（16 位自动重加载）作为串口 1 的波特率发生器。

3. 设计代码和分析

【例 11-2】按下 STC 学习板上按键并通过串口显示在主机上的 C 语言描述的例子。

代码清单 11-2　main.c 文件

```
#include "reg51.h"
```

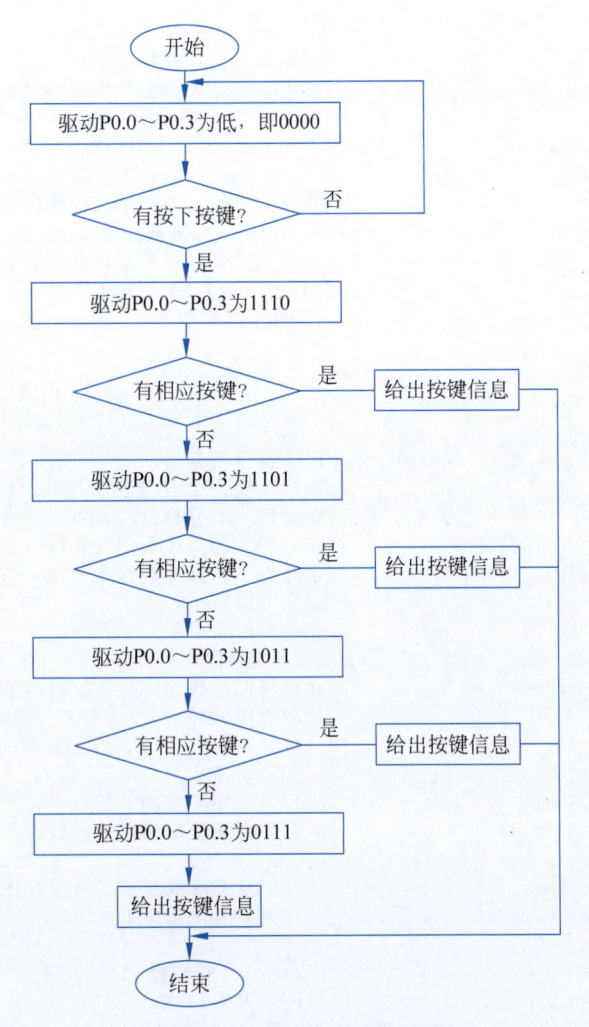

图 11.13　矩阵按键扫描流程

```
#define FOSC 18432000L           //声明单片机的工作频率
#define BAUD 115200              //声明串口1的波特率参数
sfr AUXR = 0x8E;                 //声明寄存器 AUXR 的地址
bit busy = 0;                    //声明 bit 型变量
xdata char menu[ ] = {"\r\n-- Display Press buttons information -- \r\n"};
                                 //声明字符数组 menu
void IO_KeyDelay(void)           //声明 IO_KeyDelay 子函数,延迟
{
  unsigned char i;
  i = 60;
  while( -- i);
}

void SendData(unsigned char dat) //声明 SendData 子函数
{
  while(busy);                   //判断是否发送完,没有则等待
  SBUF = dat;                    //否则,将数据 dat 写入 SBUF 寄存器
  busy = 1;                      //将 busy 置 1
}
void SendString(char * s)        //声明 SendString 子函数
```

```c
    {
        while( * s!= '\0')                //判断是否是字符串的结尾
            SendData( * s++);             //如果没有结束,调用 SendData 发送数据
    }
    void uart1() interrupt 4              //声明 uart 串口 1 中断服务程序
    {
        if(RI)                            //通过 RI 标志,判断是否接收到数据
            RI = 0;                       //如果 RI 为 1,则软件清零 RI
        if(TI)                            //通过 TI 标志,判断是否发送完数据
            TI = 0;                       //如果 TI 为 1,则软件清零 TI
        busy = 0;                         //将 busy 标志清零
    }

    void main()
    {
        unsigned char c1_new,c1_old = 0,c1;  //声明字符型变量
        SCON = 0x50;                      //串口 1 模式 1,使能串行接收,禁止多机
        AUXR = 0x40;                      //定时器 1 不分频,作为串口 1 波特率时钟
        TL1 = (65536 - ((FOSC/4)/BAUD));  //定时器 1 初值计数器低 8 位
        TH1 = (65536 - ((FOSC/4)/BAUD))>> 8;  //定时器 1 初值计数器高 8 位
        TR1 = 1;                          //使能定时器 1 工作
        ES = 1;                           //允许串口 1 中断
        EA = 1;                           //CPU 允许响应中断请求
        SendString(&menu);                //在串口调试界面中打印字符串信息
        while(1){                         //无限循环
            P0 = 0xF0;                    //将 P0.0~P0.3 拉低,在读 P0.4~P0.7 前,发 F
            IO_KeyDelay();                //延迟读
            c1_new = P0&0xF0;             //得到矩阵按键的信息
            if(c1_new!= c1_old)           //如果新按键和旧按键状态不一样,则继续
            {
                c1_old = c1_new;          //把新按键的状态变量保存作为旧的按键
                if(c1_new!= 0xF0)         //如果有按键按下,继续
                {
                    P0 = 0xFE;            //将 P0[3:0]置 1110,在读 P0.4~P0.7 前,发 F
                    IO_KeyDelay();        //延迟读
                    c1_new = P0;          //获取 P0 端口的值
                    switch (c1_new)
                    {
                        case 0xee: c1 = 0; break;   //如果值为 0xee,则表示按下 0 号按键
                        case 0xde: c1 = 4; break;   //如果值为 0xde,则表示按下 4 号按键
                        case 0xbe: c1 = 8; break;   //如果值为 0xbe,则表示按下 8 号按键
                        case 0x7e: c1 = 12; break;  //如果值为 0x7e,则表示按下 12 号按键
                        default : ;
                    }
                    P0 = 0xFD;            //将 P0[3:0]置 1101,在读 P0.4~P0.7 前,发 F
                    IO_KeyDelay();        //延迟读
                    c1_new = P0;          //获取 P0 端口的值
                    switch (c1_new)
                    {
                        case 0xed: c1 = 1; break;   //如果值为 0xed,则表示按下 1 号按键
                        case 0xdd: c1 = 5; break;   //如果值为 0xdd,则表示按下 5 号按键
                        case 0xbd: c1 = 9; break;   //如果值为 0xbd,则表示按下 9 号按键
                        case 0x7d: c1 = 13; break;  //如果值为 0x7d,则表示按下 13 号按键
                        default : ;
                    }
                    P0 = 0xFB;            //将 P0[3:0]置 1011,在读 P0.4~P0.7 前,发 F
                    IO_KeyDelay();        //延迟读
```

```c
            c1_new = P0;                    //获取 P0 端口的值
            switch (c1_new)
            {
                case 0xeb: c1 = 2; break;   //如果值为 0xeb,则表示按下 2 号按键
                case 0xdb: c1 = 6; break;   //如果值为 0xdb,则表示按下 6 号按键
                case 0xbb: c1 = 10; break;  //如果值为 0xbb,则表示按下 10 号按键
                case 0x7b: c1 = 14; break;  //如果值为 0x7b,则表示按下 14 号按键
                default : ;
            }
            P0 = 0xF7;                      //将 P0[3:0]置 0111,在读 P0.4~P0.7 前,发 F
            IO_KeyDelay();                  //延迟读
            c1_new = P0;                    //获取 P0 端口的值
            switch (c1_new)
            {
                case 0xe7: c1 = 3; break;   //如果值为 0xe7,则表示按下 3 号按键
                case 0xd7: c1 = 7; break;   //如果值为 0xd7,则表示按下 7 号按键
                case 0xb7: c1 = 11;break;   //如果值为 0xb7,则表示按下 11 号按键
                case 0x77: c1 = 15; break;  //如果值为 0x77,则表示按下 15 号按键
                default : ;
            }
            SendString("\r\n press #");     //发送字符串信息
            if(c1 < 10)                     //如果按键变量小于 10,即 0~9
                SendData(c1 + 0x30);        //转换为对应的 ASCII,调用 SendData 发送
            else if(c1 == 10)               //如果按键值为 10
                SendString("10");           //调用 SendString 函数,发送字符串 10
            else if(c1 == 11)               //如果按键值为 11
                SendString("11");           //调用 SendString 函数,发送字符串 11
            else if(c1 == 12)               //如果按键值为 12
                SendString("12");           //调用 SendString 函数,发送字符串 12
            else if(c1 == 13)               //如果按键值为 13
                SendString("13");           //调用 SendString 函数,发送字符串 13
            else if(c1 == 14)               //如果按键值为 14
                SendString("14");           //调用 SendString 函数,发送字符串 14
              else if(c1 == 15)             //如果按键值为 15
                SendString("15");           //调用 SendString 函数,发送字符串 15
            SendString(" button\r\n");      //调用 SendString 函数,发送回车和换行符
        }
      }
    }
}
```

注意：读者可参考本书配套资源的 STC_example\例子 11-2。

下面说明该代码的设计原理和验证方法。

(1) 使用 T1 定时器,根据前面给出的 IRC 的时钟频率为 18.432MHz,波特率为 115 200,由于 T1 的溢出率和波特率存在下面的关系,即

$$串口 1 的波特率 = SYSclk/(65\,536-[RL\_TH1, RL\_TL1])/4$$

因此,$[RL\_TH1, RL\_TL1] = 65\,536 - SYSclk/(串口 1 的波特率 \times 4)$

注意：RL_TH1 是 T1H 的自动重加载寄存器,RL_TL1 是 T1L 的自动重加载寄存器。

(2) 打开 STC-ISP 软件,在该界面左侧窗口内,选择硬件选项卡。在该选项卡界面中,将"输入用户程序运行时的 IRC 频率"设置为 18.432MHz。

(3) 单击"下载/编程"按钮,将设计下载到 STC 单片机。

(4) 在 STC-ISP 软件右侧串口中,选择"窗口助手"选项卡,按下面设置参数：

① 串口：COM3（根据自己计算机识别出来的 COM 端口号进行设置）。
② 波特率：115 200。
③ 校验位：无校验。
④ 停止位：1 位。

（5）单击"打开串口"按钮。

（6）在 STC 学习板上，找到并按一下 SW19 按键，重新运行程序，可以看到在如图 11.15 所示的接收窗口中显示出提示信息"—Display Press buttons information—"。

（7）在 STC 学习板上右下角的位置找到矩阵按键，如图 11.14 所示。

（8）每次按下矩阵键盘中的一个按键，可以看到串口调试助手上显示按键信息，如图 11.15 所示。

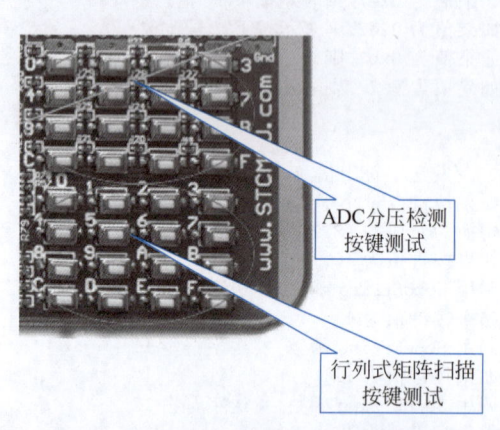

图 11.14 STC 学习板上矩阵按键的位置

图 11.15 STC-ISP 软件串口调试助手显示信息界面

思考与练习 11-3：当单片机的主时钟频率改为 30.000MHz，波特率改为 38 400 时，根据上面的公式重新计算 TH1=_____，TL1=_____。下载并验证参数是否正确。

注意：在 STC-ISP 软件中，需要将波特率设置改为 38 400。

思考与练习 11-4：分析该设计，给出该设计完整的程序流程图。

11.6 串口 2 寄存器及工作模式

本节介绍串口 2 寄存器及工作模式，内容包括串口 2 寄存器组、串口 2 工作模式。

注意：串口 2 固定选择定时器 2 作为波特率发生器，不能使用其他定时器作为串口 2 的波特率发生器。

11.6.1 串口 2 寄存器组

与串口 2 相关的寄存器包括串口 2 控制寄存器、串口 2 缓冲寄存器、定时器 2 初值寄存器、辅助寄存器、中断使能寄存器、中断允许寄存器、中断优先级控制寄存器、外围设备功能切换控制寄存器。与定时器和中断有关的寄存器在前面已经进行了详细的介绍，本节只介绍下面新出现寄存器的功能。

1. 串口 2 控制寄存器

串口 2 控制寄存器 S2CON，如表 11.9 所示。该寄存器位于 STC 单片机特殊功能寄存器地址为 0x9A 的位置。当复位后,该寄存器的值为 01000000B。

表 11.9 串口 2 控制寄存器 S2CON 各位的含义

比特位	B7	B6	B5	B4	B3	B2	B1	B0
名字	S2SM0	1	S2SM2	S2REN	S2TB8	S2RB8	S2TI	S2RI

(1) S2SM0:该位确定串口 2 工作模式。当该位为 0 时,为 8 位 UART 可变波特率模式;当该位为 1 时,为 9 位 UART 可变波特率模式。

注意:在这两种模式下,波特率由下式确定:

$$波特率 = 定时器 2 溢出率/4$$

(2) S2SM2:允许方式 1 多机通信控制位。如果 S2SM2 位为 1 且 S2REN 位为 1,则接收机处于地址帧选状态。此时可以利用接收到的第 9 位(即 S2RB8)来筛选地址帧:

① 当 S2RB8 为 1 时,说明该帧为地址帧,地址信息可以进入 S2BUF,并使得 S2RI 置 1,进而在中断服务程序中再比较地址号。

② 当 S2RB8 为 0 时,说明该帧不是地址帧,应丢掉并保持 S2RI 为 0。

在方式 1 中,如果 S2SM2 位为 0 且 S2REN 位为 1,则接收机处于禁止筛选地址帧状态。不论收到的 S2RB8 是否为 1,均可使接收到的信息进入 S2BUF,并使得 S2RI 置 1,此时 S2RB8 通常为校验位。

方式 0 为非多机通信方式。在这种模式下,将 S2SM2 置为 0。

(3) S2REN:允许/禁止串口 2 接收控制位。当 S2REN 位为 1 时,允许串行接收状态,可以启动串行接收器 RxD2,开始接收信息;当 S2REN 位为 0 时,禁止串行接收状态,禁止串行接收器 RxD2 接收信息。

(4) S2TB8:当选择方式 1 时,该位为要发送的第 9 位数据,按需要由软件置 1 或者清零。该位可用作数据的校验位或者多机通信中表示地址帧/数据帧的标志位。

注意:在方式 0 中,不使用该比特位。

(5) S2RB8:当选择方式 1 时,该位为接收到的第 9 位数据,作为奇偶校验位或者地址帧/数据帧的标志位。

注意:在方式 0 时,不使用该比特位。

(6) S2TI:发送中断请求标志位。在停止位开始发送时由 S2TI 置 1,向 CPU 发出中断请求。同样地,当 CPU 响应中断后,必须由软件将该位清零。

(7) S2RI:接收中断请求标志位。在接收到停止位的中间时刻由 S2RI 置 1,向 CPU 发出中断请求。同样地,当 CPU 响应中断后,必须由软件将该位清零。

注意:当发送完一帧数据后,向 CPU 发出中断请求;类似地,当接收到一帧数据后,也会向 CPU 发出中断请求。由于 S2TI 和 S2RI 以逻辑或关系向 CPU 发出中断请求,所以主机响应中断时,不知道是 S2TI 还是 S2RI 发出的中断请求。因此,必须在中断服务程序中通过查询 S2TI 和 S2RI 确定中断源。S2RI 和 S2TI 必须由软件清零。

2. 串口 2 缓冲寄存器

STC15 系列单片机的串口 2 缓冲寄存器 S2BUF 地址为 0x9B,在该地址实际是两个缓冲寄存器。一个缓冲寄存器用于保存要发送的数据;而另一个缓冲寄存器用于读取已经接收到的数据。

3. 中断允许寄存器

前面已经介绍过中断允许寄存器 IE2,本节说明该寄存器中与串口 2 有关比特位的含义,如表 11.10 所示。该寄存器位于 STC 单片机特殊功能寄存器地址为 0xAF 的位置。当复位后,该寄存器的值为 x0000000B。

表 11.10 中断允许寄存器 IE2 各位的含义

比特位	B7	B6	B5	B4	B3	B2	B1	B0
名字	—	ET4	ET3	ES4	ES3	ET2	ESPI	ES2

其中,ES2 为串口 2 中断允许位。当该位为 1 时,允许串口 2 中断;当该位为 0 时,禁止串口 2 中断。

4. 中断优先级控制寄存器

前面已经介绍过中断优先级控制寄存器 IP2,本节说明该寄存器中与串口 2 有关比特位的含义,如表 11.11 所示。该寄存器位于 STC 单片机特殊功能寄存器地址为 0xB5 的位置。当复位后,该寄存器的值为 xxx00000B。

表 11.11 中断优先级控制寄存器 IP2 各位的含义

比特位	B7	B6	B5	B4	B3	B2	B1	B0
名字	—	—	—	PX4	PPWMFD	PPWM	PSPI	PS2

其中,PS2 为串口 2 中断优先级控制位。当该位为 0 时,串口 2 中断为最低优先级中断(优先级为 0);当该位为 1 时,串口 2 中断为最高优先级中断(优先级为 1)。

5. 引脚位置控制寄存器

引脚位置控制寄存器 P_SW2,如表 11.12 所示。该寄存器位于 STC 单片机特殊功能寄存器地址为 0xBA 的位置。当复位后,该寄存器的值为 0000x000B。

表 11.12 引脚位置控制寄存器 P_SW2 各位的含义

比特位	B7	B6	B5	B4	B3	B2	B1	B0
名字	EAXSFR	0	0	0	—	S4_S	S3_S	S2_S

(1) S4_S:串口 4 引脚位置选择控制位。当该位为 0 时,串口 4 的引脚位置在 P0.2/RxD4 和 P0.3/TxD4;当该位为 1 时,串口 4 的引脚位置在 P5.2/RxD4_2 和 P5.3/TxD4_2。

(2) S3_S:串口 3 引脚位置选择控制位。当该位为 0 时,串口 3 的引脚位置在 P0.0/RxD3 和 P0.1/TxD3;当该位为 1 时,串口 3 的引脚位置在 P5.0/RxD3_2 和 P5.1/TxD3_2。

(3) S2_S:串口 2 引脚位置选择控制位。当该位为 0 时,串口 2 的引脚位置在 P1.0/RxD2 和 P1.1/TxD2;当该位为 1 时,串口 2 的引脚位置在 P4.6/RxD2_2 和 P4.7/TxD2_2。

11.6.2 串口 2 工作模式

STC15W4K32S4 系列单片机的串口 2 有两种工作模式,通过软件设置 S2CON 寄存器的 S2SM0 比特位进行选择。这两种工作模式都为异步通信模式,每个发送和接收的字符都带有 1 个启动位和 1 个停止位。

1. 串口 2 工作模式 0

模式 0 为 8 位可变波特率 UART 工作方式。在该模式下,通过 RxD2/P1.0(Rx_D2/

P4.6)接收,10 位数据通过 TxD2/P1.1(Tx_D2/P4.7)发送数据。1 帧数据包含:1 个起始位、8 个数据位和 1 个停止位。接收数据时,停止位进入 S2CON 寄存器的 S2RB8 位。波特率由定时器 2 的溢出率确定。

2. 串口 2 工作模式 1

模式 1 为 9 位可变波特率 UART 工作方式。在该模式下,11 位数据通过 RxD2/P1.0 (Rx_D2/P4.6)接收,通过 TxD2/P1.1(Tx_D2/P4.7)发送。一帧数据包含:1 个起始位、8 个数据位、1 个可编程的第 9 位和 1 个停止位。发送时,第 9 位数据来自特殊功能寄存器 S2CON 的 S2TB8 位。当接收数据时,第 9 位进入 S2CON 寄存器的 S2RB8 位。由定时器 2 的溢出率确定波特率。

11.7　设计实例三:红外通信的原理及实现

本节内容以电子资源形式提供,请扫描下方二维码获取。

电子文档

视频讲解

第 12 章 ADC 原理及应用

CHAPTER 12

ADC 是连接模拟世界和数字世界的重要桥梁。本节将介绍 STC 单片机内所提供 ADC 模块的原理及实现方法，内容包括模数转换器原理、STC 单片机内 ADC 结构原理、ADC 寄存器组，以及 ADC 的各种不同应用。

通过本章内容的学习，读者理解并掌握 ADC 的工作原理，以及通过 ADC 实现数模混合应用的方法。

12.1 模数转换器原理

模数转换器(Analog to Digital Converter，ADC)，简称为 A/D。它用于将连续的模拟信号转换为数字形式离散信号。典型地，ADC 将模拟信号转换为与电压值成比例表示的数字离散信号。对于不同厂商所提供的 ADC，其输出的数字信号可能使用不同的编码格式。

注意：有一些模拟数字转换器并非纯的电子设备，如旋转编码器，也可以看作模拟数字转换器。

12.1.1 模数转换器的参数

下面介绍 ADC 转换器中几个重要的参数，包括分辨率、响应类型、误差和采样率。

1. 分辨率

在模拟数字转换器中，分辨率是指对于所允许输入的模拟信号范围，它能输出离散数字信号值的个数。这些输出的信号值常用二进制数来表示，如图 12.1 所示。因此，分辨率经常用比特作为单位，且这些离散值的个数是 2 的幂次方。例如，一个具有 8 位分辨率的模拟数字转换器可以将模拟信号编码成 256 个不同的离散值(离散梯度)，其范围可以是 0~255(无符号整数)或 −128~127(带符号整数)。至于采用的编码格式，取决于所选用的 ADC 器件。

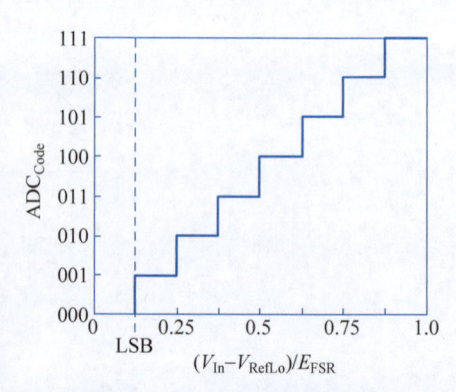

图 12.1 ADC 分辨率的表示

分辨率也可以用电气性质来描述，如使用伏特(V)。使得输出离散信号产生一个变化所需的最小输入电压的差值被称作最低有效位(Least Significant Bit，LSB)电压。这样，模拟数字转换器的分辨率(Q)等于 LSB 电压。模拟数字转换器的电压分辨率由下面的等式确定：

$$Q = \frac{V_{RefHi} - V_{RefLow}}{2^N}$$

式中，V_{RefHi} 和 V_{RefLow} 是转换过程允许输入到 ADC 的电压上限和下限值；N 是模拟数字转换器输出数字量的位宽，以比特为单位。

很明显，如果输入电压的变化小于 Q 值，则 ADC 无法分辨出电压的变化。这样，就带来量化误差。N 值越大，也就是 ADC 输出数字量的位数越多，则 Q 越小，即可分辨的电压变化就越小，分辨能力就越强，量化导致的误差就越小。

2. 响应类型

大多数模拟数字转换器的响应类型为线性。这里的线性是指输出信号的值与输入信号的值成线性比例。一些早期转换器的响应类型呈对数关系，由此来执行 A 律算法或 μ 律算法编码。

在一个 ADC 器件中，没有绝对的线性，只是近似的线性。所以，就会带来线性误差。一般情况下，在 ADC 器件中可表示数字量的中间部分线性度较好，而两端线性度较差。

3. 误差

模拟数字转换器的误差有若干种来源。量化误差和非线性误差是任何模拟数字转换中都存在的内在误差。

4. 采样率

模拟信号在时域上是连续的，可以通过 ADC 将它转换为离散时间信号。因此，要求定义一个参数来表示获取模拟信号上的每个值并转换成数字信号的速度。通常将这个参数称为 ADC 的采样率或采样频率。

根据奈奎斯特采样定理，当采样频率大于所采样模拟信号最高频率的 2 倍时，信号才不会发生混叠失真。在实际使用时，为了能更真实地恢复出原始的模拟信号，建议采样频率为被采样信号最高频率的 5～10 倍。为了满足采样定理的要求，通常在信号进入 ADC 之前，要对信号进行抗混叠滤波，将信号限制在一个满足采样定理的有限频带内。

思考与练习 12-1：说明衡量 ADC 性能参数的意义。

思考与练习 12-2：说明 ADC 位数对电压分辨率的影响因素。

思考与练习 12-3：说明对信号抗混叠滤波的原因，以及实现方法。

12.1.2 模数转换器的类型

本节给出几种典型的 ADC，包括 Flash ADC、逐次逼近寄存器型 ADC、Σ-Δ ADC、积分型 ADC、数字跃升型 ADC。

1. Flash ADC

Flash ADC 的结构如图 12.2 所示。

思考与练习 12-4：根据该结构，分析 Flash ADC 的工作原理。

2. 逐次逼近寄存器型 ADC

逐次逼近寄存器型（Successive Approximation Register，SAR）ADC 结构如图 12.3 所示。

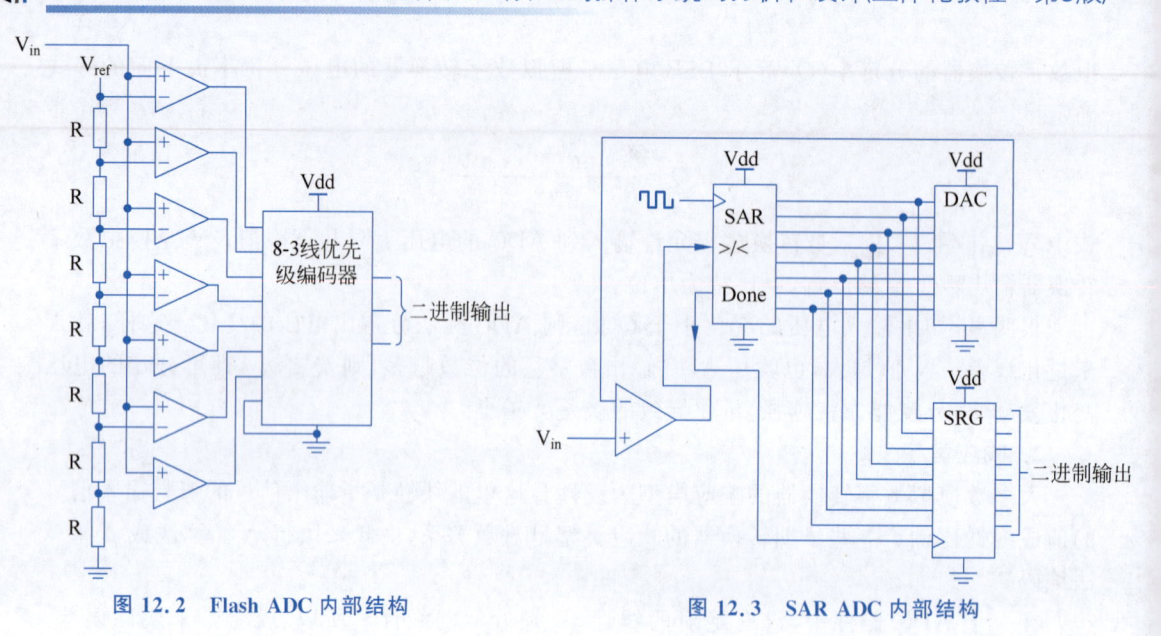

图 12.2　Flash ADC 内部结构

图 12.3　SAR ADC 内部结构

思考与练习 12-5：根据该结构，分析 SAR ADC 的工作原理。

3. Σ-Δ ADC(Sigma-delta ADC)

Σ-Δ ADC 的结构如图 12.4 所示。

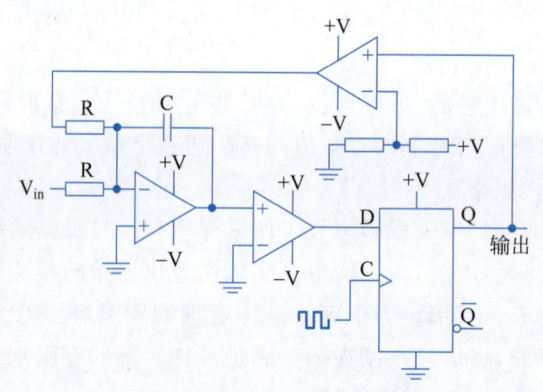

图 12.4　Σ-Δ ADC 内部结构

思考与练习 12-6：根据该结构，分析 Σ-Δ ADC 的工作原理。

4. 积分型 ADC(Integrating ADC)

积分型 ADC 的结构如图 12.5 所示。

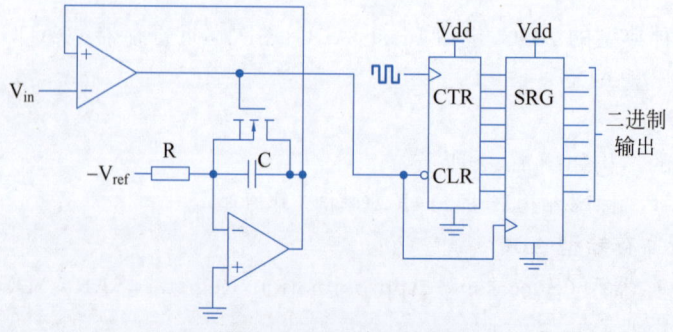

图 12.5　积分型 ADC 内部结构

思考与练习 12-7：根据该结构，分析积分型 ADC 的工作原理。

5．数字跃升型 ADC（Digital Ramp ADC）

数字跃升型 ADC 的结构如图 12.6 所示。

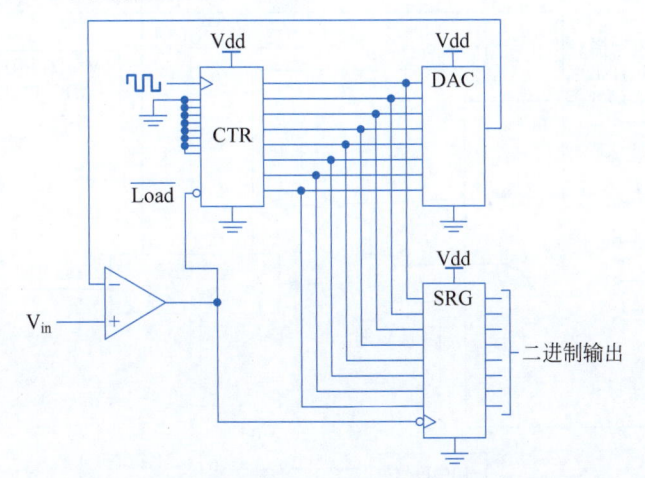

图 12.6　数字跃升型 ADC 内部结构

思考与练习 12-8：根据该结构，分析数字跃升型 ADC 的工作原理。

12.2　ADC 结构原理

本节介绍 STC 单片机内 ADC 的结构原理，内容包括 ADC 的结构，以及 ADC 转换结果的计算方法。

12.2.1　ADC 的结构

STC15 系列单片机内集成了 8 路 10 位高速 ADC 转换器模块，如图 12.7 所示。

通过设置 ADC 控制寄存器 ADC_CONTR 中的 SPEED1 和 SPEED0 比特位，该 ADC 模块的最高采样速率可以达到 300kHz，即 30 万次采样/秒（300kSPS）。

从图 12.7 中可知，STC15 系列单片机的 ADC 由多路选择开关、比较器、逐次比较寄存器、10 位 DAC、转换结果寄存器 ADC_RES 和 ADC_RESL 以及 ADC 控制寄存器 ADC_CONTR 构成。

该 ADC 是典型的 SAR 结构，它是一个闭环反馈系统。在该 ADC 的前端提供了一个 8 通道的模拟多路复用开关，在 ADC 控制寄存器 ADC_CONTR 内的 CHS2～CHS0 比特位的控制下，将 ADC0～ADC7 的模拟输入信号送给比较器。

该结构的 ADC 包含一个比较器和 DAC，通过逐次比较逻辑，从最高有效位 MSB 开始，按顺序对每一个输入电压与内置 DAC 输出进行比较。经过多次比较后，使转换得到的数字量逼近输入模拟信号所对应数字量的值，并将最终得到的数字量保存在 ADC 转换结果寄存器 ADC_RES 和 ADC_RESL 中。同时，将 ADC 控制寄存器 ADC_CONTR 中的转换结束标志 ADC_FLAG 置 1，以供程序查询或者向 CPU 发出中断请求。

注意：在使用 ADC 之前，需要将 ADC 控制寄存器 ADC_CONTR 中的 ADC_POWER 位置 1，用于给 ADC 上电，这是软件控制 ADC 供电的方式。

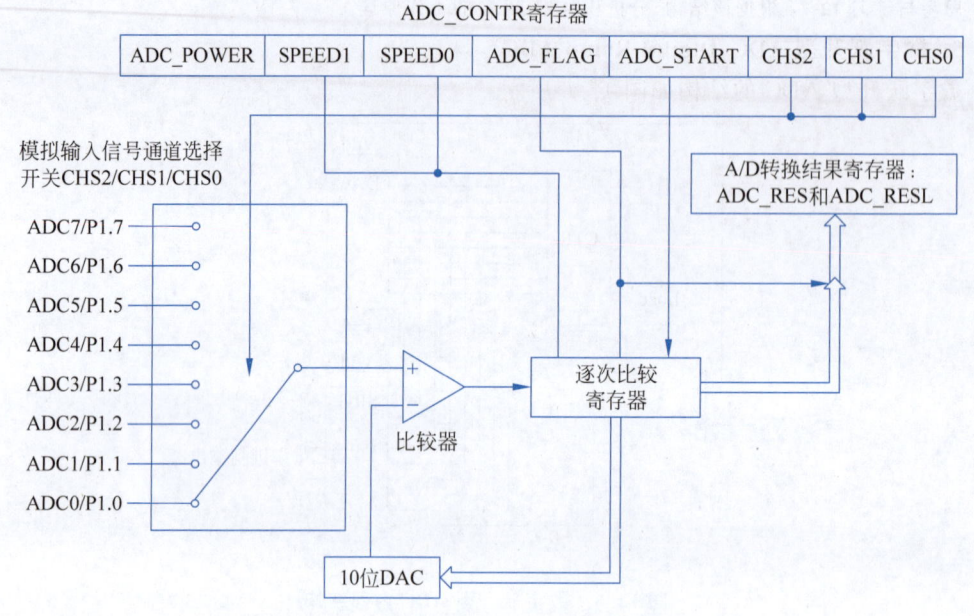

图 12.7　STC 集成 ADC 模块内部结构

12.2.2　ADC 转换结果的计算方法

在 STC15 系列的单片机中,通过设置 CLK_DIV 寄存器的 ADRJ 位,控制转换结果的计算方式。

(1) 当 ADRJ＝0 时,如果取 10 位计算结果,则转换结果可表示为

$$(ADC\_RES[7:0], ADC\_RESL[1:0]) = 1024 \times \frac{V_{in}}{V_{CC}}$$

如果取 8 位计算结果,则转换结果可表示为

$$ADC\_RES[7:0] = 256 \times \frac{V_{in}}{V_{CC}}$$

(2) 当 ADRJ＝1 时

$$(ADC\_RESL[1:0], ADC\_RES[7:0]) = 1024 \times \frac{V_{in}}{V_{CC}}$$

式中,V_{in} 为模拟输入通道输入电压;V_{CC} 为单片机的供电电压。

12.3　ADC 寄存器组

本节介绍 STC 单片机内的 ADC 寄存器组,包括 P1 口模拟功能控制寄存器、ADC 控制寄存器、时钟分频寄存器、ADC 结果高位寄存器、ADC 结果低位寄存器、中断使能寄存器和中断优先级寄存器。

12.3.1　P1 口模拟功能控制寄存器

STC15 系列单片机的 8 路模拟信号的输入端口设置在 P1 端口的 8 个引脚上,即 P1.0～P1.7。当上电复位后,P1 口设置为弱上拉 I/O 口,通过软件可以将 8 个引脚上的任何一个

设置为 ADC 模拟输入,没有设置为 ADC 模拟输入的引脚可以作为普通 I/O 使用。

P1 口模拟功能控制寄存器 P1ASF,如表 12.1 所示。该寄存器位于 STC 单片机特殊功能寄存器地址为 0x9D 的位置。当复位后,该寄存器的值为 00000000B。

表 12.1 P1 口模拟功能控制寄存器 P1ASF 各位的含义

比特位	B7	B6	B5	B4	B3	B2	B1	B0
名字	P17ASF	P16ASF	P15ASF	P14ASF	P13ASF	P12ASF	P11ASF	P10ASF

P1xASF(x 为端口 P1 的引脚号,x=0,1,2,3,4,5,6 或 7,即 P11 为 P1.1,P12 为 P1.2,P13 为 P1.3,P14 为 P1.4,P15 为 P1.5,P16 为 P1.6,P17 为 P1.7)为模拟输入通道 x 的控制位。当该位为 1 时,P1.x 引脚用于模拟信号输入;当该位为 0 时,P1.x 引脚用作普通 I/O。

12.3.2 ADC 控制寄存器

ADC 控制寄存器 ADC_CONTR,如表 12.2 所示。该寄存器位于 STC 单片机特殊功能寄存器地址为 0xBC 的位置。当复位后,该寄存器的值为 00000000B。

表 12.2 ADC 控制寄存器 ADC_CONTR 各位的含义

比特位	B7	B6	B5	B4	B3	B2	B1	B0
名字	ADC_POWER	SPEED1	SPEED0	ADC_FLAG	ADC_START	CHS2	CHS1	CHS0

(1) ADC_POWER:ADC 电源控制位。当该位为 0 时,关闭 ADC 电源;当该位为 1 时,打开 ADC 电源。

STC 公司推荐在进入空闲模式和掉电模式前,关闭 ADC 电源,这样可以降低功耗。在启动 ADC 转换前,一定要确认已经打开 ADC 电源。在 ADC 转换结束后关闭 ADC 电源,可以降低功耗。初次打开 ADC 电源后,要延迟一段时间,等待 ADC 供电电源稳定后,再启动 ADC 转换过程。在启动 ADC 转换后,以及在 ADC 转换结束前,不要改变任何 I/O 口的状态,这样有利于实现高精度地模拟到数字的转换,如果能将定时器/串口和中断关闭更好。

(2) SPEED1 和 SPEED0:数模转换器速度控制位如表 12.3 所示。

表 12.3 数模转换器速度控制位 SPEED1 和 SPEED0 的含义

SPEED1	SPEED0	ADC 转换时间
1	1	90 个时钟周期转换一次。CPU 工作频率为 27MHz 时,ADC 的转换速度为 300kHz
1	0	180 个时钟周期转换一次。CPU 工作频率为 27MHz 时,ADC 的转换速度为 150kHz
0	1	360 个时钟周期转换一次。CPU 工作频率为 27MHz 时,ADC 的转换速度为 75kHz
0	0	540 个时钟周期转换一次。CPU 工作频率为 27MHz 时,ADC 的转换速度为 50kHz

(3) ADC_FLAG:ADC 转换结束标志位。当 ADC 转换结束时,由硬件将该位置 1,该位需要软件清零。

注意:不管中断还是轮询该位,一定要用软件清零。

(4) ADC_START：ADC 转换启动控制位。当该位为 1 时，启动 ADC 转换；转换结束后，该位为 0。

(5) CHS2、CHS1 和 CHS0：模拟输入通道选择控制位，如表 12.4 所示。

表 12.4 CHS2、CHS1 和 CHS0 各位的含义

CHS2	CHS1	CHS0	功　　能
0	0	0	选择 P1.0 引脚作为内部 ADC 模块采样输入
0	0	1	选择 P1.1 引脚作为内部 ADC 模块采样输入
0	1	0	选择 P1.2 引脚作为内部 ADC 模块采样输入
0	1	1	选择 P1.3 引脚作为内部 ADC 模块采样输入
1	0	0	选择 P1.4 引脚作为内部 ADC 模块采样输入
1	0	1	选择 P1.5 引脚作为内部 ADC 模块采样输入
1	1	0	选择 P1.6 引脚作为内部 ADC 模块采样输入
1	1	1	选择 P1.7 引脚作为内部 ADC 模块采样输入

注意：对 ADC_CONTR 寄存器直接操作用赋值语句，不要用"逻辑与"和"逻辑或"语句。

12.3.3　时钟分频寄存器

时钟分频寄存器 CLK_DIV，如表 12.5 所示。该寄存器位于 STC 单片机特殊功能寄存器地址为 0x97 的位置。当复位后，该寄存器的值为 00000000B。该寄存器中的 ADRJ 位用于控制 ADC 转换结果存放的位置。

表 12.5 时钟分频寄存器 CLK_DIV 各位的含义

比特位	B7	B6	B5	B4	B3	B2	B1	B0
名字	MCLKO_S1	MCLKO_S0	ADRJ	Tx_Rx	MCLKO_2	CLKS2	CLKS1	CLKS0

当 ADRJ 为 0 时，ADC_RES[7:0]存放高 8 位结果，ADC_RESL[1:0]存放低 2 位结果；当 ADRJ 为 1 时，ADC_RES[1:0]存放高 2 位结果，ADC_RESL[7:0]存放低 8 位结果。

12.3.4　ADC 结果高位寄存器

ADC 结果高位寄存器 ADC_RES，如表 12.6 所示。该寄存器位于 STC 单片机特殊功能寄存器地址为 0xBD 的位置。当复位后，该寄存器的值为 00000000B。

表 12.6 ADC 结果高位寄存器 ADC_RES 各位的含义

比特位	B7	B6	B5	B4	B3	B2	B1	B0
名字	内容由 ADRJ 控制							

12.3.5　ADC 结果低位寄存器

ADC 结果低位寄存器 ADC_RESL，如表 12.7 所示。该寄存器位于 STC 单片机特殊功能寄存器地址为 0xBE 的位置。当复位后，该寄存器的值为 00000000B。

表 12.7 ADC 结果低位寄存器 ADC_RESL 各位的含义

比特位	B7	B6	B5	B4	B3	B2	B1	B0
名字	内容由 ADRJ 控制							

12.3.6 中断使能寄存器

在前面介绍中断的时候,已经介绍过该寄存器,本节仅对与控制 ADC 中断使能有关的控制位进行说明,如表 12.8 所示。该寄存器位于特殊功能寄存器地址为 0xA8 的位置。当复位后,该寄存器的值为 00000000B。

表 12.8 中断控制寄存器 IE 各位含义

比特位	B7	B6	B5	B4	B3	B2	B1	B0
名字	EA	ELVD	EADC	ES	ET1	EX1	ET0	EX0

其中,EADC 为 ADC 转换中断允许位。当该位为 1 时,允许 ADC 转换产生中断;当该位为 0 时,禁止 ADC 转换产生中断。

12.3.7 中断优先级寄存器

在前面介绍中断的时候,已经介绍过该寄存器,本节仅对与 ADC 中断优先级有关的控制位进行说明,如表 12.9 所示。该寄存器位于特殊功能寄存器地址为 0xB8 的位置。当复位后,该寄存器的值为 00000000B。

表 12.9 中断优先级控制寄存器 IP 各位含义

比特位	B7	B6	B5	B4	B3	B2	B1	B0
名字	PPCA	PLVD	PADC	PS	PT1	PX1	PT0	PX0

其中,PADC 为 ADC 转换优先级控制位。当该位为 0 时,ADC 转换中断为最低优先级中断(优先级为 0);当该位为 1 时,ADC 转换中断为最高优先级中断(优先级为 1)。

12.4 设计实例一:直流电压测量及串口显示

本节将读取 STC 学习板上按下不同按键所得到的直流电压值,经过 ADC 转换器转换后,得到数字量的值,经过计算后,通过串口 1 发送到主机串口界面显示所得到的直流电压值。

12.4.1 直流分压电路原理

在电源 VCC 和 GND 之间连接着由 16 个电阻构成的电阻梯度网络,如图 12.8 所示。

(1) 从 STC15 系列单片机 ADC 结构图可以知道,ADC 输入连接着模拟比较器。因此,ADC 的输入阻抗为无穷大,即在电阻 R17 上没有电流。因此,对电阻梯度网络没有影响。

(2) 由于 R18 电阻为 100kΩ,远大于电阻梯度网络的总电阻 300×16=4.8kΩ。所以,流经 R18 的电流很小,可以忽略不计。

(3) 在该设计中使用 STC 内部的 10 位 ADC 模块,其分辨梯度为 $2^{10}=1024$。

12.4.2 软件设计流程

为了读者理解设计原理,给出程序处理流程图,如图 12.9 所示。在该设计中,以单片机供电电压 VCC 为 ADC 转换器计算结果的参考。

12.4.3 具体实现过程

【例 12-1】 采集分压网络的电压值在串口上显示的 C 语言描述的例子。

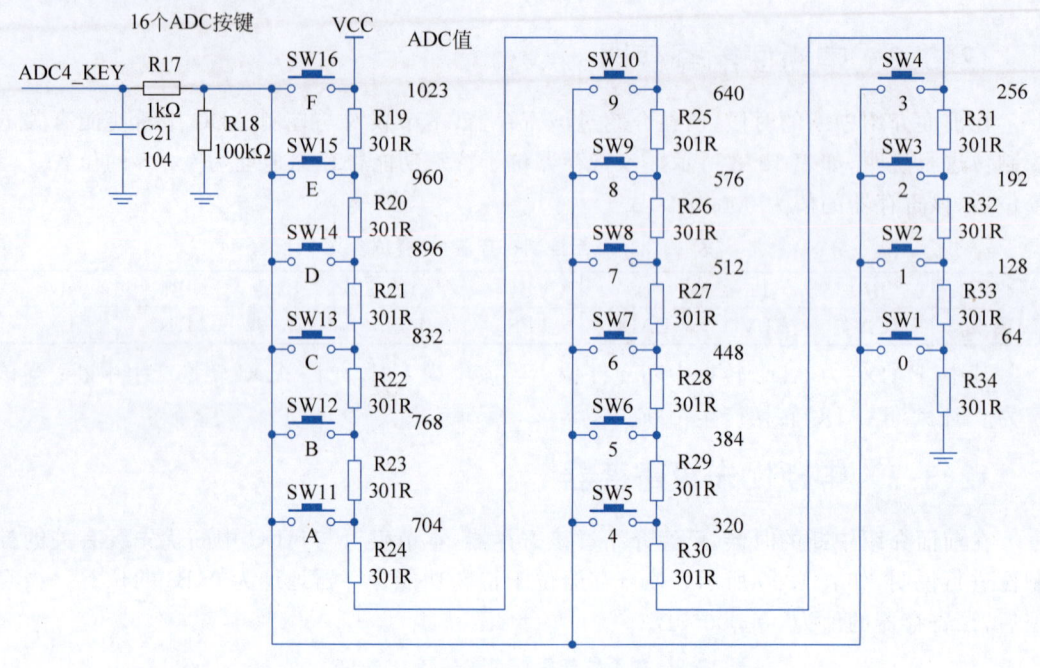

图 12.8　STC 学习板上 ADC 分压网络的设计原理

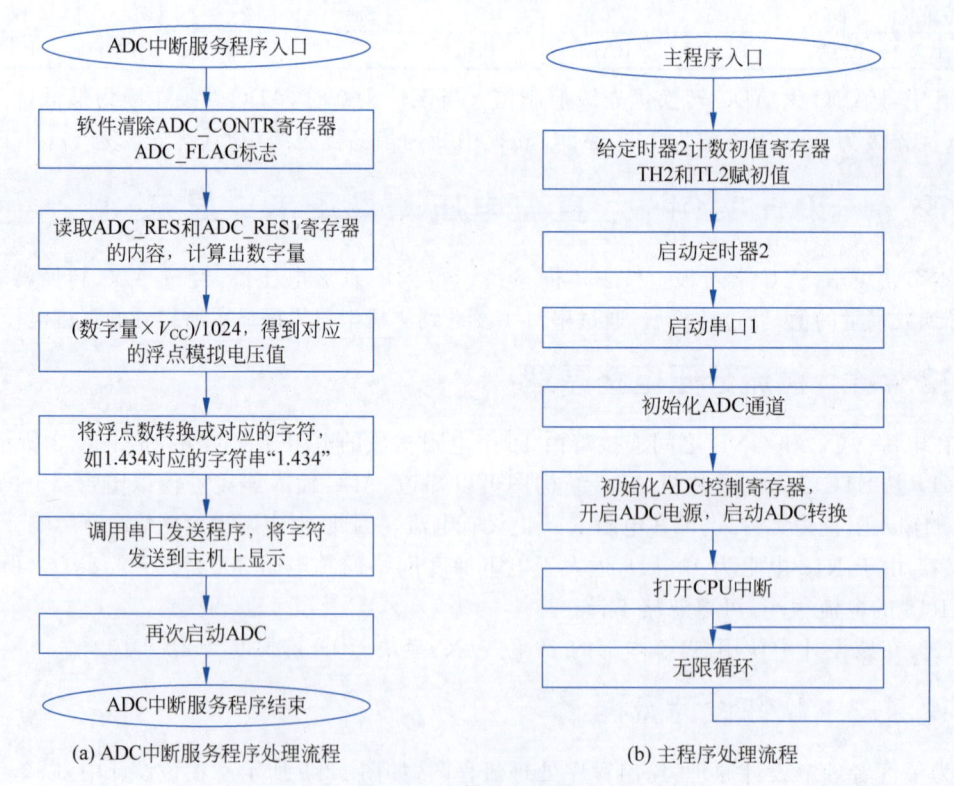

(a) ADC中断服务程序处理流程

(b) 主程序处理流程

图 12.9　软件处理流程

代码清单 12-1　main.c 文件

```
#include "reg51.h"
#include "stdio.h"
```

```c
#define OSC            18432000L       //定义 OSC 振荡器频率 18432000Hz
#define BAUD           9600            //定义 BAUD 波特率 9600
#define URMD           0               //定义 URMD 的值
#define ADC_POWER      0x80            //定义 ADC_POWER 的值 0x80
#define ADC_FLAG       0x10            //定义 ADC_FLAG 的值 0x10
#define ADC_START      0x08            //定义 ADC_START 的值 0x08
#define ADC_SPEEDLL    0x00            //定义 ADC_SPEEDLL 的值 0x00
#define ADC_SPEEDL     0x20            //定义 ADC_SPEEDL 的值 0x20
#define ADC_SPEEDH     0x40            //定义 ADC_SPEEDH 的值 0x40
#define ADC_SPEEDHH    0x60            //定义 ADC_SPEEDHH 的值 0x60

sfr T2H = 0xD6;                        //定义 T2H 寄存器的地址 0xD6
sfr T2L = 0xD7;                        //定义 T2L 寄存器的地址 0xD7
sfr AUXR = 0x8E;                       //定义 AUXR 寄存器的地址 0x8E
sfr ADC_CONTR = 0xBC;                  //定义 ADC_CONTR 寄存器的地址 0xBC
sfr ADC_RES = 0xBD;                    //定义 ADC_RES 寄存器的地址 0xBD
sfr ADC_RESL = 0xBE;                   //定义 ADC_RESL 寄存器的地址 0xBE
sfr P1ASF = 0x9D;                      //定义 P1ASF 寄存器的地址 0x9D

unsigned char ch = 4;                  //定义无符号变量 ch,指向 P1.4 端口
float voltage = 0;                     //定义浮点变量 voltage
unsigned char tstr[5];                 //定义无符号字符数组 tstr
unsigned int tmp = 0;                  //定义无符号整型变量 tmp
float old_voltage = 0;                 //定义浮点变量 old_voltage
void SendData(unsigned char dat)       //定义函数 SendData
{
    while(!TI);                        //判断发送是否结束,没有则等待
    TI = 0;                            //清除发送标志 TI
    SBUF = dat;                        //将数据 dat 写到寄存器 SBUF
}

void adc_int() interrupt 5             //声明 adc 中断服务程序
{
    unsigned char i = 0;               //定义无符号字符变量 i
    ADC_CONTR & = !ADC_FLAG;           //清除 ADC 中断标志位
    tmp = (ADC_RES * 4 + ADC_RESL);    //得到 ADC 转换的数字量
    voltage = (tmp * 5.0)/1024;        //计算得到对应的浮点模拟电压值
    sprintf(tstr,"%1.4f",voltage);     //将浮点数转换成对应的字符
    if(voltage!= old_voltage)          //如果新的转换值不等于旧的转换值
    {
        old_voltage = voltage;         //将新的转换值赋值给旧的转换值
        SendData('\r');                //发送回车和换行符
        SendData('\n');
        for(i=0;i<5;i++)               //发送五个对应的浮点数的字符,一个整数,4个小数
            SendData(tstr[i]);
    }                                  //重新启动 ADC 转换
    ADC_CONTR = ADC_POWER |ADC_SPEEDLL | ADC_START | ch;
}

void main()                            //主程序
{
    unsigned int i;
    SCON = 0x5A;                       //串口 1 为 8 位可变波特率模式
    T2L = 65536 - OSC/4/BAUD;          //写定时器 2 低 8 位寄存器 T2L
    T2H = (65536 - OSC/4/BAUD)>> 8;    //写定时器 2 高 8 位寄存器 T2H
    AUXR = 0x14;                       //定时器 2 不分频,启动定时器 2
    AUXR| = 0x01;                      //选择定时器 2 为串口 1 的波特率发生器
```

```
    P1ASF = 0xFF;                                    //P1 端口作为模拟输入
    ADC_RES = 0;                                     //清 ADC_RES 寄存器
    ADC_CONTR = ADC_POWER|ADC_SPEEDLL | ADC_START | ch;    //启动 ADC
    for(i = 0;i < 10000;i++);                        //延迟
    IE = 0xA0;                                       //CPU 允许响应中断请求,允许 ADC 中断
    while(1);                                        //无限循环
}
```

注意:读者可参考本书配套资源的 STC_example\例子 12-1。

下载和分析设计的步骤如下。

(1) 打开 STC-ISP 软件,在该界面左侧窗口中,选择硬件选项卡,在该选项卡界面中将"输入用户程序运行时的 IRC 频率"设置为 18.432MHz。

(2) 单击"下载/编程"按钮,将设计下载到 STC 单片机。

(3) 在 STC-ISP 软件右侧窗口中,选择"串口助手"选项卡。在该选项卡界面中,按下面设置参数。

① 串口:COM3(读者根据自己计算机识别出来的 COM 端口号进行设置)。
② 波特率:9600。
③ 校验位:无校验。
④ 停止位:1 位。

(4) 单击"打开串口"按钮。

(5) 在 STC 学习板上右下方,找到并按一下 ADC 分压检测按键,如图 12.10 所示,可以看到在串口助手接收窗口中显示出按键所对应的模拟电压的值。

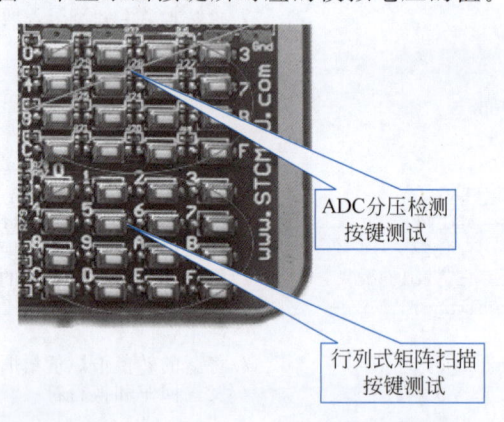

图 12.10 STC 学习板上分压检测按键的位置

思考与练习 12-9:观察实验结果,将理论电压和 ADC 转换电压值进行比较,给出对应于每个测量梯度的相对测量误差值和绝对测量误差值。

12.5 设计实例二:直流电压测量及 LCD 屏显示

本节将读取 STC 学习板上按下不同按键所得到的直流电压值,经过 ADC 转换器转换后,得到数字量的值,经过计算后,通过 1602 字符 LCD 屏显示得到的直流电压值。

12.5.1 硬件电路设计

在该设计中,+5V 供电的 1602 字符屏通过排线电缆与 STC 学习板上的标记为 J12 的

单排插座连接,如图12.11所示。在图中,标出了STC学习板上插针引脚1的位置和1602字符屏引脚1的位置。

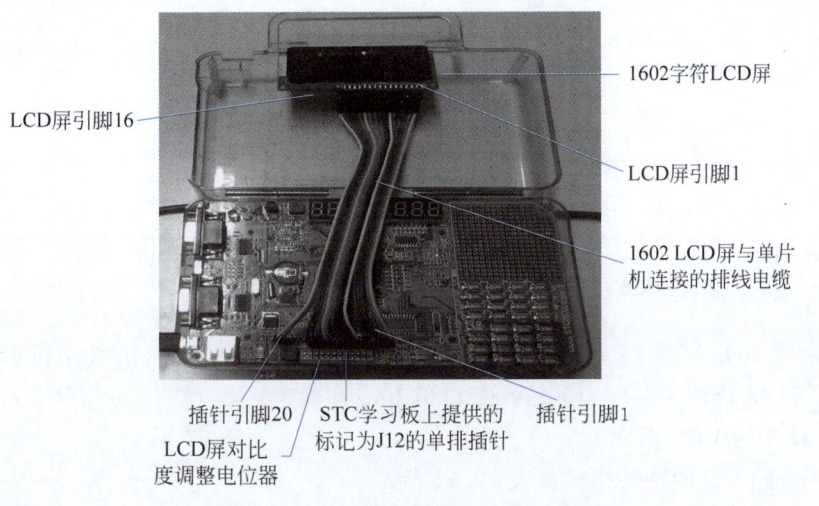

图 12.11 STC 学习板和 1602 屏的连接

STC 学习板上 J12 提供 20 个插针,可以直接与 12864 图形/字符 LCD 进行连接,对于 1602 字符屏来说,不能直接进行连接。它们的信号引脚定义如表 12.10 所示。

表 12.10 STC 学习板和 1602 字符 LCD 引脚定义

STC学习板J12插座引脚号	信号名字	与单片机引脚的连接关系	1602 LCD 引脚号	信号名字	功　能
1	GND	地	1	VSS	地
2	VCC	+5V 电源	2	VCC	+5V 电源
3	V0	—	3	V0	LCD 驱动电压输入
4	RS	P2.5	4	RS	寄存器选择。RS=1,数据;RS=0,指令
5	R/W	P2.6	5	R/W	读写信号。R/W=1,读操作;R/W=0,写操作
6	E	P2.7	6	E	芯片使能信号
7	DB0	P0.0	7	DB0	8 位数据总线信号
8	DB1	P0.1	8	DB1	
9	DB2	P0.2	9	DB2	
10	DB3	P0.3	10	DB3	
11	DB4	P0.4	11	DB4	
12	DB5	P0.5	12	DB5	
13	DB6	P0.6	13	DB6	
14	DB7	P0.7	14	DB7	
15	PSB	P2.4	15	LEDA	背光源正极,接+5.0V

续表

STC 学习板 J12 插座引脚号	信号名字	与单片机引脚的连接关系	1602 LCD 引脚号	信号名字	功　能
16	N.C	P2.2	16	LEDK	背光源负极,接地
17	/RST	P2.3			
18	VOUT	—			
19	A	背光源正极,接+5.0V			
20	K	背光源负极,接地			

12.5.2　1602 字符 LCD 原理

本节介绍 1602 字符 LCD 原理,内容包括 1602 字符 LCD 指标、1602 字符 LCD 内部显存、1602 字符 LCD 读写时序、1602 字符 LCD 指令和数据。

1. 1602 字符 LCD 指标

1602 字符 LCD 的特性指标如表 12.11 所示。

表 12.11　1602 字符 LCD 主要技术参数

显示容量	16×2 个字符,即可以显示 2 行字符,每行可以显示 16 个字符
工作电压范围	4.5～5.5V。推荐 5.0V
工作电流	2.0mA@5V
屏幕尺寸	2.95mm×4.35mm(宽×高)

注意:工作电流是指液晶的耗电,没有考虑背光耗电。一般情况下,背光耗电大约为 20mA。

2. 1602 字符 LCD 内部显存

1602 液晶内部包含 80 字节的显示 RAM,用于存储需要发送的数据,如图 12.12 所示。

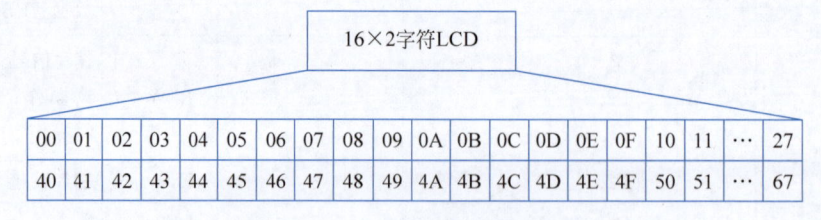

```
                16×2字符LCD
┌──┬──┬──┬──┬──┬──┬──┬──┬──┬──┬──┬──┬──┬──┬──┬──┬──┐
│00│01│02│03│04│05│06│07│08│09│0A│0B│0C│0D│0E│0F│10│11│…│27│
├──┼──┼──┼──┼──┼──┼──┼──┼──┼──┼──┼──┼──┼──┼──┼──┼──┤
│40│41│42│43│44│45│46│47│48│49│4A│4B│4C│4D│4E│4F│50│51│…│67│
└──┴──┴──┴──┴──┴──┴──┴──┴──┴──┴──┴──┴──┴──┴──┴──┴──┘
```

图 12.12　1602 内部 RAM 结构图

第一行存储器地址范围为 0x00～0x27;第二行存储器地址范围为 0x40～0x67。其中,第一行存储器地址范围 0x00～0x0F 与 1602 字符 LCD 第一行位置对应;第二行存储器地址范围 0x40～0x4F 与 1602 字符 LCD 第二行位置对应。

每行多出来的部分是为了显示移动字幕设置。

3. 1602 字符 LCD 读写时序

本节介绍在 8 位并行模式下,1602 字符 LCD 各种信号在读写操作时的时序关系。

1) 写操作时序

STC15 系列单片机对 1602 字符 LCD 进行写数据/指令操作时序如图 12.13 所示。

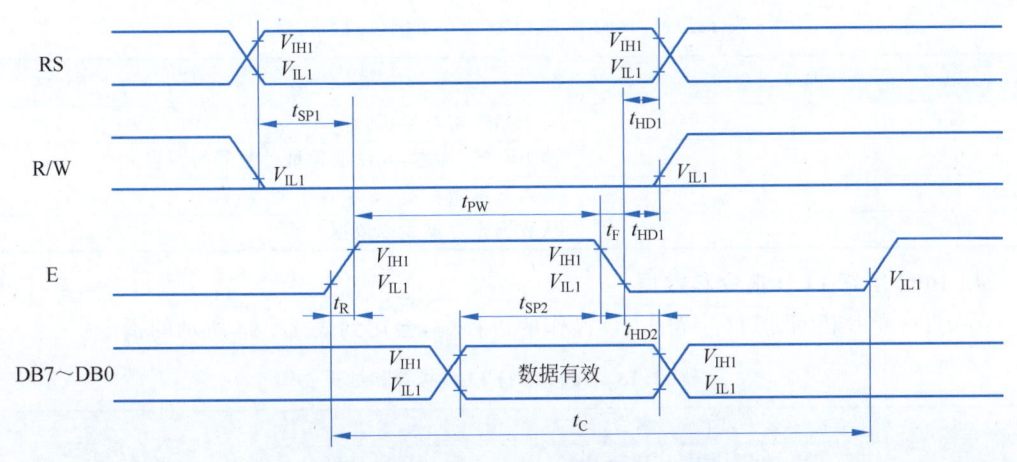

图 12.13　STC 单片机对 1602 字符 LCD 写操作时序

(1) 将 R/W 信号拉低。同时,给出 RS 信号,该信号为 1 或者 0,用于区分数据和指令。

(2) 将 E 信号拉高。当 E 信号拉高后,STC 单片机将写入 1602 字符 LCD 的数据放在 DB7~DB0 数据线上。当数据有效一段时间后,首先将 E 信号拉低。然后,数据继续维持一段时间 t_{HD2}。这样,数据就写到 1602 字符 LCD 中。

(3) 撤除/保持 R/W 信号。

至此,STC15 系列单片机完成对 1602 字符 LCD 的写操作过程。

2) 读操作时序

STC15 系列单片机对 1602 字符 LCD 进行读数据/状态操作时序如图 12.14 所示。

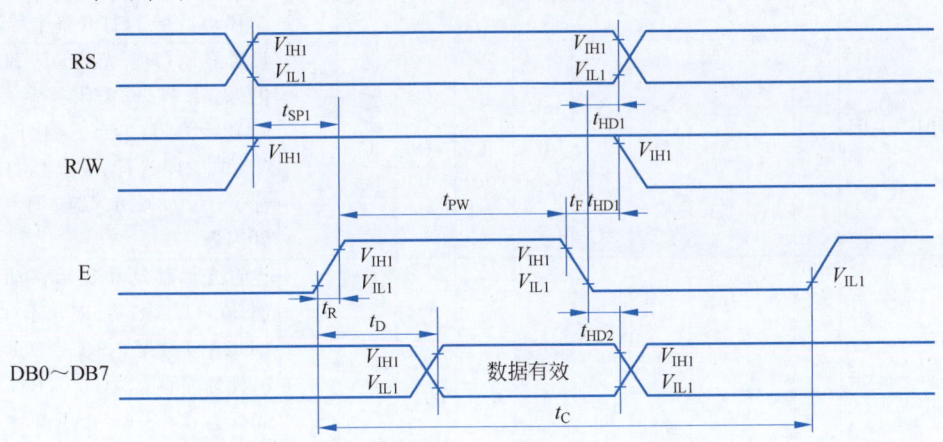

图 12.14　STC 单片机对 1602 字符 LCD 读操作时序

(1) 将 R/W 信号拉高。同时,给出 RS 信号,该信号为 1 或者 0,用于区分数据和状态。

(2) 将 E 信号拉高。当 E 信号拉高,并且延迟一段时间 t_D 后,1602 字符 LCD 将数据放在 DB7~DB0 数据线上。当维持一段时间 t_{pw} 后,将 E 信号拉低。

(3) 撤除/保持 R/W 信号。

至此,STC15 系列单片机完成对 1602 字符 LCD 的读操作过程。

将上面的读和写操作进行总结,如表 12.12 所示。

表 12.12 1602 字符 LCD 读和写操作指令信号

RS	R/W	操 作 说 明
0	0	写入指令寄存器(清屏)
0	1	读 BF(忙)标志,并读取地址计数器的内容
1	0	写入数据寄存器(显示各字型等)
1	1	从数据寄存器读取数据

4. 1602 字符 LCD 指令和数据

在 STC 单片机对 1602 字符 LCD 操作的过程中,会用到表 12.13 所示的指令。

表 12.13 1602 字符 LCD 指令和数据

指令	RS	RW	DB7	DB6	DB5	DB4	DB3	DB2	DB1	DB0	功 能
清屏	0	0	0	0	0	0	0	0	0	1	将 20H 写到 DDRAM,将 DDRAM 地址从 AC(地址计数器)设置到 00
光标归位	0	0	0	0	0	0	0	0	1	—	将 DDRAM 的地址设置为 00,光标如果移动,则将光标返回到初始的位置。DDRRAM 的内容保持不变
输入模式设置	0	0	0	0	0	0	0	1	I/D	S	分配光标移动的方向,使能整个显示的移动 I=0,递减模式;I=1,递增模式。S=0,关闭整个移动;S=1,打开整个移动
显示打开/关闭控制	0	0	0	0	0	0	1	D	C	B	设置显示(D)、光标(C)和光标闪烁(B)打开/关闭控制。D=0,显示关闭;D=1,打开显示。C=0,关闭光标;C=1,打开光标。B=0,关闭闪烁;B=1,打开闪烁
光标或者显示移动	0	0	0	0	0	1	S/C	R/L	—	—	设置光标移动和显示移动的控制位,以及方向,不改变 DDRAM 数据。S/C=0,R/L=0,光标左移;S/C=0,R/L=1,光标右移;S/C=1,R/L=0,显示左移,光标跟随显示移动;S/C=1,R/L=1,显示右移,光标跟随显示移动
功能设置	0	0	0	0	1	DL	N	F	—	—	设置接口数据宽度和显示行的个数。DL=1,8 位宽度;DL=0,4 位宽度。N=0,1 行模式;N=1,2 行模式。F=0,5×8 字符字体;F=1,5×10 字符字体
设置 CGRAM 地址	0	0	0	1	AC5	AC4	AC3	AC2	AC1	AC0	在地址计数器中,设置 CGRAM 地址

续表

指令	指令操作码									功　能
	RS	RW	DB7	DB6	DB5	DB4	DB3	DB2	DB1	DB0	
设置 DDRAM 地址	0	0	1	AC6	AC5	AC4	AC3	AC2	AC1	AC0	在地址计数器中,设置 DDRAM 地址
读忙标志和地址计数器	0	1	BF	AC6	AC5	AC4	AC3	AC2	AC1	AC0	读 BF 标志,知道 LCD 屏内部是否正在操作。也可以读取地址计数器的内容
将数据写到 RAM	1	0	D7	D6	D5	D4	D3	D2	D1	D0	写数据到内部 RAM(DDRAM/CGRAM)
从 RAM 读数据	1	1	D7	D6	D5	D4	D3	D2	D1	D0	从内部 RAM（DDRAM/CGRAM)读取数据

12.5.3 软件设计流程

本节介绍软件设计流程,包括1602字符LCD初始化和操作流程,以及系统软件处理流程。

1. 1602 字符 LCD 初始化和操作流程

将上面的指令表进行总结,得到 1602 字符 LCD 的初始化和操作流程,如图 12.15 所示。

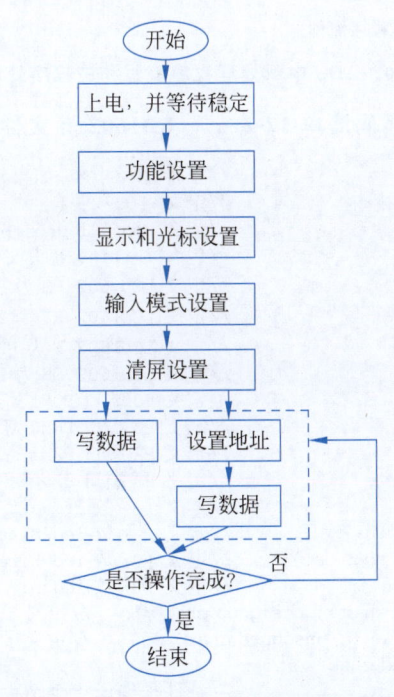

图 12.15　1602 初始化和读写操作流程

2. 系统软件处理流程

主程序的系统流程图如图 12.16 所示。

12.5.4 具体实现过程

【例 12-2】 采集分压网络的电压值在1602字符LCD上显示的C语言描述的例子。

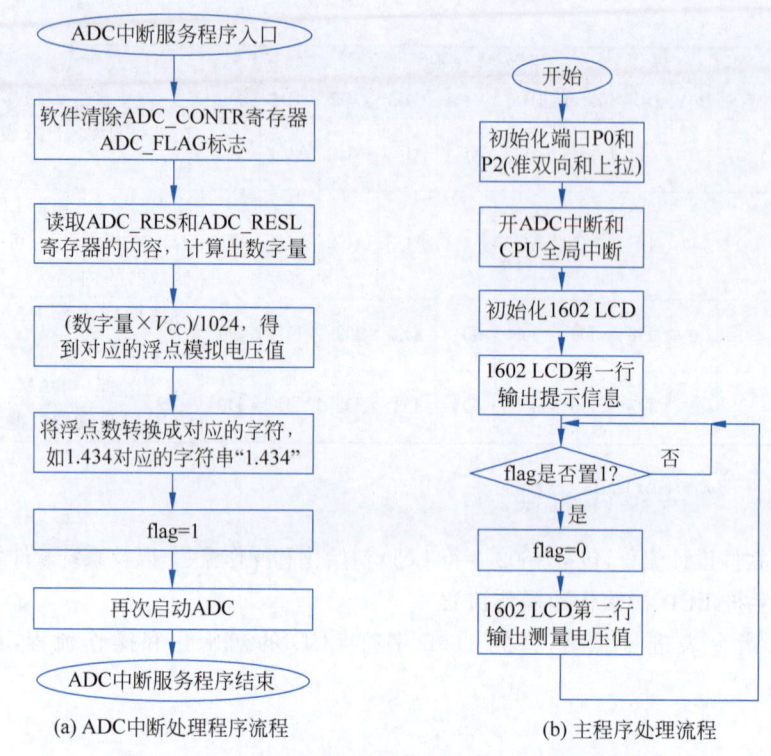

图 12.16 ADC 中断处理程序流程和主程序处理流程

(a) ADC中断处理程序流程

(b) 主程序处理流程

代码清单 12-2（a） led1602.h 文件

```c
#ifndef _1602_                                  //条件编译指令,如果没有定义_1602_
#define _1602_                                  //定义_1602_
#include "reg51.h"                              //包含 reg51.h 头文件
#include "intrins.h"                            //包含 intrins.h 头文件
sbit LCD1602_RS = P2^5;                         //定义 LCD1602_RS 为 P2.5 引脚
sbit LCD1602_RW = P2^6;                         //定义 LCD1602_RW 为 P2.6 引脚
sbit LCD1602_E  = P2^7;                         //定义 LCD1602_E 为 P2.7 引脚
sfr  LCD1602_DB = 0x80;                         //定义 LCD1602_DB 为 P0 端口
sfr  P0M1 = 0x93;                               //定义 P0 端口 P0M1 寄存器地址 0x93
sfr  P0M0 = 0x94;                               //定义 P0 端口 P0M0 寄存器地址 0x94
sfr  P2M1 = 0x95;                               //定义 P2 端口 P2M1 寄存器地址 0x95
sfr  P2M0 = 0x96;                               //定义 P2 端口 P2M0 寄存器地址 0x96
void lcdwait();                                 //定义子函数 lcdwait 类型
void lcdwritecmd(unsigned char cmd);            //定义子函数 lcdwritecmd 类型
void lcdwritedata(unsigned char dat);           //定义子函数 lcdwritedata 类型
void lcdinit();                                 //定义子函数 lcdinit 类型
void lcdsetcursor(unsigned char x, unsigned char y);   //定义子函数 lcdsetcursor 类型
void lcdshowstr(unsigned char x, unsigned char y,
                unsigned char * str);           //定义子函数 lcdshowstr 类型
#endif                                          //条件预编译指令结束
```

代码清单 12-2（b） led1602.c 文件

```c
#include "led1602.h"                            //包含 led1602.h 头文件
void lcdwait()                                  //声明 lcdwait 函数,用于读取 BF 标志
{
    LCD1602_DB = 0xFF;                          //读取前,先将 P0 端口设置为 FF
    _nop_();                                    //空操作延迟
    _nop_();                                    //空操作延迟
```

```c
        _nop_();                            //空操作延迟
        _nop_();                            //空操作延迟
        LCD1602_RS = 0;                     //将 LCD1602 的 RS 信号拉低
        LCD1602_RW = 1;                     //将 LCD1602 的 RW 信号拉高
        LCD1602_E = 1;                      //将 LCD1602 的 E 信号拉高
        while(LCD1602_DB & 0x80);           //等待标志 BF 为低,表示 LCD1602 空闲
        LCD1602_E = 0;                      //将 LCD1602 的 E 信号拉低
    }

    void lcdwritecmd(unsigned char cmd)     //声明 lcdwritecmd 函数,写指令到 1602
    {
        lcdwait();                          //等待 LCD 不忙
        _nop_();                            //空操作延迟
        _nop_();                            //空操作延迟
        _nop_();                            //空操作延迟
        _nop_();                            //空操作延迟
        LCD1602_RS = 0;                     //将 LCD1602 的 RS 信号拉低
        LCD1602_RW = 0;                     //将 LCD1602 的 RW 信号拉低
        LCD1602_DB = cmd;                   //将指令控制码 cmd 放到 P0 端口
        LCD1602_E = 1;                      //将 LCD1602 的 E 信号拉高
        _nop_();                            //空操作延迟
        _nop_();                            //空操作延迟
        _nop_();                            //空操作延迟
        _nop_();                            //空操作延迟
        LCD1602_E = 0;                      //将 LCD1602 的 E 信号拉低
    }

    void lcdwritedata(unsigned char dat)    //声明 lcdwritedata 函数,写数据到 1602
    {
        lcdwait();                          //等待 LCD 不忙
        _nop_();                            //空操作延迟
        _nop_();                            //空操作延迟
        _nop_();                            //空操作延迟
        _nop_();                            //空操作延迟
        LCD1602_RS = 1;                     //将 LCD1602 的 RS 信号拉高
        LCD1602_RW = 0;                     //将 LCD1602 的 RW 信号拉低
        LCD1602_DB = dat;                   //将数据 dat 放到 P0 端口
        LCD1602_E = 1;                      //将 LCD1602 的 E 信号拉高
        _nop_();                            //空操作延迟
        _nop_();                            //空操作延迟
        _nop_();                            //空操作延迟
        _nop_();                            //空操作延迟
        LCD1602_E = 0;                      //将 LCD1602 的 E 信号拉低
    }

    void lcdinit()                          //声明 lcdinit 子函数,用来初始化 1602
    {
        lcdwritecmd(0x38);                  //发指令 0x38,2 行模式,5×8 点阵,8 位宽度
        lcdwritecmd(0x0c);                  //发指令 0x0C,打开显示,关闭光标
        lcdwritecmd(0x06);                  //发指令 0x06,文字不移动,地址自动加 1
        lcdwritecmd(0x01);                  //发指令 0x01,清屏
    }
    //声明 lcdsetcursor 函数,设置显示 RAM 的地址,x 和 y 表示在 1602 的列和行参数
    void lcdsetcursor(unsigned char x, unsigned char y)
    {
        unsigned char address;              //声明无符号 char 类型变量 address
        if(y == 0)                          //如果第一行
            address = 0x00 + x;             //存储器地址以 0x00 开始
        else                                //如果是第二行
            address = 0x40 + x;             //存储器地址以 0x40 开始
        lcdwritecmd(address|0x80);          //写存储器地址指令
```

```c
}

void lcdshowstr(unsigned char x, unsigned char y,      //在液晶上指定的 x 和 y 位置,显示字符
                unsigned char * str)
{
    lcdsetcursor(x,y);                  //设置显示 RAM 的地址
    while((* str)!= '\0')               //如果不是字符串的结尾,则继续
    {
        lcdwritedata(* str);            //发写数据指令,在 LCD 上显示数据
        str++;                          //指针加 1,指向下一个地址
    }
}
```

代码清单 12-2(c)　main.c 文件

```c
#include "reg51.h"
#include "stdio.h"
#include "led1602.h"
#define ADC_POWER    0x80              //定义 ADC_POWER 的值 0x80
#define ADC_FLAG     0x10              //定义 ADC_FLAG 的值 0x10
#define ADC_START    0x08              //定义 ADC_START 的值 0x08
#define ADC_SPEEDLL  0x00              //定义 ADC_SPEEDLL 的值 0x00
#define ADC_SPEEDL   0x20              //定义 ADC_SPEEDL 的值 0x20
#define ADC_SPEEDH   0x40              //定义 ADC_SPEEDH 的值 0x40
#define ADC_SPEEDHH  0x60              //定义 ADC_SPEEDHH 的值 0x60

sfr AUXR = 0x8E;                       //声明 AUXR 寄存器的地址 0x8E
sfr ADC_CONTR = 0xBC;                  //声明 ADC_CONTR 寄存器的地址 0xBC
sfr ADC_RES = 0xBD;                    //声明 ADC_RES 寄存器的地址 0xBD
sfr ADC_RESL = 0xBE;                   //声明 ADC_RESL 寄存器的地址 0xBE
sfr P1ASF = 0x9D;                      //声明 P1ASF 寄存器的地址 0x9D

unsigned char ch = 4;                  //声明 char 类型变量 ch
bit flag = 1;                          //声明 bit 类型变量 flag
float voltage = 0;                     //声明 float 类型变量 voltage
unsigned char tstr[5];                 //声明 char 类型数组 tstr
unsigned int tmp = 0;                  //声明 int 类型变量 tmp

void adc_int() interrupt 5             //声明 adc 中断服务程序
{
    unsigned char i = 0;               //声明 char 类型变量 i
    ADC_CONTR &=! ADC_FLAG;            //将 ADC_FLAG 标志清零
    tmp = (ADC_RES * 4 + ADC_RESL);    //读取模拟信号对应的数字量
    voltage = (tmp * 5.0)/1024;        //将数字量转换成对应的模拟电压值
    sprintf(tstr,"%1.4f",voltage);     //将浮点数转换成对应的电压值
    flag = 1;                          //将 flag 置 1
    ADC_CONTR = ADC_POWER|ADC_SPEEDLL|ADC_START|ch;   //启动 ADC
}

void main()
{
    unsigned int i;                    //声明 int 型变量 i
    P0M0 = 0;                          //通过 P0M0 和 P0M1 寄存器将 P0 口
    P0M1 = 0;                          //定义为准双向,弱上拉
    P2M0 = 0;                          //通过 P2M0 和 P2M1 寄存器将 P2 口
    P2M1 = 0;                          //定义为准双向,弱上拉
    P1ASF = 0xFF;                      //将 P1 端口用于 ADC 输入
    ADC_RES = 0;                       //将 ADC_RES 寄存器清零
                                       //配置 ADC_CONTR 寄存器
```

```
ADC_CONTR = ADC_POWER|ADC_SPEEDLL | ADC_START | ch;
for(i = 0;i < 10000;i++);            //延迟一段时间
IE = 0xA0;                           //CPU 允许响应中断请求,允许 ADC 中断
lcdwait();                           //等待 1602 字符 LCD 稳定
lcdinit();                           //初始化 1602 字符 LCD
lcdshowstr(0,0,"Measured Voltage is");//在 1602 第一行开始打印信息
lcdshowstr(6,1,"V");                 //在 1602 第二行第 6 列打印字符 V
while(1)                             //无限循环
    {
        if(flag == 1)                //判断 flag 标志是否为 1
        {
            flag = 0;                //将 flag 置 0
            lcdshowstr(0,1,tstr);    //在第二行打印电压对应的字符
        }
    }
}
```

注意：读者可参考本书配套资源的 STC_example\例子 12-2。

下载和分析设计的步骤如下。

(1) 打开 STC-ISP 软件,在该软件界面左侧窗口内,选择硬件选项卡。在该选项卡界面中,将"输入用户程序运行时的 IRC 频率"设置为 6.000MHz。

(2) 单击"下载/编程"按钮,将设计下载到 STC 单片机。

(3) 观察 1602 字符屏上的输出结果,如图 12.17 所示。

注意：当 1602 对比度不理想时,可以调整 STC 学习板上标识为 W₂ 的电位器旋钮。

图 12.17　1602 LCD 上的显示结果

12.6　设计实例三：交流电压测量及 LCD 屏显示

本节内容以电子资源形式提供,请扫描下方二维码获取。

电子文档

视频讲解

12.7　设计实例四：温度测量及串口显示

本节内容以电子资源形式提供,请扫描下方二维码获取。

电子文档

视频讲解

第 13 章 增强型 PWM 发生器原理及应用

CHAPTER 13

增强型脉冲宽度调制(Pulse Width Modulation,PWM)发生器增加了 PWM 控制的灵活性。本章介绍 STC15 系列单片机增强型 PWM 发生器的原理和使用方法,内容包括脉冲宽度调制原理、增强型 PWM 发生器模块、生成单路 PWM 信号、生成两路互补 PWM 信号以及步进电机的驱动和控制。

通过本章内容的学习,理解增强型 PWM 发生器的原理,并能够掌握通过 PWM 实现对电机等设备进行控制的方法。

13.1 脉冲宽度调制原理

数字设备(如 MCU、DSP 和 FPGA)可产生用于控制电机速度或者 LED 灯发光强度的 PWM 信号,如图 13.1 所示。

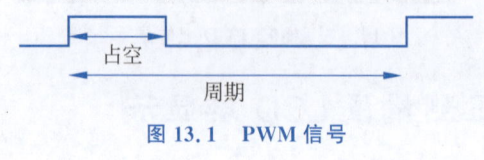

图 13.1 PWM 信号

对于 PWM 而言,脉冲周期是恒定的。通常,将一个脉冲周期内维持高电平的时间称为占空,通过数字设备可以改变占空值。占空比表示为

$$占空比 = \frac{占空时间}{脉冲周期} \times 100\%$$

PWM 信号的直流平均值与占空是成正比的。一个占空比为 50% 的 PWM 信号,其直流值为 PWM 信号幅度最大值的 1/2。因此,通过改变 PWM 的占空比,就可以改变 PWM 信号中所含的直流信号分量的大小。

通过模拟有源/无源低通滤波器,就可以从 PWM 信号中提取出直流分量。如果将这个直流分量进行功率放大,并施加在直流电机的两端,就可以改变直流电机的转速。因此,PWM 是连接数字世界与模拟世界的桥梁,其作用就类似于数模转换器(Digital to Analog Converter,DAC)。

13.2 增强型 PWM 发生器模块

本节介绍 PWM 模块的整体功能和用于设置增强型 PWM 发生器工作模式的寄存器集。

13.2.1 增强型 PWM 发生器功能

STC15W4K32S4 系列的单片机内部集成了一组(各自独立的 6 路)增强型 PWM 波形

发生器。在 PWM 波形发生器内,提供一个 15 位的 PWM 计数器,它用于 6 路 PWM(即 PWM2~PWM7)。用户可以设置每路 PWM 的初始电平。

此外,PWM 波形发生器为每路 PWM 又设计了两个用于控制波形翻转的计数器 T1/T2,可以更加灵活地控制每路 PWM 高低电平的宽度,从而达到对 PWM 占空比一级 PWM 输出延迟进行控制的目的。

由于每路 PWM 相对独立,且可以设置每路 PWM 的初始状态。所以,用户可以将其中的任意两路 PWM 信号组合在一起使用。因此,可以实现互补对称输出以及死区控制等特殊的应用。

增强型 PWM 波形发生器还设计了对外部异常事件(包括外部端口 P2.4 电平异常和比较器比较结果异常)进行监控的能力,当出现外部异常事件时可紧急关闭 PWM 模块的输出。此外,PWM 波形发生器还可在 15 位 PWM 计数器归零时触发外部事件,如启动 ADC。

STC15W4K32S4 系列增强型 PWM 模块的输出可以使用 PWM2/P3.7、PWM3/P2.1、PWM4/P2.2、PWM5/P2.3、PWM6/P1.6、PWM7/P1.7 等端口;此外,还可以通过寄存器将 PWM 输出切换到第 2 组端口,即 PWM2_2/P2.7、PWM3_2/P4.5、PWM4_2/P4.4、PWM5_2/P4.2、PWM6_2/P0.7、PWM7_2/P0.6。

注意:所有与 PWM 相关的端口,在加电后均为高阻输入状态,必须在程序中通过端口模式寄存器将这些端口设置为双向端口/强推挽模式,才可以正常输出波形。

13.2.2 增强型 PWM 发生器寄存器集

本节介绍增强型 PWM 发生器的相关寄存器组。

1. 端口配置寄存器

前面已经介绍过端口配置寄存器 P_SW2,本节只介绍与 PWM 模块相关的位,如表 13.1 所示。该寄存器位于 STC 单片机特殊功能寄存器地址为 0xBA 的位置。当复位后,该寄存器的值为 000x0000B。

表 13.1 端口配置寄存器 P_SW2 各位的含义

比特	B7	B6	B5	B4	B3	B2	B1	B0
名字	EAXSFR	0	0	0	—	S4_S	S3_S	S2_S

EAXSFR 为访问扩展 SFR 使能控制位。当该位为 0 时,指令 MOVX A,@DPTR 或者 MOVX @DPTR,A,操作对象为扩展 RAM(XRAM);当该位为 1 时,指令 MOVX A,@DPTR 或者 MOVX @DPTR,A,操作对象为扩展 SFR(XSFR)。

注意:如果要访问 PWM 在扩展 RAM 区的特殊功能寄存器,必须先将 EAXSFR 位置 1。

2. PWM 配置寄存器

PWM 配置寄存器 PWMCFG,如表 13.2 所示。该寄存器位于 STC 单片机特殊功能寄存器地址为 0xF1 的位置。当复位后,该寄存器的值为 x0000000B。

表 13.2 PWM 配置寄存器 PWMCFG 各位的含义

比特	B7	B6	B5	B4	B3	B2	B1	B0
名字	—	CBTADC	C7INI	C6INI	C5INI	C4INI	C3INI	C2INI

(1) CBTADC：PWM 计数器归零触发 ADC 转换控制位。当该位为 0 时，PWM 计数器归零不触发 ADC 转换；当该位为 1 时，PWM 计数器归零触发 ADC 转换。

注意：前提条件是必须使能 PWM 和 ADC，即 ENPWM=1，且 ADCON=1。

(2) CxINI(x 表示对应的 PWM 的通道号，x 为 2、3、4、5、6 或 7)：设置 PWMx 输出端口的初始电平。当该位为 0 时，PWM7 输出端口的初始电平为低电平；当该位为 1 时，PWM7 输出端口的初始电平为高电平。

3. PWM 控制寄存器

PWM 控制寄存器 PWMCR，如表 13.3 所示。该寄存器位于 STC 单片机特殊功能寄存器地址为 0xF5 的位置。当复位后，该寄存器的值为 00000000B。

表 13.3　PWM 控制寄存器 PWMCR 各位的含义

比特	B7	B6	B5	B4	B3	B2	B1	B0
名字	ENPWM	ECBI	ENC7O	ENC6O	ENC5O	ENC4O	ENC3O	ENC2O

(1) ENPWM：使能增强 PWM 波形发生器。当该位为 0 时，关闭 PWM 波形发生器；当该位为 1 时，使能 PWM 波形发生器，PWM 计数器开始计数。

(2) ECBI：PWM 计数器归零中断使能位。当该位为 0 时，关闭 PWM 计数器归零中断（CBIF 依然会被硬件置位）；当该位为 1 时，使能 PWM 计数器归零中断。

(3) ENCxO(x 表示对应的 PWM 通道号，x 为 2、3、4、5、6 或 7)：PWMx 输出使能位。当该位为 0 时，PWM 通道 x 的端口为 GPIO；当该位为 1 时，PWM 通道 x 的端口为 PWM 输出口，即受控于 PWM 波形发生器。

4. PWM 中断标志寄存器

PWM 中断标志寄存器 PWMIF 如表 13.4 所示。该寄存器位于 STC 单片机特殊功能寄存器地址为 0xF6 的位置。当复位后，该寄存器的值为 x0000000B。

表 13.4　PWM 中断标志寄存器 PWMIF 各位的含义

比特	B7	B6	B5	B4	B3	B2	B1	B0
名字	—	CBIF	C7IF	C6IF	C5IF	C4IF	C3IF	C2IF

(1) CBIF：PWM 计数器归零中断标志位。当 PWM 计数器归零时，硬件将此位置为 1。当 ECBI 为 1 时，程序会跳转到相应的中断入口执行中断服务程序。

注意：该位需要软件清零。

(2) CxIF(x 表示对应 PWM 的通道号，x 为 2、3、4、5、6 或 7)：第 x 通道的 PWM 中断标志位。可设置在翻转点 1 和翻转点 2 触发 CxIF。当 PWM 发生翻转时，硬件自动将该位置 1。当 EPWMxI 位为 1 时(x 表示 PWM 通道号)，程序会跳转到相应中断入口执行中断服务程序。

注意：该位需要软件清零。

5. PWM 外部异常控制寄存器

PWM 外部异常控制寄存器 PWMFDCR 如表 13.5 所示。该寄存器位于 STC 单片机特殊功能寄存器地址为 0xF7 的位置。当复位后，该寄存器的值为 xx000000B。

表 13.5　PWM 外部异常控制寄存器 PWMFDCR 各位的含义

比特	B7	B6	B5	B4	B3	B2	B1	B0
名字	—	—	ENFD	FLTFLIO	EFDI	FDCMP	FDIO	FDIF

（1）ENFD：PWM 外部异常检测功能控制位。当该位为 0 时，关闭 PWM 外部异常检测功能；当该位为 1 时，使能 PWM 外部异常检测功能。

（2）FLTFLIO：发生 PWM 外部异常时，对 PWM 输出口控制位。当该位为 0 时，发生 PWM 外部异常时，PWM 的输出口不作任何改变；当该位为 1 时，发生 PWM 外部异常时，PWM 的输出口立即被设置为高阻输入模式。

注意：只有 ENCnO=1 所对应的端口才会被强制悬空。当 PWM 外部异常状态消失后，相应 PWM 输出口会自动恢复以前的 I/O 设置。

（3）EFDI：PWM 异常检测中断使能位。当该位为 0 时，关闭 PWM 异常检测中断（FDIF 仍然会被硬件置位）；当该位为 1 时，使能 PWM 异常检测中断。

（4）FDCMP：设定 PWM 异常检测源为比较器的输出。当该位为 0 时，比较器与 PWM 无关。当该位为 1 时，当比较器正极 P5.5/CMP＋的电平比比较器负极 P5.4/CMP－的电平高或者比较器正极 P5.5/CMP＋的电平比内部参考电压源 1.27V 高时，触发 PWM 异常。

（5）FDIO：设定 PWM 异常检测源为端口 P2.4 的状态。当该位为 0 时，P2.4 的状态与 PWM 无关；当该位为 1 时，P2.4 的电平为高时，触发 PWM 异常。

（6）FDIF：PWM 异常检测中断标志位。当发生 PWM 异常，即比较器正极 P5.5/CMP＋的电平比比较器负极 P5.4/CMP－的电平高或者比较器正极 P5.5/CMP＋的电平比内部参考电压源 1.27V 高，或者 P2.4 的电平为高时，硬件自动将该位置 1。当 EFDI 为 1 时，程序会跳转到中断入口执行中断服务程序。

注意：该位需要软件清零。

6. PWM 计数器

PWM 计数器包含 PWM 计数器高字节寄存器 PWMCH 和 PWM 计数器低字节寄存器 PWMCL，分别如表 13.6 和表 13.7 所示。

表 13.6　PWM 计数器高字节寄存器 PWMCH 各位的含义

比特	B7	B6	B5	B4	B3	B2	B1	B0
名字	—	\multicolumn{7}{c}{PWMCH[14:8]}

表 13.7　PWM 计数器低字节寄存器 PWMCL 各位的含义

比特	B7	B6	B5	B4	B3	B2	B1	B0
名字	\multicolumn{8}{c}{PWMCL[7:0]}

（1）寄存器 PWMCH 位于 STC 单片机扩展特殊功能寄存器 XSFR 地址为 0xFFF0 的位置。当复位后，该寄存器的值为 x0000000B。

（2）寄存器 PWMCL 位于 STC 单片机扩展特殊功能寄存器 XSFR 地址为 0xFFF1 的位置。当复位后，该寄存器的值为 00000000B。

PWM 计数器是一个 15 位寄存器，计数范围在 1～32768 的任意值都可以作为 PWM 的周期。PWM 波形发生器内部的计数器从 0 开始计数，每个 PWM 时钟周期递增 1。当内部计数器的计数值达到[PWMCH,PWMCL]设置的 PWM 周期时,PWM 波形发生器内部的计数器将从 0 开始重新计数。硬件会自动将 PWM 归零中断标志位 CBIF 置为 1,如果 ECBI 为 1,则程序将跳转到相应中断入口执行中断服务程序。

7. PWM 时钟选择寄存器

PWM 时钟选择寄存器 PWMCKS 如表 13.8 所示。该寄存器位于 STC 单片机扩展特殊功能寄存器 XSFR 地址为 0xFFF2 的位置。当复位后,该寄存器的值为 xxx00000B。

表 13.8　PWM 时钟选择寄存器 PWMCKS 各位的含义

比特	B7	B6	B5	B4	B3	B2	B1	B0
名字	—	—	—	SELT2		PS[3:0]		

(1) SELT2:PWM 时钟源选择。当该位为 0 时,PWM 时钟源为系统时钟经过分频器之后的时钟;当该位为 1 时,PWM 时钟源为定时器 2 的溢出脉冲。

(2) PS[3:0]:系统时钟分频参数。当 SELT2 位为 0 时,PWM 时钟频率=系统时钟频率/(PS[3:0]+1)。

8. PWMx 翻转计数器

下面介绍以 PWM2 为例 PWMx 的翻转计数器(x 对应于 PWM 的通道号,x 为 2、3、4、5、6 或 7)。

(1) PWM2 第一次翻转高字节寄存器 PWM2T1H,如表 13.9 所示。该寄存器位于 STC 单片机扩展特殊功能寄存器 XSFR 地址为 0xFF00 的位置。当复位后,该寄存器的值为 x0000000B。

表 13.9　PWM2 第一次翻转高字节寄存器 PWM2T1H 各位的含义

比特	B7	B6	B5	B4	B3	B2	B1	B0
名字	—		PWM2T1H[14:8]					

(2) PWM2 第一次翻转低字节寄存器 PWM2T1L,如表 13.10 所示。该寄存器位于 STC 单片机扩展特殊功能寄存器 XSFR 地址为 0xFF01 的位置。当复位后,该寄存器的值为 00000000B。

表 13.10　PWM2 第一次翻转低字节寄存器 PWM2T1L 各位的含义

比特	B7	B6	B5	B4	B3	B2	B1	B0
名字		PWM2T1L[7:0]						

(3) PWM2 第二次翻转高字节寄存器 PWM2T2H,如表 13.11 所示。该寄存器位于 STC 单片机扩展特殊功能寄存器 XSFR 地址为 0xFF02 的位置。当复位后,该寄存器的值为 x0000000B。

表 13.11　PWM2 第二次翻转高字节寄存器 PWM2T2H 各位的含义

比特	B7	B6	B5	B4	B3	B2	B1	B0
名字	—		PWM2T2H[14:8]					

(4) PWM2 第二次翻转低字节寄存器 PWM2T2L,如表 13.12 所示。该寄存器位于 STC 单片机扩展特殊功能寄存器 XSFR 地址为 0xFF03 的位置。当复位后,该寄存器的值为 00000000B。

表 13.12　PWM2 第二次翻转低字节寄存器 PWM2T2L 各位的含义

比特	B7	B6	B5	B4	B3	B2	B1	B0
名字		PWM2T2L[7:0]

PWM3、PWM4、PWM5、PWM6 和 PWM7 都包含第一次翻转高字节寄存器 PWMxT1H、第一次翻转低字节寄存器 PWMxT1L、第二次翻转高字节寄存器 PWMxT2H 和第二次翻转低字节寄存器 PWMxT2L，它们的地址映射如表 13.13 所示。

表 13.13　PWMx 翻转计数器地址映射关系

寄存器名字	扩展特殊功能寄存器 XSFR 地址	复位值
PWM3T1H	0xFF10	x0000000B
PWM3T1L	0xFF11	00000000B
PWM3T2H	0xFF12	x0000000B
PWM3T2L	0xFF13	00000000B
PWM4T1H	0xFF20	x0000000B
PWM4T1L	0xFF21	00000000B
PWM4T2H	0xFF22	x0000000B
PWM4T2L	0xFF23	00000000B
PWM5T1H	0xFF30	x0000000B
PWM5T1L	0xFF31	00000000B
PWM5T2H	0xFF32	x0000000B
PWM5T2L	0xFF33	00000000B
PWM6T1H	0xFF40	x0000000B
PWM6T1L	0xFF41	00000000B
PWM6T2H	0xFF42	x0000000B
PWM6T2L	0xFF43	00000000B
PWM7T1H	0xFF50	x0000000B
PWM7T1L	0xFF51	00000000B
PWM7T2H	0xFF52	x0000000B
PWM7T2L	0xFF53	00000000B

9. PWMx 控制寄存器

下面介绍 PWMx 控制寄存器 PWMxCR(x 对应于 PWM 的通道号，x 为 2、3、4、5、6 或 7)，PWMxCR 寄存器的地址映射关系如表 13.14 所示。

表 13.14　PWMxCR 寄存器的地址空间映射

寄存器名字	扩展特殊功能寄存器 XSFR 地址	复位值
PWM2CR	0xFF04	xxxx0000B
PWM3CR	0xFF14	xxxx0000B
PWM4CR	0xFF24	xxxx0000B
PWM5CR	0xFF34	xxxx0000B
PWM6CR	0xFF44	xxxx0000B
PWM7CR	0xFF54	xxxx0000B

下面以 PWM2 控制寄存器 PWM2CR 为例，说明该寄存器的功能，如表 13.15 所示。

表 13.15 PWM2 控制寄存器 PWM2CR 各位的含义

比特	B7	B6	B5	B4	B3	B2	B1	B0
名字	—	—	—	—	PWM2_PS	EPWM2I	EC2T2SI	EC2T1SI

(1) PWM2_PS：此为 PWM2 输出引脚选择位。当该位为 0 时，PWM2 的输出引脚为 PWM2/P3.7。当该位为 1 时，PWM2 的输出引脚为 PWM2_2/P2.7。

(2) EPWM2I：此为 PWM2 中断使能控制位。当该位为 0 时，关闭 PWM2 中断。当该位为 1 时，使能 PWM2 中断。当 C2IF 被硬件设置为 1 时，程序将跳转到相应的中断服务程序入口执行中断服务程序。

(3) EC2T2SI：此为 PWM2 的 T2 匹配发生波形翻转时的中断控制位。当该位为 0 时，关闭 T2 翻转时的中断；当该位为 1 时，使能 T2 翻转时的中断。当 PWM2 波形发生器内部计数值与 T2 计数器所设置的值相匹配时，PWM 的波形发生翻转，同时硬件将 C2IF 置 1。

(4) EC2T1SI：此为 PWM2 的 T1 匹配发生波形翻转时的中断控制位。当该位为 0 时，关闭 T1 翻转时的中断；当该位为 1 时，使能 T1 翻转时的中断。当 PWM2 波形发生器内部计数值与 T1 计数器所设置的值相匹配时，PWM 的波形发生翻转，同时硬件将 C2IF 置 1。

10. PWM 中断优先级控制寄存器 2

前面已经介绍 PWM 中断优先级控制寄存器 IP2，这里只介绍与 PWM 发生器相关的位，如表 13.16 所示。该寄存器位于 STC 单片机特殊功能寄存器地址为 0xB5 的位置。当复位后，该寄存器的值为 xxxx0000B。

表 13.16 PWM 中断优先级控制寄存器 IP2 各位的含义

比特	B7	B6	B5	B4	B3	B2	B1	B0
名字	—	—	—	PX4	PPWMFD	PPWM	PSPI	PS2

(1) PPWMFD：此为 PWM 异常检测中断优先级控制位。当该位为 0 时，PWM 异常检测中断为最低优先级（优先级 0）；当该位为 1 时，PWM 异常检测中断为最高优先级（优先级 1）。

(2) PPWM：此为 PWM 中断优先级控制位。当该位为 0 时，PWM 中断为最低优先级（优先级 0）；当该位为 1 时，PWM 中断为最高优先级（优先级 1）。

注意：在 STC15 系列单片机中，按如下方式声明中断函数：

```
void PWM_Routine(void) interrupt 22;
void PWMFD_Routine(void) interrupt 23;
```

13.3 设计实例一：生成单路 PWM 信号

本节将使用增强型 PWM 发生器产生一个重复的 PWM 波形。该波形特征为：①PWM 波形发生器的时钟频率为系统时钟的 4 分频；②波形由通道 4 输出；③周期为 20 个 PWM 时钟；④占空比为 2/3（高电平在整个周期所占的时间）；⑤有 4 个 PWM 时钟的相位延迟。

【例 13-1】 通过增强型 PWM 发生器产生 PWM 波形 C 语言描述的例子。

代码清单 13-1 register_define.h

```
sfr P2M0        = 0x96;        //声明 P2 端口模式寄存器 P2M0 寄存器地址 0x96
```

```c
sfr P2M1       = 0X95;       //声明 P2 端口模式寄存器 P2M1 寄存器地址 0x95
sfr P_SW2      = 0xba;       //声明 P_SW2 寄存器的地址为 0xBA
sfr PWMCFG     = 0xf1;       //声明 PWMCFG 寄存器的地址为 0xF1
sfr PWMIF      = 0xf6;       //声明 PWMIF 寄存器的地址为 0xF6
sfr PWMFDCR    = 0xf7;       //声明 PWMFDCR 寄存器的地址为 0xF7
sfr PWMCR      = 0xf5;       //声明 PWMCR 寄存器的地址为 0xF5

#define PWMC       (*(unsigned int volatile xdata *)0xfff0)
#define PWMCKS     (*(unsigned char volatile xdata *)0xfff2)

#define PWM2T1     (*(unsigned int volatile xdata *)0xff00)
#define PWM2T2     (*(unsigned int volatile xdata *)0xff02)
#define PWM2CR     (*(unsigned char volatile xdata *)0xff04)

#define PWM3T1     (*(unsigned int volatile xdata *)0xff10)
#define PWM3T2     (*(unsigned int volatile xdata *)0xff12)
#define PWM3CR     (*(unsigned char volatile xdata *)0xff14)

#define PWM4T1     (*(unsigned int volatile xdata *)0xff20)
#define PWM4T2     (*(unsigned int volatile xdata *)0xff22)
#define PWM4CR     (*(unsigned char volatile xdata *)0xff24)

#define PWM5T1     (*(unsigned int volatile xdata *)0xff30)
#define PWM5T2     (*(unsigned int volatile xdata *)0xff32)
#define PWM5CR     (*(unsigned char volatile xdata *)0xff34)

#define PWM6T1     (*(unsigned int volatile xdata *)0xff40)
#define PWM6T2     (*(unsigned int volatile xdata *)0xff42)
#define PWM6CR     (*(unsigned char volatile xdata *)0xff44)

#define PWM7T1     (*(unsigned int volatile xdata *)0xff50)
#define PWM7T2     (*(unsigned int volatile xdata *)0xff52)
#define PWM7CR     (*(unsigned char volatile xdata *)0xff54)
```

代码清单 13-2　main.c 文件

```c
#include "reg51.h"
#include <register_define.h>

void main()
{
    P2M0 = 0;              //通过 P2 端口模式寄存器 P2M0 和 P2M1,将端口 2
    P2M1 = 0;              //设置为准双向/弱上拉
    P_SW2 | = 0x80;        //使能访问扩展 SFR
    PWMCFG & = 0xFB;       //PWM4 输出初始电平为低电平
    PWMCKS = 0x03;         //PWM 时钟为系统时钟/4
    PWMC = 19;             //PWM 计数器初值计数器[PWMCH,PWMCL] = 19
    PWM4T1 = 3;            //PWM4 第一次翻转计数器初值[PWM4T1H,PWM4T1L] = 3
    PWM4T2 = 0x10;         //PWM4 第二次翻转计数器初值[PWM4T2H,PWM4T2L] = 16
    PWM4CR = 0;            //PWM4 输出引脚 P2.2,禁止 PWM4 的中断
    P_SW2 & = 0x0F;        //禁止对扩展 SFR 的访问
    PWMCR | = 0x84;        //使能增强型 PWM 波形发生器,PWM4 输出使能
    while(1);
}
```

注意：读者可参考本书配套资源的 STC_example\例子 13-1。

下载和分析设计的步骤如下。

(1) 打开 STC-ISP 软件,在该软件界面左侧窗口内,选择硬件选项卡。在该选项卡界面中,将输入用户程序运行时的 IRC 频率设置为 12.0000MHz。

(2) 单击"下载/编程"按钮,将设计下载到 STC 单片机。

(3) 打开示波器,并将示波器的探头连接到 STC 学习板上 J9 插座上标记为 P2.2 的插孔。

注意:示波器和 STC 学习板一定要共地。

(4) 调整示波器的量程并观察结果,如图 13.2 所示。

思考与练习 13-1:说明 PWM 的工作原理。

思考与练习 13-2:修改设计代码,将占空比修改为 80%。

思考与练习 13-3:修改设计代码,启动 PWM5 通道,并使用 PWM5_2/P4.2 引脚输出。

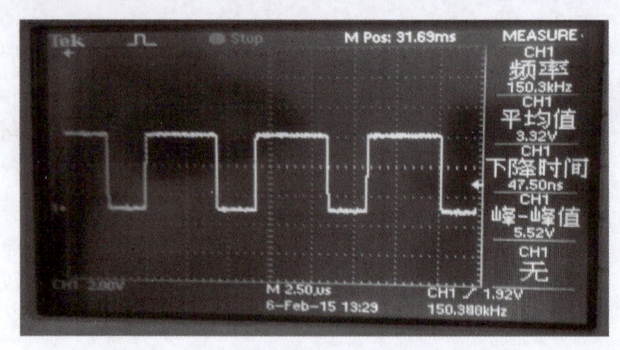

图 13.2 单个 PWM 波形显示界面

13.4 设计实例二:生成两路互补 PWM 信号

本节将使用增强型 PWM 发生器产生两个互补的 PWM 波形。该波形特征为:①PWM 波形发生器为系统时钟的 4 分频;②波形由通道 4 和通道 5 输出;③周期为 20 个 PWM 时钟;④通道 4 的有效高电平为 13 个 PWM 时钟;⑤通道 5 的有效高电平为 10 个 PWM 时钟;⑥前端死区为 2 个 PWM 时钟,末端死区为 1 个 PWM 时钟。

【例 13-2】 通过增强型 PWM 发生器产生两路互补 PWM 波形 C 语言描述的例子。

代码清单 13-3 main.c 文件

```
#include "reg51.h"
#include <register_define.h>

void main()
{
    P2M0 = 0;              //通过 P2 端口模式寄存器 P2M0 和 P2M1,将端口 2
    P2M1 = 0;              //设置为准双向/弱上拉
    P_SW2 |= 0x80;         //使能访问扩展 SFR
    PWMCFG &= 0xFB;        //PWM4 输出初始电平为低电平
    PWMCFG |= 0x08;        //PWM5 输出初始电平为高电平
    PWMCKS = 0x03;         //PWM 时钟为系统时钟/4
    PWMC = 19;             //PWM 计数器初值计数器[PWMCH,PWMCL] = 19
    PWM4T1 = 3;            //PWM4 第一次翻转计数器初值[PWM4T1H,PWM4T1L] = 3
    PWM4T2 = 0x10;         //PWM4 第二次翻转计数器初值[PWM4T2H,PWM4T2L] = 16
    PWM4CR = 0;            //PWM4 输出引脚 P2.2,禁止 PWM4 的中断
    PWM5T1 = 3;            //PWM5 第一次翻转计数器初值[PWM5T1H,PWM5T1L] = 3
```

```
        PWM5T2 = 0x0f;          //PWM5 第二次翻转计数器初值[PWM5T2H,PWM5T2L] = 15
        PWM5CR = 0;             //PWM5 输出引脚 P2.3,禁止 PWM5 的中断
        P_SW2& = 0x0F;          //禁止对扩展 SFR 的访问
        PWMCR| = 0x8C;          //使能 PWM 波形发生器,PWM4 和 PWM5 输出使能
        while(1);
}
```

注意：读者可参考本书配套资源的 STC_example\例子 13-2。

下载和分析设计的步骤如下。

(1) 打开 STC-ISP 软件,在该软件界面左侧窗口内,选择硬件选项卡。在该选项卡界面中,将"输入用户程序运行"时的 IRC 频率设置为 12.0000MHz。

(2) 单击"下载/编程"按钮,将设计下载到 STC 单片机。

(3) 打开示波器,并将示波器的两个探头同时连接到 STC 学习板上 J9 插座上标记为 P2.2 的插孔和标记为 P2.3 的插孔。

注：示波器和 STC 学习板一定要共地。

(4) 调整示波器的量程并观察结果,如图 13.3 所示。

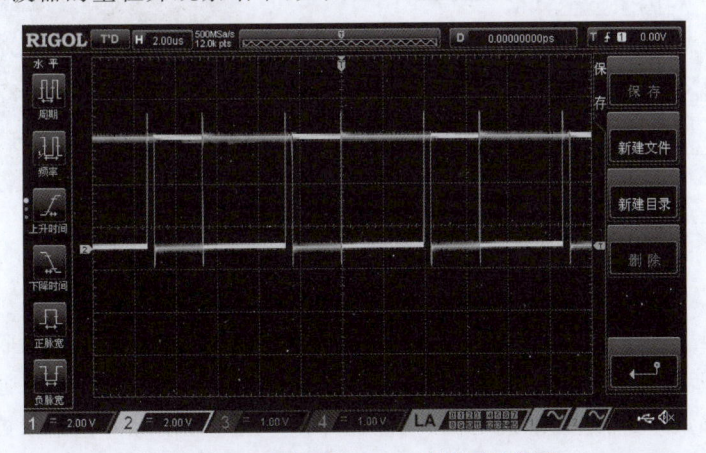

图 13.3 两路互补 PWM 波形显示界面

思考与练习 13-4：根据波形分析两个 PWM 的死区。

思考与练习 13-5：修改设计代码,启动 PWM3 和 PWM7 通道,并使用 PWM5 和 PWM7 引脚输出两路带死区控制的 PWM 波。

13.5 设计实例三：步进电机的驱动和控制

步进电机是将电脉冲信号转变为角位移或线位移的开环控制电机,是现代数字程序控制系统中的主要执行元件,应用极为广泛。

在非超载的情况下,电机的转速、停止的位置只取决于脉冲信号的频率和脉冲数,而不受负载变化的影响,当步进驱动器接收到一个脉冲信号,它就驱动步进电机按设定的方向转动一个固定的角度,称为"步距角",它的旋转是以固定的角度一步一步进行的。

通过控制脉冲个数来控制步进电机角位移量,从而达到准确定位的目的。同时,可以通过控制脉冲频率来控制电机转动的速度和加速度,从而达到调速的目的。

由于步进电机是一个将电脉冲转换成离散的机械运动的装置,具有很好的数据控制特性。因此,单片机成为步进电机的理想驱动源。随着微电子和计算机技术的发展,软硬件结

合的控制方式成为主流,即通过软件或者硬件(PWM模块)产生控制脉冲驱动硬件电路。本节分别使用软件和增强型PWM硬件模块控制步进电机,并对这两种方法进行比较。

13.5.1 五线四相步进电机的工作原理

五线四相步进电机如图13.4(a)所示,中间部分是转子,由一个永磁体组成,边上的是定子绕组。当定子的一个绕组通电时,将产生一个方向的电磁场。如果这个磁场的方向和转子磁场方向不在同一条直线上,那么定子和转子的磁场将产生一个扭力将定子扭转。依次改变绕组的磁场,就可以使步进电机正转或反转(例如,通电次序为 A→B→C→D 正转,反之则反转)。而改变磁场切换的时间间隔,就可以控制步进电机的速度,这就是步进电机的驱动原理。

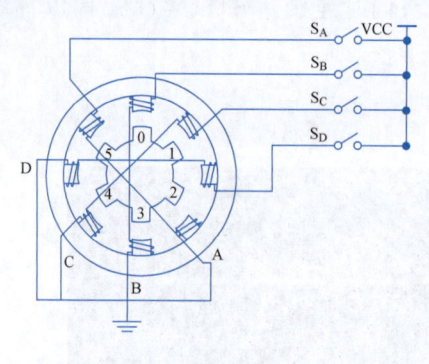

(a) 步进电机内部结构　　　　　　(b) 步进电机外观

图 13.4　步进电机内部结构和外观

步进电机是一种将电脉冲转化为角位移的执行机构。当步进驱动器接收到一个脉冲信号时,它就驱动步进电机按设定的方向转动一个固定的角度(及步进角)。通过控制脉冲个数来控制角位移量,从而达到准确定位的目的。同时,通过控制脉冲频率来控制电机转动的速度和加速度,从而达到调速的目的。

这里使用的步进电机型号为28BYJ48。其主要特性包括:①额定电压5VDC(另有6V、12V、24V);②相数4;③减速比1/64(另有1/16、1/32);④步距角5.625°/64;⑤驱动方式4相8拍;⑥直流电阻200Ω±7%(25℃);⑦空载牵入频率≥600Hz;⑧空载牵出频率≥1000Hz;⑨牵入转矩≥34.3mN·m(120Hz);⑩自定位转矩≥34.3mN·m;⑪绝缘电阻>10MΩ(500V);⑫绝缘介电强度600VAC/1mA/1S;⑬绝缘等级为A;⑭温升<50K(120Hz);⑮噪声<40dB(120Hz);⑯重量大约40g;⑰未注公差按GB 1804-m;⑱转向CCW。

13.5.2 步进电机的驱动

由于步进电机的驱动电流较大,而单片机I/O引脚输出的电流较小,因此单片机不能直接驱动步进电机,所以需要在单片机驱动引脚和步进电机引线之间增加驱动装置。目前,用于驱动小功率步进电机,一般都是使用ULN2003达林顿阵列驱动,如图13.5所示。

ULx200xA器件是高电压、高电流达灵顿晶体管阵列,如图13.6所示。七个NPN达灵顿管中的每一个管子可以产生高压输出,它们包含共阴极钳位二极管用于切换感性负载。

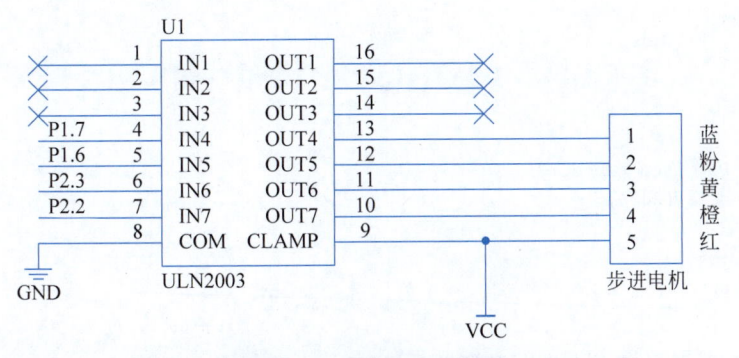

图 13.5　步进电机驱动电路

此外,可以将达灵顿管并联以产生更大的电流,如图 13.7 所示。

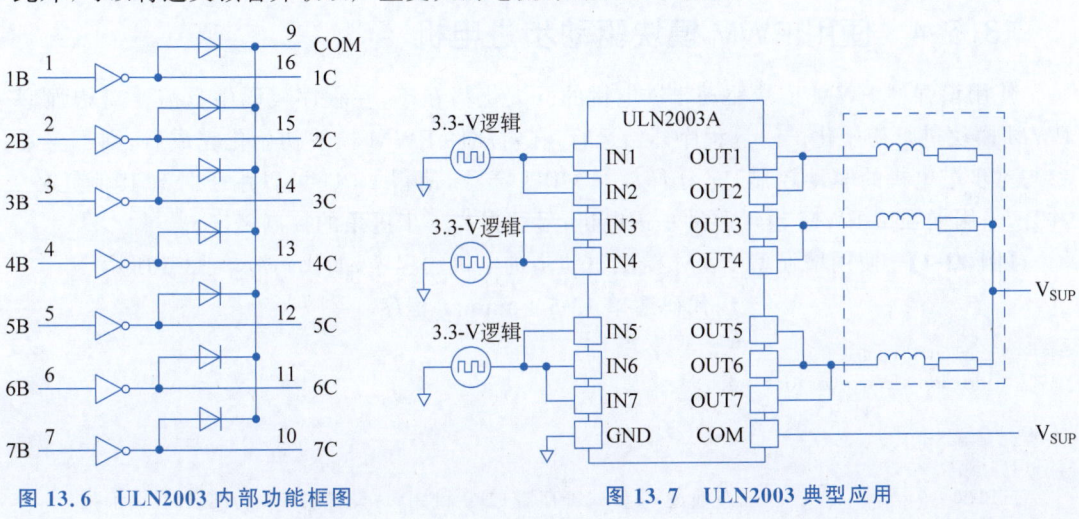

图 13.6　ULN2003 内部功能框图

图 13.7　ULN2003 典型应用

13.5.3　使用软件驱动步进电机

使用软件驱动步进电机,即按照给定的相序直接对与步进电机驱动芯片连接的 I/O 引脚进行置"1"和置"0"的操作,这种方法比较简单。但是,软件驱动步进电机的任务将占用所有的 CPU 资源,不能运行其他任何任务。此外,如果在设计中包含中断程序,则将打断当前所运行的软件步进电机驱动代码,造成对步进电机控制能力变差,控制精度显著降低。

【例 13-3】　使用软件驱动步进电机的程序,如代码清单 13-4 所示。

代码清单 13-4　main.c 程序

```
#include "reg51.h"
unsigned char Step_table[] = {0x01,0x02,0x04,0x08};
void delay(unsigned int a)
{
    while(a--);
}
void main()
{
    unsigned char i;
    unsigned int j;
```

```c
        j = 1024;
        while(j--)
        {
        for(i = 0;i < 4;i++)
            {
               P1 = Step_table[i];
               delay(2000);
            }
        }
        while(1);
}
```

注意：(1) 读者可参考本书配套资源的 STC_example\例子 13-3。

(2) 注意 I/O 驱动模式的设置。

13.5.4　使用 PWM 模块驱动步进电机

使用增强型 PWM 模块驱动步进电机的巨大优势在于，在程序代码中只需要对增强型 PWM 模块进行初始化。一旦程序开始运行，在对硬件 PWM 模块初始化完成后，则不需要参与对步进电机的驱动控制，充分释放了 CPU 资源，使得 CPU 可以用于处理其他任务。并且，采用增强型 PWM 模块驱动步进电机，显著提高了步进角的控制精度。

【**例 13-4**】使用增强型 PWM 模块驱动步进电机的程序，如代码清单 13-5 所示。

代码清单 13-5　　main.c 程序

```c
#include "reg51.h"
#include <register_define.h>

void main()
{
    P1M0 = 0;                    //通过 P1 模式寄存器 P1M0 和 P1M1,设置端口 1 为准双向/弱上拉
    P1M1 = 0;
    P2M0 = 0;                    //通过 P2 模式寄存器 P2M0 和 P2M1,设置端口 2 为准双向/弱上拉
    P2M1 = 0;
    P_SW2| = 0x80;               //使能访问扩展 SFR
    PWMCFG| = 0x08;              //PWM5 输出初始电平为高电平
    PWMCFG& = 0xCB;              //PWM4、PWM6、PWM7 输出初始电平为低电平
    PWMCKS = 0x0F;               //PWM 时钟为系统时钟的 1/16
    PWMC = 0x0BFF;               //PWM 计数器初值计数器[PWMCH,PWMCL] = 3071
    PWM4T1 = 0x08FF;             //PWM4 第一次翻转计数器初值[PWM4T1H,PWM4T1L] = 2303
    PWM4T2 = 0x0B7F;             //PWM4 第二次翻转计数器初值[PWM4T2H,PWM4T2L] = 2943
    PWM4CR = 0;                  //PWM4 输出引脚 P2.2,禁止 PWM4 中断
    PWM5T1 = 0x0BFF;             //PWM5 第一次翻转计数器初值[PWM5T1H,PWM5T1L] = 3071
    PWM5T2 = 0x027F;             //PWM5 第二次翻转计数器初值[PWM5T2H,PWM5T2L] = 639
    PWM5CR = 0;                  //PWM5 输出引脚 P2.3,禁止 PWM5 中断
    PWM6T1 = 0x02FF;             //PWM6 第一次翻转计数器初值[PWM6T1H,PWM6T1L] = 767
    PWM6T2 = 0x057F;             //PWM6 第二次翻转计数器初值[PWM6T2H,PWM6T2L] = 1407
    PWM6CR = 0;                  //PWM6 输出引脚 P1.6,禁止 PWM6 中断
    PWM7T1 = 0x05FF;             //PWM7 第一次翻转计数器初值[PWM7T1H,PWM7T1L] = 1535
    PWM7T2 = 0x087F;             //PWM7 第二次翻转计数器初值[PWM7T2H,PWM7T2L] = 2175
    PWM7CR = 0;                  //PWM7 输出引脚 P1.7,禁止 PWM7 中断
    P_SW2& = 0x0F;               //禁止对扩展 SFR 访问
    PWMCR| = 0xBC;               //使能 PWM 波形发生器,PWM4、PWM5、PWM6、PWM7 输出使能
    while(1);
}
```

注意：读者可参考本书所提供资料的 STC_example\例子 13-4。

13.5.5 设计下载和验证

本节对使用增强型 PWM 模块驱动步进电机的设计进行了验证，主要步骤如下。

（1）按照图 13.5 将步进电机通过 ULN2003 连接到单片机的 P2.2、P2.3、P1.6 和 P1.7 引脚。

（2）打开 STC-ISP 软件，在该软件界面左侧窗口内，选择硬件选项卡。在该选项卡界面中，将"输入用户程序运行时的 IRC 频率"设置为 6.0000MHz。

（3）单击"下载/编程"按钮，将设计下载到 STC 单片机。

（4）观察步进电机转动现象。

（5）使用示波器同时测量单片机 P2.2、P2.3、P1.6、P1.7 引脚的输出波形，如图 13.8 所示。

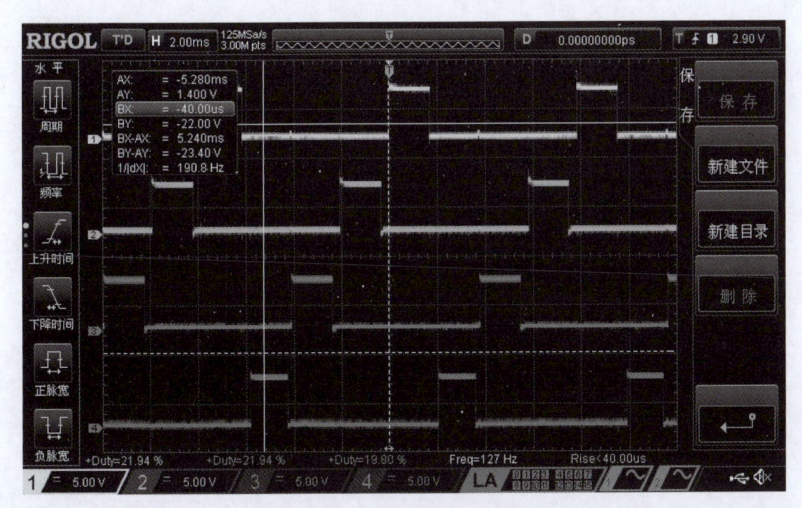

图 13.8 示波器上显示的四相步进电机驱动时序

从上面的测试结果可知，当使用硬件 PWM 模块驱动步进电机时，极大地提高了对步进电机的控制精度，同时释放了可用的 CPU 资源。